천지코스몰로지

도올 주역 계사전

김용옥

통나무

한글을 만들어주신

세종대왕님께 이 책을 바칩니다.

【목차】

계사전하편 繫辭傳下篇

한평생을 역易과 더불어 살아왔다. 『역』이라는 텍스트를 만나 그와 더불어 씨름한 지도 벌써 반백년이 넘는다. 대만대학 석사논문은 『노자』라는 텍스트를 중심으로 한 것이지만, 동경대학, 하바드대학의 석·박사 학위논문은 모두 『역』에 관한 것이다.

내가 『역』을 떠나지 못하는 이유는 나의 모든 철학적 사유가 『역』에 뿌리박고 있기 때문이다. 한 종의 텍스트를 반세기 넘도록 읽고 또 읽었다 한다면 이제 그 텍스트를 뛰어넘을 때도 되었다고 말할 수도 있을 텐데, 결코 그렇게 말할 수가 없다. 장생莊生이 말했듯이, 올가미는 토끼를 잡는 데 그 소이연이 있는 것이니 토끼를 잡으면 그 올가미를 버려야 하고("망忘"이라는 단어를 썼는데, 그 의미는 "초월한다"는 뜻이다), 통발은 물고기를 잡는 데 그 소이연이 있는 것이니 물고기를 잡으면 그 수단인 통발은 버려야 한다고 했다(즉 그 수단에 집착할 필요는 없다는 것이다. 『장자』 「외물外物」편 마지막 설화).

위진현학의 개창자 중의 한 사람인 왕필은 이 장자의 말을 빌어 언言 → 상象 → 의意라는 삼 단계의 심볼리즘 체계를 제시했다. 본시 장자는 언言과 의意, 두 항목만으로 자신의 초월의 논리를 정립했다. 언(말)은 의(뜻)를 드러내는 데 그 소이연이 있는 것이므로 뜻을 얻기만 한다면(뜻을 파악한다)

그 말은 버려도 좋다고 했다("득의이망언得意而忘言"이라고 표현했다). 이 말은 결코 어려운 이야기가 아니다. 말은 뜻을 나타내기 위한 것이므로 뜻이 파악되면 말을 잊어버려도 좋다는 이야기는 상식적으로 그렇게 어려운 이야기가 아니다.

우리 일상언어에 "언어도단言語道斷"이라는 말이 있는데 그 일상적 의미는 "말도 되지 않는다," "분수가 지나치는 한심한 이야기다"라는 뜻으로 쓰인다. 우리 일상언어 속에서는 "도"보다는 "언어"에 대한 그릇된 사용이랄까 그런데 강조점이 있는 것 같다. 그러나 불가에서 쓰는 의미는 정확하게 "언어의 길이 끊어진 자리"라는 뜻이다. "언어言語의 도道가 단斷되었다"고 읽어야 한다. 그러니까 언어를 통하여서는 도달될 수 없는 자리, 마음의 분별활동을 통하여 도달될 수 없는 자리, 즉 비유비무非有非無의 반야니 진여니, 공空이니 하는 경지를 가리키는 것이라 한다. 그러니까 우리의 일상언어의 의미맥락과의 정반대가 되는 지고의 경지를 가리키고 있다. 언어도단은 보통 "심행처멸心行處滅"이라는 말을 수반하여 한쌍으로 쓰인다.

여기 "단斷"이라는 말은 『장자莊子』에게 있어서는 "망忘"으로 나타나 있다. "끊는다"는 말과 "잊는다"는 말은 상통한다. "잊는다"는 말의 의미가 "끊는다"는 의미로 해석되어야 그 진의가 철저하게 드러난다는 것을 반야사상은 역설하고 있는 것이다.

지금 여기서 문제가 되고 있는 천재적 사상가 왕필王弼(AD 227~249)은 우리가 『삼국지』를 통하여 잘 아는 조조曹操(AD 155~220)라는 인물이 죽은 지 7년 만에 태어난 사람이다. 그러니까 그는 보통 위魏나라의 경학가로 불리운다. 이 세상에서 조조만큼 평가가 엇갈리는 사람도 드물다. 한편에서는 천하의 간신이며 사리만 챙기는 의리없는 놈이라 평하는가 하면, 한편에서는 병법, 서법, 시가에 능하고 인민의 고통을 느낄 줄 아는 기백이 웅위한 영웅이라 말한다. 조조라는 캐릭터 자체가 이 시대의 오묘한 분위기를 대변해주는데, 왕필은 바로 이러한 역사의 개방적 기운氣韵을 체현한 천재라 말해야 할 것이다.

불교는 후한의 명제明帝(AD 57~75 재위) 때부터 중국에 들어오기 시작하여, 환제桓帝(AD 146~167 재위) 때에는 황제 본인이 공식적으로 불교를 신봉했다고 한다. 그러나 이들의 불교는 불상을 모시고 이색적인 음악을 연주하며 환상적인 춤을 추는 것 정도였다. 불교라는 것을 중국인들이 제대로 이해하기 위해서는 불교경전을 읽어야 하고, 또 그 경전에 담긴 사상을 원천적으로 이해해야 한다는 신념 하에 원시불교의 경전들을 번역하는 난해한 작업을 감행한 사람이 바로 안식국安息國(Parthia: 카스피해 아래에 위치한 대제국으로서 페르시아제국을 계승했다. 현재의 이란, 이라크, 아르메니아 지역을 포괄한다. 당시 유라시아 대륙의 4대강국, 로마, 파르티아, 쿠샨, 한왕조 중의 하나였다. 개방적인 종교문화를 지니고 있었다. BC 247~AD 224 존속)의 왕태자, 안세고安世高였다.

왕위를 둘러싼 분규 속에서 그는 권력 내의 부패의 고리를 끊을 수 없다는 것을 자각하고 왕위를 숙부에게 양보하고 불문의 가르침에 뜻을 두어 출가하여 여러 나라를 주유하다가 불교에 개방적이었던 환제의 시대, 건화원년(AD 147)에 낙양에 왔다. 그가 아무런 사전의 선례적 규범도 없이, 어학적 바탕이나 사서辭書의 도움도 없이, 산스크리트 표음문자를 고전중국어 표의문자로 바꾸는 작업이 얼마나 창의적이고 난감한 파이오니어적 작업이었나를 상상하는 것은 어렵지 않다.

그가 중국에서 활약한 시기는 대략 30년간이었다고 하는데(AD 147~177경,

역경사업은 후한 건녕建寧 168~171 시기에 종료되었다고 한다), 그가 펴낸 경전은 아함, 아비달마 논장류인데 대승경전에는 미치지 않았으나, 불교의 핵심적 개념을 정확히 오리지날한 맥락에서 전달하고 있다. 고립되어 있던 문명과 문명을 가교架橋 짓는 위대한 어학자이며 사상가였다고 말해야 할 것이다 (월운 스님께서 번역하신 안세고의 『인본욕생경주해人本欲生經註解』의 서문을 내가 썼다. 그 서문에 안세고에 관한 정보가 요약되어 있다. 동국대학교출판부 간刊).

안세고 이외로도 같은 시기에 낙양에 온 탁월한 스님이 있다. 지루가참支婁迦讖(Lokakṣema: 희랍·불교미술의 센터였던 간다라에서 태어남. 대월지국大月支國 사람이다)은 환제의 치세 말기에 낙양에 와서 영제靈帝의 광화光和·중평中平 연간(178~188)에 『도행반야경』, 『수능엄경』, 『반야삼매경』, 『아축불국경阿閦佛國經』 등을 번역해내었다. 그런데 재미있는 사실은 지루가참이 안세고보다 불과 20년 늦게 중국에 왔건만, 안세고의 역경에는 대승경전이 하나도 없었고, 지루가참의 역경 리스트에는 소승경전이 하나도 없었다는 사실이다. 2세기 후반의 이 짧은 시기에 소승과 대승이 엇갈리고 있었던 것이다.

반야경전의 성립은 곧 대승불교의 출발을 의미한다. 소승은 아라한을 지향하고 대승은 보살을 지향한다. 지루가참의 역서 중에 『도행반야경』이라는 경전이 있는데 이 서물이 번역된 시기는 AD 179년인 것이 확실하다. 이 『도행반야경』이야말로 모든 반야경의 조형이며 동시에 기원이라고 말할 수 있다. 우리가 절깐에서 외우는 현장역 『반야바라밀다심경』의 프로토타입이 『도행반야경』에 내재한다고 말할 수 있는 것이다.

왜 장자 얘기를 하다가 갑자기 중국불교사의 초전初傳을 이야기하게 되었는가? 내가 묻고 싶은 것은 『장자』와 대승불학의 관계이고, 위진남북조 현학의 개조인 왕필과 반야학의 관계이다.

자아! 한번 생각해보자! 왕필이 태어난 시점은 바로 『도행반야경』이 등장한 지 48년이 되는 시점이다. 그러니까 반야학의 도입과 왕필의 활약은 불과 반세기밖에는 격하고 있질 않다. 그렇다고 왕필의 현학적 사유가 반야경전의 영향을 받았다고 말하는 것은 매우 난감한 추론이다. 사상의 전파라는 것은 태풍처럼 빠르게 움직일 수도 있지만, 전혀 상관성이 없는 상황에서도 독자적으로 전파의 핵을 마련해갈 수도 있기 때문이다.

안세고의 소승불학이나 지루가참의 대승불학이 소기하는 바는 인간의 고통과 구원에 대한 새로운 언어였으며, 그들의 활동시기는 황건적의 난과 권신 동탁董卓(?~192년)의 전횡으로 민중의 인간세에 대한 염오厭惡가 짙어만 가고, 비관적 현실을 초탈하고 싶어하는 향심이 절절하던 시기였다.

안세고나 지루가참이 전하는 불교학의 사회적 공능은 민중의 자기구원이라는 정신상의 해탈추구와, 급변하는 사회조건에 순응하는 피세주의적 요구에 잘 들어맞았다. 크게 보자면 중국 고유의 사상조류인 현학의 전개와 외래사상인 대승불교의 혁명적인 외침은 모두 동한말東漢末의 사회적 대동탕大動蕩을 공통의 배경으로 하고 있었다. 양자의 출현은 피치못할 필연이었을 수도 있고, 완벽한 우연일 수도 있다. 반야학의 영향을 받아 현학이 생겨난 것도 아니요, 현학의 논리 때문에 반야학이 전파될 수 있었던 것도 아니다. 그러나 양자는 같은 시기에 태어나 서로 영향을 주면서 발전해 나갔고 인류사에 유니크한 사상의 줄기를 형성해갔다.

반야학의 성립은 대승불교의 운동이 이론적 궤도를 마련했다는 것을 의미한다. 그러나 대승불교는 결코 소승불교의 발전적 단계로 이해될 수 없는 것이다. 소승과 대승은 같은 불교라는 공통분모를 지니고 있지만, 소승의 입장에서 본다면 대승은 매우 이질적인 반불교적 성격을 지니는 것이다.

그것은 승乘의 대소大小로 구분되는 것이 아니라, 근원적으로 불교의 오리지날한 성격 그 자체를 파괴하는 혁명적인 신조류였다. 그 혁명성은 이미 반야에 대한 근원적이고도 개방적인 해석을 통해 확보되었으며, 그러한 반야가 민중에게 소화되는 순간 이미 불교는 계율중심의 소승과 결별하고 선불교禪佛教로의 기나긴 여행을 떠나지 않을 수 없었다. 그러한 모든 가능성의 에너지가 이미 2세기 말에서 3세기 초반에 완성된 형태로 농축되어 있었다는 사실은 놀라운 일이다.

인도에서 『금강경』이 만들어지고, 중국에서는 『8천송반야경』과 다양한 반야경전들이 규모를 갖추어가고, 왕필의 『역』해석과 『노자』주석이 압도적인 권위를 확보하고, 금·고문을 융합하여 유교경전의 모든 해석학을 집대성한 정현鄭玄(127~200)의 초인적인 노력 등등, 이 모두가 가장 무질서하고 난잡한, 모든 권위가 허물어져 가는 시대에 동시에 폭발한 사건이라는 사실은 인류정신사에 획기적인 사태라 아니할 수 없다. 그러한 조류를 상징적으로 대변할 수 있는 말이, 나는 "대승"이라 생각한다. 이 대승이라는 개념이 가지고 있는 개방성, 혁신성, 창조성은 서방에서는 르네상스 시기에 인본주의라는 이름으로 등장하지만, 우리 동방에서는 대승적인 운동이 이미 각 사상조류에서 2·3세기에 완성된 논리를 마련했다는 사실을 기억해야만 한다.

이 시기야말로 기독교의 경서經書들이 만들어지고 결집되는 시기였지만, 기독교는 대승기독교에로의 혁명적 성격을 갖출 채비를 차리기도 전에 소승기독교에서 교회기독교로 나아갔고, 그 에클레시아기독교는 로마제국으로 편입되면서, 황제기독교, 제국주의기독교가 되었을 뿐이다. 갈릴리지평의 역사적 예수Historical Jesus는 사라지고 황제예수가 면류관을 쓰고 로마황제 위에 군림했던 것이다.

단언컨대 우리 동방에는 중세기가 없다! 중세기Middle Age란 하나의 종교적 권위가 모든 국가의 권력 위에 군림하는 신정神政 하이어라키를 의미하는데, 그러한 중세기는 우리에게는 존재하지 않는다. 따라서 서구적 근대Modernity도 우리에게는 불필요한, 부질없는 개념이다.

이미 2·3세기에 대승의 완벽한 사유형태가 체계를 이루었고 그 후로 발전된 다양한 종파는 서양의 독선적인 도그마와는 전혀 그 성격이 다르다. 성실종成實宗, 삼론종, 율종律宗, 열반종, 지론종地論宗, 정토종, 섭론종攝論宗, 구사종俱舍宗, 천태종天台宗, 화엄종華嚴宗, 법상종法相宗(유식종), 진언종眞言宗, 선종禪宗 등 이루 헤아릴 수 없이 유니크하고 다양한 종교운동이 서로의 고유한 자태를 뽐내면서 자유롭게 발전해나갔던 것이다. 이러한 발전과 더불어 유교, 도교, 역학 또한 끊임없는 혁신을 계속해나갔다. 어찌 이러한 정신사적 역동성을 서양의 "중세Middle Age"에 비견할 수 있으랴! 우리에게 중세는 없다. 중세가 없으니 근대도 없다! 조선왕조에 있어서의 주자학의 권위도 서구적 종교개념의 독선에 비할 바 되지 않는다.

이 2·3세기의 인류정신사적 혁명의 활로를 개척한 그 획기적 틀은 『역』과 『노자』『장자』의 결합에서 마련되기 시작하였다고 나는 생각한다. 그리고 때마침 유입된 외래언어의 불학이 그 혁명의 새로운 에너지를 제공하였던 것이다. 알고보면 유·불·도라는 것은, 중국것, 인도것, 동북아 조선것이라고 실체화하기보다는, 인간이라는 동물의 언어발달과정에 내재하는 보편적 사유의 측면이라고 보는 것이 보다 정확한 실상이라고 보아야 한다. 서양은 그 야만성과 후진성, 도그마주의적 독선성 때문에 이러한 대승의 흐름에 근원적으로 참여하지 못했다. 애석할 뿐이다.

장자는 언言과 의意를 말했다. 언은 의를 나타내기 위한 것이므로(言者所

以在意: 여기서 "在"는 "잡는다," "파악한다"는 뜻이다), 의를 파악했으면 언은 잊어버려도 된다는 뜻이다. 말 가지고 꼬투리를 잡는 사람이 아닌, 말을 잊어버린 사람(忘言之人), 그러면서도 그 의취意趣가 통하는 사람! 장자는 말한다: "언제나 나는 그런 사람을 만나 더불어 이야기할 수 있을 것인가!(而與之言哉)" 장자의 표현에는 약간 아이러니가 있다. "吾安得夫忘言之人, 而與之言哉!" 즉 말이 사라진 인간과 더불어 말을 한다는 표현 속에는 상반된 맥락에 동일한 "언言"이 들어있다. 이런 아이러니는 모든 반야사상에 매우 기초적인 논리구조이다.

왕필은 "성인에게 정情이 있냐, 없냐?"라는 당대의 지성들과의 논쟁에서 처음에는 "성인무정聖人無情"을 주장했다. 그러나 그는 결국 무정이 아닌 유정으로 기운다. 그리고 성인은 "이리화정以理化情"한 사람이라고 결론을 내린다. 공자가 안회의 죽음을 슬퍼하고 통곡하는 것은 성인의 흠이 아니라, 대자연의 순리에 따라(以理) 자신의 정감을 자연의 리듬에 맡긴 매우 자연스러운 행위의 흐름(化情)이라는 것이다. 그것은 이미 유有·무無의 개념이 개입할 여지가 없다는 것이다. 사실 왕필은 이미 "공자의 반야般若"를 이야기하고 있는 것이다.

장자가 언言과 의意를 말한 것에 왕필은 그 사이에 하나의 개념을 더 추가한다. 언言은 상象을 나타내기 위한 것이고 상象은 의意를 나타내기 위한 것이라 하여 두 항목 사이에 "상象"을 끌어들였다. 이렇게 되면 이 논의는 『역』을 해석한 자신의 입장을 밝히는 자리에서 일어나고 있으므로(『주역약례周易略例』「명상明象: 상을 밝힘」), 여기 상이란 역을 구성하는 모든 심볼의 체계를 의미한다. 이런 방식으로 역은 자연스럽게 『노자』『장자』의 맥락으로 접합되게 된다. 왕필은 말한다:

"그러므로 언은 상을 밝히는 소이이니 상을 얻으면 언을 잊고, 상은 의를 간수하고 있는 것이니 의를 얻었으면 상을 잊어야 하는 것이다. 이는 마치 올가미란 토끼를 잡는 도구이니 토끼를 잡으면 올가미를 잊고, 통발은 물고기를 잡는 것이니 물고기를 얻었으면 통발을 잊어야 하는 것과 같다. 그런즉 언은 상의 올가미요, 상은 의의 통발이다. 이런 까닭에 언을 아직 간직하고 있는 자는 상을 터득한 자가 아니요, 상을 여전히 보존하고 있는 자는 의를 파악한 자가 아니다. 상은 의에서 생겼으니 상에 집착하고 있다면 간직해야 할 것은 그 상이 아니요, 언이 상에서 나왔으니 언에 집착하고 있다면 간직해야 할 것은 그 언이 아니다. 그런즉 상을 잊은 자는 바로 의를 터득한 이요, 언을 잊은 자는 바로 상을 얻은 이이다. 의를 터득함은 상을 잊음에 있고, 상을 터득함은 언을 잊는 데 있다."

故言者, 所以明象, 得象而忘言; 象者, 所以存意, 得意而忘象。猶蹄者所以在兔, 得兔而忘蹄; 筌者所以在魚, 得魚而忘筌也。然則, 言者, 象之蹄也; 象者, 意之筌也。是故, 存言者, 非得象者也; 存象者, 非得意者也。象生於意而存象焉, 則所存者乃非其象也; 言生於象而存言焉, 則所存者乃非其言也。然則, 忘象者, 乃得意者也; 忘言者, 乃得象者也。得意在忘象, 得象在忘言。(『주역약례周易略例』「명상明象」).

이 왕필의 논의는 언으로부터 시작하여 상象을 거쳐 의意로 골인하고 있지만, 최종적 한마디는 "득의이망상得意而忘象"이다. "상"이란 역을 구성하는 모든 심볼리즘의 체계를 말하는 것이니, 왕필이 말하고자 하는 것은, 역易의 이해가 상수학에 매몰되어 온갖 미신적 추론이 난무하던 한역漢易의 대세를 싹 쓸어버리는 혁명적 발언을 하고 있는 것이다.

상象이란 인간의 상식적 언어言로부터 출발한 것이요, 그것은 궁극적으로 인간의 삶에 의미나 뜻을 전하기 위한 것이다. 상象이 상 자체로 인간에게 대립되어 있는 궁극적 실체가 아니다. 상은 어디까지나 의를 전하기 위한 방편이다. 왕필은 의意가 무엇인지를 밝히지는 않았으나, 상과 의는 반야경전에서 말하는 방편方便과 열반涅槃과 크게 다르지 않다. 반야는 방편과 열반의 불이不二를 말하지만, 그 불이의 융합에는 절대를 추구하는 종교적 경지가 배어있다.

그러나 왕필이나 장자가 말하는 의意는 현실적인 삶의 깨달음, 즉 상도常道에로의 복復이 전제되어있다. 그러나 결국 양자는 상통한다. 언을 간직하고 있는 자는 상을 터득한 자가 아니요, 상을 여전히 보존하고 있는 자는 의를 파악한 자가 아니라고 외치는 왕필의 논의는 바라밀다의 수단인 뗏목에 머물러있는 한, 피안에 다다랐다 할지라도 피안을 밟을 수 없다는 논리와 동일하다.

이렇게 역은 왕필의 현학玄學적 논리를 통하여 철학적 의미를 강하게 지니게 되고, 상수학적 번쇄함을 뛰어넘어 반야화되고, 대승화되었던 것이다. 이것은 역과 현학과 반야의 관계를 설파하는 하나의 학설을 제시하는 담론이 아니라 동방의 사유가 고대로부터 내려오는 모든 미신적, 외골수적, 고착화된, 공간화된 시간성으로부터 해탈하여 다른 세계로 진입하였음을 의미하는 것이다.

반야사상은 본시 방편과 열반, 중생과 불성, 환화幻化와 본무本無, 세간과 출세간의 통일을 지향한다고는 하나, 언어의 방편적 가치는 반야에로의 지향성에 있어서 그리 높은 평가를 얻지 못한다. "득의이망언得意而忘言"을 얘기하는 장자에게 있어서도 언은 독자적 위상을 가지고 있지 못하다. 물론 "득의이망상得意而忘象"을 얘기하는 왕필에게 있어서도 언어적 심볼리즘은 의意에 비하여 내버려야 할 것으로 비하된다.

그러나 서구문명에 있어서 언어라는 심볼리즘은 실재reality의 반영태로서 확고한 지위를 지닌다. 서구문명 그 자체가 로고스Logos의 문명이라고 말할 수 있다. 언어는 신적인 권위를 지니고 인간세의 모든 가치를 지배한다. 예수도 로고스요, 말씀이다. 말씀이 곧 빛이요, 어둠에서 모든 빛을 해방시키는 진리다. 인간의 말에 불과한 로고스에 신적인 권위를 아무런 비판적 근거 없이 덮어씌웠고, 인간은 자기의 말씀에 예속되는 존재가 되고 만다.

에른스트 카씨러Ernst Cassirer, 1874~1945는 인간의 인간됨의 본질적 단서를 상징능력으로 보고, 인간 자체를 상징동물*animal symbolicum*이라 규정했다. 인간의 상징능력이야말로 모든 과학적 진리의 근거가 되고 인간본성의 진상을 규명하는 실마리가 된다는 것이다(Ernst Cassirer, *An Essay on Man*, Yale University Press, 1978. p.27). 신칸트학파의 거장인 카씨러의 이러한 에이도스에 치우친 주장이야말로 서구문명이 기본적으로 로고스의 문명이라는 것을 나타내주는 것이다.

그러나 왕필의 득의망상은 이러한 서구적 심볼리즘의 가치를 초월하는 것이다. 이러한 현학이나 불학, 노장학의 태도 때문에 동방이 과학문명을 발전시키지 못했다는 퇴행적 사유, 서구문명의 자부감에 대한 자괴감이 우리의 성장과정을 지배해왔으나, 과학 그 자체가 인류의 구원이 아닌 인류와 지구의 파멸의 선봉이 되고 있다는 현실인식을 전제로 하면 이제 인류사상사의 모든 가치적 하이어라키를 재고할 필요가 있다. 언어에 대한 절대적 신념이나 실재의 모사로서의 신비적 가치도 비트겐슈타인Ludwig Wittgenstein, 1889~1951의 사용이론(Language as Use)에서 모든 역사적 신비감이 벗겨지고 마는 것이다.

내가 지금 『역』에 관한 이야기를 하려다가 자꾸만 거창한 이론들의 숲을 헤매게 되는데, 내가 애초에 이야기하려던 것은 『역』을 잊을 때도 됐는데 왜 잊지 못하고 있는가에 관한 쇄설瑣說이었다. 왕필은 "득의망상"이라 했는데, 나도 『역』에 관한 의意를 얻었으면 『역』을 구성하는 모든 심볼들을 망忘할 때도 되지 않았는가 하는 것이었다. 나는 진실로 역을 망忘하고 싶은 것이다. 그런데 "족쇄로부터 해방"이라는 말에서 가장 중요한 것은 족쇄의 존재가 확실해야 한다는 것이다. 구체적인 족쇄의 형태가 내 신체를 확실하게 붙잡고 있어야 한다는 것이다. 과연 그런가?

"득의이망상得意而忘象"에서 우선 확실해야 할 것은, 그대는 과연 의意를 득得했는가, 하는 것이다. 득의의 의(뜻)는 과연 무엇인가? 상象은 비교적 이해하기가 쉬울 수도 있으나, 의를 득하지 않으면 상은 버려지지 않는 것이다. 그리고 또 상을 버리지 않는 한 의를 득할 수 없는 것이다. 그러니까 의와 상은 타자를 위해 일자를 일방적으로 내버릴 수 없는 매우 타이트한 관계로서 결속되어 있다. 왕필의 득의망상의 논리를 접할 때는 혁명적인 통쾌감을 느끼면서도 실제로 그 통쾌감의 구체적인 내용으로 들어가면 좀 막막해진다. 사실 모든 철학적 담론이 이 모양이다.

내가 역을 버리지 못하는 이유는 원초적으로 나의 무지에 있다. 학인들은 자신의 본질적인 무지를 밝히는 것을 매우 두려워한다. 아는 체 하는 것으로 먹고살 수밖에 없는 인간이 곧 유식자요, 학자요, 교수요, 학설자요, 사상가이기 때문이다. 그러나 내가 확실히 말할 수 있는 것은 역에 관한 모든, 아주 모든 담론은 확실한 기준이나 근거가 없다는 것이다.

예를 들면, 역은 누가 썼는가? 언제 쓰여졌는가? 쓰여진 것인가, 구전된 것인가? 한 사람이 썼나, 여러 사람이 썼나? 무엇을 위한 것인가? 어느 학파에 속하는 담론인가? 한 시대 한 사람의 것인가, 여러 시대 여러 곳의 꼴라쥬인가? 백서역帛書易이 먼저냐, 금본역今本易(현행본역을 중국학계에서는 금본역이라고도 한다)이 먼저냐? 어느 것이 더 오리지날이냐? …… 하여튼 이러한 모든 문제에 관하여 매우 심각하고 진지한 담론이나 학설이 한우충동하지만, 내가 확실하게 말할 수 있는 최종적 사실은 어느 주장도 확실하지 않다는 것이다. 나의 논설만이 확고한 사실이라고 주장하는 모든 학인들은 궁극적으로 사이비가 되고 마는 것이다. 이 사실은 역을 공부하는 모든 사람이 기억해야만 하는 진실이다.

역易은 경經과 전傳으로 나뉜다. 이것은 내가 이미 나의 『도올주역강해』의 제1장, "독역수지讀易須知"에서 설진說盡한 것이다.

역易이 점占에서 출발한 것이라는 사실에는 이론의 여지가 없다. 경經이란 역점을 치는 데 최소한으로 요구되는 오리지날한 장치를 말한다. 64괘의 괘상卦象이 필요하고, 64괘의 이름(卦名)이 필요하고, 64괘에 딸린 384효(64×6=384)의 효사爻辭가 필요하고, 각 괘마다 그 전체의 의미를 말해주는 64개의 괘사卦辭가 필요하다(자세한 내용에 관해서는 나의 책 『도올주역강해』 p.75 전후를 참고할 것). 그러니까 64개의 괘상, 64개의 괘명, 64개의 괘사, 384개의 효사가 역의 본체本體를 이루는 것이다. 이것을 보통 오리지날한 "역경易經"이라고 부르는 것이다.

그런데 이 역경을 구성하는 오리지날한 자료들은 간략하고 단절적이며 상징성이 농후하여 실제로 그 뜻을 헤아리기가 매우 어렵다. 그래서 『역경』이 만들어진 후에 그 뜻을 후세에 "전傳"하기 위하여 『역경』의 각 분야에 대하여 전傳으로 불리는 논문들을 만들어 붙였다. 그러니까 불교식으로 말하면 경은 아함이 되는 셈이고, 전은 아비달마가 된다고 생각하면 될 것이다. 그러니까 전은 경의 권위가 확립된 이후에 그 경에 대하여 다양한 사람들이 해석을 가한 것이다.

사방으로 메시지를 전파하는 새에 비유하자면, 새의 몸통이 경이 되는 셈이고, 그 경을 해석하여 후세에 전하는 전傳은 날개에 해당한다고 하여, 전을 "익翼"이라고 불렀다. 그 익翼을 그냥 관용구적으로 "십익十翼"이라 불렀는데 날개 즉 전傳이 10개 있었다는 뜻이다. 문헌학적으로 이 말을 캐어 들어가면, "십익"이라는 말도 춘추전국시대에 있었던 말이 아니다. AD 6세기 북주北周시대에 활약한 석도안釋道安(혜원慧遠의 스승이며, 전진前秦시기의 걸출한 번역가인 석도안, 312~385과는 동명이인의 다른 승려)이 쓴 『이교론二教論』에 처음 등장하는 말이라 한다.

그 이전에 "십익"을 연상케 하는 최초의 언급은 『한서漢書』「예문지藝文志」에 공자의 『역』에 관한 저술로서 "십편十篇"이라는 표현이 나온다. 도서목록으로서 최고의 권위를 자랑하는 『한서』「예문지」의 기사 전문은 다음과 같다.

孔氏爲之彖丶象丶繫辭丶文言丶序卦之屬十篇。
공자(공씨)는 단, 상, 계사, 문언, 서괘류의 열 편을 지었다.

보통 "한지漢志"라 부르는 「예문지」는 후한의 반고班固, AD 32~92가 지은 『한서』 100권 중에, 제30권에 해당된다. 그러니까 AD 1세기경, 중국 식자들간에는 『역』에 대하여 공자가 10편의 전을 지었다고 하는 막연한 믿음이 있었다는 것을 알 수 있다. 그러나 "전傳"이라는 표현도 없고, 실제로 그 종류는 5종밖에 되지 않는다.

『한서』「예문지」가 말하는 십편十篇	
1. 彖	단전
2. 象	상전
3. 繫辭	계사전
4. 文言	문언전
5. 序卦	서괘전

그런데 이보다 빠른 기록으로서 사마천의 『사기史記』(태초太初 원년, BC 104년에 집필 시작하여 14년 걸려 완성) 중 「공자세가孔子世家」(공자 일생을 그린 전기문학)의 끝부분에 그의 학문적 성취를 논하는 대목에 다음과 같은 기록이 있다.

> **孔子晩而喜易, 序彖丶繫丶象丶說卦丶文言。**
> **공자는 말년에 역을 좋아했다. 그는 단·계·상·설괘·문언을 조리있게 편찬하였다.**

여기도 물론 "전傳"이라는 표현은 없다. 그리고 몇 편이니 몇 익이니 하는 숫자도 없다. 그리고 "단彖" 앞에 있는 "서序"라는 글자를 "서괘전序卦傳"으로 볼 수가 없다. 그리하면 동사가 없는 어색한 문장이 된다. "서"는 단·계·상·설괘·문언을 목적으로 하는 타동사이다. 그러면 "서序한다"는 뜻은 "질서있게 정리한다," "편찬한다"는 정도의 의미가 될 것이다. 그리고 「한서예문지」에서 "계사繫辭"라고 정확히 말한 것이, 단지 "계繫"라고 표현되었다. 사마천의 기술에서도 공자와 관련된『역』의 전은 5종밖에는 되지 않는다.

『사기』「공자세가」의 기술	
1. 彖	단전
2. 繫	계사전
3. 象	상전
4. 說卦	설괘전
5. 文言	문언전

「예문지」와「세가」의 양자를 비교해보면「예문지」의 단·상·계의 순서가「세가」에는 단·계·상으로 바뀌어있다. 그리고 서괘 대신 설괘가 들어가 있고, 문언이 끝으로 밀려나 있다. 내가 생각키에는「예문지」의 순서는 5개의 전의 성립순서를 반영하고 있다고 생각한다. 사마천의 기록에 "설괘說卦"가 들어가 있는 것은 중요한 의미가 있다. 설괘가 중요한 문헌인 동시에 그 성립연대가 빠르다는 것을 암시하고 있기 때문이다.

경학의 체제 내에서 "십익"이라는 말이 명시되어 있는 곳은 당초唐初의 경학자이며 공영달의 선배인 육덕명陸德明, ca.550~630이 쓴『경전석문經典釋文』에 나온다.

孔子作彖辭、象辭、文言、繫辭、說卦、序卦、雜卦, 是爲十翼。

공자는 단사, 상사, 문언, 계사, 설괘, 서괘, 잡괘를 지었다. 이것이 바로 십익이다.

『경전석문』에나 와서 비로소 오늘날 우리가 보유하고 있는 현행 텍스트의 이름이 다 나오고, 그것을 공자가 지었다(작作하였다)라고 명기하고 있다. 그러나 역시 10개는 아니다. 전부 합해봐야 7개의 문헌이 있을 뿐이다. 『경전석문』에는 단·상이 단사·상사로 되어있고, 문언이 상사 다음에 위치하며 계사 위로 올라가 있다.

『경전석문』이 말하는 십익十翼	
1. 彖辭	단전
2. 象辭	상전
3. 文言	문언전
4. 繫辭	계사전
5. 說卦	설괘전
6. 序卦	서괘전
7. 雜卦	잡괘전

남은 문제는 7종과 10익의 숫자를 어떻게 맞추느냐에 있었다. 『역』은 선진시대로부터 이미 상·하 2편으로 나누어져 있었고(선진시대에는 "경經"이라는 표현은 아예 없었다. 그래서 2편이라 한 것이다. 하편은 함괘咸卦로부터 시작한다), 그 상·하경의 구분에 따라 단전·상전·계사전을 상·하로 나누면 10개가 된다.

당초, 당태종의 시대에 활약하여 『오경정의五經正義』라는 방대한 경학의 총림을 구축한 공영달孔穎達, AD 574~648(공안孔安의 아들, 공자 32대손. 당초 18학사 중의 한 사람. 대유. 경학자이면서 역학자였다. 그의 역학은 의리를 주로 하여 상수를 융합하고 송유의 역학으로 가는 다리를 놓았다. 그의 학설은 한역漢易과 송역宋易을 통관했다)의 『주역정의周易正義』에서 비로소 "십익"의 기준이 마련된 것이다. 그 서론序論의 제6「논부자십익論夫子十翼」조에 다음과 같이 언명되고 있다.

其彖丶象等十翼之辭, 以爲孔子所作, 先儒更无異論, 但數十翼亦有多家。既文王易經本分爲上下二篇, 則區域各別, 彖丶象釋卦, 亦當隨經而分。故一家數十翼云: 上彖一, 下彖二, 上象三, 下象四, 上繫五, 下繫六, 文言七, 說卦八, 序卦九, 雜卦十。鄭學之徒, 並同此說, 故今亦依之。

그 단전이니 상전이니 하는 십익의 언어가 공자가 지은 저작물이라고 하는 데는 선유先儒들이 이론異論이 없었다(의견이 일치했다). 그러나 십익을 어떻게 셀 것인가 하는 것에 관해서는 학파간에 다양한 견해가 있었다. 문왕께서 역경易經을 지으실 때부터 본래 상·하 2편으로 나누어 지으신 것이다. 그런즉 상·하 두 구역이 별도로 나뉘게 되니, 단전이나 상전이 괘를 해설하는데 있어서도 역경의 체제에 따라 상·하로 나뉠 수밖에 없는 것이다.
그러므로 어느 학파에선가 십익을 이런 방식으로 셈하게 되었다:

상단1, 하단2, 상상3, 하상4, 상계5, 하계6, 문언7, 설괘8, 서괘9, 잡괘10. 예로부터 경학의 대가 정현鄭玄, AD 127~200의 제자들도 이런 방식으로 셈했다고 한다. 그러므로 『주역정의』의 체제에 있어서도 이 방식을 따르려 한다.

오늘날 십익이라 하는 것은 모두 『주역정의』의 체제에 따라서 셈하고 있다(『십삼경주소十三經注疏』본이 『정의』를 계승하였다).

『주역정의』가 말하는 십익	
1. 上彖 一	단전 상
2. 下彖 二	단전 하
3. 上象 三	상전 상
4. 下象 四	상전 하
5. 上繫 五	계사전 상
6. 下繫 六	계사전 하
7. 文言 七	문언전
8. 說卦 八	설괘전
9. 序卦 九	서괘전
10. 雜卦 十	잡괘전

자아! 여기쯤 오면 독자들은 "십익"이라는 것이 무엇인지, 계사라는 것이

십익 중에 어떤 위치를 점하는 것인지 그 초입의 지식은 획득했을 것이다.

그런데 지금 내가 독자들이 쉽게 구해볼 수 없는 자료들을 나열하여 이렇게 장황하게 해설하고 있는 까닭은 독자들에게 복잡한 문헌의 역사적 실상을 과시하려 함이 아니라, 『역』에 관한 우리의 지식이 얼마나 엉성하고, 얼마나 마구잡이 카운팅의 소산인가, 그리고 『역』에 대한 우리의 역사적 지식이 얼마나 근거가 박약하고 불확정적인가를 보여주려 한 것이다.

지금 중국역사를 통해 가장 권위있는 서물 중의 하나인 『주역정의』 권수卷首의 서술에서 우리는 그들이 확정적으로 말하고 있는 정보를 대강 다음과 같이 간추릴 수 있다.

1. 십익은 모두 공자가 저술한 것이다.

2. 역경 그 자체는 문왕이 지은 것인데 지을 때부터 상·하편으로 나누어 지었다.

3. 십익과 현존하는 7종의 전傳이 들어맞질 않는데, 단·상·계를 상·하로 나누면 10개의 전이 된다.

4. 이런 방식의 셈이 정현시대로부터 있었다고 한다.

이에 대하여서도 우리는 다음과 같이 이야기할 수 있다.

1. 십익을 잘 들여다보면 그 자체의 문맥에 따라 도저히 공자의 저작으로 볼 수 없다는 것이 드러난다. 십익은 공자의 저작이 아니다. 이것은 상식이다.

2. 『역경』 그 자체를 문왕이 지었다 하는 것도 픽션에 불과한 방편설이다.

3. 『역경』의 저자가 처음부터 상·하경을 나누어 지었다는 것도 아무런 보장이 없다. 괘상의 순서배열은 다양한 방식이 있었다.

4. "십익"이라는 말이 역학사에서 문제 되는 것은 당나라 때에나 와서였다.

5. 익은 전인데, 경문에 대한 해설인 전傳은 현존하는 7종 외로도 수없이 많았을 수 있다. 마왕퇴에서 출토된(1973년 12월, 3호묘) 백서帛書 문헌 중에서도 역전易傳에 해당되는 문헌으로서 우리가 접하지 못했던 것이 5종이나 된다(「이삼자二三子」, 「충衷」=「역지의易之義」, 「요要」, 「무화繆和」, 「소력昭力」). "십익"이 스트레스가 될 이유가 없다("繆和"는 "무화"로 읽어도 되고, "목화"로 읽어도 된다. 공자에게 역에 관해 묻는 제자의 이름인데, 「중니제자열전」이나 『가어』 「72제자해」에 나오지 않는다).

6. 동한 말 정현의 학단 내에서 이미 십익에 대한 정확한 규정이 있었다는 것은 추론에 불과하다. 확실한 근거가 없다.

이런 식으로 얘기하면 논의가 끊임없이 이어질 수밖에 없다. 『역』의 실상에 관한 어떠한 확정적 가설도 성립하기 어렵다는 것을 정직하게 인지하는 위에서 우리는 역에 대한 논의를 차분히 전개해야 한다. 역은 그 알파부터 오메가까지 모두 불확정의 세계다. 불확정이기 때문에 버릴 수도 없고, 또 그 영향력이 크다. 그리고 무한히 자기변신을 감행한다. 역은 실체가 없기 때문에 누구에게든지 무한한 매력을 지닌다. 어테까지의 논의를 매듭지으면 이러하다.

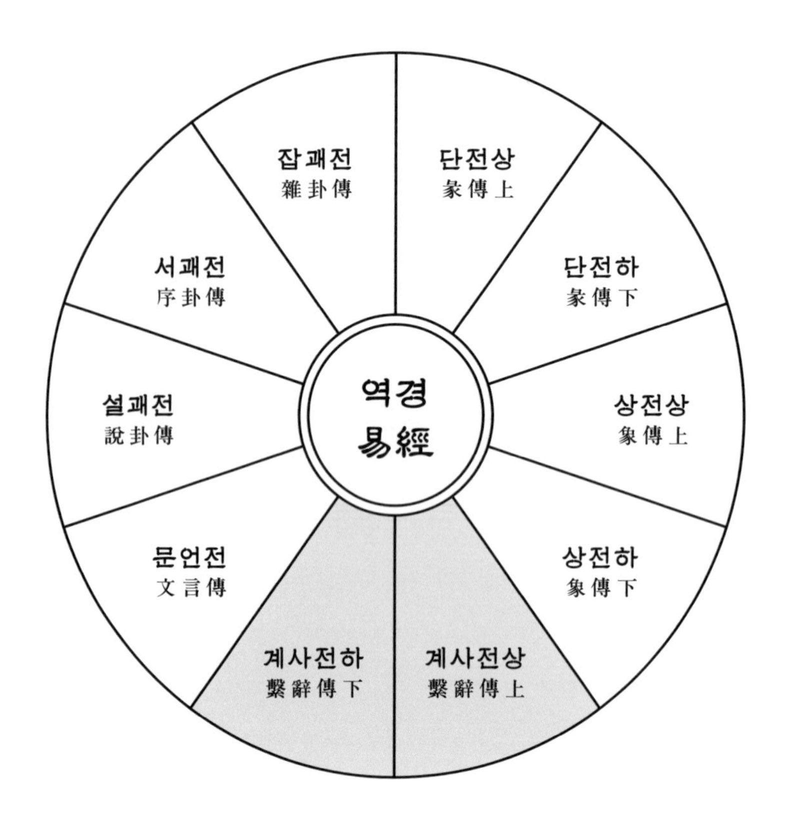

역경을 해설하는 문헌이 열 개가 있다(실상은 7종이다. 상전의 경우, 소상전과 대상전을 하나로 묶어 상·하로 나누었는데 소상전과 대상전은 전혀 성격을 달리하는 문헌으로서 하나의 상전이라는 개념으로 묶일 수 없다. 나는 상전을 상·하로 나누는 것보다는 소상전과 대상전으로 나누는 것이 정당하다고 생각한다. 『도올주역강해』 p.75를 참고할 것). 그 열 개의 날개 중에서 두 개의 날개가 계사전이다. 좀 허망하겠지만 여태까지 한 얘기 중에서 이 이상의 진실은 말하기 어렵다: 열 개 중에 두 개라는 것.

자아! 이제 얘기해보자! 계사라는 게 도대체 뭐냐? 아~ 참~ 여기까지나의 논의를 따라온 독자들 중에서도 나의 논의를 온전히 이해하지 못하는 사람이 있을 수도 있다. 내가 말하는 7종의 전傳은 제각기 독특한 영역이 있고 특색이 있는 독자적인 문헌들이다. 나의 논의는 이 7종의 문헌을 다 읽어서 깨우친 사람들에게는 풍부한 느낌을 전할 것이지만, 결코 그것을 모른다고 해서 못 따라올 것은 없다. 우리는 7종의 문헌 중에서 「계사」에만 집중해서 논의를 해나가도록 하겠다.

자아! 「계사」라는 것이 7종의 전 중에서 1종, 상하 2익이라는 것은 알겠는데, 「계사」 그 문헌의 내용은 무엇을 다루고 있는 것일까? "계사繫辭"란 문자 그대로는 "매단 말"이라는 뜻이다. "매달다"라는 것은 무엇에 붙잡아 맨다는 뜻이다. 여기 "매단 말"이라는 뜻은 "말을 어디에다가 매달았다"라는 뜻도 된다. "A를 B에 매달았다"는 뜻은 "A로써, 즉 A의 말로써 B를 풀이했다"라는 뜻이 된다. 이 "계사"의 용례는 「계사」라는 문헌 내에 이미 여러 번 충실하게 출현하고 있다.

「계사상편」 2장에 이런 말이 있다.

> **聖人設卦觀象, 繫辭焉而明吉凶, ……**
> **성인께서는 괘卦를 설設함으로써 우주의 오묘한 상象을 통찰하고, 그 상에다가 말을 매달음으로써 길흉을 밝히시었다.** (上2-1)

여기에 "계사"라는 말이 나오는데, 그 맥락으로 보아 아무래도 "말을 매달았다"는 뜻은 각 효에 말을 붙인 것이므로, "계사"는 효사를 의미하는 것으로 해석해야 한다. 길흉吉凶은 효사와 관련이 있는 것이다.

또 「계사상편」 제8장에 이런 표현이 있다.

繫辭焉, 以斷其吉凶, 是故謂之爻。

말을 매달음으로써 그 길흉을 결정하였다. 그러므로 효爻라 일컫는다. (上8-1)

여기서도 "계사"는 "효사"를 지시하고 있다. 각 효에 달린 말로써 길흉을 판단하는 것이다. 곧 본문에 입入할 터인데 이런 식으로 다 해석을 할 필요는 없을 것 같다. 「계사」 상·하편에 모두 "계사"(말을 매단다)라는 말의 용례는 6번이 나온다. 6번의 용례를 다 심고深考해보면 모두 효사와 관련이 있다.

그렇다면 계사는 효사의 다른 이름일까? 나는 그렇게 생각할 수도 있다고 생각한다. 효사는 효에다가 말을 매단 것이다. 그런데 그 효사에 또다시 말을 매단 것(해석을 가하는 것)을 계사라 할 수 있지 않을까? 그런데 효사에 다시 말을 매단 계사가 이미 있다. 그것이 바로 「소상전小象傳」이다. 「소상전」은, 「대상전」이 상·하 8괘(trigram)의 심볼리즘만으로 괘 전체의 의미를 파악하는 것과는 달리, 각 효에 달린 효사의 의미를 부연하는 것이다. 「소상전」은 그 기능상 "효사전"이라 불리어야 옳다.

「계사전」의 저자는 효사의 의미를 「소상전」의 방식과는 전혀 다른 우주론적 시각, 인생론적 통찰에서 바라보기 때문에 「소상전」을 무시하고 자신의 통관通觀적 사유를 소상과는 다른 계사로서 제시하고 있는 것이다. 이러한 문제와 관련하여 주희는 역시 대가다웁게 「계사」의 초입에서 한마디 하고 있다.

繫辭, 本謂文王周公所作之辭。繫于卦爻之下者, 卽今經文。此篇, 乃孔子所述繫辭之傳也, 以其通論一經之大體

凡例。故無經可附而自分上下云。

계사(매단 말)라는 것의 본래의 뜻은 문왕과 주공이 창작하여 패와 효에 매단 말을 가리키는 것이다. 그러니까 패와 효의 밑에 매달았으니 그것은 지금 우리가 보는 경문에 해당되는 것이다(※ 주희는 "계사"가 본래 경經을 이루는 괘사와 효사를 가리키는 것이라고 보았다). 그런데 지금 「계사전」이라고 하는 것은 공자가 새로 지은 계사의 전傳이며, 이 전은 역易 전체의 대강을 지배하는 보편적 원리들을 통론通論한 것으로써 소상전이나 단전처럼 경문에 부속시킬 수 있는 성질의 것이 아니다. 그래서 독립된 문헌으로서 존립하며 스스로의 성격에 의하여 상·하편으로 나누어지게 된 것이다.(『역본의』)

주희는 "계사"의 본래적 의미를 정확하게 파악하고 있으며 경문을 이루는 계사의 언어와 현행본인 계사전의 언어의 차이도 정확하게 인식하고 있다.

1973년 호남성 한묘고분 마왕퇴에서 출토된 문헌 중에서 『역』에 관계된 것을 총칭하여 『백서본 역』이라 하는데, 그것은 역경 경문과 더불어 6종의 전傳으로 구성되어 있다. 그 중 두 번째 문헌이 「계사」이며, 현행본 「계사전」과 대차가 없는 동일 텍스트이다. 그러나 양자간에 서로 결缺하고 있는 부분이 있으며, 또 주요개념을 나타내는 글자선택의 차이가 있어 텍스트 성립시기에 관한 논란이 있다.

크게 말하면 백서본 「계사」가 현행본 「계사」보다 더 믿을 수 있는 오리지날 고본텍스트라는 주장(※ 이들은 백서 「계사」에 없는 현행본 「계사」의 기술은 전국이후의 학자들이 첨가하여 개편한 결과라고 주장한다)과 현행본 「계사」가 오히려 백서 「계사」의 조본祖本에 가까우며 현행본 「계사」야말로 백서 「계사」

보다 더 오래된 고본이라는 상반된 주장이 동일한 무게를 지니고 대립하고 있다. 나는 원칙적으로 현행본 「계사」가 백서 「계사」보다 더 오리지날한, 더 우수한 조본祖本의 전승이라고 생각하지만 부분적으로는 그 반대되는 상황도 용납될 수 있다고 생각한다.

백서 「계사」 텍스트를 보면 상하편의 단절이 표시되어 있지 않다. 동일한 저자의 연속된 저술로 간주할 수가 있다. 그러나 현행본 「계사」의 상·하 분편은 지극히 타당한 논리가 성립하는 것으로 간주된다. 상편과 하편이 유사한 구성을 과시하면서 독자적인 스타일이 있고, 문장의 질감이 다르기 때문이다. 두 편 다 모두 중간부분에는 "계사"라 할 수 있는 경經텍스트의 해설이 들어있고 그 전후, 즉 도입부와 종결부에는 그랜드한 역이론이 펼쳐져 있다. 일반적으로 말해서 상편의 언어가 하편의 언어보다 더 체계적이고 더 이론적이며 논리의 전개가 더 치밀한 결구를 과시한다고 평가되고 있다. 그러나 양자간에 질적인 상위相違는 존재하지 않는다.

공영달의 『주역정의』에서 하씨何氏의 설을 인용하여, 상편은 명무明无(무를 밝힘)를 주제로 하였고 하편은 명기明幾(모든 변화의 갈림길을 밝힘)를 주제로 하였다고 했는데, 이는 상계가 더 이론적이고 형이상학적인데 비해 하계는 더 실천적이고 형이하학적이라고 말한 것으로 보인다. 이러한 평론은 일리가 있으나, 결코 상계와 하계가 그런 방식으로 이분화될 수는 없다. 하계가 먼저 성립하고 그 하계의 논리가 발전하여 상계를 이루었다고 말하는 학자도 있으나 사상적으로 더 성숙하고 원만한 것이 반드시 후에 성립한다고 하는 사상사적 공식은 존재하지 않는다.

주희는 『어류』에서 「계사」에 관하여 매우 오묘한 말을 했는데 되씹어볼 만하다.

繫辭, 或言造化以及易, 或言易以及造化, 不出此理。

「계사전」은 자연의 신묘한 창조적 변화를 말함으로써 역의 심볼리즘에 미치거나 또는 역의 심볼리즘을 말함으로써 자연의 신묘한 창조적 변화에 미치거나 할 뿐이다. 「계사전」은 이러한 논리를 벗어나지 않는다(※ 관념적인 헛바퀴가 없다는 뜻으로 해석된다).

내가 지금 평생 쌓아온 「계사전」의 논리를 활용하여 그 사상적 결구를 밝히려 한다면, 산더미같은 원고지가 있어도 서론적 논술 몇 개의 흡족한 모양새도 갖추기 어려울 것이다. 「계사」는 결국 "매단 말"일 뿐이다. 단전은 괘사에 매달았고, 상전은 효사에 매달았고, 문언은 건·곤에 매달았고, 설괘는 8괘에 매달았고, 서괘는 64괘의 순서에 매달았고, 잡괘는 괘의卦義에 매달았다.

과연 계사의 저자는 말을 어디에 매달았는가? 나 노올은 말한다. 그는 저 푸른 하늘에 매달았고, 태양 아래서 찬란하게 흐르는 시냇물에 매달았고, 창공을 나르는 종달새에 매달았고, 들판을 물들이는 꽃들의 화장세계에 매달았다. 계사는 주희의 말대로 자연의 "조화造化" 그 이상을 말하지 않는다.

오랜만에 「계사」를 펼치니 자연스레 눈시울이 뜨거워진다. 약관의 나이에 "천하의 제일명문"이라 말하는 이 "대전大傳"(전 중의 으뜸)을 접하고 느꼈던 감격을 과연 내가 독자들에게 전할 수 있을까? 나에게 항상 스며드는 질문은 이런 것이다. 도대체 누가 언제, 그것도 최소한 선진시대의 문장이라는 것은 확실한데, 그 옛날에(BC 4세기 이전에) 이토록 정교한 언어를 연날리듯이 창공에 휘갈길 수 있단 말인가? 『장자』라는 서물의 언어의 세계(「대종사」편 같은 글)가 없이 「계사」는 상상할 수도 없다. 「계사」는 분명 불교와 관련이 없다. 인도유러피안 언어의 세례가 없다는 뜻이다.

그럼에도 내가 이십대에 느낀 「계사」는 서양철학의 모든 갈래의 도전을 받은 나의 두뇌가 그 모든 도전을 극복한 최종적 결론과도 같은 주옥처럼 빛나는 결정체를 계속 쏟아내 붓는 것이다. 「계사」는 인류사상사의 출발이자 동시에 종점이었다. 그 충격은 말할 수 없이 컸다. 「계사」 앞에 유·불·도라는 분별의식은 설 자리가 없다. 서양철학의 모든 질문도 궁극적으로 「계사」로 회귀해야 한다.

「계사」를 사유하는 데 가장 필요한 것은 텍스트 그 자체를 바라보는 눈이다. 텍스트 크리티시즘의 훈련이 없이, 인상만을 가지고 마구 떠드는 것은 위험하다. 역의 세계는 통시, 공시를 막론하고 제멋대로 떠드는 낭설로 먹칠이 되어있다. 「계사」라는 텍스트에 문헌비평을 가하는 가장 좋은 방법은 경문과 십익을 구성하는 언어개념, 그 용례들을 체계적으로 간추리고 비교하는 것이다. 여기서 우리가 내릴 수 있는 결론은 절대적인 연대측정(absolute chronology)은 불가능하다 해도, 상대적인 연대측정(relative chronology)은 가능하다는 것이다.

예를 들어보자! 여러분들은 『역』 하면 곧바로 "음양사상"이라고 공식적으로 반응할 것이다. 그런데 이런 생각해 보았는가? 『역』에 "음양"이라는 말이 나오는가? 역경에 "음양"이 나오는가? 없다! 『역』의 경문에 "음양"이라는 단어는 나오지 않는다. 그럼 괘사에 나오는가? 없다! 그럼 효사나 「상전」에 나오는가? 없다! 그럼 또 묻겠다. 『논어』에 "음양"이 나오는가? 없다! 그럼 묻겠다. 『맹자』에 "음양"이 나오는가? 없다! 음과 양은 그 자체로 뜻을 전하는 말이 아니다. 구체적인 형상을 지시하는 상형자가 아니다.

그것은 그 자체로 뜻을 갖지 않기 때문에 많은 내용을 포섭할 수 있는 일종의 기호요, 약속이다. 경문에는 물론 없고, 십익 중에서나 발견되는 개념인데 「계사」와 「문언」 그리고 「단전」 「설괘전」에 등장한다. 이것은 「계사」와 「문언」은 비슷한 시기에 비슷한 성향의 학자그룹에 의하여 성립한 것이며, 그 시기는 음양가 즉 음양학파의 이론이 성립한 이후라는 것을 말할 수 있다. 「계사」와 「문언」은 동시대의 사상 패러다임에 속하는 것임을 알 수 있으며 「단전」과 「설괘전」의 일부와도 밀접히 연계되어 있음을 알 수 있다. 대체적으로 통관하면 「단전」이나 「상전」이 계사보다는 앞서는 것으로 간주된다.

그렇다면 「계사」는 백화노방하는 선진철학의 모든 사유의 세례를 거친 후에, 그 정화를 모은 춘추전국문명의 집약태라 불러 무방할 것이다. 『역학철학사』를 쓴 주백곤朱伯崑, 1923~2007(북경대학 철학과) 교수가 "그 범주나 개념·명제의 발전이라는 역사적 측면에서 「계사」의 상한선은 마땅히 「단전」의 글과 『장자』 「대종사」의 이후가 된다. 「계사」는 전국후기에 지속적으로 형성된 저술이며, 그 하한선은 전국말년으로 판단할 수 있다"(나의 고대 철학과 제자인 김학권이 주도하여 번역하였다. 『역학철학사』, 서울: 소명출판사, 2016. 제1권, p.141)라고 말하였는데 대체적으로 하자가 없는 발언이라 하겠으나 예외적인 상황이 없는 것은 아니라고 말해둔다. 역은 그 전체가 하나의 수수께끼일 뿐이다. 확고한 정론이 있을 수 없다.

「계사」가 성립한 시기는 기나긴 역사를 지닌 고조선문명이 성세를 이루고 있던 시기였다. 고조선문명에 관하여 우리는 풍요로운 자료를 가지고 있지 못하지만 단군에 의하여 BC 2333년경에 건국된 거대한 고제국문명이 동북아지역에 엄존하고 있었다는 사실은 여러가지 사료의 정황으로 보아 굳이 신화적인 판타지로 접어버릴 이유가 없다. 나는 「계사」를 통해 고조선문명의 문화를 읽는다. 그들의 삶을 체험한다. 그 삶의 언어, 그것이 구성한 우주, 그 속에서 형성된 독특한 정취, 그것은 신화가 아니라 너무도 상식적인 삶의 이야기이기 때문에 나는 「계사」가 말하는 모든 세계가 고조선의 사유와 연계되어 있다고 생각한다. 중원의 독특한 몇 사람의 사유 구성물로서의 「계사」는 별 의미가 없는 것이다. 중원과 동북아 대륙사람들의 삶의 교섭 속에서 형성되어간 우주가 바로 「계사」의 우주다.

나는 무리한 담설로써 입론立論하고 있는 것이 아니다. 사상은 삶이다. 「계사」를 읽는다는 것은 「계사」의 우주를 새로 건설하는 것이요, 고조선 사람들의 삶을 회복하는 것이다. 「계사」에 관하여 아무리 고등한 비평을 가하여 무시무시하게 그럴듯한 이론의 체계를 만든다 한들, 그것은 알고 보면 다 덧없는 허언이 되어버릴 수도 있는 것이다. 철학은 이론이 아니다. 철학은 삶이다. 삶을 망각한 이론은 이론이 아니다. 지금 우리가 아무리 「계사」에 관한 정교한 이론을 수립한다 한들, 그 삶의 메시지를 상실하면 그것은 잡스러운 푸념이 되고 만다.

「계사」를 접근하는 가장 좋은 방법은 「계사」를 읽는 것이다. 우리 앞에 「계사」라는 텍스트가 엄존하고 있는 이상, 이 텍스트 이상의 이론은 있을 수 없다. 텍스트가 우리에게 발하는 삶의 메시지를 하나하나 터득해나갈 때 진정으로 독자들의 삶 한가운데서 이론이 생겨날 것이다. 읽자! 그리고 말하자! 이것이 내가 말할 수 있는 전부다!

부附: 텍스트를 읽기 위해서는 장절의 구분이 긴요한데, 「계사」의 장절에 관해서도 이견異見이 분분하다. 이 문제는 역시 세계 학계에서 가장 많이 쓰고 있는 텍스트의 장절을 사용하는 것이 현명하다. 나는 주희가 지은 『역본의易本義』의 분장방식을 따른다. 절은 나의 편의대로 나누었다. 왕필은 「계사」 그 자체를 해설서라고 보아, 「계사」에 대해서는 일체 주석을 달지 않았다. 오늘날 우리가 가지고 있는 텍스트는 왕필의 후학인 한강백韓康伯(영천潁川 장사長沙 사람, 동진東晋의 현학가, 훈고학자. 왕필의 학설을 계승, 발전시킴. 49세에 거세去世)이 「계사」에 주를 단 것이다. 그래서 보통 『주역왕한주周易王韓注』라고 불린다.

이 책에 쓰인 텍스트는 『주역왕필주』와 『주역정의』를 기본으로 하고 주희의 『역본의』 텍스트를 참고하였다.

마왕퇴 백서역 원모原模. 현재 우리의 상식적 안목으로도 "九二見龍在田利見大人"과 같은 텍스트 내용을 확인할 수 있다. 한자문명권의 놀라운 연속성을 깨닫게 한다.

계사전 상편
繫辭傳 上篇

제 1 장

1-1 **天尊地卑, 乾坤定矣。卑高以陳, 貴賤位矣。動靜有常, 剛柔斷矣。方以類聚, 物以群分, 吉凶生矣。在天成象, 在地成形, 變化見矣。**

천존지비 건곤정의 비고이진 귀천위의 동정유상 강유단의 방이류취 물이군분 길흉생의 재천성상 재지성형 변화현의

국역 하늘은 높고 땅은 낮다. 이 단순한 사실에 의거하여 역에서 건이라는 심볼과 곤이라는 심볼이 정해지게 되었다. 건곤심볼이 정해지자 그 사이를 낮은 데부터 높은 데로 효들이 늘어서게 된다. 효가 늘어서게 되면 그에 따라 귀함과 천함이 일정한 위상을 갖게 된다. 천지간의 움직임과 고요함은 항상스러운 측면이 있다. 그렇게 되면 강한 효와 부드러운 효가 판연判然하게 갈라진다. 생명은 항상 움직인다. 그 움직임에 일정한 방향이 있으면 그 방향성을 같이 하는 비슷한 류들이 모이게 된다. 사물도 무리에 따라 갈라지게 된다. 그래서 대립과 갈등도 생겨난다. 그래서 효사에서 말하는 길·흉도 생겨나는 것이다. 역은 하늘에서 추상적인 상象을 이루고 땅에서는 구체적인 형形을 이룬다. 이 상형에서 모든 변화가 드러나게 되는 것이다.

今譯 하늘은 높고 땅은 낮다(天尊地卑). 이 단순한 대자연의 사실로부터 역의 심볼리즘체계에 있어서는 순양의 건괘와 순음의 곤괘가 우주의 근간

으로서 자리를 잡게 된 것이다. 건괘와 곤괘가 자리를 잡게 되니(乾坤定矣) 그 사이에서 교섭하는 만물의 이벤트는 낮은 데서 높은 데로 늘어선다(卑高以陳). 이러한 삼라만상의 모습 속에 귀천의 위位가 생겨난다(貴賤位矣). 괘에서는 효에도 귀하고 천한 자리가 주어지게 된다. 6효의 귀천과 만물의 높고 낮음은 상응하는 것이다. 그러나 고정적인 것은 아니다. 이二와 오五, 초初와 상上의 관계처럼 귀·천의 명백한 자리가 있지만 그것도 고정적인 것은 아니다.

역의 우주는 끊임없이 변한다. 변한다는 것은 움직임과 고요함(멈춤)이 항상성을 지닌다는 뜻이다(動靜有常). 이 동·정의 항상성 때문에 강한 효(—)와 부드러운 효(--)가 제각기 특유한 성질을 지니고 갈라서게 된다(剛柔斷矣). 생명은 일정한 방향을 지니고 움직이게 마련이다. 그 방향성에 따라 뜻을 같이하는 비슷한 존재자들이 모이게 되고(方以類聚), 사물은 같은 무리들끼리 모이게 되어 특성이 분별되게 된다(物以群分). 인간세에 있어서는 선한 방향에는 선한 자들이 모이게 되고, 불선한 방향에는 불선한 자들이 모이게 된다. 그리하여 온갖 분규가 생기게 마련이니, 이로써 길·흉의 운세가 생겨난다(吉凶生矣).

대체적으로 말하면 하늘에는 일월성신이 움직이듯이 보편적인 법칙의 상象이 있게 되고(在天成象), 땅에는 산천초목 동식물의 끊임없는 생성으로 구체적인 사물의 형形이 형성되어가고 있다(在地成形). 이러한 상과 형의 교섭으로 이 우주의 변화가 역의 괘상 속에 다 드러나는 것이다(變化見矣).

沃案 「계사」의 첫 구절을 번역하자니 옷깃을 여미지 않을 수 없다. 한문의 원의를 전달한다는 것은 난감한 문제가 한둘이 아니다. 그냥 문자 그대로

직역하면 도통 뭔 소린지 알 수 없는 암호의 나열이 된다. 그리고 현대어로 풀이하는 행위는 현재의 독자가 알아들을 수 있는 말로 풀어야 하는데, 이러한 행위에는 원전의 글자의 맥락을 통하게 만드는 문장들이 필수적으로 첨가되기 마련이다. 그러나 의역을 한다 해도 의역은 직역의 핵을 떠나서 이루어질 수는 없는 것이다. 이때 가장 중요한 것은 원저자의 의도를 원저자의 의도대로 전한다는 것인데, 이러한 여여如如의 옮김이란 거의 불가능에 가깝다.

그러나 원저자의 의식세계와 번역자의 의식세계를 상응시키는 노력이 꼭 필요하다. 그 노력의 저변에는 원저자의 세계관을 구성하는 인식체계가 번역자의 인식체계와 상응해야 한다는 것이다. 내가 "동일"이라는 말을 쓰지 않고 "상응"이라는 말을 쓰는 이유는 그 양자는 영원히 동일할 수는 없는 것이기 때문이다. 그러나 동일을 향해 끊임없이 거리를 좁혀가는 진지한 노력이 필요하다. 나는 그 노력의 맥락에서 크게 부끄러움이 없다. 한 줄을 번역해도 전체를 파악하는 인식론의 맥락(context)에서 풀이를 감행해야 하는 것이다.

이러한 과제상황에서 볼 때, 첫 줄의 첫 마디는 극도로 중요하다. 극도로 중요하다는 것은 우리가 그 총체적인 의미를 간과하고 있다는 뜻이다. "그냥 지나친다"는 것은 그 의미가 하도 크고 본질적이며 보편적인 상식의 기저를 형성하고 있어 객관화가 되지 않는다는 뜻이다. 나의 평상적 인식으로부터 소외되지 않는다는 뜻이다.

우선 「계사」의 의미맥락을 주희가 밝혀놓은(실제로는 상수학의 대가인 서산西山 채원정蔡元定, 1135~1198의 공이 컸다. "주문영수朱門領袖," "민학간성閩學幹城"이라고 불리는 인물) 역점방법인 "서의筮儀"에 의거하여, 이 텍스트를 점치는 방법과 관련하여 풀이하는 사람도 있는데, 아주 일리가 없는 논의는 아니지만 「계사」의 근본취지를 생각할 때, 그러한 풀이집착은 「계사」라는 웅혼한 철리哲理를 너무 쇄세瑣細하게 만든다. 「계사」는 점서라는 역의 본래적 모습을 뛰어넘어 장엄하고도 심오한 우주론(cosmology)을 구축한 작품으로 정평이 나있다. 만약 「계사」가 안 쓰여졌더라면 유학은 철학으로서 발전하지 못했을지도 모른다.

「계사」는 동아시아문명의 인식론적 핵심이며 도덕형이상학의 준거이다. 「계사」가 없었더라면 송유들의 신유학운동이라는 것이 불가능했을지도 모른다. 송선하宋先河의 주축은 모두 「계사」를 기반으로 한 것이다. 주렴계의 『태극도설太極圖說』로부터 장횡거의 『정몽正蒙』, 정이천의 『역정전易程傳』에 이르기까지 이 모든 신유학의 핵심적 저작이 「계사」의 논의를 바탕으로 하지 않으면 성립할 수 없다. 신유학의 출발개념인 "태극太極"이라는 말 자체가 「상계上繫」 11장에서 유래된 말이다.

따라서 「계사」 하나를 바라보는 눈이 플라톤이나 아리스토텔레스의 전체 저작을 바라보는 눈보다도 더 포괄적이고 더 명확하지 않으면 안된다. 기실 「계사」 한 편의 논의가 헬라스문명, 헤브라이즘문명 전체의 논의를 포섭할 수 있는 광막한 체계를 지니고 있다고 말해도 결코 과언이 아니다. 우리는 우리 자신의 성취를 너무도 폄하해왔다.

이러한 나의 용감한 언어의 기축을 이루는 대명제는 맨 처음에 나오는 한 줄의 센텐스이다.

하늘은 높고 땅은 낮다. 天尊地卑。

이게 뭐가 그렇게 대단한 말인가? 이런 반문에 의미있는 대답을 하기는 매우 어렵다. 좀 황당하다. 그런데 이 문장에 대하여 주희라는 복건성 사람이 한 얘기가 몹시 나의 심금을 울린다.

> 「계사」의 언어는 지극히 현저한 자연의 모습에서 지극히 은미한 역의 이치를 본다.
>
> **此是因至著之象以見至微之理。**『주자어류朱子語類』 p.1875.

너무도 당연한 것에서 너무도 심오한 이법理法을 발견한다는 것이다. 아이작 뉴턴, 1643~1728은 사과가 떨어지는 것을 보고 중력이라는 우주의 대법칙을 발견했다고 하지 않는가? 왜 사과가 거꾸로 허공으로 떨어지지는 않는 것일까? 남반구의 사람들은 왜 허공으로 떨어지지 않는 것일까?

"천존지비天尊地卑"라는 말에서 통상적 편견이 우리의 인식을 흐리게 만드는 핵심적 이유는 바로 "존尊"과 "비卑"라는 단어에 있다. 존비는 "남존여비"와 같은 후대의 말과 연상되어 경멸어(pejorative)로서 우리의 편견을 형성하고 있기 때문이다. 그러나 "천존지비"의 "존비"는 전혀 가치론적 언사가 아니다. 높다와 낮다는 사실적 명제이지, 존귀함과 비천함을 나타내는 언어가 아니다. 뒤에 나오는 "귀천貴賤"이라는 말도 역시 사실적 명제이지 가치론적 규정이 아니다. 아파트의 10층에 산다고 해서 2층에 사는 사람보다 더 존귀한 것은 아니다. 그것은 가치평가가 배제된 사실이다: "하늘은 높고 땅은 낮다." "천존지비"에서 더 중요한 과제상황, 존비를 사실명제로 만드는 배경은 존비를 뺀 "천지天地"라는 말에 있다.

천지? 천지라 말하면 한국사람은 이 천지라는 단어를 너무도 당연한 일상언어로 받아들인다. 그리고 우리의 일상언어의 의미체계에서 "천지"는 별 부담없이 나를 둘러싸고 있는 모든 환경세계(*Umwelt*)를 지시한다. 그런데 나를 둘러싼 환경세계를 왜 하필 "천지"라고 부르는가? 우리에게는 이 말이 어색하지 않지만 당장 서양에 가서 서양말로 박사논문을 쓰려고 해도, 이 천지라는 말은 번역이 안되는 매우 구차스러운 말이다.

천지라는 말이 나올 때마다 "Heaven and Earth"라고 번역하는 것은 불가피하지만 어색하다. 나를 둘러싸고 있는 움벨트를 그냥 "월드World"라고 하든지, "유니버스Universe"라 하든지, "인바이론먼트Environment"라 하든지, "코스모스Cosmos"라 하든지, 하나의 개념으로 융합된 단어가 도무지 아닌 것이다. 즉 영어에 "헤븐 앤 어쓰"라는 것은 일상생활에서 쓰이는 말이 아니다. 즉 영어권과 그 인접한 언어권에는 그러한 단어가 없다는 것이 충격적이리만큼 리얼한 사실이다. 그러한 인식체계가 없다는 것이다. 그것은 "효孝"를 "필리얼 파이어티filial piety"라는 두 단어로 만드는 것과도 같다. 즉 영어문화권에는 우리가 말하는 "효"가 부재한 것이다. 비슷한 게 있다 해도 개념화되지 않았고, 그러한 도덕감정이 삶에 배어있지 않다는 뜻이다. 자식이 똑똑하고 반항심 강하고 독립성이 뚜렷해서 잘 살면 그만이다. 인습체계(≡인식체계)가 다른 것이다.

"천지"라는 말은 서양문화에 있어서는 매우 어색한 말이다. 그들의 인식체계에 잘 들어오는 말이 아니다. 왜 그런가? "천존지비"가 가치중립적인 사실명제의 단일개념이 되기 위해서는, "천"이 "지"에 대하여 우위를 차지한다든가, 필요불가결성의 도수가 더 높다든가, 천이 지에 대하여 일방적인 지배력을 행사한다든가 하는 가치편견적인 관념이 완벽하게 무화無化되어야 한다. 천과 지는 서로가 서로에게 완벽한 협조와 교감과 동등한 교섭, 분유, 융합의 파트너가 되지 않으면 아니 되는 것이다.

지구생명의 역사를 회고해보면 이것은 완벽한 사실이다. 지상의 기후조건과 땅의 생활조건은 서로가 서로에게 대등한 영향을 주면서 변해왔다. 오늘날 지구상에 천만 종(species)의 식물과 동물이 살고 있다. 그런데 이 천만 종은 지구상에 존재한 모든 종의 1%에 불과하다. 과거로 거슬러 올라가면 99%의 우리가 경험하지 못한 다른 생명을 만날 수 있다. 이러한 극심한 멸절의 변화는 하늘과 땅의 조건의 변화에 따른 것인데, 하늘과 땅은 서로가 서로에게 영향을 준다. 양자의 교섭은 호상적이다. 하늘은 무엇이고 땅은 무엇인가? 이 질문에 답하기 위해서는 고대인의 우주론에 대한 포괄적인 인식이 필요하다.

天尊地卑, 乾坤定矣。

하늘은 높고 땅은 낮다. 그래서 역의 주간主幹이 되는 건(괘)과 곤(괘)이 정해졌다.

알듯하면서도 명료하게 해석이 되지 않는 이 말은 과연 무엇을 뜻하는가? 주희가 「계사」는 "대자연의 조화의 사실을 말함으로써 역의 심볼리즘에 미치거나, 역逆으로 역易의 심볼리즘을 말함으로써 대자연의 조화의 사실에 미치거나 한다"라고 말했는데, 결국 그것은 대자연의 모습에서 역의 심볼리즘을 만들어냈다는 뜻이다. 역과 우주는 상통하는 체계(시스템)라는 뜻이다.

독자들은 나 도올이 매우 단순하고 쉬운 것을 구차스럽고 어렵게 설명하고 있다고, 공연히 논의를 질질 끌고 있다고 말하고 있을지도 모르겠다. 에이! 끌 것 없이 단도직입적으로 말하자! 내가 말하려고 하는 것은 "천지"라는 것은 우리의 삶의 움벨트를 표현하는 매우 일반적이고 평이하고 상식적인 일반명사가 아니라, 역의 「계사」에 유니크하게 정립된 매우 특수한 우주론의 형태라는 것이다. 나는 이것을 "천지코스몰로지*Tiandi* Cosmology"라고 부른다.

지구상의 모든 문명사에 있어서, 특히 기원전으로 거슬러 올라가면(천지코스몰로지는 BC 4세기 밑으로 내려오지 않는다) 어느 문명에서도 천지코스몰로지와 같은 상식적이고 과학적인 세계관(*Weltanschauung*)을 제시한 유례가 없다. 우선 천지코스몰로지에는 천과 지의 실체적 분리가 없다. 그리고 창조론적 작위가 없다. 천지는 창조된 것이 아니라 높고 낮은 위상으로 그냥 있는 것이다. 처음부터 있는 것이며, 창조를 운운한다는 것은 인간의 관념적 픽션에 불과하다. 창조는 프로세스Process일 뿐이며, 프로세스는 모든 요소들이 서로 관계되는 감동과 얽힘의 과정이기 때문에 시작과 끝이 없다. 끝은 항상 새로운 시작을 의미하고, 종료는 새로운 차원에로의 헌신을 의미한다.

서양의 어떠한 문명을 예로 들어도 하늘과 땅은 평등할 수가 없다. 하늘은 천국이라는 개념과 연계되어 있고 땅은 지옥이라는 개념과 연계되어 있다. 그러니까 하늘은 선善의 독점처이며, 따라서 초월적 세계이며, 권위주의적이고 위압적이다. 인간의 구원은 땅에서 이루어질 수 없으며 하늘을 향함으로써만 가능한 것이다. 헬라스문명에 있어서도 이데아는 하늘에 속한다.

「창세기」의 첫머리에 다른 손에 의하여 집필된 것이 분명한 창조설화가 두 개 같이 실려있다. 첫째는 1:1로부터 2:4a까지이고, 둘째 것은 2:4b부터 25절까지이다(※ 첫째는 제사법전인 P에 속하고, 둘째는 야훼문헌 J2에 속한다). "태초에 하나님이 천지를 창조하시니라"라고 했는데, 이때 하나님은 "엘로힘"으로 복수형이고, 하늘은 "핫솨마임"이라 했는데 "하늘들"이라는 복수형이다. 하늘을 창조하기 전에 하늘의 3층구조 개념이 전제되어 있다. 땅은 "하아레츠"인데 그것은 온 땅과 지하세계를 포섭한다. "하나님들이 하늘들과 땅을 무에서 창조하였다."라는 뜻이다(※ 메소포타미아문명의 설화에서 영향을 받은 것으로 보인다). 우리가 말하는 "천지"와는 전혀 다른 개념들이다.

「요한복음」 1장에서는 예수는 로고스Logos로 둔갑한다. 로고스는 하나님과 함께 계셨고(구원론적 측면soteriological aspect), 또 동시에 로고스는 곧 하나님이시었다(우주론적 측면cosmological aspect: 이러한 난해한 개념에 관해서는 나의 『요한복음강해』 p.99 전후를 살펴볼 것). 그리고 로고스는 이 세계를 창조한다. 그리고 로고스는 빛(포스φῶς)이다. 그리고 세계(코스모스)는 어둠(스코티아σκοτία)이다. 예수는 다시 이 세계의 어둠에 갇힌 빛의 파편들을 해방시키는 사명을 띠고 이 세계로 진입한다. 이러한 사유에 깔린 영지주의적 세계관에 대해 불트만은 상세한 주석을 달고 있다.

이러한 요한복음의 사상, 즉 하늘을 빛으로 보고 이 세계(땅)를 어둠으로 보는 이원론적 구원론은 페르시아의 조로아스터교나, 메소포타미아의 마니교, 그리고 오리엔트문명의 대체적 추세였는데 이는 향후의 서구문명의 발전에 절대적 영향을 끼쳤다. 요한복음의 빛과 어둠의 이원론은 플라톤의 이데아론과 결합하여 성 아우구스티누스를 비롯한 중세기 교부들에게 절대적인 사유의 기준이 되었고 중세의 최정점에 선 문학가, 라틴어를 거부하고 토스카나 방언으로 방대한 서사시 『신곡*La Divina Commedia*』을 쓴 단테 알리기에리(Durante degli Alighieri, 1265~1321)의 세계인식에까지 그대로 펼쳐진다.

단테는 베르길리우스에 이끌리어 지옥에 가고, 또 지상의 연옥을 지나, 끝으로 단테의 사랑의 화신 베아트리체에게 안내되어 천국에 들어가고 드디어 빛의 근원 하나님을 만난다. 이 작품을 통해 우리는 다양한 주제를 논의할 수 있지만 우리의 주목을 끄는 것은 지옥－연옥－천국의 수십 층의 수직적 구조이다. 이러한 세계에는 하늘과 땅이라는 범주는 찾아볼 수가 없다. 무함마드와 그의 사위 알리가 기독교의 분열을 조장한 죄로 지옥에서 고통받고 있는 모습이 묘사되고 있는데, 『오리엔탈리즘*Orientalism*』(1978)을 쓴 에드워드 사이드(Edward W. Said, 1935~2003)는 종교차별, 기독교우월주의로 점철된 구역질나는 시를 명작이라고 평가하는 것이 어이없다고 평하기도 했다.

근대의 천국관을 대표하는 스베덴보리Emanuel Swedenborg, 1688~1772(스웨덴의 신비주의적 기독교 신학자. 칸트와 동시대. 칸트는 그를 망상에 사로잡힌 영성주의자라고 평했다)도 "죽음과 동시에 내세의 삶이 시작된다"고 말했다. 칼뱅도 사람이 죽으면 그 영혼은 휴식하는 것이지 잠을 자는 것도 아니라고 주장했다. 스베덴보리는 영의 세계에서 죽은 자들이 어떤 생활을 하는지를 매우 생생하고 자세하게 설명했다. 일례를 들면 마르틴 루터가 영의 세계에 들어갔을 때 그곳에서 아이스레벤Eisleben에 있던 자신의 집과 똑같은 집을 부여받았다는 등등의 이야기 …….

내가 이런 말을 하자면 끝이 없고 또 기독교계의 종교광신도들의 헛소리라고 일소해버릴 수도 있겠지만, 문제는 이러한 헛소리들이 실제로 오늘날 지구상에 사는 대다수의 세계인들이 하늘과 땅에 대하여 생각하는 관념이라는 것이다. 화이트헤드철학의 영향 하에서 생겨난 과정신학자들에 이르러서야 정식으로 천국과 지옥을 근원적으로 거부하는 정교한 논리가 마련되었지만, 과정신학적 논의조차 자꾸 세속적 픽션과 타협적인 논리의 방향으로 빠지는 경향이 있다. 우리는 고조선의 영향권에서 생겨난 이 천지코스몰로지가 얼마나 거짓없이 리얼한 우주의 실상을 전하고 있는가에 대하여 21세기적 감각을 회통시킬 필요가 있다.

그런데 한번 생각해보자! “천지”는 우리의 상식적 어휘에 속하는데, 과연 “천지”라는 말이 선진유학의 대표경전인 『논어』에 나오는가? 공자가 “천지”라는 말을 입에 담았는가? 놀라웁게도, 『논어』에는 “천지”라는 말은 그 어느 구석에도 찾아볼 수가 없다. “천天”이라는 말만 단독적으로 나오고, “지地”라는 말도 겨우 3번 나오는데 그것도 일상적 개념의 부속적 의미로 스쳐 지나갈 뿐, 독자적인 맥락이 없다. 그리고 “지”라는 말이 꼭 “땅”을 의미하지도 않는다. “천지”는 없고, “천天”만이 49회가 나오는데, 대체로 오묘하게 종교적인 색깔을 띤다. 다시 말해서 “천지”의 “천”이 아닌 것이다.

“50살에 천명을 알았다知天命”(「위정」4)라든가, “하늘에 죄를 지으면 빌 곳이 없다”(「팔일」13)라든가, “하늘이 공부자를 인류 미래의 목탁으로 삼으실 것이다”(「팔일」24)라든가, “우리 선생님께서는 성性과 천도에 대해서는 별로 말씀하시지 않으셨다”(「공야장」12)라든가, 남자南子를 만나고 돌아와서 자로가 항의하는 말에 “내가 만약 불미스러운 짓을 저질렀다면, 하늘이 날 버리시리라! 하늘이 날 버리시리라!”(「옹야」26)라고 말했다든가, 천하주유중에 죽을 고비를 넘기면서, “하늘이 나에게 덕을 주셨는데, 환퇴 그 놈인들 감히 나를 어찌하랴!”(「술이」22)라고 말했다든가, 애제자 안연이 죽자, 애통하며 “아~ 하늘이 나를 버리셨구나! 하늘이 나를 버리셨구나!”(「선진」8) 하고 울부짖는다든가, 이 모든 공자의 언행을 살펴보면, “하늘”에 대한 인격적인 외경심이 있다.

그러나 서양에서처럼 초월적 존재자로서 대면하는 것은 아니다. 하여튼 역의 “천지”는 공자와 거리가 멀다. 이것은 무엇을 뜻하는가? 공자는 “하늘과 땅"이라는 천지코스몰로지적인 인식의 틀 속에서 세상과 사람을 바라보지 않았다는 것을 뜻한다. 그리고 재미있게도 『논어』를 기록한 사람들이 그러한 공자의 인식론적 전통을 지켰다는 얘기가 된다.

『맹자』에 "천지"라는 말이 나오는가? 놀라웁게도 『맹자』라는 방대한 저작물에도 "천지"는 나오지 않는다고 보아야 한다. 단지 그 유명한 「공손추」상2a-2의 호연지기浩然之氣장에(나의 저서, 『맹자, 사람의 길』上, pp.235~246을 참고할 것) "색우천지지간塞于天地之間"이라는 표현이 단 한 번 있고, 「진심」상7a-13(나의 저서, 『맹자, 사람의 길』下, pp.730~733)에 "상하여천지동류上下與天地同流"라는 표현이 있어 "천지코스몰로지"적인 담론의 간접적인 영향이 있다고 볼 수도 있겠으나 이 두 개의 표현은 전혀 "천지"라는 개념을 대상으로 하고 있지 않을 뿐 아니라, 필사자에 의하여 첨가될 수도 있는 삽입구일 수도 있기 때문에 맹자의 인식체계가 천지코스몰로지를 바탕으로 하고 있다고 간주하기는 힘들다.

이것은 오히려 맹자가 공자의 적통을 이었다는 의미도 되는 것이다. 공자나 맹자나 모두 우주론적인 인식론 속에서 사상을 구성한 것이 아니라, 삶의 굽이굽이에서 닥치는 인간관계의 정당한 모습에 관한 담론으로써 자신의 사상을 구현하였기 때문에 공자와 맹자는 철저히 "삶의 철학자 Philosophers of Life"라고 말할 수 있는 것이다.

그런데 이런 논의와 관련하여 매우 오묘한 문제가 있다. 유가문헌 중에서 공자의 사상을 계승한 대표적 문헌으로서 『중용』을 꼽는다. 그런데 이 『중용』이라는 문헌이야말로 천지코스몰로지를 명료하게 구현하고 있는 문헌이다. 여러분들이 그것을 아주 쉽게 확인해볼 수 있는 방법은 『중용』 제26장을 펼쳐보는 것이다(김용옥 지음, 『중용－인간의 맛』 pp.308~315). "천지

天地"라는 개념이 융합된 총체로서 등장할 뿐만 아니라, 천과 지가 따로따로 그 특별한 공능과 성격과 연변演變이 매우 명료하고, 또 시적으로 묘사되어 있다.

보통 "지성무식장至誠無息章"이라고 부르는 이 장의 언어야말로 천지코스몰로지의 간판이라고 말할 수 있는데, 기실 『중용』과 「계사」는 불가분의 관계에 있음을 알 수 있다. 『중용』 없이는 「계사」가 성립할 수 없었고, 「계사」 없이는 『중용』이 성립할 수 없었다고도 말할 수 있다. 철학사적으로 개관하자면 『중용』이 있었기에 「계사」는 유교문헌으로 간주될 수 있었고, 「계사」가 있었기에 『역』이 확고한 유교의 성경이 될 수 있었다고 말할 수 있다.

천지코스몰로지의 어휘의 역사적 측면에서 볼 때 『중용』이 『논어』와 『맹자』 사이에 위치할 수밖에 없다는 사실에 대해 의구심을 표현하는 학자들이 많았다. 『중용』은 『맹자』에 선행하는 문헌인가, 후행하는 문헌인가? 『중용』의 저자인 자사子思, BC 492~402c.는 공자의 아들 백어伯魚(공리孔鯉)의 아들이며, 공자의 적손이다. 그리고 자사는 공자의 사후에 공자학단을 지킨 증자曾子(증삼曾參)로부터 공자의 사상을 물려받았고, 맹자는 자사의 문인에게서 공자의 학통을 물려받았다고 전하여진다. 그래서 이 전승관계를 보통 사맹학파思孟學派라고 부른다.

그런데 그 선생인 자사에게는 천지코스몰로지의 사유가 "디프 스트럭쳐deep structure"를 형성하고 있는데 반해, 그 학생인 맹자에게 그러한 사유가 도외시되고 있다면 도무지 잘 이해가 되질 않는 것이다. 이러한 문제를 해결하기 위하여 사상가로서의 자사子思라는 인물의 실존을 거부하기도 하고, 『중용』이 공자의 친손자 시대에 쓰여졌다고 보기에는 너무도 복합적이고 심오한 이론적 결구를 과시하고 있어,『맹자』 이후 시대의 전국말기에나 쓰여진 작품이라고, 맹렬한 의고풍적 비평을 가하는 학자들이 많았다. 그리고 이런 의문을 해결하기 위하여 쿄오토오학파京都學派의 거장인 타케우찌 요시오武內義雄, 1886~1966는 현존하는『중용』이라는 문헌을 분해하여 각 파편간의 다른 성격과 진화연관을 논하는 정교로운 논리를 펼쳤다.

『중용』은 본시 독립된 책으로서 나돌지 않았고『예기』의 한 편으로 존립했던 것이다. 그런데 현행본『예기』를 펼쳐보면, 제30편에「방기坊記」가 있고, 제31편에「중용中庸」이 있고, 제32편에「표기表記」가 있고, 제33편에「치의緇衣」가 있다. 그런데 이 4편이 자사의 작이라고 하는 것은 옛부터 논의되어왔다. 도서목록으로서 최고의 권위를 자랑하는『한서』「예문지」에 유가자류儒家子流로서 "『자사子思』 23편"이 수록되어 있고, 또『수서』「경적지經籍志」 자부子部에 "『자사자子思子』 7권"이 실려있다. 물론 이것도 목록만 남아있고 그 책은 알 수 없는 것이다. 제목이 약간 다르고, 편과 권의 숫자가 다르다고 해도 이 두 목록에 기록된『자사』와『자사자』는 동일한 책이라는 것이 확실하다.

그러니까 공자의 손자인 자사가 쓴 책이 한대로부터 수나라 때까지 확실히 존재했었다는 논의가 성립하게 되는 것이다. 그런데 재미있는 사실은 역사서인『수서』에『벽암록』 제1칙 공안의 주인공이며, 문화적 군주인 양무제가 당대의 대학자인 상서복야尙書僕射 심약沈約, 441~513과 군적群籍에 관하여 논하는 자리에서, 심약이『예기』의 4편인「중용」「표기」「방기」「치의」는『자사자』에서 베낀 것이라고 확언하는 장면이 수록되어 있다. 그러니까『예기』의 4편은 자사의 작이라고 하는 논의가 무게있게 역사에 전해 내려왔다는 것을 알 수 있다.

그런데 1993년 10월에 문헌학, 아니 사상사의 일대혁명을 수반하는 대사건이 터진다. 호북성 형문시荊門市, 곽점촌郭店村 1호 초묘楚墓에서 804매(문자가 있는 것은 730매)에 쓰여진 13,000여 개의 문자가 발견된 것이다. 이 문자 속에는 『노자』도 3종류가 나왔으며, 지금 논의되고 있는 「치의」, 자사자의 문헌으로 확실하게 간주될 수 있는 여러 문헌이 나왔다. 이 초묘의 하장연대는 BC 400년경까지도 거슬러 올라갈 수 있으며, 그 무덤에 있는 문헌은 그 이상으로 올라갈 수 있기 때문에, 우선 모든 의고풍적인 논의를 불식시킨다. 문헌비평적인 세세한 논의가 일거에 물거품이 되고 마는 것이다. 그리고 그 문헌의 내용이 시시한 사건잡론이 아니라 고도의 지성을 과시하는 심오한 철학적 언사라는 데 우리에게 충격을 던져준다.

『중용』이나 「계사」의 담론의 수준이 후대로 내려가야만 할 하등의 이유가 없는 것이다. 곽점죽간의 해독에 나도 한 시대를 몰두해야만 했다. 곽점죽간의 발견은 마왕퇴 한묘보다 더 깊은 충격을 전하는 역사적 사실이었다. BC 4세기의 문헌을 우리가 두 눈으로 볼 수 있다는 것, 그리고 그것을 오늘의 문헌자료와 대조해볼 수 있다는 것, 그 자체로도 압도적인 충격으로 다가오지만, 현존하는 문헌들의 고래적 실상이 매우 정밀하다는 사실, 함부로 난도질할 수 없는 진실이 담겨져 있다는 사실에 외경의 마음이 앞을 가린다.

지금은 『중용』의 성립시기와 저작자 자사에 관해서는 의고풍이 불식되는 안정적인 논의가 있을 뿐이다. 그리고 곽점초묘로부터 나온 『오행五行』이나 『성자명출性自命出』, 그리고 『태일생수太一生水』, 『노목공문자사魯穆公問子思』 등의 문헌에 의하여 선진철학의 논의들이 보강되고 있다. 천지코스몰로지와 관련해볼 때, 『맹자』와 『중용』은 전승과 관심의 갈래가 달랐다고 말할 수밖에 없을 것이다.

그런데 또 재미난 문제가 있다. 『장자』와 『맹자』는 동시대의 방대한 문헌들이다. 『맹자』에는 "천지"라는 인식의 틀이 없지만, 『장자』에는 "천지"라는 표현의 사례가 95회나 나온다. 「소요유」「제물론」으로부터 "천지"의 용례가 나오는데, 『장자』에는 천지코스몰로지의 인식체계를 반영하는 표현을 심도있게 읽어낼 수 있다(『장자』「대종사」, 「천도」에 나오는 "복재천지覆載天地"와도 같은 표현은 『중용』 26장과 세계관을 공유하는 것이다).

뿐만 아니라, 『장자』보다 앞서는 것이 확실한 『노자도덕경』이라는 문헌에도 "천지"는 제1장에서부터 나온다. 용례가 9회에 이른다. 제1장의 "무명無名, 천지지시天地之始; 유명有名, 만물지모萬物之母."라는 표현이 시사하는 바는 위에 하늘이 있고, 아래 땅이 있어, 그 사이에서 생성하는 것이 만물萬物이다라는 유기체적 우주가 전제되어있다는 것이다. 천지코스몰로지는 도가적인 사유를 위해서는 우주론의 바탕으로 심히 필요했던 사상체계였다는 것을 알 수 있다.

우리가 잘 아는 『천자문千字文』이라는 책이 있다. 한자를 가르치기 위하여 한 글자도 중복되지 않게 4자씩 하나의 문장을 형성하여 주욱 이어지고 있는데, 그것은 하늘 천(天)으로 시작하여 입겻 야(也)로 끝난다. 한자문명권의 가치체계 전부를 말하고 있다. 그러니까 『천자문』은 천 개의 글자인 동시에 250개의 문장인 것이다. 이러한 한자교본의 발상을 한 사람은 또다시 남북조시대의 문화군주 양무제 소연蕭衍(502~549 재위)이다. 양무제의 명을 실현한 사람은 양나라의 급사중給事中 주홍사周興嗣였다. 그런데 그 첫 문장이 「계사」의 첫 문장과 거의 동일하다.

天地玄黃천지현황
하늘은 그윽하게 푸르고
땅은 누렇다

천지의 창조를 얘기하지도 않고, 천지의 본질을 말하지도 않고, 미래적인 예언도 없다. 하늘을 "현玄"이라고 표현한 것은 현학玄學적 사유, 노자가 말하는 "현지우현玄之又玄"의 영향이 있음을 간과할 수 없다. "하늘은 그윽하게 푸르고, 땅은 누렇다"는 명제는 하늘과 땅의 물상物相, 즉 존재자의 형상을 형언한 것이 아니다. 그것은 하이데가의 말을 빌리면, 존재(*Sein*) 그 자체, 모든 존재자들의 생성의 바탕을 있는 그대로, 여여如如하게 표현한 것이다.

"하늘은 높고 땅은 낮다"라는 것은 단순한 위상位相을 표현한 것이 아니다. 인간이 자신의 삶의 세계(*Lebenswelt*)를 둘러싸고 있는 환경 전체를 하늘과 땅이라는 가장 단순한 개념으로써 구성해냈다는 우주론적 치열함이 그 표현의 배면에 깔려있는 것이다. 이것은 단순한 사유의 장난이 아니라 하늘과 땅을 통해 생명의 본질을 밝히고 그 본질을 수리적으로 엮어내는 고도의 구조론적 철리哲理가 연관되어 있는 것이다. 모든 존재자의 존재성을 하늘과 땅이라는 개념 하에 엮어내는 상관론적 사유relational thinking가 특정한 그룹에 의하여 고안되었다는 것을 의미한다. 결국 천지코스몰로지의 핵은 천과 지라는 물상이 아니라 음과 양이라는 기호의 발견에 있다.

고전철학에서 "음양학파"라는 것이 항상 논의되지만 그것은 보통 제나라 사람 추연鄒衍, c. BC 305~240(전국말기의 사람)을 중심으로 전개된 후대의 학설을 가리키는 것으로 지금 내가 말하는 천지코스몰로지와는 질감이 전혀 다르다. 추연은 오덕종시론五德終始論을 주창하여 당대의 군주들을 놀려먹었다. 그가 연燕나라에 갔을 때 소왕昭王이 빗자루를 들고 앞길을 쓸며 인도했다는 고사는 유명하다. 양혜왕도 그를 빈주지례로써 영접했다. 『한서』「지리지」에도 이런 말이 있다: "제나라 선비들은 경전연구를 좋아하고 명예를 숭상하며 지혜가 풍부하다. 그러나 허풍스럽고 과장이 심하며 파당적이며 언행이 사실에 어긋나며 허황되고 근거가 없는 것이 그들의 결점이다."

우리나라 사람과 기질이 좀 통하는지도 모르겠다. 사마천도 추연을 가리켜 사기성이 농후한 인물이라고 평했다. 여기서 우리가 확실히 해두어야 할 것은 음양과 오행이 별개의 학설이라는 것이다. 『역』과 오행은 원칙적으로 관련이 없다. 역에는 오직 음양이 있을 뿐이다. 역을 오행과 결부시키면서 조잡한 상수학이 생겨났고, 그러한 조잡한 상수학은 우리나라에서도 구한말에까지 내려온다.

내 생각에는 직하稷下 초기, 혹 그 이전부터 소수의 그룹에 의하여 음양론적인 천지코스몰로지의 기본골격이 짜여지고 그것이 역과 결합하면서 상징주의적 성격을 지니고 또 중용의 사상이 자리잡으면서 「계사」의 철학적 담론이 형성된 것이라는 추론이 가능하다. 이것은 소수그룹에 의한 매우 보편적인 담론이었는데 단기간에 전국초기의 문화를 형성한 것이다. 이러한 사유의 발전에는 도가·유가·음양론적인 분별이 별 의미가 없다. 서로가 서로를 받아들이면서 융합적인 창조를 계속하였던 것이다.

"하늘은 높고 땅은 낮다." 이 명제는 과연 무엇을 의미하는가? 앞서 말했듯이 이것은 물체의 위상을 말하는 것이 아니라 우리 인식의 환경 그 전체를 상징화한 존재 그 자체의 여여한 모습이다. 하늘과 땅으로 우리의 움벨트를 표현한 것은 양자가 대등한 교섭의 축을 형성한다는 뜻이다.

서울에서 밤하늘을 보든지 부산에서 밤하늘을 보든지 그것은 같은 모습이다. 그러나 서울에서 기차를 타고 부산으로 내려가면서 보면 땅의 광경은 수시로 변화한다. 고대인들에게 있어서 하늘은 보편성Universality을 나타내고 땅은 국부성Locality을 나타낸다. 하늘은 전체를 땅은 개체를 나타낸다. 하늘은 밤낮의 변화가 있고 일월성신의 운동이 있어 시간성을 상징하고 땅은 공간성을 나타낸다. 비를 내리는 하늘은 남성성을, 그것을 받아 만물을 생성하는 자궁과도 같은 땅은 여성성을 나타낸다. 하늘은 사유하는 정신성을, 땅은 번식하는 육체성을 나타낸다. 인간존재에 있어서 하늘은 혼魂을 땅은 백魄을 상징한다. 이와같은 양가일원兩價一元적인 상징체계는 끝이 없고 우리 삶의 모든 영역에 적용된다.

하늘 Heaven	양 Yang	보편성 Universality	전체 Totality	시간성 Temporality	혼 魂	신 神	이 易	상 象	남성성 masculinity	동 動	강 剛	능동성 Activeness	건 乾
땅 Earth	음 Yin	국부성 Locality	개체 Individuality	공간성 Spaciality	백 魄	귀 鬼	간 簡	형 形	여성성 femininity	정 靜	유 柔	포용성 Inclusiveness	곤 坤

대강 이 정도만 해도 "천존지비"가 무엇을 뜻하는지 그 원초적 맥락을 파악했을 것이다. 한문을 읽는다는 것은 "한문실력"으로 읽는 것이 아니라, 한문으로 쓰여진 당대의 인간들의 인식체계를 파악하는 것을 뜻한다. "천존지비"에 대한 이 정도의 인식체계만 확보되어도 「계사」를 읽어나갈 수 있는 초보적인 어휘가 마련되었다고 확신한다.

1-2 **是故剛柔相摩，八卦相盪。鼓之以雷霆，潤之以風雨。日月運行，一寒一暑。乾道成男，坤道成女。**

시고깅유상마 팔괘상탕 고지이뢰정 윤지이풍우 일월운행 일한일서 건도성남 곤도성녀

국역 하늘은 높고 땅은 낮다. 그러므로 강함과 부드러움이 서로 비벼대고, 건·곤·진·손·감·리·간·태의 팔괘(trigram)가 상하로 자리잡고 서로를 격동시킨다. 천둥과 번개로 생명의 탄생을 고무시키기도 하고, 바람과 비로 생명의 성장을 윤택하게 만든다. 이 천지지간에는 해와 달의 운행이 제일 눈에 띈다. 이로써 한번 추웠다가 한번 더웠다가 하는 계절이 생겨나고 그러한 리듬에 따라 건의 길은 남성성을 이루고, 곤의 길은 여성성을 이룬다.

금역 앞 절에서 "천존지비天尊地卑"의 자인(*Sein*)과 상응하는 "건곤정의乾坤定矣"라는 심볼을 논하였지만, 건☰은 순양이고 곤☷은 순음이기 때문에 건·곤, 이 양괘만으로는 변화를 일으킬 수 없다. 순양이 순양으로 남아있고, 순음이 순음으로 남아있는 한 변화는 일어나지 않는다. 변화는 반드시 음과 양의 착종(섞임) 속에서만 일어나는 것이다. 마찬가지로 천이 존尊하기만 한 모습으로 머물러 있고 땅이 비卑한 모습으로 머물러 있는 한, 변화는 일어나지 않는다. 천이 비한 자리로 내려오고 지가 존한 자리로 올라갈 때 서로 감응하고 서로 분유하며 이전의 모습과 다른 변變(물리적 변화)과 화化(화학적 변화)를 일으키는 것이다. 제1절은 역의 구조적 대강을 말한 것이고 제2절은 역의 현실태를 논한 것이다.

그러므로 강剛한 효(⚊: 천지의 적극적 측면)와 부드러운柔 효(⚋: 천지의 포용적 측면)가 서로 비벼대고(剛柔相摩: 서로가 서로에게 스며드는 모습을 "상마相摩"라고 표현하였다), 강효와 음효가 세 자리에 배열되어 64괘의 심볼리즘의 기본 틀을 형성한 것을 8괘라고 하는데(건☰과 곤☷을 부모라 하면, 나머지 여섯은 육자六子이다: 진震☳ 장남, 손巽☴ 장녀, 감坎☵ 중남, 리離☲ 중녀, 간艮☶ 소남少男, 태兌☱ 소녀少女), 이 팔괘가 아래위로 배열되어 서로에게 움직임과 자극을 준다(八卦相盪: 팔괘가 아래위로 동탕動盪한다는 것은 매우 격렬하게 아름다운 모습이다).

천지지간의 만물은 이러한 변화의 실상 속에 있으며 천둥과 번개(뢰雷는 소리와 관계되는 개념이고, 정霆은 방전의 빛과 관계되는 개념이다)로써 고동鼓動됨을 얻고(鼓之以雷霆: 천둥·번개와 같은 자연현상을 제우스의 신화와 같이 폭력과 징벌의 상징으로서 공포의 대상으로 삼지 않고, 생명의 탄생을 촉진하는 격려, 고무, 자극으로 이해했다는 것이 참으로 놀랍다. BC 4세기 이전부터 코아세르베이트coacervates와 같은 유사한 관념이 있었다는 것이 참으로 놀랍다. 바닷속에 축적된 아미노산이 단백질 비슷한 물질로 나아갈 때 벼락 같은 것이 계속 자극을 주면서 물질의 단계를 상승시키고 원시적인 자기복제의 기능을 부여한 것이다. 물론 이러한 구체적 사유가 있는 것은 아닐지라도 천둥과 번개에 의하여 천지지간의 생명체가 고무를 받는다는 사상은 고조선의 문화권을 제외하고 지구상의 문명, 어느 곳에서도 찾아볼 수 없는 것이다), 또 만물은 바람風과 비雨에 의하여 윤택해지는 성장을 얻는다(潤之以風雨: 팔괘로 말하면 뢰정雷霆은 진震☳괘로, 풍우風雨는 손☴괘로 상징화된다. 진괘는 음효 밑에 양효가 축적되어 으르렁거리고, 손괘는 음효가 양효 밑에 깔려 비바람이 된다).

우주의 변화는 해와 달이 끊임없이 운행하는 것을 보아도 알 수 있고(日月運行), 그에 따라 한번은 추웠다가 한번은 더웠다가 하는 기후변화를 보아도 알 수 있다(一寒一暑). 해는 리離괘☲로 상징되고 달은 감坎괘☵로 상징된다. 일월한서의 리듬이 없이 어찌 생명이 생명다움을 얻을 수 있으리오! 역이 변화라는 뜻은, 생명이 변화라는 뜻이고, 모든 삶이 변화라는 뜻이다.

이러한 리듬 속에서 건乾 쪽으로 치우친 도는 남성성masculinity을 형성하고(乾道成男), 곤坤 쪽으로 치우친 도는 여성성femininity을 형성한다(坤道成女).

남男과 여女를 남성성과 여성성으로 번역하는 것은 그 개념이 단지 인간의 여자·남자, 즉 아담과 이브라는 신화적 실체성을 지시하지 않기 때문이다. 남성과 여성은 인간에게 국한되는 개념이 아니라 동물·식물, 아니 광물에 이르기까지 모든 만물에 적용되는 개념이기 때문이다. 생명의 우주는 남·여가 없이 존재할 수 없다. 원자의 미시세계에까지 음·양은 있다. 자생적自生的 우주는 그 자생의 힘을 자체 내에 확보하지 않으면 안된다. 자체 내에 확보된 동력이 곧 남성·여성이다. 동성애 운운도 남성·여성의 변양에 불과하다.

옥안 어찌 번역할까 아무리 고민해봐도 판에 박힌 직역, 의역, 해설식의 나열은 불가능하다는 것을 느꼈다. 고심 끝에 상황에 따라 자유롭게 변주하기로 했다. 원래적 의미를 총체적으로 바르게 전달하는 것을 제1의로 삼는다는 원칙은 지켜갈 것이다.

왕부지는 건乾☰괘가 그 양기를 순음☷에게 주면 남자☶가 태어나고, 곤坤☷이 그 음기를 순양☰에게 주면 여자☱가 태어난다고 했다. 간괘艮卦☶는 소남少男, 태괘兌卦는 소녀少女이다. 또한 간艮은 산山을 상징하며 돌출해 있으니 남성이 되고 태兌는 연못澤을 상징하니 움푹해서 여성이 된다고 말했다. 「계사」의 말을 모두 괘상으로 설명하지 않아도 좋다.

1-3 **乾知大始, 坤作成物。乾以易知, 坤以簡能。易則易知, 簡則易從。易知則有親, 易從則有功。有親**

건지대시 곤작성물 건이이지 곤이간능 이즉이지 간즉이종 이지즉유친 이종즉유공 유친

則可久，有功則可大。可久則賢人之德，可大則
즉 가 구 유 공 즉 가 대 가 구 즉 현 인 지 덕 가 대 즉

賢人之業。易簡，而天下之理得矣；天下之理得，
현 인 지 업 이 간 이 천 하 지 리 득 의 천 하 지 리 득

而成位乎其中矣。
이 성 위 호 기 중 의

국역 건은 큰 시작을 감지할 줄 알고, 곤은 그 시작을 받아 만물을 탄생시키고 형성시킨다. 이때 건과 곤을 지배하는 주요한 법칙이 있다. 건은 쉬움으로써 알고, 곤은 간결함으로써 그 효능을 발휘한다는 것이다. 쉬우면 쉽게 감지하고(알기 쉽고) 간결하면 따르기 쉽다. 알기 쉬우면 친함이 있고, 따르기 쉬우면 협력자들이 모여들어 공을 이룩하게 된다. 친함이 있으면 위험이 사라지니 그 모임이 오래 지속한다. 공을 쉽게 이룩하게 되면 그 모임은 커지게 마련이다. 오래 지속한다는 것이야말로 현인의 덕이요, 커진다는 것이야말로 현인의 업이다. 이 모두가 이간(쉬움과 간결함)의 법칙에서 유래되는 것이다. 이간할 줄 안다면 천하(인간세)의 이치가 다 파악이 되는 것이다. 천하의 이치를 다 파악하는 것으로써 천지 사이 한가운데 사람의 위상이 자리잡게 되는 것이다. 그래서 천지 코스몰로지의 대강이 완성된다.

금역 건도는 남성성을 이룩하고 곤도는 여성성을 이룩하여 창조적인 교감을 진행(Creative Advance)하는 과정에서 건乾은 항상 온전한 시작을 알고(乾知大始: 시작을 담당한다, 주관한다는 뜻), 곤坤은 건의 시작을 이어받아 구체적인 형상을 부여하는 성물成物의 과정을 주관한다(坤作成物: "작作"은 창조의 "조造"와 같다). 이때 우리 인간에게 가장 중요한 것은 건乾은 쉬움(easiness)

으로써 알려지고(乾以易知), 곤坤은 간략함(simplicity)으로써 그 공능을 드러낸다는 것이다(坤以簡能). 이 말은 무엇을 의미하는가? 건에는 이易를, 곤에는 간簡을 배속시켰는데, 건곤에 대한 우리의 인식이 이간(쉽고 간단함)해야 한다는 것이다.

1장 1절에 하늘은 상象을 이루고, 땅은 형形을 이룬다 했는데, 그것은 상의 법칙은 쉬운 것이고, 형의 법칙은 간단해야 한다는 것을 말한 것이다. 지금 물리학의 언어가 전문화되고 수리화되어 어려운 것 같지만 실제로 물리학은 하늘의 법칙을 쉽게 만드는 것이다. 쉽기 때문에 응용이 쉽고 보편적인 법칙성, 제일성이 확보되는 것이다. 생물학, 화학과 같은 땅의 생명과학도 궁극적으로는 간결한 것이다. 아무리 그 법칙을 알아내는 과정이 어려웠다 해도 그 결론은 매우 간단한 것이다. 하늘은 쉽고, 땅은 간결하다. 이것은 천하의 명언이다.

「계사」와 같은 사상의 패러다임에서 성립한, 『예기』 속에 들어가 있는 「악기樂記」라는 문장이 있는데, 거기에는 "대악필이大樂必易, 대례필간大禮必簡"이라는 말이 실려있다. 위대한 음악은 반드시 쉬워야하고, 위대한 예식은 반드시 간결해야 한다는 것이다. 음악이란 본시 인간의 신령 즉 하늘(天)에서 울려퍼지는 것이다. 예절이란 인간이 땅(地)에서 살아가는 데 필요한 분별의 체계이다. 음악은 쉬울수록 감명의 범위가 넓고, 모든 제식은 간단할수록 사람들의 박수갈채를 받는다. 하늘은 쉬워야하고 땅은 간결해야 하는 것이다.

쉽다는 것은 누구든지 쉽게 이해한다는 것이고(易則易知), 간략하다는 것은 누구든지 쉽게 따를 수 있다는 것이다(簡則易從). 민중의 지도자는 반드시 이간易簡의 언행을 실천해야만 하는 것이다. 쉽게 이해한다는 것은 무엇을 뜻하는가? 그것은 쉽게 이해되는 만큼 많은 사람들이 그를 친근히 여긴다는 것이다(易知則有親). 물리학의 법칙도 어려운 것이 아니라 쉬운 것이기에 사람들이 받아들이고 삶의 기준으로 삼는 것이다. 따르기 쉽다는 것은 무엇을 뜻하는가? 그것은 따르기 쉬운 만큼 공로가 쌓인다는 뜻이다(易從則有功). 친근함이 있다는 것은 그의 행위가 오래도록 지속된다는 것이고(有親則可久: "구久"는 시간적 개념), 공이 쌓인다는 것은 세력의 범위가 넓어진다는 것이다(有功則可大: "대大"는 공간적 개념).

오래간다는 것은 현인賢人의 덕(시간적)이라는 뜻이요(可久則賢人之德), 크다는 것은 현인의 업(공간적)이라는 뜻이다(可大則賢人之業). 이러한 이간易簡의 철리만 터득하고 있으면 결국 천하(=인간세)의 모든 이치를 깨닫게 되는 것이다(天下之理得矣). 인간세상의 이치를 터득한다 하는 것은 곧 하늘과 땅 사이, 그 한가운데에 사람(人)의 위상이 확고하게 자리잡는다는 뜻이다. 그리하여 천·지·인 삼재의 천지코스몰로지가 확립되는 것이다(成位乎其中).

옥안 내가 평소 읽는 의미대로 풀어보았다. 우리 일상언어에 "간이역," "간이화장실," "간이휴게소"와 같이 좀 비하된 의미로 와전된 이 "이간"의 개념은 천지코스몰로지의 핵심적 철학이다. 서구문명은 신화적 픽션을 출발점으로 삼았기 때문에 이간을 실현한 길이 없었다. 예수의 탄생부터 죽음까지 그 모든 것이 어렵고 복잡하다. 그래서 이간의 신학이 생겨날 수가 없다. 오늘날에도 상당수 미국인들이 그 쉬운 진화론을 대적시하고 그 어려운 창조론을 신봉하고, 또 타인에게 강요한다. 오늘 우리나라의 어리석은 자들도 그 어려운 잡설을 신봉하려고 노력한다.

오늘날 우리나라의 정치도 어렵게만 돌아간다. 역이 말하는 이간을 실천하지 못하기 때문이다. 학문도, 종교도, 예술도, 정치도 이간의 진실을 말해야 한다. 위대한 음악은 쉬워야 하고 위대한 예식은 간결해야 한다. 대악필이大樂必易, 대례필간大禮必簡! 이러한 사상이 천지코스몰로지와 더불어 최소한 BC 4세기에는 정착되었다는 사실에 고조선문명의 깊이를 실감한다. 이간易簡이란 결국 사유의 보편성이며 상식의 구조이며, 정의의 전범이다. 사회정의social justice라는 것은 결국 사회가 쉽고 간략하게 기능하는 것을 의미하는 것이다.

이 이간의 논의는 천·지·인 삼재三才의 구성으로 결말지어지고 있다. 천지코스몰로지에서 천과 지의 교감은 만물을 생성한다. 만물 중에서 인간을 최령의 존재로 특화시키면 유가儒家가 되고, 인간을 만물과 동일한 레벨에서 바라보게 되면 도가道家가 된다. 도가는 인간에게 특별한 지위를 부여하지 않는다.

역에서는 보통 초初·2효의 자리를 지地로, 3·4효의 자리를 인人으로, 5·상上의 자리를 천天으로 본다. 여섯 효 자체가 천·지·인 삼극三極의 구조를 함장하고 있다고 생각하는 것이다.

제 2 장

2-1 **聖人設卦觀象, 繫辭焉而明吉凶, 剛柔相推而生變**
성 인 설 괘 관 상　계 사 언 이 명 길 흉　강 유 상 추 이 생 변

化。是故吉凶者, 失得之象也; 悔吝者, 憂虞之象
화　시 고 길 흉 자　실 득 지 상 야　회 린 자　우 우 지 상

也; 變化者, 進退之象也; 剛柔者, 晝夜之象也。
야　변 화 자　진 퇴 지 상 야　강 유 자　주 야 지 상 야

六爻之動, 三極之道也。
육 효 지 동　삼 극 지 도 야

국역 역을 만든 성인은 처음에 괘를 만들어 천지의 상을 구현해내었다. 그리고 그 괘상에 말을 매어달아 효사를 만듦으로써 길흉을 명백히 하였다. 그것은 강효와 유효가 서로 밀치는 가운데 생겨나는 변화 속에서 길흉을 깨닫게 되는 것이다. 그러므로 길·흉이라는 것은 확실하게 잃음과 얻음이 있는 구체적인 상이다. 그러나 길·흉 다음으로 효사에 잘 나오는 회·린이라는 것은 길·흉보다는 구체성이 적은 마음속의 걱정근심의 상이다. 역에서 변화라는 것은 효가 나아가고 물러서는 모습이다. 강유라는 것은 낮이 있고 밤이 있는 우주론적 모습이다. 한 괘 내에서도 6효의 움직임은 천·지·인 삼극의 도를 나타낸다.

금역 제1장의 내용을 통관通觀하자면 역이라는 심볼리즘의 구조는 천지자연의 이법을 본떠서 만든 것이며, 그 역의 심볼리즘의 기본은 건괘와 곤괘의 존위에서 틀지워지는 것임을 말하고 있는 것이다. 그 틀을 파악하는

우리 인간의 인식론적 논리구조가 이간易簡이다. 하늘을 쉽게 법칙적으로 파악하고, 땅을 간략하게 공능功能적으로 파악할 때 인간은 하늘과 땅 사이에 우뚝 설 수 있는 존재*Sein*의 일부로 등장한다. 이것이 바로 유가철학의 핵심인 삼재三才, 즉 삼극三極의 이론이다. 하늘과 땅과 사람은 세 극으로 융합되는 것이다. 하느님과 땅의 문명과 인간존재가 서로 돕는 관계에 있는 것이다. 제2장은 역을 구성하는 괘의 실제내용을 설파하고 있다.

역은 누가 만들었는가? 「계사」의 저자는 서슴치않고 "성인聖人"이 만들었다고 말한다. 성인은 누구인가? 제일 처음으로 괘의 모양을 만든 사람으로 떠오르는 성인은 복희, 황제, 요, 순 등이 있지만, 「계사」의 저자는 복희를 괘의 제작자로서 마음속에 지정하고 있다. 그러나 나 도올의 역이해는 그런 신화적 규정성에 얽매이지 않는다. 기실 64괘의 괘상 자체는 2의 6승(2^6, 2×2×2×2×2×2)이라는 매우 원초적인 수학에 속하는 것이다.

음과 양이라는 심볼체계의 형상만 만들면 그 둘의 여섯자리 구성은 결코 어려운 수학이 아니다. 더군다나 그것이 태고적 신화로부터 수천 년을 걸려 만들어진 이끼서린 심볼이라는 황당한 논의는 우리의 정직한 사유의 상상력을 제한시키는 쇄설에 불과하다. 64괘는 발상만 있으면 하루아침에도 누군가에 의하여 만들어질 수도 있는 것이다. 물론 괘명이라든가, 괘사, 효사와 같은 것의 출현은 다른 차원의 문제이겠지만 …….

인간이 공정한 선善에서 일을 시작하였으나 그 일의 성패와 화복을 미리 알 수 없는 한계상황에 부딪혔을 때, 차근차근 곡진히 가르쳐주지 않는 하늘을 대신하여, 성인이 하늘의 명命을 청하고 인간이 그 명에 순응하도록 하기 위하여 역을 만들었다는 다산의 말은 곱씹어 볼 만하다. 2장의 첫머리는 "성인설괘관상계사언이명길흉聖人設卦觀象繫辭焉而明吉凶"이라는 말로 시작한다. 여기 "명길흉"이라는 말은 효사와 관계된다. 효사가 없이는 길흉은 논할 수 없다. 그리고 앞서 잠깐 언급한 바 있지만 "계사"(말을 매단다)는 효사의 출현과 관계된다.

주석가에 따라 "성인설괘" 다음에 구두점을 찍기도 하고, "성인설괘관상" 다음에 구두점을 찍기도 한다. 제1설을 말하는 사람은 "성인이 괘를 설設하였다, 즉 괘를 제작하였다"는 것은 복희伏羲가 괘상 자체를 만든 사건을 의미하고, 뒷 구절인 "그 괘상을 보고 각 효에 말을 매달아(효사를 만들어) 길흉을 밝힌" 것은 문왕文王의 괘효사의 작업을 지칭한 것이라고 한다(※ 보통 사성일규四聖一揆의 논의에 의하면 64괘사는 문왕文王의 작이고 384효사爻辭는 주공周公의 작이라고 말하지만 모두 임의적 발언일 뿐이다). 그럴듯한 독법이다.

그러나 나는 "관상" 뒤에 구두점을 찍는다. 그러면 "성인께서 괘를 설設하시고, 자연의 모든 상象을 그 64괘에 구현하였다(聖人設卦觀象). 그리고 그 상에다가 말을 매달아, 즉 384개의 효사를 만들어 인간세의 길흉을 밝히셨다(繫辭焉而明吉凶)"라는 일반적 메시지가 된다. 나는 후자를 택한다. "관觀"을 단순히 "본다"로 해석하지 않고, "구현해낸다"라는 뜻으로 해석한다. 자연에는 인간에게 의미를 갖는 무수한 상이 있고, 괘는 그 상들을 구현한다는 뜻이다.

"길흉을 밝힌다"는 메시지의 실내용이 바로 그 다음에 오는 "강유상추이생변화剛柔相推而生變化"라는 말이다. 여기 "강유剛柔"라는 것의 강은 강효 즉 양효(⚊)를 의미하고, 유는 유효 즉 음효(⚋)를 의미한다. "상추相推"는 "서로 밀친다, 밀어낸다"는 뜻이다. 그것은 양효의 양의 성격이 극에 달하면 양효가 음효로 변하고, 음효의 음의 성격이 극에 달하면 음효는 양효로 변한다는 것이다. 효爻라는 것은 본시 "변한다"는 의미이며 고정된 실체성을 갖지 않는다.

산대를 조작하여 점을 치고 괘를 구성할 때에도 노양(9라는 수), 노음(6이라는 수)이 생기기 마련인데 노양의 양효는 음효로 변하고, 노음의 음효는 양효로 변한다. 효가 하나만 변해도 괘 전체가 바뀌게 된다. 효변은 괘변을 수반하는 것이다(※ 좀 헷갈리는 말 같지만 별로 어려운 얘기가 아니다. 내 책 『도올주역강해』 p.103 전후). 다산은 노음·노양의 문제만이 아닌, 384개 효 전체가 가변적이며, 항상 양효는 음효로, 음효는 양효로 변할 수 있기 때문에 그 변화된 괘(지괘之卦)의 효사를 같이 읽어야만 한 효의 의미가 정체적整體的으로 드러난다는 효변론을 주장했다. 하여튼 효사의 세만틱스도 강유상추剛柔相推로 인해 생기는 변화 속에서 해석되어야 하는 것이다. "강유상추이생변화剛柔相推而生變化"라는 것은 그런 뜻이다.

그 다음 단에서 「계사」의 저자는 "길흉吉凶," "회린悔吝," "변화變化," "강유剛柔"라는 효사상의 4개념을 병치시켜 논하고 있다.

"길흉"이라는 것은 매우 구체적인 개념이며 인간의 운세에 관하여 매우 확실한 진로를 말해주는 개념이다. 즉 "길吉"은 "얻음得"이 있는 상이고, "흉凶"은 "잃음失"이 있는 상象을 전제로 하는 것이다(吉凶者, 失得之象也). 얻음과 잃음이 없으면 인간의 운세를 논하는 데 있어서 길과 흉이라는 말은 쓸 수가 없다. 돈을 벌으면 길하고, 돈을 잃으면 흉하다. 시험에 떨어지면 흉하고 붙으면 길하다.

다음의 "회린悔吝"이라는 것은 길흉보다는 보다 추상적이고 은밀한 감정을 표현하는 데 쓰인다. "회"는 "뉘우침," "후회스러움"의 뜻이고, "린"은 "아쉬움"의 뜻이다. "회"는 "지나침過"의 산물이고, "린"은 "불급不及"의 소산이다. 회린과 관련된 "우우憂虞"는 우리말로 보통 "걱정근심"이라고 말하는 것과 상통한다. 걱정은 "우憂"이고, 근심은 "우虞"이다.

"우憂"는 "회悔"와 관련되고, "우虞"는 "린吝"과 관련된다(悔吝者, 憂虞之象也). 회悔는 인간의 내면에서 생겨나는 걱정이고, "린吝"은 인간의 삶에 외부로부터 닥쳐오는 근심이다.

주희가 이 구절에 매우 기발한 주를 달았다: "대저 길흉은 양 극단에 자리잡고 있고 회린은 그 중간에 자리잡고 있다. 그런데 회悔라는 놈은 흉 쪽에서 길로 가는 놈이고, 린吝이라는 놈은 길 쪽에서 흉으로 가는 놈이다. 蓋吉凶相對, 而悔吝居其中間。悔自凶而趨吉, 吝自吉而向凶也。"(『어류』). 회린이라는 것은 우우(걱정과 근심)의 상象이다. 이러한 효사의 언어는 인사人事를 정당한 길로 인도한다.

그리고 또 말한다. 변화變化라는 것은 진퇴의 상象이며(變化者, 進退之象也), 강유剛柔라는 것은 주야의 상象이다(剛柔者, 晝夜之象也). 이에 대하여 주희는 다음과 같은 주석을 달아놓았다:

"유柔가 변하여 강剛으로 나아가는 것은 물러남退이 극에 달하여 서꾸로 앞으로 나아가는 것進과도 같다. 강剛이 변화를 일으켜 유柔로 나아가는 것은 나아감進이 극에 달하여 물러나는 것退과도 같다. 이미 변變하여 강剛하게 되면 낮이 되니 양陽이고, 이미 화化하여 유柔하게 되면 밤이 되니 음陰이다. 柔變而趨於剛者, 退極而進也; 剛化而趨於柔者, 進極而退也。既變而剛, 則晝而陽矣; 既化而柔, 則夜而陰矣。" 인간세의 진퇴를 우주의 주야의 변화와 같은 차원에서 상응시키고 있다.

이것은 역의 효사를 해석함에서 효의 위상이 아래위로 움직이는 것을 전제로 해서 해석하는 것을 말한 것이다. 효는 진퇴를 계속한다는 것이다. 또 강유는 6효의 성능을 말한 것이다. 육효의 강함과 유함의 성격에 따라 인간의 처신의 길이 유기적으로 결정되는 것이다.

6효는 고정된 질서가 아니다. 끊임없이 움직인다. 그 강유의 상황성에 따라 끊임없이 나아가고 물러난다. 이러한 6효의 다이내미즘이야말로 천·지·인 삼극三極의 길인 것이다(六爻之動, 三極之道也). 6효의 움직임에 따라 인간이 나아감과 물러남을 적합하게 선택하게 되면 하늘의 재앙과 상서로움, 땅의 험난함과 평이함, 사람일의 순조로움과 역경 등이 이로 말미암아 결정되는 것이다. 삼극三極의 득실의 이치가 이렇게 하는 데서 분명해지는 것이다(왕부지 『주역내전』 참조).

2-2 **是故君子所居而安者, 易之序也; 所樂而玩者, 爻之辭也。是故君子居則觀其象而玩其辭; 動則觀其變而玩其占。是以自天祐之, 吉无不利。**

시고군자소거이안자 역지서야 소락이완자 효지사야 시고군자거즉관기상이완기사 동즉관기변이완기점 시이자천우지 길무불리

국역 그러므로 군자가 살면서 편안하게 느낄 수 있는 까닭은 역이 제시하는 모든 순서를 파악할 수 있기 때문이다. 그 순서 속에서 자기 실존의 위상과 카이로스를 파악하기 때문이다. 군자가 진실로 즐길 수 있고 완상할 수 있는 것은 각 효에 매달린 말들이다. 그것은 실존에 대한 협박이나 미래에 대한 위협이 아니다. 그러므로 군자는 정적인 삶을 살 때는 그 괘상의 전체(게슈탈트)를 파악하고 그 말들을 완상한다. 그러나 동적인 삶을 살 때에는 효변을 기민하게 파악하고 실제로 점을 쳐서 그 결과를 완상한다. 자기의 미래를 스스로 기획하는 것, 그것이 군자의 삶이다. 이런 군자에게는 반드시 하느님으로부터의 도움이 있다. 그의 운세는 길하여 이롭지 아니함이 없다.

금역 앞절에서는 성인이 역을 작作하여 괘를 도안하고, 그 도안을 통해 우주의 모든 상을 구현해내고, 또 그 상을 구성하는 효에다가 일상적으로 해석될 수 있는 말을 매달음으로써 길흉변화의 길(道)을 명료하게 밝혔다는 것을 말했다. 그러니까 주어가 어디까지나 "성인聖人"이며, 성인에 의하여 천지코스몰로지의 구상이 역의 심볼리즘에 의하여 구체화됨으로써 삼재三才의 도가 구현되었음을 말했다.

본절은 주어가 성인이 아니라 군자다. 군자는 성인됨을 지향하는 범인이지 성인은 아니다. 「악기樂記」의 말대로 성인은 "작자作者"(Maker)이다. 문명의 이기를 최초로 작作한 문명의 창조자들이다. 그러나 군자는 성인이 작作한 문명 내에서 인격을 완성해나가는 "성지誠之"의 인간이다("성자誠者"는 목표 그 자체이며, "성지誠之"는 과정의 의미를 내포한다). 군자는 공적 존재이다. 이러한 군자가 역을 대하는 태도는 어떠해야 할까?

> **"그러므로 군자가 평온히 거居하며 마음의 평화를 누릴 수 있는 것은 역의 차서次序 때문이다. 是故君子所居而安者, 易之序也。"**

나는 처음에 이 구절을 접했을 때 언뜻 「서괘전」이 말하는 "서序," 즉 괘상의 나열순서를 생각했다. 그 차례는 상호연관이 있으면서도 임의적이고, 필연적인 성격이 있는 것 같으면서도 지극히 우연적인 사태이기 때문에 인간의 사유를 끊임없이 유혹하는 질서와 혼란이 혼재해있기 때문이다. 그러나 「계사」의 작자에게 지금 우리가 말하는 「서괘전」이 주어져 있었는가 하는 것도 불분명하고, 또 현행본의 괘상의 차서가 과연 유일하게 오리지날한 정본인가 하는 것도 의문시된다.

백서본 『주역』에는 64괘의 순서가 현행본과는 전혀 다른 체재體裁로 배열되어 있다. 곤坤(=천川)이 33번째로 나오고 있고 익益이 마지막 64번째 자리를 차지한다. 여기서 상술하기는 곤란하나, 백서역의 배열이 훨씬 더 수리적이고, 합리적이고, 우발적인 요소가 없다. 그렇다면 백서역과 현행본역, 그 어느 것이 먼저인가? 이런 질문에 대하여 명확한 대답을 하기는 매우 곤란하다. 단지 백서역 체재가 현행본역에 비하여 더 오리지날한 고본이라는 보장은 전혀 없다는 것을 나는 말할 수 있다. 양자가 서로 계통을 달리하는 판본들일 뿐이며 다양한 괘상의 나열방식이 공존했다고 보아야 할 것이다. 나의 생각으로는 오히려 현행본역이 백서역보다 더 오래된 고본의 형태를 갖추고 있다고 사료된다. 그러니까 백서역이 현행역의 오류를 지적하는 저본이 될 수는 없는 것이다.

이 절의 "역지서易之序"라는 말을 「서괘전序卦傳」의 "서序"로 생각하는 주석가는 거의 없다. 내가 잠깐 그렇게 생각해봤을 뿐이다. "역지서"는 대체로 한 괘 내에서의 6효의 차서를 의미하는 것으로 보고 있다. 점에서는 그 순서가 점을 치고 있는 내가 처한 자리를 예시하는 것이다. 건괘를 예로 들면, 초初는 잠룡潛龍, 이二는 현룡見龍, 사四는 약룡躍龍, 오五는 비룡飛龍, 상上은 항룡亢龍, 제각기 순서가 있고, 점을 치는 군자는 이 소장消長, 영휴盈虧의 차서에서 자신의 삶의 자리를 파악해야 한다.

예를 하나 더 들자면, 53번의 풍산 점漸䷴괘에서는 기러기의 비상을 물가에서부터 하늘에 이르기까지의 단계별로 아름답게 표현하고 있다(우간于干 → 우반于磐 → 우륙于陸 → 우목于木 → 우릉于陵 → 우륙于陸[규逵]. 해석은 『도올주역강해』 pp.651~657을 볼 것). 괘를 볼 때는 반드시 서序를 보고, 그 카이로스를 정확히 파악함으로써 "거이안居而安"할 수 있다는 것이다. 즉 안정된 삶을 구축할 수 있다는 것이다.

주희는 "서序"를 "괘효가 드러낸 사리의 당연한 차제謂卦爻所著事理當然之次第"라고 했는데 모든 괘효가 나타내는 이치의 차제라 하여 보다 추상적이고 일반적인 사리事理의 순서로 보았다. 『중용』 14장에 "소환난素患難, 행호환난行乎患難。 군자무입이부자득언君子無入而不自得焉"(군자는 환난에 처해서는 환난에 합당한 대로 도를 행하며, 어떤 상황에 처하든지 그 상황으로부터 긍정적인 결말을 짓지 않음이 없다)라는 말이 있는데, 대강 이런 뜻을 이 글이 내포하고 있다고 본다.

그 다음에 "소락이완자所樂而玩者, 효지사야爻之辭也。"라는 말이 나온다. "효의 사"라는 말은 분명 오늘 우리의 역텍스트에서 "효사"를 말하는 것이다. "역지서易之序"가 괘 전체의 의미와 관련 있다면 "효지사爻之辭"는 개별적인 효에 매달린 384개의 효사에 관한 것이다. 효사는 점을 보는 자에게 주어지는 해답과도 같은 것인데, 그 해답을 대하는 군자의 태도를 "낙樂"(즐긴다)과 "완玩"(논다)으로 표현했다는데, 고조선문명의 심오함, 그 무한한 깊이가 느껴진다. "효사를 즐기면서 논다," 이는 과연 무엇을 뜻하는가? 생각해보자!

A라는 진지한 청년이 인생의 고민을 안고 교회에 가서 간절하게 기도한 결과, 하나님을 만났다고 하자! 그리고 하나님의 소리를 들었다고 하자! 이 청년은 그 분명한 하나님의 소리를 과연 "낙이완樂而玩" 할 수 있을 것인가? 과연 하나님의 소리가 즐김과 완상의 대상이 될 수 있을 것인가? 종교적 계시는 모두 "신비로운 떨림"(*mysterium tremendum*)으로서만 우리에게 다가오며, 그것은 절대적인 타자the Wholly Other로부터 우리에게 전해지는 공포이며 비의적인 예언이다. 과연 수운은 상제와의 만남에서 상제의 메시지를 공포로 대했던가?

『논어』에 공자의 말로 이런 메시지가 있다: "진정으로 아는 자는 즐길 줄 안다. 知者樂。"(6-21). 또 말한다: "무엇을 안다고 하는 것은 좋아하는 것만 같지 못하고, 무엇을 좋아한다는 것은 그 무엇을 즐기는 것만 같지 못하다. 知之者, 不如好之者; 好之者, 不如樂之者。"(6-18). 그리고 또 이 "낙樂"의 주체를 수제자 안회에게 허여한다: "안회는 한 소쿠리의 밥과 한 표주박의 청수로 누추한 골목에서 산다. 사람들은 그 근심을 견디지 못하건만, 안회여! 그는 그 즐거움을 바꾸지 않는다. 回也, 不改其樂。"(6-9).

또 맹자는 말한다: "만물의 이치가 모두 내 몸에 구현되어 있소이다. 내 몸을 돌이켜보아 우주의 성실함을 자각할 수만 있다면 인생의 즐거움이 그것보다 더 큰 것은 없소이다. 萬物皆備於我矣。反身而誠, 樂莫大焉。"(7a-4. 『맹자, 사람의 길』하, pp.720~722). 이런 데서 우리가 발견할 수 있는 "낙樂"의 개념은 바로 「계사」의 메시지와 호상발명하는 것이다.

점占은 정貞이요, 물음問이다. 물음에 대한 답은 맹자의 말대로 구극적으로 나의 몸에 깃들어 있는 것이다(反身而誠). 수운은 하느님이 조화를 부리는 요술쟁이가 아니라 결국 "무위이화無爲而化"의 "기연其然"이라는 것을 발견하고 인간은 시천주侍天主의 존재라는 것을 주문을 통하여 선포했다. 내가 곧 천주, 하느님인데 과연 점은 누가 묻고 누가 대답하는 것이냐? 모든 종교는 "겁박의 문화"의 소산이다. 겁주고 박해하려고 만든 것이다. 종교(religion)는 "렐리가레*religare*"에서 유래한 말인데, 그것은 "삼가하다," "꼭 묶다"는 뜻이다. 인간을 속박하기 위하여 만든 것이 종교다.

과거의 거북점은 렐리가레의 산물이다. 그러나 역점은 종교문화를 극복한 인문주의문명의 소산이며, 인간의 자기발견self-discovery, 자기비판 self-criticism, 자기앎self-knowledge, 자기검토self-examination, 자기배양selfcultivation, 자기완성self-perfection의 산물이다. 그것은 끊임없이 깊어져가는 주체성의 과정the process of ever-deepening subjectivity이다(뚜 웨이밍 교수의 표현). 점은 그 자체로 향유(enjoyment)이다.

효사를 낙완樂玩의 대상으로 본다는 것은 효사의 성격이 좁은 의미의 예언이나 족집게적 규범윤리의 명제나 특정사건의 귀추에 대한 결정론적 판단에 머무르지 않는다는 것을 의미한다. 효사를 즐긴다고 하는 것은 그것이 길하다고 들뜨지 않고, 또 흉하다고 저주하지 않는 것을 의미한다. 모든 판단은 항상 새로운 상황성을 전제로 하는 것이다. 도道가 성장하는 시기에는 태만하여 교만하지 아니하고, 도道가 위축되는 시기에는 좌절치 아니하고 초조해하지 않는다. 인생에 절대적인 승·패, 득·실은 없다. 그것은 곧 역의 철학이요, 변화의 철학이다. 절대적인 하늘의 영광, 절대적인 이 땅에서의 저주는 없다. 하늘의 영광은 이 땅에서의 고난과 역경을 통해서 드러나는 것이다.

다음에 이런 문장이 나온다: "시고군자거즉관기상이완기사是故君子居則觀其象而玩其辭; 동즉관기변이완기점動則觀其變而玩其占." 군자의 생애는 반드시 리듬이 있다. 고요하게 사는 시기가 있고, 또 다이내믹하게 활동하는 시기가 있다. 사회에 나가 지위를 얻고 활동하는 시기가 있는가 하면, 은퇴하여 사회와 격절된 삶을 살 때가 있다. 「계사」는 고요한 시기를 "거居"라는 말로 표현했고, 적극적으로 활동하는 시기를 "동動"이라고 표현했다. "거"는 "정거靜居"의 의미이다. 여기 "관觀"이라는 동사가 같이 쓰였는데 그것은 『노자』 1장에서 "무욕이관기묘無欲而觀其妙"라 했을 때의 "관"과도 같은 것이다.

그것은 내심의 체험을 투과한 지혜의 관조를 의미한다. 군자가 정거靜

居하는 시기에는 상象 그 전체를 관조하면서 거기에 매달린 말辭들을 완상하고(君子居則觀其象而玩其辭), 다이내믹하게 움직일 때에는 그 효변을 관찰하면서 효사가 대답해내는 점占을 완상한다고(動則觀其變而玩其占) 했는데, 실제로 「계사」의 저자가 어떠한 방식으로 점을 치고 효사를 해석했는지에 관한 정확한 지식이 없이는 이 문장을 온전하게 해석하기 어렵다. 상을 본다(觀其象)는 것은 테오리아적 측면이 강하고, 변을 본다(觀其變)는 것은 프락시스적 측면이 강하다고 말할 수 있다.

君子居 calm life	觀其象 symbols	玩其辭 literature	*theoria* 통찰
君子動 dynamic life	觀其變 changes	玩其占 prognostication	*praxis* 실행

이렇게 진퇴동정이 이치에 합당한 자에게는 하늘로부터 도움이 있으며(是以自天祐之), 길하여 이롭지 않음이 있을 수 없다(吉无不利). 왕부지는 "이利"라는 것은 의로움의 조화이며 백이·숙제가 비록 수양산에서 굶어죽었다 할지라도 지조를 지킨 많은 사람들의 의식 속에서 그 가치가 영속되었으므로 하늘의 도움이 없는 것이라고 말할 수 없다고 했다.

옥안 마지막에 나오는 "자천우지自天祐之, 길무불리吉无不利"는 14번괘 화천 대유大有䷍의 상구上九 효사로 나오는데 맥락적인 관련은 없다.

제 3 장

3-1 彖者，言乎象者也。爻者，言乎變者也。吉凶者，
단 자 언 호 상 자 야 효 자 언 호 변 자 야 길 흉 자
言乎其失得也。悔吝者，言乎其小疵也。无咎者，
언 호 기 실 득 야 회 린 자 언 호 기 소 자 야 무 구 자
善補過也。
선 보 과 야

국역 단이라는 것은 괘상 그 전체에 관한 것이다. 효라는 것은 괘를 구성하는 여섯 개의 강유의 심볼을 말하는 것인데 그것의 핵심은 변화이다. 효는 변화에 관하여 말한 것이다. 길·흉이라는 것은 잃음과 얻음에 관한 것이다. 회·린이라는 것은 작은 허물에 관하여 말한 것이다. 무구无咎라는 것은 자신의 과실을 잘 고쳤다는 뜻이다. 허물을 잘 고치게 되리라는 뜻도 된다.

금역 제2장은 성인이 역을 만들었다는 것과 군자가 그 역을 배우게 되는 삶의 자세를 논했다. 제3장에서는 주희의 말대로 역의 괘·효사에서 쓰는 개념들의 통례를 해석했다(此章釋卦爻辭之通例). 우선, 단彖·효爻·길흉吉凶·회린悔吝·무구无咎 5개념이 해설된다. 그런데 이 5항목 중에서 경經의 권위를 가지는 문헌으로서 단과 효, 2개가 제시되었고, 나머지 세 개는(길흉·회린·무구) 단과 효에 쓰인 문장 중에 나오는 단어의 용례를 해설한 것이다.

우선 "단彖"이라는 것은 "단斷"과 의미가 상통하는 말인데 요즈음 말로

하면 "판단判斷"(Judgement)의 뜻이 된다. 문자학적으로 단彖은 동물의 수형獸形을 나타내는 상형자인데 역의 의미와는 관련이 없다. 역에서 독자적으로 그 용자법用字法을 개발한 것으로 보인다.

"단彖"은 "괘사卦辭"의 별칭이다. 원래 경經은 괘상과 괘명, 그리고 괘사와 효사로 구성된 것이다(나의 『도올주역강해』는 오리지날 역경에 국한된 것이다. 기실 『도올역경강해』라고 해야 그 제목이 바르게 된다). 괘사를 단사彖辭라고도 한다. 지금 『주역』에는 십익의 하나로써 "단전彖傳"이라는 것이 있지만, 단전은 괘사(=단사)에 대한 해설이라는 뜻이다. 내 책 『도올주역강해』를 보면 매 괘마다 괘사라는 항목이 있다. 그것이 곧 "단彖"이다. 그러나 나의 『강해』에는 「단전」은 배제되어 있다.

여기 첫 문장은 "단자彖者, 언호상자야言乎象者也。"이다. 그런데 혼다 와타루本田濟, 1920~2009는 왜 "호乎"라는 문법적으로 불필요한 조자助字(조사)가 끼었는지 모르겠다고 했는데, 내가 생각키에는 "言乎A"는 "A에 관하여 말한 것이다"라는 뜻이 된다. 결코 불필요한 조사가 아니다. 여기 "단彖"은 경의 주요 부분인 괘사를 의미한 것이다. 다시 말해서 「계사」의 저자에게 괘사는 확실히 주어져 있었다는 뜻이다.

「계사」의 저자에게 오늘날의 「단전」이 있었냐는 문제는 확답하기 어려우나, 「단전」의 고등한 언어양식을 볼 때 「계사」가 「단전」을 거쳐서 나온 것이라는 생각은 문헌비평학상 그리 틀린 말은 아닐 것이다. 그러나 여기서는 「단전」 얘기를 하는 것은 아니고, 확실하게 괘사에 관하여 말하는 것이다. 그렇다면, "**彖者, 言乎象者也。**"는 이렇게 번역된다: "**괘사는 괘 전체의 모습에 관하여 말한 것이다.**"

괘사의 특징은 괘 전체, 효사의 부분에 구애됨이 없이 그 전체의 상象을 하나의 게슈탈트*Gestalt*로서 논구한 것이다. 전傳 중에서 「대상전」이라는 것이 있는데, 이 「대상전」 역시 상에 관한 것이지만 그것은 상괘와 하괘를 나누어보는 트라이그램trigram(8괘)의 상징체계로써만 그 의미를 드러낸 것으로 「단전」과는 전혀 성격이 다르다. 내 책 『도올주역강해』에는 십익十翼 중에서 유일하게 「대상전」만 들어가있다.

역경의 의미론의 핵심은 「단전」과 「효사」이다. "효사"라는 것은 하나의 괘를 구성하는 여섯 개의 음·양 심볼에 하나씩 붙어있는 말을 의미한다. 그래서 이와같이 말한다: "효자爻者, 언호변자야言乎變者也。" 당연히 「계사」의 저자에게 「효사」는 존재했다. 효사가 없으면 역은 역이 아니다. 우선 "효爻"라는 글자를 보면 × 2 개의 모양으로 되어 있다. 그 모양이 무엇이든지간에 물체가 교차되는 모습이고 접촉을 통해 교류되는 모습이다. 효는 역에서는 교감交感을 상징하는 회의자일 수밖에 없다(시라카와 시즈카白川靜는 爻를 敎, 學 자와 관련된 상형자로 보았는데 임의의 과도한 신화론적 해석이다).

그러면 "**爻者, 言乎變者也。**"는 "효사라는 것은 변화에 관하여 말하는 것이다"라고 번역된다. 점의 결과로서 어느 임의의 효를 만나든지간에 그 효는 6효 전체의 변화 속에서만 의미를 갖는 것이며, 그 효는 무궁하게 다른 효로 변해갈 수밖에 없는 것이다. 「계사」하 제3장에는 "효야자爻也者, 효천하지동자야效天下之動者也。"라는 말이 있다. 효라는 것은 천하의 움직임을 본받는다는 것이다라는 뜻이다.

다음의 3구는 괘효사 중의 용법의 통례에 관한 것이다. 우선 "길흉吉凶"이라는 것은 구체적인 잃음과 얻음에 관하여 이야기하고 있는 것이다(吉凶者, 言乎其失得也). 이것은 이미 2-1에서 상술하였다. 다음에 "회린悔吝"에 관해 이야기하고 있는데 전 장과는 달리 그 성격을 간단히 규정하고 있다. 회린은 "작은 흠小疵"에 관한 것이라고 말하고 있는 것이다(悔吝者, 言乎其小疵也). 회린이라고 하는 것은 선·악이라는 도덕적인 규정까지는 가지 않는 작은 흠이지만, 본인의 마음에 맺히는 것이다. 그 다음에 "무구无咎"가 나오고 있는데, 기실 "무구"는 "유구有咎"를 전제로 하는 것이며, 상수학적으로는 음양이 실위失位한 것이다. 그러나 유구는 뉘우치며 고칠 수 있는 것이다. 즉 유구는 항상 무구로 개선될 수 있는 것이다. "작은 흠"이라 하지만 이러한 흠은 반드시 개선되지 않으면 아니된다. 흠이 쌓여 악이 되는 것이다.

공자가 역에 관해 유일한 언급이 『논어』「술이」16에 있다: "하늘이 나에게 몇 년의 수명만 더해준다면, 드디어 나는 『역』을 배울 것이다. 그리하면 나에게 큰 허물이 없을 것이다. 加我數年, 五十以學易, 可以無大過矣." 여기 마지막 구절이 "가이무대과의可以無大過矣"이다. 다시 말해서 공자는 역을 허물을 고쳐주는 책, 큰 허물이 없게 만들어주는 책으로 생각했던 것이다. 보과지서補過之書요, 보과지도補過之道였다.

이 절의 마지막 구절은 이와같다: "무구无咎라는 용어는 잘 개선했다는 것을 말하고 있는 것이다(无咎者, 善補過也)." 역은 선·악을 규정하기 위한 책이 아니라 인간의 삶의 과정에서 끊임없이 선악이 갈마드는 가운데 그 정도正道, 그 중도中道의 위치를 회복하는 것을 의미한다. 노자가 "반자反者, 도지동道之動"이라 말했는데 역은 이러한 세계관을 도덕주의적인 차원에서 인간화시켰다고 말할 수 있다.

3-2 是故列貴賤者, 存乎位; 齊小大者, 存乎卦。辯吉凶者, 存乎辭; 憂悔吝者, 存乎介; 震无咎者, 存乎悔。是故卦有小大, 辭有險易。辭也者, 各指其所之。
시고열귀천자 존호위 제소대자 존호괘 변길흉자 존호사 우회린자 존호개 진무구자 존호회 시고괘유소대 사유험이 사야자 각지기소지

국역 그런데 귀천을 늘어놓는다라는 말은 그 귀천이 효의 위치 그 자체에 내재한다는 뜻이 된다. 괘가 작다(나쁘다) 크다(좋다)하는 것은 괘 자체의 전체 성격에 내재하는 것이다. 길흉을 변별한다 하는 것은 괘사·효사의 언어 속에서 찾아내는 것이다. 회린을 우려한다는 것은 회린이 생겨나는 그 의식의 단초(기미, 갈림길)를 명백히 파악하여 자기를 단속하는 것을 의미한다. 허물을 고쳐서 허물이 없는 것으로 만드는 마음을 격동시킬 수 있는 것은 후회할 줄 아는 마음에 달린 것이다. 그러므로 괘에는 작은 것(나쁜 괘)과 큰 것(좋은 괘)이 있으며, 괘사·효사에는 험난함과 평탄함이 있다. 사(말)라고 하는 것은 하나하나가 모두 인생이 지향해야 할 바를 가리키고 있는 것이다.

금역 "시고是故"라는 말로 시작하지만, 이것은 앞 절과 인과적인 관계를 갖지 않는다. 그래서 "그러므로"라고 번역하기는 곤란하다. "그런데 ……" "자아～" 이 정도의 가벼운 뜻으로, 쉼(pause)의 뜻으로 삽입된 것이다.

"열귀천자列貴賤者, 존호위存乎位。" 역에서 귀천이라는 말은, 인간을 고착

적인 계급으로 규정하는 맥락에서 쓰이는 용례는 거의 없다고 보아야 한다. 인간세에는 분명 귀천이 있지만, 그 귀천의 본질은 정도正道를 행하냐 안 하느냐에 딸린 도덕적 평가와 관련되는 것이다. 그리고 귀천은 가변적이지 불가변적인 것이 아니다. 오五의 위位가 귀한 것이기는 하지만 그 실제상황은 타 효에 비해 더 빈약할 수도 있다. 그러나 역은 위位의 귀천을 구조적으로 설정함으로써 인간세의 귀천의 상황을 드라마타이즈하고 있다. 인간은 천賤에서 귀貴로 나아가기를 희망한다. 그래서 인간은 공부하고 노력하는 것이다.

그것은 인간의 도덕적 향심의 본질이다. 귀천이 없는 사회는 영원히 불가능하다. 대통령이 되었다고 귀한 것이 아니다. 그러한 인간세의 영욕을 역의 저자는 깨닫고 있었다. 번역은 다음과 같다: "귀천을 분별하여 한눈에 보일 수 있도록 늘어놓을 수 있는 것은 역에서는 효가 지니고 있는 구조적인 위位에 근거하고 있다."

"제소대자齊小大者, 존호괘存乎卦." 역에서 "소대"라는 것은 대체적으로 음(爻)과 양(爻)의 다소배열과 관련이 있다. 괘명에 이미 대축大畜䷙과 소축小畜䷈, 대과大過䷛와 소과小過䷽처럼 대소가 대비되고 있는 것도 있지만, 태泰䷊와 비否䷋, 박剝䷖과 복復䷗, 진晉䷢과 둔遯䷠, 기제旣濟䷾와 미제未濟䷿처럼 괘 전체의 성격이 좀 극적으로 대비되는 상황이 있다. 대체적으로 소小는 음을 말하고 대大는 양을 말한다.

그러나 복괘는 양효가 하나밖에 없지만 그 양효가 주효이기 때문에 양괘로 간주된다. 구괘姤卦䷫는 양효가 다섯 자리를 차지하고 있지만 초육初六 하나를 당해내지 못한다. 구괘는 음괘이다. 역에서 대체적으로 대大는 좋은 것이고 소小는 좋지 않은 것이다. 이 대소를 가지런히 할 수 있는 근거는 괘 전체의 성격에 달려있다.

"열귀천列貴賤"과 "제소대齊小大"는 같은 의미라고 주석가들은 말한다. 나는 "제齊"는 "제가," "제물"의 제와 같은 뜻이 있다고 본다. 전체적으로 보아, 귀천을 열列하는 것은 효의 위상에 근거하고 있고, 대소(좋음과 좋지 않음)를 제齊하는 것은 괘상 전체의 성격에 근거하고 있다는 얘기를 하고 있으나 그 구체적인 함의는 실상 명료하지 않다. 역에서 귀천은 개별적 효의 위位 자체에 근거하고, 대소는 괘 전체의 모습이 구조적으로 규정하는 게슈탈트적 성격에 근거하고 있다는 정도의 메시지 이상을 파악하기는 어렵다고 본다. 괘에 좋은 느낌의 괘가 있고, 좋지 않은 느낌의 괘가 있다는 것은 확실하다. 박괘 ䷖를 만나면 곧 박탈당할 것 같은 기분이고, 복괘 ䷗를 만나면 좋은 기운이 회복될 것 같은 느낌이다. 복괘의 「단전」은 복復에서 천지의 마음을 본다고 했다. 그러나 실제로 효사는 나쁘고 좋은 것으로 일관되게 짜여져 있지 않다. 역은 항상 복잡계를 다룬다.

길흉을 변별하는 것(辯吉凶者)은 효사爻辭의 말에 달려있고(存乎辭), 회린悔吝(걱정과 근심: 2-1에서 상술. 여기서는 "작은 허물"이라고 했다)에 이르는 것을 두려워한다는 것(憂悔吝者)은, 그러한 후회스러운 생각이 일어나기 이전의 미묘한 순간(介: 길과 흉이 갈라지는 갈림길의 순간)에 마음단속을 확실히 해야 한다는(存乎介) 것을 의미한다. 허물이 없는 마음상태를 고무시키는 것(震无咎者)은 결국 후회할 줄 아는 마음에서(存乎悔) 그 에너지를 얻는 것이다(3-1에서 말한 "无咎者, 善補過也。"를 다시 해석한 것이다). 후회할 줄 아는 것이 곧 나의 삶의 허물을 줄이는 것이라는 이 「계사」의 말은 인간의 심리를 깊게 파악한 명언이다. 자기후회, 즉 자기반성 속에서 나의 내면의 도덕이 성장하는 것이다.

그러므로 총괄하여 말하자면, 괘卦에는 그 생김새 자체로 좋은 괘(大), 좋지 않은 괘(小)가 있고(卦有小大), 그 괘의 매달린 괘사, 효사는 그 상황상황에 따라 험악할 수도 있고 또 평이하고 아름다울 수도 있다(辭有險易). 성인께서 이러한 언어를 매단 이유는 우리로 하여금 그 언어 이면의 다른 복합적 의미를 깨닫게 하려는 것이다. 소小를 버리고 대大로 나아가며, 험險을 피하고 이易로 나아가며, 허물이 없는 인생의 길을 개척하기를 바라는 것이다. 우리는 역을 통해 길흉을 변별하고(辯吉凶), 회린을 걱정하고(憂悔吝), 허물 없는 마음을 격려하는(震无咎) 공부를 계속해야 한다. 역의 말이라는 것은(辭也者), 그 말이 가야할 곳(其所之), 다시 말해서 그 말이 제시하는 우리 인생의 방향성을 지시하는 것이다(各指其所之).

옥안 역에는 종교의 협박이 전무하다. 하나님의 명령도 즐김(樂)과 완상의 대상일 뿐이다. 역의 예언은 어디까지나 나의 현존現存의 문제이다.

자아! 지금까지 전개된 언어를 정리해보자! 제1장에서는 천지코스몰로지의 근간을 형성하는 건곤론의 대강을 밝혔다. 이간론易簡論을 매개로 하여 삼재三才의 가운데인 인간에까지 언급하였다. 그리고 제2장은 성인이 작역作易한 의도를 말하고 그에 대해 군자는 어떠한 방식으로 역을 인식하고 삶 속에서 실천해야 하는가를 밝혔다. 제3장은 역을 구성하는 개념들을 해석하면서 괘사, 효사의 말을 통하여 인간이 지향해야 할 이상세계를 암시하였다.

이제 제4장에서는 천지코스몰로지의 본격적 이론이 구성되기 시작하며 그러한 구성 속에서 역의 본질이 드러나기 시작한다. 역의 본체론이라고 말할 수 있다.

제 4 장

4-1 **易與天地準，故能彌綸天地之道。仰以觀於天文，俯以察於地理，是故知幽明之故。原始反終，故知死生之說。精氣爲物，遊魂爲變，是故知鬼神之情狀。**
역여천지준 고능미륜천지지도 앙이관어천문 부이찰어지리 시고지유명지고 원시반종 고지사생지설 정기위물 유혼위변 시고지귀신지정상

국역 역의 이치는 천지를 준거로 삼는다. 그래서 역과 천지는 항상 대등하다. 그러므로 역은 천지의 도(길)에 구석구석 아니 얽여 들어간 것이 없다. 역은 천지간에 꽉 차있다. 역을 창조한 성인은 우러러보아 하늘의 질서를 체관하고, 굽어보아 땅의 이치를 체찰하였다. 그리함으로써 우주의 어둠과 밝음의 까닭을 깨달았다. 그리고는 시원을 탐구하여 종료되는 곳으로 돌아가 그 과정을 다 파악하였다. 그러니 자연히 죽음과 삶에 관한 모든 이치를 깨닫고 종교적 미망에서 벗어났다. 죽음은 죽음이 아니요 삶은 삶이 아니다. 우주적 생명의 연속만이 있는 것이다. 기를 응축시키면 그것은 구체적인 땅의 물物이 되고 혼을 흩어버리면 그것은 영원한 객체가 되어 무궁한 변화를 일으킨다. 이 때문에 천지의 영활한 모습인 귀신의 생동하는 참모습을 깨달을 수 있게 되는 것이다.

금역 역의 심볼리즘의 체계는 천지코스몰로지의 모든 현실태적인 가능

성을 준거로 삼고 있는 것이다. 그러니까 역의 심볼리즘과 천지의 다양한 모습은 대등한 상관관계를 유지한다. 즉 역과 천지는 동일하다(易與天地準: 경방京房은 "준準"을 등等이라 했고, 우번[虞翻, AD 164~233, 오吳국의 경학자]은 동同이라 했고, 주희는 제준齊準이라 했다). 그러므로 역은 천지지간에 가득 편재하여 빠짐없이 그 변화를 질서지우는 도라고 말할 수 있다(故能彌綸天地之道: 문법적으로 읽으면 "역은 천지지도를 미륜할 수 있다"가 된다. 그런데 여기 "미彌"는 편재성, 즉 보편성universality을 가리키고, "륜綸"은 질서, 법칙regularity, cosmic order을 의미한다).

여기 "앙仰"과 "부俯"를 동사로 하는 문장이 시작되는데 그 주어는 누구일까? 역으로 시작되었으니 당연히 주어는 "역易"이 되어야 할 것이다. 그러나 내용상으로 보면 인격적인 냄새가 농후하므로 역을 작作한 성인을 주어로 보아야 할 것이고, 보다 보편적인 시각에서 말하자면 성인이 되고자 노력하는 모든 인간들의 삶의 자세를 의미할 것이다. 여기 나오는 "앙관仰觀"과 "부찰俯察"은 관용구로서 많이 쓰이는 말인데 그 최초의 용례가 바로 「계사」이다. 선진의 타 문헌에 용례가 없다. 천지코스몰로지를 전제로 하지 않으면 생겨날 수 없는 어법이기 때문이다.

역을 만든 성인(Sage=Maker)은 우러러서는 하늘의 질서를 관觀(체관)하고(仰以觀於天文), 굽어서는 땅의 이치를 찰察(통찰)한다(俯以察於地理). 그리함으로써 이 우주의 모든 밝음과 어둠의 까닭을 자각하게 된다. 여기 우리가 일상생활 속에서 쓰는 "천문天文," "지리地理"라는 말이 등장하는데 이 말 역시 「계사」의 천지코스몰로지에서 만들어진 관용구이다. 타 문헌에서 모두 이 「계사」의 표현을 인용하고 있다. 천문天文의 문文은 문紋이며, 그것은 문양, 도안, 질서를 의미한다. 지리地理의 리理는 옥의 문양이며 땅의 질서를 의미한다.

주희는 천문·지리에 대하여 이와같은 주를 달았다: "천문이라는 것은 주야晝夜와 위아래의 분별이 있고, 지리라는 것은 남북과 높음과 깊음의 질서가 있다. 天文則有晝夜上下, 地理則有南北高深。" 이것은 곧 천문은 시간의 법칙을 가리키고 지리는 공간의 법칙을 가리킨다는 것이다. 즉 시간과 공간은 분리될 수 없는 일체임을 말한 것이다.

여기서 말하는 천문·지리는 천지코스몰로지가 예시하는 바, 우리 인간이 인지하는 삶의 세계 즉 레벤스벨트(삶의 세계, 생활세계)를 의미하는 것이다. "땅이 돈다"고 생각하는 것은 천문에 대하여 이미 수학적 즉 이성적 계산을 거친 도구이성의 산물이다. 지동설이 보편적인 시간현상을 설명하는 데 보다 이간易簡한 방식이긴 하지만, 우리가 매일 대면하는 생활세계 속에서는 해는 여전히 동쪽에서 떠서 황도를 지나 서쪽으로 진다. 새벽 일출의 신선함, 석양 일몰의 화려함은 우리 삶의 근간이요 기간이다. 지동설이 맞고 천동설이 틀리다고 말할 수는 없다. 천동설이라고는 하나 그것은 지구중심의geo-centric 관찰일 뿐이다.

천지코스몰로지의 하늘은 태양이나 행성뿐 아니라 제임스웹 망원경이 보내는 모든 갤럭시들을 포섭한다. 하늘은 무한대로 광막히 펼쳐져 있는 시간의 세계이고, 땅은 그 광막한 우주 시간 속에 자리잡고 있는 우리 삶의 터전이다. 이것은 천문학적 지식이 아니라 우리 삶의 느낌이다. 이 천지코스몰로지는 결국 "기氣"라는 개념으로 통섭되는데, 그 "기氣"라는 표현이 바로 본 절에서 등장하고 있다. 맹자의 "호연지기浩然之氣"론에서 보편화된 기라는 개념은 아직 우주론적 틀을 가지고 있지 않다. "기氣"라는 개념의 역사는 너무도 오묘해서 함부로 말할 수는 없으나 그것은 천지코스몰로지와 더불어 도식화되어간 것이고, 의경醫經의 출현과 더불어 몸철학화되어 간 것이다.

「계사」의 저자는 말한다: "천문·지리의 구조적인 관찰과 더불어 유명幽明의 까닭(故)을 알게 되었다(是故知幽明之故)." 여기 "어둠과 밝음"이라는 표현은 단지 낮과 밤을 의미하는 것이 아니라 천문과 지리를 통섭하는 개념으로서의 어둠과 밝음, 즉 음양의 이치를 깨닫게 되었다는 것이다. 음양의 최초의 소박한 표현이 바로 "유명幽明"인 것이다. 대체적으로 천도天道는 밝은 것이며 밖으로 표출되는 것이다. 지도地道는 어두운 것이며 내면으로 수렴되는 것이다. 한강백은 천도는 무형無形의 도이며 지도는 유형有形의 도라고 말했다. 천문과 지리가 상보적相補的으로 융합되면서 유명幽明의 상相을 지어내는 것이다.

유명의 까닭을 자각한 인간은 무엇을 더 알아야 하는가? 인간은 이러한 시공연속체의 복합구조 속에서 "원시반종原始反終" 해야 한다고 말한다. 원시반종이란 무엇인가? "원原"이란 "무엇을 캐묻는다"(to inquire into)는 뜻이다. "근원을 소급하여 캐묻는다"는 뜻이다. "반反"이란 "귀歸"의 뜻이다. "돌아간다"는 뜻이다. 원시반종이란 "모든 존재의 시원을 캐물어 그 종점(종료)으로 돌아간다"는 뜻이다. 이것은 존재를 시간 속에서 파악한다는 뜻이다. 시원을 알며는 종료 또한 알 수 있게 된다는 뜻이다. 결국 "원시반종"이란 "태어남과 죽음에 관한 설說"을 깨닫는 것이다(知死生之說). 사생지설을 안다는 것은 무엇을 의미하는 것일까?

시원을 앎으로써 종료로 돌아간다는 것은 음양의 변화를 안다는 것이요, 유명幽明의 이치를 안다는 것이다. 그것은 곧 태어남이 태어남이 아니요, 죽음이 죽음이 아님을 알게 된다는 것이다. 영원한 태어남도 없고, 영원한 죽음도 없는 것이다. 태어난다는 것은 죽음의 운명을 이미 지닌다는 뜻이요, 죽음이라는 것은 새로운 생명의 태어남을 의미하는 것이다. 천지코스몰로지에서는 창조론(*creatio ex nihilo*)도 없고 따라서 종말론(eschatology)

도 없다. 종말은 끊임없는 시작이다. 창조론은 없지만 끝없는 창조의 과정(Process of Creation)이 있다.

장자는 아내가 죽은 자리에서 곡을 하지 않고 질그릇을 두드리며 노래를 부른다. 친구 혜자惠子의 꾸지람에 대답하는 장자의 말에 바로 이 「계사」의 언어와 동일한 구절이 있다: "그 시원을 살펴보면 본시 아내의 태어남이라는 게 없었던 거요. 태어남이 없었을 뿐 아니라 본래 형체조차 없었던 것이요. 형체조차 없었던 것일 뿐만 아니라 본시 기氣조차 없었던 것이라오. 察其始, 而本無生; 非徒無生也, 而本無形; 非徒無形也, 而本無氣。"

"정기위물精氣爲物, 유혼위변遊魂爲變。" "사생지설死生之說"에 연접하여 "기氣"라는 개념이 등장하는 문장이 나오는데 이 문장에 대한 역대 주석가들의 해석이 도무지 명료하지 않다. 아주 평범하게 해석하면 "정기가 물이 되고, 유혼은 변이 된다"는 뜻인데 "물物"과 "변變"이 정확한 댓구를 이루지도 않는다. 그런데 보통 "물物"이라든가 "정精"은 대비적으로 땅의 개념, 사람에게 있어서는 하초下焦 개념을 형성하는 것이다. 그리고 혼魂은 백魄에 대하여 하늘에 속하는 것이다.

우리가 보통 "정신精神"이라 하는 것은 "spirit"에 해당되는 서양말의 역어譯語가 아니라, 유학과 한의학에 고유한 개념이다. "정精"은 정액의 정精과 같은 것으로 먹은 것(米)의 정화가 가라앉아 하초에 응결되는 것으로, 생명의 근원으로서 땅의 상징이 되는 것이다. "신神"은 가벼운 것으로 몸의 하늘에 속하며 우리가 보통 말하는 정신의 신에 해당된다. 그러니까 "정신精神"은 영육이원론의 정신(Mind) 일변을 말하는 것이 아니라, 하초와 상초, 육체와 정신의 양면을 복합하는 의미에서의 인간생명 전체를 통칭하는 개념인 것이다.

대체적으로 보아 "정기精氣는 물物이 되고 유혼遊魂은 변變이 된다"에서 정기는 땅을 상징하고 유혼은 하늘을 상징한다고 보는 것이 상식적이다. 그리고 다음에 연결되는 "귀신鬼神"의 문제와 관련지어 본다면 아무래도 정기는 돌아가는(歸) 귀鬼가 되고, 유혼은 펼쳐지는 신神이 되게 마련이다. 천지코스몰로지에서 인간은 하늘과 땅의 복합체이며, 하늘은 혼魂, 땅은 백魄을 의미한다. 인간이 죽으면 혼백이 각각 분리되서 혼은 자기 본령인 하늘로 가고 백은 자기 고향인 땅으로 돌아간다. 하늘로 가는 것을 펼쳐진다(伸)하여 "신神"이라 하고 땅으로 가는 것을 돌아간다(歸)하여 "귀鬼"라 하는 것이다. 다시 말해서 혼백魂魄의 다른 이름이 신귀神鬼(=鬼神)가 되는 것이다.

天 하늘	魂 혼	神 신	上焦 상초	神 신	伸 펼침	明 밝음	一氣의 음양론
地 땅	魄 백	精 정	下焦 하초	鬼 귀	歸 돌아감	幽 어둠	

이와같이 명백한 개념적 틀이 있음에도 불구하고 주희는 이러한 개념들을 발전시켜 역逆으로 해석하는 주석을 달아놓았다: "음은 정精이고, 양은 기氣이다. 취합하여 응결되면 물物을 이루니, 그것은 신神의 펼침이고, 혼이 흩어지고 백이 내려오는 것은 여기서 말하는 흐트러져 변變이 된다는 것이니, 그것은 귀鬼의 돌아감歸이다. 陰精陽氣, 聚而成物, 神之伸也; 魂游魄降, 散而爲變, 鬼之歸也。" 주희는 신神의 신伸과 귀鬼의 귀歸를 반대의 상황에다가 배당시키고 있는 것이다. 주희의 "신伸"은 하늘이 땅으로 펼쳐지는 것이요, "귀歸"는 땅이 하늘로 돌아가는 것이다.

아직 「계사」의 시대에는 음양론과 천지론(건곤론)이 명백하게 도식적으로 카테고라이즈되어 있질 않기 때문에 생기는 문제일 수도 있다. 나는 "**精氣爲物, 遊魂爲變**"을 원래적인 문법구조에 맞게 해석하여, 제일 앞에 있는 "정精"과 "유遊"를 타동사적으로 해석한다. 이때 정精은 "응결시킨다," "농축시킨다"가 되고 유遊는 "흐트러버린다"가 된다. 원시반종하여 사생지설을 알게 되면 기氣 음양론에 도달하게 된다는 것이다. 그 문제되는 구절의 해석은 다음과 같다:

> "**기의 땅적인 측면을 응축시키면 구체적 형태를 지닌 물物이 되고**(精氣爲物), **기의 하늘적 측면인 혼魂을 흐트러버리면 우주변화의 무한한 근원이 된다**(遊魂爲變)."(※ 이렇게 해석한 사람은 아직 보지 못했다).

이와같이 기의 혼백의 교류를 이해하게 되면 그 결과(是故)로 귀신의 정상情狀을 알게 된다는 것이다(知鬼神之情狀).

벌써 「계사」의 저자는 귀신鬼神을 인격체적인 귀신 즉 고스트Ghost로서 파악하는 것이 아니라, 우주론적 양측면, 천지코스몰로지의 양대 근간으로 파악하고 있는 것이다. 귀는 백의 다른 이름이고, 신은 혼의 다른 이름이다. 귀鬼는 땅이요, 신神은 하늘이다. 「계사」의 저자는 역易을 천지에 준하는 것으로 대전제를 설정한다. 그리고 천문과 지리를 논한 후에, 그것을 유명幽明과 연결시키고, 또다시 유명을 사생死生과 연결시킨다. 그리고 유명을 음양이기二氣와 혼백으로 변주한 후에 최종적으로 귀신鬼神을 말하고 있는 것이다. 이러한 「계사」의 논리를 가장 치열하게 논구한 것은 바로 다름아닌 조선대륙의 최수운이었다.

수운은 갑인년(1854)에 10년에 걸친 주류팔로周流八路를 접고 처가가 있는 울산에 정착했다가, 기미년(1859) 10월에는 용담 옛집으로 돌아온다. 이 과정에서 수운은 하느님(=상제上帝)을 만나려는 피눈물나는 노력을 한다. 그러다가 경신년(1860) 4월 5일, 그토록 만나고 싶어하던 하느님을 신다전한身多戰寒하는 중에 불현듯 만난다. 그 해후장면에 바로 여기 「계사」의 글귀가 등장한다.

하느님은 말한다. 수운에게 똑똑히 들리도록 말한다(「동학론東學論」).

> **人何知之。知天地而無知鬼神。**
> **사람들이 어찌 알리오. 사람들은 천지만 알고 귀신은 모르나니라.**

수운에게 전달된 하느님의 비의적 언어는 극히 상식적이고 철학적인 언어였다. 사람들은 천지만 알고, 귀신은 모른다는 것이다. 수운의 세계인식에 있어서도 천지코스몰로지가 드러나고 있는 것이다. 천지는 물리적인 자연환경(physical Nature)의 대명사이다. 그러나 천지를 신적으로 승화시켜 놓은 이름이 귀신이다. 천天을 신명화神明化(divinization)하면 신神이 되고 지地를 신명화하면 귀鬼가 된다. 귀신은 고스트(세칭 "귀신")가 아니라 우리의 감성에 나타나는 물리적 우주가 신성을 띠었을 때 신격화되는 자연의 모습이다. "무위이화無爲而化" 하는 천지의 모습이 나에게 "경敬"의 대상이 될 때, 그 천지는 귀신이 되는 것이다. 수운이 만난 하느님은 말한다.

> **"귀신이 곧 나다. 鬼神者, 吾也。"**

여기 「계사」의 저자가 "원시반종" 하고 "사생지설"을 알면 곧 "귀신의 정상情狀"을 알게 된다고 말했는데, 수운이 바로 귀신의 정상情狀(감정과 그 구체적 모습)을 깨달음으로서 무극의 대도를 선포하게 된 것이다. 그것은 단군의 부활이었다.

4-2 **與天地相似, 故不違。知周乎萬物, 而道濟天下,**
여천지상사 고불위 지주호만물 이도제천하

故不過。旁行而不流, 樂天知命, 故不憂。安土敦
고불과 방행이불류 낙천지명 고불우 안토돈

乎仁, 故能愛。
호인 고능애

국역 역리는 천지와 더불어 모습을 같이하니, 역리의 심볼과 천지의 실존태는 서로 어긋나지 않는다. 역의 앎은 만물에 두루두루 미치면서도, 역의 도는 인간세를 구원하는 인한 마음을 가지고 있다. 그래서 허물이 없는 것이다. 역은 일정한 규칙대로만 움직이는 것은 아니고 방행하기도 하지만 흐르는 법은 없다. 역을 통달한 군자는 하느님을 즐길 줄 알고, 또 하느님의 명령을 자기운명으로 깨닫기 때문에 근심이 없다. 그리고 이 땅위 어느 곳에 살든지, 그 사는 곳을 편안하게 만들고 인仁한 덕성을 두텁게 쌓아올린다. 그러므로 천지와 더불어 모든 것을 아낄 줄 안다. 지주만물知周萬物은 건의 덕성이며 지知의 과제상황이다. 도제천하道濟天下는 곤의 덕성이며 인仁의 과제상황이다. 지知와 인仁은 역리의 심층이다.

금역 4장의 맨 처음 구절처럼, 여기 문단의 주어는 역시 역 그 자체가 되어야 한다. "여천지상사與天地相似"는 4장 첫 구인 "역여천지준易與天地準"처럼 "역여천지상사易與天地相似"로 읽어야 할 것이다. 역을 주어화함으로써 오히려 그 객관적인 위대함을 송양頌揚하고 있는 것이다. 기실 여기서 "역易"이란 서구적 종교개념으로 말하면 "하느님"이다. 서구의 "하느님"은 천지를 초월하고 천지를 창조하고 천지를 임의대로(이스라엘 한 민족의 이권을 위하여) 장악하고 지배하지만, 역이라는 "하느님"은 천지에 준準하고 천지와 법칙을 공유하며 천지의 길에 어긋남이 없는 것이다.

첫 구(與天地相似, 故不違)를 해석하면 이와같이 번역할 수도 있을 것이다.

오! 역이라 이름하는 하느님이시여!
그대는 천지와 모습을 같이하시며
더불어 같이 가시니
그 길이 어긋남이 없도다.

천지의 도道와 역의 도는 모순되고 당착됨이 없다는 것이다. 십자군전쟁과 같은 자가당착이 일어날 수 없다는 것이다. 서양의 하나님은 인간의 모습을 닮았다 하지만, 역의 하느님은 천지를 닮았다. 이 단의 문장은 "고불위故不違," "고불과故不過," "고불우故不憂," "고능애故能愛"의 4개의 "그러므로"라는 연사連詞 구절로 병치되고 있다(parallelism). 그 병치를 염두에 두면서 읽는 것이 좋다.

다음에, "지知"(앎)의 주체도 역시 역易이다. 지知는 역이라는 하느님의 앎이며, 그 다음에 나오는 도道도 지知와 대비되는 역이라는 하느님의 길이다.

知周乎萬物, 而道濟天下, 故不過。

오~ 역하느님의 앎이란
천지만물 구석구석 두루두루
아니 미치는 곳이 없으시니

그 도道는 하늘아래 모든 사람을

빠짐없이 구제하시는도다(제濟는 "건네다"의 뜻. 구원의 뜻이 있으나 서구적 "salvation"과는 전혀 다르다. "자기성취"를 의미한다).

그러므로 역하느님은 과실이 없으시도다.

여기 "고불과故不過"는 차질, 과실(mistake)의 뜻도 있지만, 모든 사람을 구원하기 때문에 "빠짐이 없다," "지나침이 없다," "샘(missing)이 없다"는 뜻도 있다. 한문에서 "천지天地"와 "천하天下"는 명료히 구분된다. 천지는 대자연(Nature)을 말하는 것이고 "천하天下"는 "하늘아래," 즉 "인간세人間世"(human society)를 말하는 것이다. 보통 천하는 "천하사람들"의 약칭이다. 다음의 "방행이불류"는 매우 아름다운 표현이다. 방행이불류야말로 동방의 인문정신의 정화를 나타낸다. 그것은 역이 종교가 될 수 없는 위대한 이유이기도 하다.

"방행旁行"이라는 것은 문자 그대로 "옆으로 간다"는 뜻이다. "옆으로 간다"는 것은 "샛길로도 빠진다"는 뜻이며 "잘못 삐뚜르게도 간다"는 뜻이다. 즉 역의 도道에는 고정된 상칙常則이 없다는 것이다. "불류不流"라는 것은 "흐르지 않는다"는 뜻인데 샛길로 빠져도 도루묵이 되지는 않는다는 뜻이다. "항상 정도正道로 되돌아온다"는 뜻이다. 자연의 질서의 아름다움은 이러한 파격과 정격의 순환에 있다. 역은 재즈jazz다. 천지는 재즈다. 내가 좋아하는 애버솔드Jamey Aebersold의 재즈피아노 교본에는 이런 말이 있다:

There is no such thing as a wrong note. Just poor choices.

재즈에는 틀린 음을 눌렀다는 그러한 사실은 존재하지 않는다. 오직 좀 빈곤한 선택이 있었을 뿐이다.

아마도 클래식과 재즈를 가르는 가장 큰 차이가 바로 이 말일 것이다.

역은 "방행이불류" 하기 때문에 하느님을 즐길 수 있고(낙천樂天), 운명을 편안하게 받아들인다, 하느님의 명령을 미리 안다(지명知命). 그래서 역은 근심이 없다(故不憂).

역(의 덕을 구현하는 인간)은 어디에 살든지, 그 사는 땅을 편안하게 만들며, 인덕仁德을 두툼하게 쌓아올린다(安土敦乎仁). 『논어』에 나오는 「이인」편의 첫 구절을 연상시킨다: "**里仁爲美。擇不處仁, 焉得知?**" 그러므로 역은 "애愛"를 베풀 줄을 안다(故能愛).

우리 일상어에서 가장 오용誤用되고 있는 글자가 이 "애愛"라는 글자인데, 애는 서양말이 남녀의 사랑을 말하면서 쓰는 "러브"라는 말과는 전혀 다른 맥락의 개념이라는 것을 알아야 한다. "러브"야말로 기독교윤리가 인간을 천박하게 만드는 가장 본질적인 이유라 말할 수 있다. 러브는 해프닝일 뿐이다. 감정의 흥기일 뿐이요, 잠시일 뿐이다. 부부간에서도 러브로 일관한다면 파탄밖에는 남는 것이 없다.

"애愛"는 "사랑"이 아니라 "아낌"이다. 한문의 모든 용례에서 애愛는 "아낀다"는 뜻을 가지고 있다. 아낀다는 뜻은 "귀하게 여긴다"는 뜻이요, 함부로 낭비하지 않는다는 뜻이다. 자식을 사랑한다는 것은 자식을 아낀다는 뜻이요, 그 존재 자체를 귀하게 여긴다는 뜻이다. 부인을 사랑하는 것도 부인을 아낀다는 뜻이다. 여기 "안토돈호인安土敦乎仁, 고능애故能愛"는 안토돈인할 줄 아는 인간은 역이 천지의 도를 따라 행하는 것처럼, 천지만물을 생하는 것처럼, 천지만물을 "아끼는" 마음자세를 유지한다는 것이다. 역의 사랑, 천지의 사랑, 사람의 사랑이 모두 상통하는 "아낌"이라는 것이다.

인간들은 자기의 이기적 욕심 때문에 천지의 아낌을 방해하고 물物들을 병들게 한다. 천지를 아끼지 않는 자가 어찌 인간을 아낄 수 있으리오? 어찌 후쿠시마원전 핵폐수를 지구 온생명의 터전인 태평양에 수백 년 동안 방류할 수 있는가? 일본의 정치권력자는 그 국민을 아끼지 않기 때문이다. 한국의 집권세력은 자신의 국민을 아끼지 않기에 그 방류를 박수치며 방조하고 있는 것이다.

옥안 주희는 이 단락을 주하여 이렇게 말했다: "이것은 성인이 그 본성에 구현되어 있는 덕을 남김없이 구현하는 일에 관한 것이다. 천지의 도道는 앎(知)과 인(仁)일 뿐이다." 인간은 그 앎과 그 인을 배워야 한다. 왕부지는 이 단락을 가리켜 역易이 천지의 덕이라 말할 수 있는 지知와 인仁을 체현하고 있음을 말한 것이라고 했다.

역의 기능도 앎과 인仁이요, 천지의 기능도 앎과 인仁이다. 역의 지인知仁을 천지의 지인知仁과 일치시키는 것이 바로 인간의 아낌이다. 이것은 요즈음 말로 하면 환경론적 배려가 있는 사유(Ecological Thinking)의 전형이다. 역도 생명이요, 천지도 생명이요, 나도 생명이다. 이 온생명의 역동적 구조를 전제로 하지 않는 도덕은 도덕이 아니다. 나는 말한다: "야훼여! 자연을 지배하려들지 말라! 자연의 도道를 배우고 즐겨라!"

4-3 **範圍天地之化而不過, 曲成萬物而不遺, 通乎晝夜**
범 위 천 지 지 화 이 불 과　곡 성 만 물 이 불 유　통 호 주 야

之道而知, 故神无方而易无體。
지 도 이 지　고 신 무 방 이 역 무 체

국역 역은 천지의 변화를 질서있게 포섭하면서도 허물을 범치 아니하고, 만물을 곡진하게 성취시켜주면서도 빠트림이 없다. 낮과 밤이라는 우주의 길에 통달하면서도 바른 앎을 유지한다. 그러므로 하느님이란 고정된 모습이 없고 역이란 고정된, 불변의 실체(본체)가 없다.

금역 이 문단을 번역·해설하기 전에 나의 인생의 짧은 한 토막 이야기를 해야만 할 것 같다. 이 문단이야말로 내가 고려대학교 철학과에서 철학을 공부할 때 전공을 서양철학에서 동양철학으로 바꾸게 된 계기가 된 글이기 때문이다. 나는 생물학을 전공하다가 신학을 공부하겠다고 한국신학대학으로 적을 옮겼다. 당시 한국신학대학에는 미국에서 신학박사학위를 획득한 수준높은 학자들로 가득했다. 당시 어느 한 대학에 그토록 많은 국제적 감각을 지닌 학자들이 밀집해있는 정황은 보기드문 일이었다. 그런데 신학대학의 교수들은 모두 신학을 전공한 사람들이래서 1학년 과정의 철학개론을 가르칠 사람이 없었다. 그래서 강사로 모셔온 분이 소흥렬蘇興烈 교수였다. 당시 소흥렬 교수도 미시간대학에서 철학석사를 끝내고 계명대학 철학과 강사로 계셨는데 서양철학의 핵을 완벽하게 꿰뚫고 있는 분으로 강의수법이 매우 독특하고 치열했다. 강의 자체가 특정 메시지의 강요가 아닌, 분석철학 그 자체였다.

나는 신학대학에 재학하고 있는 동안에도 좀 유별났다. 성품이 좋은 한 여학생에게 일방적이었겠지만 정을 주었다. 소 선생님이 자기 삶에서 느끼는 문제상황을 철학에세이로 써보라는 숙제를 내주셨는데, 나는 당시 내가 신학대학에서 생활하고 있는 모습을 소상히 적은 일기를 통째로 제출했다. 소 선생님은 그 두꺼운 일기를 다 읽으신 것 같았다. 1주일 후 만났을 때, 소 선생님은 나를 따로 불러 충고를 해주시었다: "김군! 그대는 공부를 계속할 사람인 것 같은데, 신학은 맞을 것 같지를 않아. 일기를 보니 그대는 사유의 구속을 받을 사람이 아닐세. 신학은 유전제의 학문일세. 무전제의 학문인 철학을 하는 것이 그대를 행복하게 만들 것 같네."

나는 지체없이 과를 고려대학 철학과로 옮기었다. 당시 철학 하면 서양철학이었고 동양철학은 전공자가 거의 없었다. 그런데 대학교 3학년 때 이변이 벌어졌다. 고려대학교 철학과는 신일철 교수의 영향력이 지대했는데, 교수인선에 있어서 좀 배타적이었다. 그런데 동양철학 부분에 매우 파격적이고도 긍정적인 인사를 했다. 계명대 철학과의 강사로 있던 분을 교수로 모셔온 것이다. 김충렬 교수는 한국에 학벌이 있던 분이 아니었기에 오히려 이례적인 대접을 받은 것 같다. 그는 학부부터 대만대학 철학과에서 공부를 했고, 황 똥메이方東美, 1899~1977(안휘성 동성桐城학파의 맥을 이은 중국 현대철학 8대가 중의 한 사람)의 훈도를 깊게 받은 완벽한 중국통의 학자였다. 김충렬은 대만에 가기 전에 이미 조선의 한학전통에 몸이 젖은 사람이었다. 김충렬 교수의 강의는 나에게는 더없는 축복이었고, 강의의 질감이 너무도 높았다. 중국철학을 한학으로서가 아니라 세계적인 현대철학의 감각으로 내 앞에 펼쳐놓았다. 나를 미치게 만든 것은 황 똥메이의 영문저서들이었다.

김충렬 교수와의 해후를 통해 나는 『노자』를 접했고, 『중용』을 만났다. 그리고 「계사」를 만났다. 그리고 왕부지를 만났다. 이게 모두 1972년 대만으로 유학가기 전의 사건들이다.

범위천지지화이불과範圍天地之化而不過, "범範"이라는 글자는 본시 주형鑄型을 의미한다. 쇳물을 붓는 틀이다. "위圍"는 "감싼다" "포위한다"는 것을 의미한다. "천지지화天地之化"는 하늘과 땅의 교감으로 이루어지는 모든 변화를 의미한다. 앞 절과의 맥락에서 고구考究하면 유명幽明, 사생死生, 귀신鬼神의 교감으로써 이루어지는 변화의 도를 말하고 있는 것임은 의문의 여지가 없다. 여기 주어는 역시 역이다. 역리易理의 광대함을 선포하고 있는 것이다.

오~ 역의 하느님이시여!
그대는 하늘과 땅 사이에서 일어나는
모든 교감의 생성변화를 질서있게
가슴에 품고도 흘림(or 과실)이 없으시구료!

"과過"는 "흘린다," "새나간다," "지나친다"의 뜻이다. "과실"의 뜻도 있다. 앞 절에서 이미 논한 바 있다. 역의 범위가 천지의 변화와 완전히 상합相合하기 때문에 "과실이 발생하지 않는다"는 식으로 해석하는 주석가들도 있다.

곡성만물이불유曲成萬物而不遺, "곡曲"이라는 것은 "세밀하게" "구석구석" "곡진하게"의 뜻이다. 역易은 만물의 운동변화를 곡진하게 다 성취시키면서도 빠뜨림이 없다. 이것은 구체적으로 역의 심볼리즘 속에서 이야기하자면 384효의 음양착종의 변화는 만물의 모든 변화를 빠뜨림이 없이 곡진하게 성취시킨다는 뜻이다. 64괘 384효의 역의 모습이 곧 변화하는 천지의 모습을 구현해내고 있다는 뜻이다. 역은 곧 우주 전체이다. 「계사」의 저자는 이런 방식으로 역의 위대성을 예찬하고 있는 것이다.

통호주야지도이지通乎晝夜之道而知, 주희는 "통通"은 "겸兼"이라 했다. 포섭한다는 뜻이다. 주야는 단지 낮과 밤을 의미하는 것이 아니라, 음양의 도 전체를 상징한다. 그래서 주희는 "여기서 말하는 주야라는 것은 앞서 말한 유명과 사생과 귀신을 통칭하여 말한 것"이라고 했다. 역은 주야음양의 도리를 포섭하여 감지하기 때문에 그 앎의 역리易理가 무궁무진하다는 것이다.

『논어』에는 공자가 개천 다리 위에서 흐르는 물을 내려다보면서 우주를 직관한 듯이 외치는 명언이 하나 기록되어 있다(9-16).

> **"逝者如斯夫! 不舍晝夜。"**
> **가는 것이 이와 같도다!**
> **밤낮을 그치지 않는도다!**

여기 "불사주야不舍晝夜"는 재미있게도 「계사」의 "통호주야지도通乎晝夜之道"와 같은 "주야"라는 말을 활용하고 있다. 헤라클레이토스적인 세계관을 표현하는 말이 곧 "낮과 밤을 겸하여 통한다"는 뜻이다. 밤낮을 통관할 때 우리는 음양의 전체를 파악하게 되는 것이다.

고신무방이역무체故神无方而易无體。 이 말을 학인들이 너무도 손쉽게, 경솔하게 지나치고 만다. 나는 이 말을 접했을 때 공포에 가까운 외경심을 느꼈다. 나는 이 「계사」의 말을 "떨림"으로 받아들였다. 그것은 내가 생각했던 모든 서양철학의 존재론적 과제상황이 붕괴되는 "떨림"이었다. 그것은 나의 두뇌를 전향시키는 획기적인 선포였다. "신神"은 단지 신령스럽다는 얘기가 아니고 모든 인류 고문명이 신봉하는 "하나님"의 존재태를 포섭하는 언어다. "신神"은 본시 신령스럽다(spiritual, holy, divine, mysterious, numinous, supernatural)는 의미의 형용사적 용법으로 쓰이는 용례가 제일 많다. 그리고 술부적 동태動態를 수식하는 부사로써 쓰일 때도 적지않다.

그러나 "신神"은 우리의 상식적 감성을 뛰어넘는 신묘한 존재성 그 자체를 의미하는 명사로 쓰일 때도 많다. 신은 명사로서는 분명히 하나님이요, 하느님이요, 카미이다. 그런데 앞서 "귀신"을 얘기할 때 말했듯이 "귀신"은 초자연적인 실재(Being)가 아니라, 물리적 자연이 신명화되었을 때 그 신령성을 나타내는 표현으로서 귀(땅)신(하늘)이다. 스피노자에게 있어서 능산적 자연(*natura naturans*)과 소산적 자연(*natura naturata*)이 있듯이, 물체적 자연으로서의 천지의 배경에는 귀신이라는 영험한 자연이 자리잡고 있는 것이다.

「설괘전」에 아주 오묘한 말이 하나 있다.

> **神也者, 妙萬物而爲言也。**
> **신이라고 하는 것은 만물을 오묘하게 만드는 것**(영적으로 만드는 것. "묘妙"는 동사이다)**으로써 그 이름됨을 삼은 것이다.**

여기서도 신은 우주 대자연의 오묘함, 신령함의 전체를 나타내는 명사적 개념이다. 그것은 "God"이다. "간"은 만물을 오묘하게 만드는 것으로써 그 이름을 삼은 것이라는 뜻이다.

또 「계사」하의 제5장에는 이런 말이 있다.

知幾其神乎!

만물의 변화, 그 단초의 오묘한 갈림길을 파악하는 것은 하느님밖에는 없을 것이다.

그리고『맹자』(7b-25)에서는 인격의 경지를 말하면서 "성聖" 위에 더 높은 단계로서 "신神"을 설정한다. 그리고 말한다.

聖而不可知之之謂神。

성스러우면서도 그 성의 경지를 뛰어넘기 때문에 도저히 우리의 상식적 인식에는 잡히지 않는, 우리의 인식이 미치지 못하는 경지를 일컬어 신神이라 한다.

오토가 말하는 "전적인 타자the Wholly Other"의 논리와 다르지 않다. 그리고「계사」상에도 "음양불측지위신陰陽不測之謂神"(5-2) 이라는 말이 있다. 다시 말해서 음양의 교감의 변화가 우리의 상식적 인식의 헤아림을 넘어설 때 우리는 "신령함" 그리고 "갇God"을 운운하게 된다는 것이다.

신에 대하여 우리는 이러한 용례를 끊임없이 들 수 있다. 그러나 동방의 고전에는 초자연적인 실재에 대한 관심이 부재해서 동방의 신은 신의 자격을 갖지 못한다는 식의 선입견을 가진 학자들이 꽤 많다. 그리고 동방의 학자들도 "하느님"에 관하여 자신있게 당당한 사유를 펼치지 못한다. 초자연적 인격신관은 오직 유대교-기독교전통의 전유물이라고 보는 것이다.

우리고전에 나타나는 신에 관한 용례들만 가지고서도 고대인들이 우리의 인식의 한계를 넘어서는 신령한 사태에 대하여 얼마나 많은 고민을 했는가,

즉 주나라 인문주의 전통 속에서도 은대 이래의 종교적 전통이 제기하는 문제에 관해 얼마나 깊은 논의를 계속했는가를 알 수 있다.

그런데 이 「계사」의 저자는 단호히 신무방神无方을 외친다!

"신무방"이란 무엇인가? "방方"이란 "방향"을 의미할 수도 있고, 일정한 방각方角, 장소, 사방상하의 공간을 의미한다. 다시 말해서 "신무방"은 "신비한 것은 방향성이 없다"는 정도의 평범한 문장이 아니라, 하느님은 존재나 물체성, 공간성으로는 인지될 수 없는, 그러한 인식론적 지평을 넘어서는 근원적인 신령함이며, 그것은 천지의 변화를 일으키는 음양의 역동적 교감을 떠나서는 논의될 수 없다는 것을 말하는 것이다. 하느님은 존재로써 논의될 수 없는 것이다. 하느님은 있고 없고의 문제를 근원적으로 뛰어넘으면서도 천지에 내재하는 능산적 자연이다. "신무방"은 다음에 오는 메시지와 짝을 이룬다.

역무체易无體! 역은 천지의 모습이며, 우주 전체이며, 음양이 끊임없이 교감하는 변화의 착종태이다. 역이라는 우주 내에서는 "불변"은 존재하지 않는다. 우주 자체가 역이요 변화이기 때문이다. 변화하지 않는 것은 역이라는 우리의 생활세계 속에서는 있을 수 없다. 태양도 변하지 않는 것이 아니라 끊임없이 소진되고 있으며 그 위상도 끊임없이 변하는 것이다. 항성도 갤럭시도 변하지 않는 것은 없다. 동해물과 백두산도 마르고 닳는다.

흔히 생각이 못 미치는 학자들이 공영달의 『주역정의』에 나오는 "논역지삼명論易之三名"을 인용하여, "역易"의 세 뜻 속의 하나가 "불변"이라고 하는데 『정의』에서도 "불변"을 말한 적이 없다. 불변이란 시간의 무화를 의미한다. 시간이 부정되어야 불변이 성립한다. 그러나 역易은 어떠한 경우에도 시간을 떠나지 않는다. 역이라는 일명一名의 삼의三義는 1) 이간易簡이요, 2) 변역變易이요, 3) 불역不易이다. 그 세 번째의 뜻이 "불변"이 아니라 "불역"이다. 즉 "변하지 않는 것"이 아니라, "바뀌지 않는다"는 것이다. 일례를 들면 6효의 위상 같은 것은 바뀌지 않는 것이다. 5위의 고귀함은 대체적으로 바뀌지 않는 것이다. 상괘와 하괘의 위치는 바뀌지 않는 것이다. 그러니까 변화를 일으키는 기본적인 틀에 지속성이 있다는 것이다.

역 속에서는 태양도 움직이고 지구도 움직이고 달도 움직인다. 상대성을 일으키는 모든 요소들이 움직인다. 그러니까 역의 우주에는 불변이란 없다. 따라서 불변하는 몸이 없다. 몸은 체體요, 바디Body다. 그러나 여기서 말하는 체는 무无라는 부정동사의 목적으로 쓰였기 때문에 실제로 실체, 본체의 의미를 갖는 깃으로 해석될 수도 있다. 곧바로 서양철학적인 실체는 아니지만, "고정불변의 몸"이라는 의미에서 부정적인 뜻으로 쓴 것이다.

일반철학에서 실체(Substance)는 "감각적인 실제의 몸"이라는 뜻이 아니라 "존재" 그 자체를 의미하는 것이다. 서양에서 실체는 현상에 대응하는 본체를 의미하며, 본체는 기하학적 형상이며, 이데아며, 불변의 수리이며, 파르메니데스적인 존재이다. 존재는 우리가 말하는 "있다"가 아니라 서양인이 신봉하는 "불변"이다. 불변이란 시간의 소멸이며 천지코스몰로지의 붕괴를 의미한다. 그러한 우주는 없다. 우주 자체가 시공이기 때문이다. 우리가 믿고 사는 것은 존재가 아니요, 존재인 하나님이 아니다. 끊임없는 변화를 믿고 사는 것이다. 생성과 창조적 전진(Creative Advance)을 믿고 사는 것이다.

역易은 생生하고 또 생生하는 것이다. 그래서 「계사」의 저자는 역에는 체體가 없다고 말한다. 체라는 것은 몸인데, 그 몸은 불변의 몸일 수 없고, 기하학적 형상과도 같은 불변의 이데아일 수 없다는 것이다. 역에는 그러한 존재론적인 체가 없다는 것이다. 역은 변화일 뿐이며, 변화를 지탱하는 것은 변화의 지속 그 자체일 뿐이다. 지속(duration)을 불변(changelessness)과 혼동할 수는 없는 것이다. 내가 사는 보람을 느끼는 것도 나의 변화의 업이 당분간은 지속되리라는 희망, 그 희망 속에서 새로운 창조가 일어나리라는 기대, 그 이상의 욕심을 부릴 수는 없는 것이다. 역사는 불변이 아니다. 역사는 지속을 매개로 하여 영속되는 것이다.

신무방이역무체神无方而易无體! 하느님은 공간성(존재성)이 없고, 역이라는 우주는 실체성(존재성)이 없다. 역은 존재론에서 해방된다.

나는 더 이상 서양철학을 공부할 필요가 없어졌다. 전공을 서양철학에서 동양철학으로 바꾸고 미국대학의 입학허가서를 묵살시키고 대만으로 떠났다. 그것이 나의 젊은날의 초상의 출발이었다.

옥안 내가 4장으로 들어가기 직전에 천지코스몰로지의 본격적인 본체론이 시작된다고 말했는데 역의 본체론은 결국 무체론이다. 본체라는 것이 없다. 따라서 본체론이니 본질론이니 하는 것도 성립하지 않는다.

제 5 장

5-1 一陰一陽之謂道。繼之者，善也；成之者，性也。
일음일양지위도 계지자 선야 성지자 성야
仁者見之謂之仁，知者見之謂之知。百姓日用而
인자견지위지인 지자견지위지지 백성일용이
不知，故君子之道鮮矣。
부지 고군자지도선의

국역 한번 음이 되었다가 한번 양이 되곤 하는, 서로 갈마드는 기운 속에 있는 것이 도道이다. 도는 일음일양에 내재하는 것이다. 그 길을 내 몸(생명) 속에 이어 구현하는 것이 곧 선(좋음)이다. 그 도를 내 삶 속에서 이루어나가는 과정이 곧 나의 본성이다. 인한 관심에 사로잡혀 있는 자는 광막한 우주의 대도를 바라보고 인이다라고 말한다. 그리고 지知에 관심이 사로잡혀 있는 자는 지다라고 말한다. 그러나 우주는 인간의 협애한 인식의 카테고리를 벗어난다. 지와 인을 통섭하는 자만이 제대로 파악할 수 있다. 그래서 일반백성들은 일용간에 그 도를 활용하여 살고 있으면서도 그 도를 알지 못한다. 그러기 때문에 군자의 도는 매우 드문 것이다.

금역 실제로 이 장이야말로 동방사유의 원형이라 말할 수 있고, 동방의 철학적 사유의 기나긴 역사에 있어서 구체적 기점起點을 이루는 에포칼한 스테이트먼트라 할 수 있다. "일음일양지위도一陰一陽之謂道"는 동방인의 사유를 얘기할 때 항상 인용되는 디프 스트럭쳐Deep Structure인데, 기실 많은 사람들이 그 정교한 의미를 정확히 파악하지 못하고 있다. 우선 우리의 논의가 여기에 오기까지 「계사」의 저자는 "음양"이라는 화두를 꺼내지 않았다. 처음에 천지天地니, 건곤乾坤이니, 강유剛柔니, 주야晝夜니, 유명幽明이니 하는 거의 음양의 내포와 유사한 단어들을 계속 쓰면서도 막상 "음양"은 내놓질 않았다.

5장에 이르러서야 비로소 처음으로 음양이 등장하는 것이다. 이것은 「계사」의 저자의 사상진술의 디자인인 동시에, 기나긴 고대 동방사유의 연변演變의 역사를 나타내고 있는 것이다. 역 본경本經에도 "음양"이라는 말이 없다. 그런데 음양을 대신하는 말로서 가장 포퓰라했던 개념이 "강유剛柔"인데 놀라운 사실은 역 본경에 "강유"라는 말도 그림자조차 비추질 않는다는 사실이다. 그리고 상象의 구조에 의하여 괘 전체의 의미를 전하는 「대상전」에도 음양은 물론, 강유라는 개념이 전혀 냄새를 피지 않는다. 「대상전」의 저자는 강유의 사상을 전혀 수용하지 않았다.

"강유剛柔"는 「단전」과 「소상전」에 밀집되어 있다. 「단전」에 93회, 「소상」에 14회 나오는데 「계사」는 물론 타전他傳에도 나온다. 「계사」에 15회, 「문언」에 5회, 「설괘」에 5회, 「잡괘」에 6회 나온다. 이러한 문헌학적 사실로부터 우리는 많은 추론을 할 수 있겠지만, 음양은 강유의 사상으로부터 새로운 경지를 개척했다고 볼 수 있다.

강유는 말이 그 자체로 의미를 전한다. 유는 부드럽고(supple) 유연성, 포용성(inclusiveness)을 나타내며, 강은 딱딱하고(hard), 강하다(strong)는 뜻을 나타낸다. 그러나 이런 일상언어적 용법으로는 객관적이고 보편적인, 그래서 이론적인 스트럭쳐를 만들기에는 불편하다. 보다 중립적이고 독립적인, 기호화할 수 있는 중성적 개념이 필요하다. 그것이 곧 "음양陰陽"이다.

음양으로의 도약은 동방사유의 일대진보, 일대혁명을 의미하는 것이다. 「계사」의 저자도 "음양"을 앞에 내걸지 않았다. 실상 "일음일양"보다 철학적으로 중요한 것은 "신무방神无方 역무체易无體"라 말할 수 있다. 신무방역무체의 무체론적 사유, 즉 유변론唯變論적 사유를 심도있게 이해하지 못하기 때문에 일음일양도 제대로 이해하지 못하는 것이다. 동방철리를 안다고 떠드는 자들이 일음일양을 곧잘 원용하면서도 무방무체를 정확하게 논의하는 것을 별로 들어보지 못했다. 무방무체야말로 인도문명의 대승적 사유를 수용할 수 있는 동북아시아적 사유의 원형이라 말할 수 있다. 그런데 중요한 것은 「계사」적 사유의 성립이 대승불학의 성립시기보다 훨씬 빠르다는 것이다.

"일음일양一陰一陽"이란 무엇인가? 이 문구에 대한 해석의 가장 큰 오류는 "일一"이라는 글자를 실체화시키는 것이다. "하나의 음, 하나의 양, 그것을 일컬어 도道라고 한다"는 식으로 이해하는 것이다. 풍우란의 『중국철학사』를 번역한 더크 보드가 「계사」전의 이 문구를 이와 같이 번역했다:

> One *yin* and one *yang* constitute what is called *Tao*.
>
> **하나의 음, 하나의 양이 도라고 불리는 것을 구성한다.** (*A History of Chinese Philosophy*, Vol.1. p.384)

보드와 같은 위대한 번역자가 크게 실수를 했다고 말하지는 않겠으나 방동미 교수가 대승불학 강의중에 이 번역을 통렬하게 비판하는 것을 들은 적이 있다. 보드보다 1세기를 앞서는 레게James Legge, 1815~1897(스코틀랜드 출신의 언어학자, 선교사, 중국고전 번역가, 옥스퍼드대학의 첫 중국학 교수)의 『주역』 번역보다 훨씬 못하다고 야단을 치시던 광경을 지금도 생생하게 기억한다.

The successive movement of the inactive and active operations constitutes what is called the course of things.

천지의 소극적 작용과 적극적 작용이 서로 번갈아 갈마드는 변화 운동이 사물의 과정이라 불리는 도道를 구성하는 것이다.

독자들이 이제 알아서 판단하겠지만 "일음일양"의 "일一"은 "하나 One"라는 뜻이 아니고, 우리말로 쉽게 표현하면 "한번은Once"이라는 뜻이다. "한번은"이라는 말은 음과 양이 실체화되어 번갈아 갈마드는 것이 아니라 동일한 사물에도 음적인 측면이 있고 양적인 측면이 있어 서로가 타자화될 수 있어 융합과 생성을 계속한다는 것이다. 저녁에 어두웠던 음기의 방이 아침에 찬란한 햇빛을 받으며 양화陽化되는 것이다. 남자 속에도 여성성이 있고, 여자 속에도 남성성이 있기에 남녀는 화합하고 생성을 계속하는 것이다. 남자와 여자가 고정적인 실체성에 갇혀 버리면 원만한 결혼생활을 운영할 수 없다.

一陰一陽之謂道。 여기에 주희는 이와같은 주석을 달았다.

陰陽迭運者, 氣也。其理則所謂道。

음과 양이 번갈아 운행하는 것이 기氣다. 그 운행의 이치를 말하자면 도道이다.

벌써 여기서 주희는 음양과 도를 기氣와 리理라는 도식에서 규정하고 있다.

기氣 Qi	음양陰陽 YinYang
리理 Li	도道 Dao

그러나 「계사」의 문장은 분명히 "일음일양"하는 변화 그 자체가 역易이요, 도道(Process of Change)라고 했지, 그 양자 사이에 분리되는 하이어라키를 개입시키지 않았다. 그런데 이러한 주희의 리기이원론적 사유는 정이천程伊川, 1033~1107(북송 리학理學의 대가)의 역학에서 물려받은 것이다. 이천은 말한다:

> **離了陰陽, 更無道。所以陰陽者, 是道也。陰陽, 氣也。氣是形而下者, 道是形而上者。**
>
> **물론 음양을 떠나서는 도道라는 것도 있을 수 없다. 그러나 음양을 음양다웁게 하는 근원적인 것이 도道이다. 음양은 기氣이다. 기는 형이하자이고 도는 형이상자다.**

이천은 음양과 도를 기와 리로 나누고, 기를 형이하자로 리를 형이상자로 보는 이원적 사유를 도입시켰다. 여기서 송명유학자들이 「계사」를 읽는 근원적인 오류의 구조가 태어나게 된다. 형이상과 형이하는 모두 형形에서 통섭되는 것이지 형이상자가 형이하자를 초월하는 것은 아니다. 리와 기의 도입은 동방의 사유를 이미 인도유러피안의 언어구조 속으로 왜곡시키고 있는 것이다.

일음일양은 변화하는 역의 모습이고, 그 역이 곧바로 도道이다. 도가 음양으로부터 유리되어 초월적인 실체로 존재하는 것이 아니다. 다시 말해서 "일음일양지위도"는 반드시 "신무방 역무체"의 탈존재론적 변화론의 기반 위에서 해석되어야만 하는 것이다.

繼之者, 善也; 成之者, 性也。여기서 규정되고 있는 것은 "선善"과 "성性"이라는 지극히 심오한 철학적 개념이다. "선善"은 유가계열에서 흔히 보편적으로 활용되는 언어이고 특히 『맹자』에서 "성선性善"을 철학적 테마로서 주장하였기 때문에 그 함의가 매우 복합적이다. 보통 "선善"이라는 것은 명사적 용법으로 쓰이기보다는, 형용사, 부사적 용법으로 더 잘 쓰인다. "**願無伐善**"(원컨대, 무엇을 잘한다고 자랑치 아니하고, 『논어』 5-25), "**晏平仲善與人交**"(안평중은 사람과 잘 사귀는구나. 『논어』 5-16)의 용례와 같이 "잘"이라는 부사적 용법, 혹은 "좋다"라는 형용사적 용법이 가장 보편적이다. 사람의 행실에 적용될 때는 "착하다"는 뜻이요, "잘한다"는 뜻이다.

서양언어에서 말하는 선(Good)·악(Evil)의 대비는 우리 문명의 오리지날한 모습에는 적용되지 않는다. 선의 반대는 "불선不善"(좋지 못함)이지, "악惡"이 아니다. 악은 대체적으로 "오惡"로 읽으며 "혐오"의 오에 해당된다. 그것은 "미운 짓"을 하는 인간의 행위에 관한 것이다. 악이라는 추상적 실체가 아니다.

과연 "계지자선야繼之者善也"라는 것은 무슨 의미일까? 문자 그대로 해석하면, 그것은 "그것을 잇는 것이 '잘'이다"라는 뜻이 된다. "계繼"는 분명히 "실을 꼬아 이어가는 모습"이므로 "계승한다," "잇는다"는 뜻이다. 무엇을 잇는가? "계지繼之"의 "지"는 바로 앞 문장을 받은 것이다. 그것은 다름아닌 "일음일양"의 도道이다. 일음일양의 도란 과연 무엇을 의미하는가? 음양의 소장착종消長錯綜에 의하여 변화하는 천지지도天地之道의 핵심, 곧 창조의 법칙이다. 생生하고 또 생生하는 역의 세계의 법칙을 내가 계승하여 구현한다는 것이 나의 "잘"이다. 나의 존재의 생성으로 인하여 나의 삶이 잘 돌아가고, 나의 주변이 잘 돌아가고, 사회가 잘 돌아가고, 환경의 순환이 잘 이루어질 때, 나는 "좋은" 인간이 되고 "착한" 인간이 되는 것이다.

태풍이 휘몰아치고 해일이 일어나고 기근이 드는 것이 어찌 일음일양의 도의 덕성이겠냐고 반문하는 사람도 있겠지만 그것은 인간세의 전쟁과 탐욕스러운 문명의 과오와는 차원을 달리하는 것이다. 자연의 법칙은 이변이라도 정도正道의 일환이다. 자연은 어떠한 경우에도 "반자도지동反者道之動"의 생성을 주덕主德으로 삼지 않음이 없다. 우리는 복復에서 천지의 마음을 본다.

인간의 도덕은 바로 천지음양의 화합으로 생성되는 창조의 덕성을 기준으로 할 수밖에 없다. 서양에 이러한 도덕사상이 애초로부터 빈곤한 것은 자연으로부터 영성을 빼앗아가고, 종교적 권위구조 속에서 자연을 비하시키고, 인격적 신의 작위 속에 인간의 도덕을 종속시켰기 때문에, 자연의 생성변화가 곧 인간도덕의 근원이라는 생각이 부재한 것이다.

천지의 조화와 창조야말로 우리가 지향해야 할 궁극적 선善이다. 우리는 일음일양의 도를 계승함으로써 우리의 선(좋음)을 창조해야 하는 것이다. 우리의 최고선은 불변의 이데아가 아니라 끊임없이 변화하는 음양의 순환이다. 우리 삶의 가치는 불변을 추구하는 데 있는 것이 아니라, 끊임없이 변화하는 천지에 적응하여 새로운 창조를 이룩하는 것에 있다. 창조는 무방無方이며 무체無體이며 무아無我에서 일어난다. 무아의 창조야말로 평화를 의미하는 것이다.

다음에 "성지자성야成之者性也"는 무엇을 의미하는가? 여기서 중요한 것은 "성性"에 대한 우리의 편견을 불식하는 것이다. 성性은 선·악의 규정적 대상이 아니다. 성性은 본경本經에는 나오지 않는다. 『논어』에도 성에 관한 논의는 "성상근性相近"이라는 짧은 한마디밖에 없다. 그리고 자공이 이런 문제에 관해 언급한 멘트가 한 구절 있다: "우리 선생님께서는 성性과 천도天道에 관해서는 별로 말씀하시지 않으셨다.夫子之言性與天道, 不可得而

聞也。"(5-12). 공자가 성에 관해 말한 바가 없다는 멘트 자체가 공자 때부터 이미 성性은 개념화된 논의의 대상이었다는 것을 의미한다.

동방에는 성선이니 성악이니 하는 식의 유치한 규정은 없다. 성性을 고정불변의 실체로 놓고, 그 실체를 선과 악이라는 속성으로 규정하는 논의는 기독교나 이슬람이나 조로아스터교류의 사유에서나 찾아볼 수 있는 것이다. 맹자의 성선도 인의예지라는 도덕의 근거를 인간의 본성에 내재하는 어떤 취선就善의 가능성에서 찾으려고 하는 당위론적 명제이지 본성의 객관적 속성을 규정하는 말은 아니다. 순자의 성오性惡도 인간이 왜 혐오스러운 일을 하는가에 대하여 반성을 촉구하는 논의를 하고 있는 것이다. 그가 말하는 인간의 "오惡"는 후천적 악습의 결과이며 후천적 노력에 의하여 "선善"으로 바뀌어질 수 있는 것이다.

여기서 말하는 "성지자성야成之者性也"라는 것이야말로 동방의 성론의 정론이라 말할 수 있다. 우리는 "성지자성야"라는 메시지를 『중용』의 첫 구절과 같은 맥락 속에서 해석하지 않을 수 없다는 것을 깨닫게 된다. "성지成之"라는 것은 천지대자연의 음양의 생성의 덕성을 계승하여(繼之者善也), 그것이 잘 완성되도록 성취시켜가는 과정을 의미한다. 자연의 덕성을 나의 존재 내에서 형성하는 것, 그것이 곧 "성지成之"의 뜻이다.

이것은 "하늘이 끊임없이 나에게 명하는 것이 나의 성性이다"라고 말하는 것과 같다. 이때 중요한 것은 성性은 선·악의 규정성의 대상이 아니라 형성되어 가는 과정에 있는 역동성이라는 것이다. 다시 말해서 역무체易无體의 우주 속에서 나의 성, 즉 나의 본성(Nature)은 형성되어 가는 과정 속에 있을 뿐이다(成之者, 性也). 성性은 고착된 실체가 아니다. 선善으로도 오惡로도 될 수 있는 가능성을 보지保持하는 존재의 핵이다.

仁者見之謂之仁, 知者見之謂之知。百姓日用而不知, 故君子之道鮮矣。이어서 「계사」의 저자는 이 광막한 천지대자연의 우주를 파악하는 인간의 인식의 한계를 지적하고 있다. 여기 매우 인仁한 사람이 있다고 해보자! 그 인한 사람은 이 광막한 천지음양의 도를 쳐다보면서 천지는 인仁하다고 말할 것이다. 물론 인한 사람이 천지코스몰로지의 생성을 바라보며 참 인仁하다고 느끼는 것은 틀린 말이 아니요 좋은 말이다. 그래서 이 문단이 잘 해석이 되지 않는 것이다. 인한 사람이 천지가 인하다고 느끼는 것은 당연한 것이나 그것은 인자의 인식의 한계 내에 있는 판단일 뿐이다(仁者見之謂之仁). 그것은 광대무변한 도의 일단일 뿐이다.

또 지혜로운 자(知者)가 천지의 생성을 보고 지혜롭다고 감탄하는 것도 역시 인식의 한계 내에 있는 판단일 뿐이다(知者見之謂之知). 인간은 자신의 부분적 인식으로써 전체를 판단하는 오류를 범한다. 이 천지는 지知(intellectual aspect)의 측면과 인仁(The aspect of moral sensitivity)한 측면이 합쳐져야만 온전히 이해될 수 있다는 것을 4장 2절은 암시한 바 있다. 천지의 교감은 인간의 협애한 판단을 벗어나 있다.

이러한 특성 때문에 일반 사람들은 일용지간에 천지음양의 도의 작용 속에서 생활하고 있고, 자기도 모르게 그 작용의 혜택을 받고 있으면서도 일음일양의 도가 무엇인지 깨닫지 못한다(百姓日用而不知). 그러기 때문에 일음일양의 도를 계승하여 내면화시켜 가면서, 자신의 본성을 풍요롭게 완성시키는 자! 인仁과 지知의 양면을 다 통관하며 도의 전체를 파악한 원만무애한 군자의 도에 통달한 사람은 실로 극히 드물다 할 것이다(故君子之道鮮矣).

옥안 이 절에서 말한 성性에 관한 논의는 인간의 성에게만 국한되는 것은 아니다. "성지자성야成之者性也"는 만물에게 적용되는 것이다.

5-2 **顯諸仁, 藏諸用。鼓萬物而不與聖人同憂, 盛德大業至矣哉。富有之謂大業, 日新之謂盛德。生生之謂易。成象之謂乾, 效法之謂坤。極數知來之謂占, 通變之謂事, 陰陽不測之謂神。**

현저인 장저용 고만물이불여성인동우 성덕대업지의재 부유지위대업 일신지위성덕 생생지위역 성상지위건 효법지위곤 극수지래지위점 통변지위사 음양불측지위신

국역 천지음양의 도는 우주의 창조적 충동을 은밀한 내면의 인仁에 부여하여 그 인의 가능성을 겉으로 발현시키고(봄과 여름처럼), 또 동시에 그 창조적 충동을 겉으로 나타나는 작용用의 이면에 감추어 새로운 창조를 준비한다(가을과 겨울처럼). 역은 이와같이 드러냄과 감춤의 리듬에 의하여 만물을 고동시키지만, 문명의 주체인 성인과 더불어 근심을 같이하지는 않는다. 역은 성인과 근심을 같이하지 않기에 오히려 그 성덕(인)과 대업(용)이 지극한 위용을 지니고 있는 것이다. 성덕은 무엇이고 대업은 무엇인가? 무궁무진하게 포용할 수 있음을 대업이라 이르고, 날로 새로워지는 것을 성덕이라 말하는 것이다. 날로 새로워지기 때문에 무궁하게 포용할 수 있는 것이다. 끊임없이 창조하고 또 창조하는 것을 역이라 말한다("역무체"와 상통). 최초의 추상적인 전체상을 파악하는 것을 건이라 이르고(창조의 시작), 구체적인 법칙을 본받아 창조를 성취하는 것을 곤이라 이른다. 대연지수 50을 극하여 괘효를 만들어 나에게 다가오는 것을 아는 것을 점이라 한다. 점의 결과로 얻은 효사를 통변하여 그 전체적 의미를 파악하는 것을 일이라 한다. 점과 사의 배후에는 하느님이 계시다. 그러나 하느님은, 음양의 착종으로 연출

되는 우주가 우리의 인식을 넘어 헤아릴 수 없을 때, 우리가 하느님이라 말하는 것이다. 초월적 실재가 아니라 음양과 더불어하는 역의 신령한 측면이다.

금역 "현저인顯諸仁, 장저용藏諸用"은 정확하게 번역하기가 힘들다. 그러나 우선 현과 장, 인과 용이 짝을 이루는 대립구라는 것은 확실하다. 주희는 "현顯"을 "속으로부터 밖으로 드러나는 것(自內而外也)"이라고 훈을 달았다. 그리고 "장藏"을 "밖에서부터 안으로 감추어지는 것(自外而內也)"이라고 훈을 달았다. 그리고 "인仁"을 조화지공造化之功이라 해석하고 또 "덕의 발현德之發"이라고 해석했다. 반면 "용用"은 "기함지묘機緘之妙"이고 "업의 근본業之本"이라고 해석했다. "인"을 다음에 이어지는 말과 관련하여 "덕"이라 했고, "용"을 "업"이라 한 것이다. "저諸"는 "지어之於"의 줄임말이고, "……을 ……에"의 뜻이다.

그런데 이 문장의 전체주어는 이 문단이 시작된 "일음일양의 도"일 수밖에 없다. "현저인"은 일음일양지도는 인을 발현시킨다는 뜻이 될 수밖에 없는데, 현저인의 "지之"라는 지시대명사를 막연하게 지시하지 않고 넘어갈 수도 있겠지만 나는 그것을 전후맥락에 비추어 우주의 창조적 충동creative impulse, 그러니까 엔트로피의 증가를 거부하는 만물의 생생生生의 충동(조금 뒤에 나오는 표현), 앙리 베르그송Henri-Louis Bergson, 1859~1941(불란서의 생철학자, 유대인, 노벨상 수상)이 말하는 바 엘랑비탈élan vital 정도로 이해하면 좋을 것이라고 생각한다.

"인仁"이란 주희가 덕德과 관련시켰지만, 그 본뜻은 생명의 씨앗이다. 무한한 생명의 순환을 가능케 하는 씨앗이며, 우리 실생활에서도 행인(살

구씨)이니, 의의인(율무씨)이니, 욱리인(이스라지씨), 과루인, 마자인, 도인, 백자인, 산조인 모두 씨를 의미한다. "용用"은 현상적인 기능을 말한다. 그러면 다음과 같이 번역될 수 있을 것이다: "일음일양의 우주적인 도는 그 창조적인 충동을 그 은밀한 내면의 씨앗에 드러내어 인의 덕을 발현시키며(顯諸仁), 또 그 창조적인 충동을 외면의 기능의 배면에 감추어 미래를 예비한다(藏諸用)." 그러니까 현顯과 장藏이라는 것은 결국 일음일양의 창조적 전진에 있어서의 순환적 리듬을 의미하는 것이다. 드러내어 덕德을 발현시키고, 감추어 공업功業의 근본을 공고히 하는 것이다. 이렇게 하여 생명의 우주는 창조적 전진을 계속한다.

그리고 또 말한다. 역은 이러한 방법으로 만물을 고동鼓動시키지만 근심을 성인과 같이 하지는 않는다(鼓萬物而不與聖人同憂). 성인聖人은 유심有心이지만 역易은 무심無心하다. 비가 안 와서 통치자(성인)는 안타까운 심정으로 기우제를 지내지만 그 통치자의 간망懇望대로 비를 내리지는 않는다는 것이다. 이것은 노자가 말하는 "천지불인天地不仁"과도 상통하는 것이다. 하느님이 중동지역의 신들처럼 인간의 욕망에 부응하는 신이라고 한다면 그것은 하느님이 아니다. 인간의 욕망과 언어적 왜곡의 화신일 뿐이다.

역易은 성인과 근심을 같이 하지 않기 때문에 오히려 그 성덕盛德(인仁)과 대업大業(용用)이 절대적인 위용을 지니고 있는 것이다(盛德大業至矣哉!). 성덕의 인仁과 대업의 용用을 논한 「계사」의 저자는 대업과 성덕의 속성을 따로 규정하는 논의를 편다.

대업이란 무엇인가? 대업이란 무진장으로 공업功業을 포용할 수 있음을 의미한다. 천지 그 자체는 유한할 수도 있지만 천지의 일음일양의 감응에 의하여 생성되는 업의 세계는 무한하고 무궁하다는 것이다. 무진장으로 풍부하다는 것이야말로 "대업大業"이라고 부르는 것이다(富有之謂大業). 우리는 부유한 천지에 살면서 천지 그 자체를 박탈하고 괴멸시키는 죄업을 쌓아가고 있다. 과연 부유의 대업이 계속될 수 있을 것인가!

"부유富有"와 더불어 언급되는 것이 "일신日新"이다. 일신이란 "날로 새로워짐"을 의미한다. "날로 새로워진다"는 것은 "날로 새로운 창조가 일어난다"는 것이다. 역은 모든 순간순간에 새로운 모험을 감행하여 새로운 창조를 계속한다. 생명은 돈을 창고에 쌓아놓고 그것을 물리적으로 써버리는 것을 의미하지 않는다. 어느 시공에서든지 역의 기氣는 새로운 창조를 계속한다. 일신日新하기 때문에만 부유富有가 가능한 것이다. 순간순간 창조의 전진이 있기 때문에 무궁무진한 소유가 가능해지는 것이다. 날로 새로워지는 것을 "성덕盛德"이라 부른다(日新之謂盛德). 성덕은 현저인顯諸仁의 결실이요, 대업은 장저용藏諸用의 공과이다.

顯諸仁 현 저 인	내면적 덕성의 외화外化	盛德 성 덕	日新 일 신	乾 건
藏諸用 장 저 용	외면적 기능의 내화內化	大業 대 업	富有 부 유	坤 곤

「대학」에는 탕임금의 세수대야에 새겨져 있던 말을 기록하고 있다: "날로 새로워져라! 날로날로 새로워져라! 또 말한다, 날로 새로워져라!" 그리고 또 『시경』의 대아 「문왕文王」편에 있는 말을 인용하고 있다: "주나라여! 그대는 오래된 나라이도다! 그러나 하느님으로부터 명命을 항상 새롭게 받으니 존속하고 있도다."

대한민국은 고조선의 적통을 이은 오래된 나라다. 그러나 과연 매일매일 새로운 명을 받고 있는가? 나 도올은 지나가는 천지의 객형客形이로다. 그러나 매일매일 새롭게 공부하고 깨닫고 있으니, 새로운 명을 받는 자가 아닐런가! 일신日新이 없이 부유富有가 있을 수 없다는 이 명제야말로 천지코스몰로지가 우리 삶에 던지는 최대의 교훈이라 할 것이다.

生生之謂易。여기서 이 장의 끝까지 "지위之謂"의 구성으로 이어지는 여섯 개의 개념이 나온다(易, 乾, 坤, 占, 事, 神). 그러나 이 여섯 개의 개념이 무차별적으로 병치된 것이 아니고 제1번의 역易과 제6번의 신神은 총론적 개괄과 총괄적 결어結語를 나타내고 있다. 「하계下繫」 제1장에도 "천지지대덕왈생天地之大德曰生"이라는 말이 있다. 같은 말을 하고 있는 것처럼 보이지만 그 명제가 처한 맥락이 좀 다르다. 표현상의 가장 큰 차이는 「하계」에서는 "생生"이라는 글자가 한번 쓰였는데, 여기서는 "생생生生"이라고 두 번을 썼다는 것이다.

이것은 창조라는 추상적 특성이나 우주기능의 명사화된 속성을 나타내는 말이 아닌 것이다. 이 문맥의 첫머리에 "일음일양"이 있다. 일음일양이란 무한대에 가까운 음과 양이 순간순간 모든 순간에 교감하고 자리바꿈을 이룩하고 동시에 일신의 새로운 창조를 한다는 것이다. 서로가 서로를 감지하고 용납하면서, 서로가 서로에게 진입하는 것이다. 그러니까 생生이라는 명사적 특성을 말하는 것이 아니라, 시작도 끝도 없는 무한대의 과정의 동적 연속태dynamic continuum를 의미하는 것이다.

그러니까 만물은 순간순간 생하고 또 생하는 것이다. 생생은 무한에 가까운 연쇄그물의 창조과정이다. "생생지위역"의 생생을 황 똥메이 교수는 자기 철학체계 내에서 "Creative Creativity"라고 번역한다고 말한 적이 있다. 우주의 모든 사건(=물物=것=Event)은 순간순간 생멸의 변화를 거치지만 그 생멸을 연결하는 것은 "생생生生"이라는 역우주의 창조적 충동이다. 역 그 자체가 생생함으로써 순수지속의 시간을 창조하는 것이다. 생생의 역易에는 공간화된 시간이 존재하지 않는다. 시간 그 자체가 창조의 생생이며, 시간 그 자체가 일신日新하는 것이다.

추상적 상象을 이루는 것을 건이라 하고(成象之謂乾), 구체적 법칙을 드러내는 것을 곤이라 한다(效法之爲坤). 50개 시초의 수를 다하여 18번의 조작을 거쳐 괘를 얻으면 미래의 일어날 일을 알 수 있게 되는데 그것을 우리가 점이라 일컫는다(極數知來之謂占). 그런데 점은 그 괘나 효를 얻는 것으로 완료되는 것이 아니고, 다양한 통변通變을 통해 해석하는 과정이 있게 되는데 그것을 점 후의 일事이라고 한다(通變之謂事).

그러나 이 모든 점占·사事의 과정에서 우리가 잊지 말아야 할 것은 점과 사는 건의 상象과 곤의 법法에 의하여 구체적인 법칙과 물상의 근거 위에서 진행되는 것이지만, 점의 최후의 사태는 음양의 변화만으로 헤아릴 수 없는 신적인 존재(*Sein*) 그 자체, 즉 하느님이 있다는 것이다. 인간의 지혜 그 자체가 인간을 초월한다는 것이다. 우리는 일양일음의 변화 그 자체의 우주조차 다 헤아릴 수 없다고 하는 겸손함을 역으로부터 배워야 하는 것이다(陰陽不測之謂神).

옥안 "신무방이역무체神无方而易无體"와 "음양불측지위신陰陽不測之謂神"은 상통하는 명제이다. "음양불측지위신"은 "일음일양지위도"의 결론이기도 하다. 영속하는 것은 천지의 창조적 충동이다.

제 6 장

6-1 **夫易廣矣! 大矣! 以言乎遠則不禦, 以言乎邇則靜而正, 以言乎天地之間則備矣。夫乾, 其靜也專, 其動也直, 是以大生焉; 夫坤, 其靜也翕, 其動也闢, 是以廣生焉。廣大配天地, 變通配四時, 陰陽之義配日月, 易簡之善配至德。**

부역광의 대의 이언호원즉불어 이언호이즉정이정 이언호천지지간즉비의 부건 기정야전 기동야직 시이대생언 부곤 기정야흡 기동야벽 시이광생언 광대배천지 변통배사시 음양지의배일월 이간지선배지덕

국역 대저 역의 우주는 너르고 또 크다! 역은 아무리 먼 곳에 있을지라도 역 이외의 포스가 그를 제어할 길이 없다. 역은 스스로의 법칙으로 움직인다. 가까운 곳으로 말해도 역은 고요하지만 정도를 지킨다. 하늘과 땅 사이라는 개념으로 말하면 역은 모든 것을 포섭하여 빠트림이 없다. 대저 건은 고요할 때는 옹골지게 뭉쳐있고 움직일 때는 직하게 뻗어나간다. 그래서 크게 생함을 이룩한다. 대저 곤은 고요할 때는 수렴하여 닫혀있고 움직일 때는 과감하게 열어제키고 받아들인다. 그래서 널리 생함을 이룩한다. 대생과 광생은 생생의 과정이다. 역의 광대함은 천지의 광대함과 짝하고, 역의 변통은 사계절과 짝하고, 음양의 정의로운 뜻은 일월의 변화에서 시원한 것이며, 이간의 좋음은 천지의 지극한 덕성(하늘의 지건至健, 땅의 지순至順)과 짝하는 것이다.

금역 대저 역의 우주라는 것은 너르고 또 크다(夫易廣矣, 大矣). 역이 아무리 먼 곳에 미치고 있다 할지라도 그 어느 것도 그를 제어할 수 없다(以言乎遠則不禦). "어禦"에 관해서는 의견이 분분하다. 주희는 "불어不禦"를 "무진无盡"이라 했는데 그것은 "다함이 없다"는 뜻이다. 아무런 뜻도 전하지 않는다. 크다는 것의 수식일 뿐이다. 우번虞翻(AD 164~233: 한말·삼국시대 오나라의 경학자)은 "지止"라 했는데 한계가 없다는 뜻이다.

나는 "어禦"를 우리가 생활에서 흔히 쓰는 용법으로 "제어制禦"의 뜻으로 푼다. 어禦는 저지하고 막는다는 뜻이다. 즉 역 이외의 어떤 포스가 역을 막고 콘트롤할 수 없다는 뜻이다. 역의 세계에서는 역 이외의 어떠한 포스가 그를 다른 방식으로 제어할 길이 없다는 뜻이다. 역의 세계는 광대무변하며 아무리 먼 곳이라도 역의 이치는 그대로 적용된다는 뜻이다.

"원遠"(먼 곳)에 대하여 "이邇"(가까운 곳)를 대비시키고 있는데, 이 가까운 역리易理에 관하여 이야기하자면 "정이정靜而正" 하다는 것이다(以言乎邇則靜而正). "정靜"은 동動이 부정되는 상태가 아니라 "허정虛靜"을 의미하며, 미세함을 의미한다. 가까운 곳에서도 고요하게 정도를 지킨다는 뜻이다. 『노자』 16장에 "치허극致虛極, 수정독守靜篤"이라는 말이 있는데 여기서 말하는 "정이정靜而正"은 노자가 말하는 "정독靜篤"과 상통한다고 말할 수 있다. "고요하게 순환의 정도를 돈독하게 지킨다"는 뜻이다.

역의 세계를 매크로 스케일에서 보고, 또 마이크로한 스케일에서 보면 "불어不禦"(uniformity)와 "정정靜正"(authenticity)의 특징이 드러난다는 것이다. 그리고 천지가 포섭하는 그 사이를 말하자면(以言乎天地之間), 거기에는 모든 것이 구비되어 있다는 것이다(備矣). "비備"는 모든 것이 갖추어져 있어 완벽하다는 뜻이다(completeness. comprehensiveness). 천지는 모든 것을 포용한다.

역에서 천을 상징하는 건乾에 대하여 말하자면 고요할 때는 전일하고 움직일 때는 직直하다(곧게 에너지를 발출한다)고 했는데(夫乾, 其靜也專, 其動也直), 전專과 직直은 그 의미가 대구를 이루지는 않는다. 많은 주석가들이 전專은 단摶을 의미한다 했는데 일리가 있다. 왕부지도 단摶 혹 단團과 의미가 통한다고 하면서, 둥글게 응취한 것을 말하며 양기가 이것저것 구분하지 않는 시원의 상태 그대로 전혀 빈틈없이 둥글게 뭉쳐있음을 말한다고 했다(圜而聚也, 陽氣渾淪團合而無間之謂。『내전』).

다음에 건과 대비하여 곤을 말하는 부분에서는 이해가 쉽다. 대저 곤은 정靜할 때는 거두어들이고 수렴하며 동動할 때는 활짝 연다는 것이다(夫坤, 其靜也翕, 其動也闢). 그런데 건乾의 전專과 직直은 대생大生, 즉 크게 낳음으로 귀결되고, 곤坤의 흡翕과 벽闢은 광생廣生과 연결된다. 둘 다 생生이요, 그것은 전 장에서 말한 "생생生生"을 부연한 것이다. 생생이라는 창조적 충동 Creative Creativity에는 반드시 건괘와 곤괘의 교감이 필요하다는 것이다. 64괘 중 음양이 착종된 62괘의 경우 어느 괘를 예를 들어도 건괘와 곤괘가 병건並建되어 있다는 것인데(the Juxtaposition of *Qian* and *Kun*) 그 대강의 설명은 나의 『도올주역강해』 pp.47~54에 쉽게 서술되어 있다.

그런데 「계사」의 건과 곤의 설명에 있어서 두 가지 특징을 나는 언급하고자 한다. 첫째, 「계사」는 일체 "건곤동정乾坤動靜"이라는 이원론적 개념을 쓰지 않았다는 것이다. 건은 동적이고 곤은 정적이다. 남성은 동적이고 여성은 정적이다. 남성은 공격적이고 여성은 수동적이다라는 식의 이원적 구분이 없다는 것이다. 여기 「계사」의 기술방식의 특징은 정과 동을 동일하게 건과 곤에 다 배속시켰다는 것이다. 건의 동정과 곤의 동정은 그 나름대로 독자적인 성격을 갖는 것이다. 건과 곤은 동일한 자격을 갖고 생생生生의 창조적 전진에 참여하는 것이다. "건동곤정"의 편견은 「계사」뿐 아니라 역경의 본체인 괘사, 효사 그 어디에도 나타나지 않는다.

둘째, 고전의 해석에 있어서 우리는 너무도 명백한 원초적 사실을 망각하고 그 쉬운 기초적인 표현을 어려운 개념적 언어로 번역해내는 바보스러운 짓을 종종 한다. 사실 여기는 대생大生과 광생廣生을 말하는 자리이고 그 주체로써 건乾과 곤坤이라는 일음일양의 양극이 등장하고 있다. 따라서 이 아날로지에는 성적 함의(erotic implication)가 빠질 수 없다. 여기 전專과 직直, 흡翕과 벽闢은 남성의 성기와 여성의 성기의 리드믹한 변화를 나타낸다는 것은 확실하다. 생명의 세계에서 보면 존재하는 모든 생물은(동·식물 불문하고) 그 존재성의 이유가 생식(reproduction)이다. 여기 직直은 남성성기의 발기(erection)를 의미하며 벽(열림)은 에스트루스(에스트로겐 호르몬의 폭발 직후) 시기의 여성성기의 특징을 나타낸다고 보면 적확할 것이다. 그리고 이러한 기술은 인간에게만 적용되는 것은 아니다.

乾 건 *Qian*	靜 tranquil	專 self-absorbed	大生 Creativity on a grand scale
	動 dynamic	直 straight forward	
坤 곤 *Kun*	靜 tranquil	翕 self-collected	廣生 Creativity on a wide scale
	動 dynamic	闢 wide open	

다음, 「계사」의 저자는 역리의 주요개념인 1) 광대廣大 2) 변통變通 3) 음양陰陽 4) 이간易簡의 4개념을 천지변화의 요소와 짝지어(배配로) 해설하고

있다. 배配라는 것은 양자가 상준相準(서로 준거로 삼는다)하고, 상사相似하고, 상합相合한다는 것이다.

앞에서 역易의 광대함을 말했는데(대大는 건과 관련되고, 광廣은 곤과 관련된다), 역의 광대함은 천지의 광대함과 상합한다는 것이다(廣大配天地). 다음으로 변통變通을 얘기했는데, 변통이란 역점에 있어서 그 효변의 방식이나 여타 방식으로 효사의 의미를 변해나갈 수 있고, 또 그러한 방식으로 상황에 맞는 소통을 가능케 한다는 것을 의미한다. "변통"을 그냥 추상적으로 해석해도 무방하겠지만 역시 역리상의 변통을 말함으로 점과 관련된 것으로 해석하는 것이 좋을 것 같다.

변통은 자연현상에서 봄·여름·가을·겨울이 끊임없이 연속되는 것과도 같다는 것이다(變通配四時). 4계절의 순환은 삶의 리듬의 끊임없는 연속이며 그러한 가운데서 우리들의 삶이 변통變通되는 것과도 같은 것이 역리의 변통이라는 것이다. "사시四時"는 역점을 칠 때, 손에 든 시초를 4개씩 설해 나가는데, 그 방식이 사시를 상징한다 했는데 아마도 그런 서의筮儀와 관련이 있을지도 모르겠다(『도올주역강해』, p.100).

다음에 음양은 일월에 배配한다고 했다(陰陽之義配日月). 음양은 가장 포괄적인 것이고 가장 추상적이고 가장 기초적인 것이다. 그것은 자연현상에 있어서는 우리에게 가장 명백히 짧은 시간 속에서 대비되는 낮과 밤, 해와 달로서 상징하는 것이 가장 리얼하다. 그래서 역에 있어서 음양의 뜻陰陽之義은 자연의 일월에 짝한다고 했다. 역을 만든 사람들의 인식체계를 암시하는 좋은 표현이다. 여기 "음양지의"의 "의義"는 "뜻"이라는 의미도 되지만 "마땅함"의 뜻도 있다. 「계사」의 저자는 음양이라는 심볼리즘이 우리의 생활세계에 있어서 일월과 가장 밀접한 관계를 갖는다고 생각했다.

제일 마지막으로 말한 것이 바로 "이간易簡"이다. 여기서 이간은 역리易理의 이간이다. 역을 만든 사람들의 궁극적 목표가 바로 삼라만상의 복잡다단한 얽힘, 그리고 그 위에서 건설한 문명의 주인공들인 인간의 희노애락의 저주와 축복, 그 어렵고 복잡한 것을 쉽고 간결한 역상으로 환원(simplification)시키려는 데 있었다. 그래서 역리의 건은 "이지易知"(알기 쉽다)라 했고, 역리의 곤은 "간능簡能"(간결함으로 능력을 발휘한다)이라 했다. 역리가 인간의 운명을 쉽고 간단하게 환원시켰다는 것이야말로 문명사의 획기적 전환이며 진정한 인문주의(humanism)의 출발이라고 자부하는 것이다.

이간하기 때문에 역리는 좋은 것이다. 역리의 "이간의 좋음易簡之善"은 천지대자연의 무엇에 배配하는가? 「계사」의 저자는 자신있게 선포한다. 그것은 바로 우리가 살고 있는 천지가 생생生生의 덕德을 가지고 있다는 것, 끊임없는 창조적 충동creative impulse 속에서 새로움novelty을 지어나가고 있다는 것(새로움이 없는 창조는 창조가 아니다. 그것은 퇴락이다), 바로 그 충동이야말로 지극한 자연의 덕성인 것이다. 이간의 좋음은 천지의 지덕至德에 배配한다(易簡之善配至德). 이것은 천지코스몰로지의 대전제이다.

역 *I* symbolism	광대 廣大	변통 變通	음양 陰陽	이간 易簡
자연 Nature *Dasein*	천지 天地	사시 四時	일월 日月	지덕 至德

제 7 장

7-1 子曰:“易其至矣乎!”夫易, 聖人所以崇德而廣業也。知崇禮卑, 崇效天, 卑法地。天地設位, 而易行乎其中矣。成性存存, 道義之門。

자왈 역기지의호 부역 성인소이숭덕이광업야 지숭례비 숭효천 비법지 천지설위 이역행호기중의 성성존존 도의지문

국역 공자께서 말씀하시었다: “아~ 역이여! 참으로 위대하도다!” 공자께서 왜 이토록 찬탄하셨을까? 대저 역이란 문명을 창조하신 성인들께서 하늘의 덕을 높이고, 땅의 업을 넓히기 위하여 지으신 것이다. 하늘의 이상인 지知는 높을수록 좋고, 땅의 질서인 예禮는 낮을수록 좋다. 높임이란 하늘을 본받는 것이요, 낮춤이란 땅을 본받는 것이다. 인간의 문명도 지知와 예禮의 양대기둥을 필요로 한다. 하늘과 땅이 높임과 낮춤의 위상을 설하고 있고, 역이 그 가운데, 음양이 착종하는 변화 한가운데서 갈 길을 가고 있는 것이다. 역은 만물의 본성을 이루어가면서 우주창조의 과정을 간단間斷없이 존속시키고 있다. 인간과 만물의 도덕성의 근원이 아니고 무엇이랴!

금역 이 장은 간결하면서도 내용의 압축이 심해 쉽게 넘길 수 없는 장이다. 개념들의 함의를 깊게 이해해야 상호관련성이 드러난다. 「계사」의 저자의 지적 심도를 나타내는 심오한 메시지이다.

제일 먼저, 여기 "자왈子曰"이라는 표현이 나오는데 「계사」 전체를 통해 계속 반복되지만 여기에 처음 나온 것이다. "자왈"이란 유가계열의 고문헌에 있어서는 자동적으로 "공자왈"을 의미한다. 그런데 "자왈"은 공자의 제자들이 공자를 부를 때 쓰는 말이며, 공자가 자기자신의 말을 "자왈"이라고 쓸 수는 없다. 그런 용례는 없다. 『논어』에도 공자의 손제자들이 자기 스승의 말을 기록할 때는 "자왈"과는 구분되는 형식으로 쓴다. 유자왈有子曰, 증자왈曾子曰, 이런 식으로 공자가 아닌 공자의 제자라는 아이덴티티를 밝힌다. 그러므로 여기 "자왈子曰"은 공자 자신의 말일 수는 없다.

주희도 『본의』에서 「계사」 전체가 공자의 작이라는 것을 전제하고, 이 "자왈"의 인용구는 후인의 첨가일 것이라고 말했다. 주희 정도의 지력을 소유한 자가 「계사」를 공자의 작으로 본다는 것 자체가 어불성설이지만, 주희는 유교를 높여서 외래사상인 불교를 중국문명으로부터 배제시키려는 명백한 의도를 가지고 있었으므로, 「계사」가 공자의 작이라는 통설을 부인할 필요는 없었을 것이다. 구양수歐陽修, 1007~1072(주희보다 1세기 앞서 활동한 북송의 정치가, 문학가. 당송팔대가 중의 한 사람)만 해도 「계사」 및 십익 전체가 공자의 저작일 수 없다고 단정했고, 여기 "자왈"은 후대사람들이 공자가 아닌 자기 당대의 선생님의 강의내용을 높여 그런 칭호로 부른 것이라고 했다. "우리 선생님께서 말씀하시기를 ……" 정도의 의미일 것이다.

「계사」를 공자의 저작으로 보는 것은 무리이지만 「계사」와 공문孔門의 사상이 밀접한 관계를 맺고 있다는 것은 의심의 여지가 없다. 「계사」로부터 진정한 유교가 출발했다고 해도 과언이 아니다. 독립된 아이덴티티를 지니는 "교敎"의 사상운동이 성립하기 위해서는 규범적 윤리만으로는 불가능하고 치열한 우주론cosmology이 있어야 하는데 「계사」는 유교에게 우주론과 인식론을 다 부여했다고 볼 수 있다.

공자의 말을 어디까지 보는가에 따라 "지의호至矣乎"에서 끊기도 하고, "광업야廣業也"에서 끊기도 하고, 전 장을 다 자왈子曰의 내용으로 보기도 한다. 나는 가장 간략한 감탄사 문장 하나만이 공자의 말로서 인용된 것이고, 나머지는 「계사」의 저자의 일관된 틀에 의한 메시지라고 본다.

공자께서 찬탄을 금치 못하여 말씀하시었다: "아 역이여! 극상의 작품이로다. 참으로 위대하도다!(易其至矣乎)" 인용은 여기서 끝난다. 이 최상급의 찬탄에 대하여 「계사전」의 저자는 그 찬탄의 구성양식을 분석해 들어간다. 대저, 역이란 누가 왜 지었을까?

「계사」의 저자는 말한다. 대저 역이란(夫易) 성인(역의 작자)께서 하늘의 덕德을 높이고, 땅의 업業을 넓히기 위하여 만든 것이다(聖人所以崇德而廣業). 여기 "숭덕崇德"과 "광업廣業"을 "형용사+명사"의 구조로 이해하는 사람들이 많은데 고문은 그렇게 읽을 수 없다. 숭과 광은 타동사이고 덕과 업은 그 동사의 목적어이다. "덕을 높이고, 업을 넓힌다"가 된다.

여기서 덕德은 하늘과 관계되고, 높음과 관계되고, 시간성과 관계되고, 앎知(Knowledge)과 관계된다. 그리고 업業은 땅과 관계되고, 넓음과 관계되고, 공간성과 관계되고, 예禮(Propriety)와 관계된다. 그리고 이것은 모두 문명의 가치들이다. 즉 성인께서 인간의 덕을 높이고 업을 넓히기 위하여, 즉 문명에서 조화롭고 가치있는 삶을 운영케 하기 위하여 역易을 만드셨다는 것이다. 덕의 대표적인 것이 인간의 지적 사유(Thinking)이다. 그리고 업의 대표적인 것이 인간의 예의 질서(Earthly Order)이다.

여기서는 「계사」의 저자는 문명의 기둥으로서 지知와 예禮를 제시하고 있는 것이다. 지는 고명할수록 좋고, 예는 낮고 겸손할수록 좋다. 지는 그

고명함, 숭고함 때문에 하늘을 본받는 것이다. 즉 지식은 하늘이 지니는 보편성을 획득할수록 좋은 것이고 예는 땅처럼 낮고 드넓고 겸손할수록 좋은 것이다. 예가 낮아지면 지는 높아지고, 지가 높아지면 예는 낮아지는 것이다. 천존지비의 천지코스몰로지가 계속된 주제로 달리고 있는 것이다.

지知는 높고 예禮는 낮다(知崇禮卑). 높은 것으로 말하자면 하늘을 본받는 것처럼 이상적인 것이 없고(崇效天), 낮은 것으로 말하자면 땅을 본받는 것처럼 좋은 것이 없다(卑法地). 인간의 문명에는 지知와 예禮라는 양대기둥이 필요하다. 하늘과 땅이 이러한 지와 예의 질서의 모범을 보이며 그 위를 설設하고 있고(天地設位) 그 가운데를 역이라는 변화가 쉼이 없는 창조를 계속하고 있다(而易行乎其中矣).

만물은 이러한 일음일양의 변화 속에서 자신의 본성을 형성해나간다. 그 성성成性(제5장 1절에 "성지자성야成之者性也"라고 한 것을 기억할 것) 과정을 끊임없이 존속시킨다("존존存存"도 "생생生生"과 마찬가지로 간단間斷 없는 순수지속을 나타낸다). 이러한 역의 창조적 충동이야말로 그 자체로 이미 만물의 도덕성의 근원이며, 인간의 도의道義가 쏟아져나오는 문이라고 하겠다(道義之門). 역의 창조성이야말로 인간의 도덕성의 근원임을 밝히고 있다. 우리는 하늘과 땅이 합쳐져서 인간이 된 것임을 잊어서는 아니된다. 지와 예는 다름 아닌 인간존재의 양대측면이다.

易 역 Changes	天 하늘	崇 높임	시간성	德 덕	知 Knowledge	崇效天 하늘을 본받음	道義之門 Gate of Morality
	地 땅	廣 넓힘	공간성	業 업	禮 Propriety	卑法地 땅을 본받음	

제 8 장

8-1 **聖人有以見天下之賾, 而擬諸其形容, 象其物宜,**
성 인 유 이 견 천 하 지 색　이 의 저 기 형 용　상 기 물 의

是故謂之象。聖人有以見天下之動, 而觀其會通,
시 고 위 지 상　성 인 유 이 견 천 하 지 동　이 관 기 회 통

以行其典禮, 繫辭焉以斷其吉凶, 是故謂之爻。
이 행 기 전 례　계 사 언 이 단 기 길 흉　시 고 위 지 효

言天下之至賾而不可惡也, 言天下之至動而不可亂
언 천 하 지 지 색 이 불 가 오 야　언 천 하 지 지 동 이 불 가 란

也。擬之而後言, 議之而後動, 擬議以成其變化。
야　의 지 이 후 언　의 지 이 후 동　의 의 이 성 기 변 화

국역 역을 만든 성인은 천하의 오묘하고도 복잡스러운 현상을 꿰뚫어 볼 수가 있는 능력이 있었기 때문에 그 단순화된 통찰의 상을 구체적 물상에 비의하여 괘상을 만들었다. 괘상이 사물의 마땅함을 상징해내었기 때문에 우리가 괘상을 상象이라고 일컫는 것이다. 또한 성인께서는 천하의 동적인 흐름을 통찰하는 능력이 있었기 때문에 그 회통되는 모습을 통관하여, 항상스러운 질서를 존중하고 그 질서를 상징하는 전례를 행하였다. 이러한 전례에는 말이 따라붙게 마련인데, 성인은 그 말들을 384효에 매달아 인간의 길흉을 판단할 수 있게 만들었다. 이 효사 하나하나가 모두 전례가 될 수 있는 것이다. 길흉의 변화를 판단케 한다 하여 효라 일컫는다. 여기서 효爻는 사물의 움직임을 본받는다(效)는 뜻이다. 성인께서 천하의 지극히 복잡하여 혼란스럽게 보이는 것을 말씀하셨는데도 이에 대하여 아무도 밉다는 말을 하지 않는다. 성인께서

천하의 지극히 동적인 변화를 말씀하셨는데도 이에 대하여 아무도 혼란스럽다는 말을 하지 않는다. 성인께서 만들어 놓으신 상象에 비의하여 말하게 되면, 그 말은 신적인 권위를 갖게 된다. 성인께서 만들어 놓으신 효爻에 견주어보고 나서 행동하게 되면, 그 행동은 신적인 권위를 갖게 된다. 이렇게 비의하고 의론한 언행言行은 천지의 변화와 일치하는 변화를 이룩한다. 위대하지 않을 수 없다. 다음에 나오는 7개의 효사 해석은 모두 인간의 말과 행동에 관한 것이다.

금역 8장의 첫 절인 이 문장은 오묘한 총체적 주제를 압축적으로 논하고 있기 때문에 해석이 쉽지 않다. 해석하는 사람의 문제의식에 따라 다양한 해석이 가능하기 때문이다. 제1절이 지나면 8장은 매우 길게 문장이 진행되고 있는데, 기실 이 8장이야말로 「계사」가 「계사」인 소이연을 말해주는 핵심적인 장이다. 「계사」는 본시 "매단 말"이다. "매단 말"이라는 뜻은 현행본의 이 「계사」야말로 기존의 매단 말인 효사에 다시 매달았다는 뜻을 내포하는 것이다.

그러니까 이미 존재하는 효사에 대하여 새로운 해석을 가하고, 그 해석을 가한 이유, 그리고 상이나 효를 이해하는 총체적인 철리를 앞뒤로 밝힌 문장이 바로 현행 「계사전」이라고 말할 수 있다. 이 8장에는 기존의 효사 7개가 샘플로 픽업되어 새롭게 해석되고 있다. 이 8장 1절은 효사 해석의 서론으로서 「계사전」의 저자가 상과 효를 이해하는 방식을 총체적으로 다시 논한 것이다.

주어인 "성인聖人"은 물론 역을 작한 사람을 말한다. 복희로부터 주공에 이르는 작자作者, 그 누구도 가능하다. "유이견有以見 ……"이라는 표현은

"역리로써 ……을 봄이 있다"라고 해석된다. "색賾"은 본시 "심오하여 보기 힘들다," "유심幽深"의 뜻이다. 그런데 주희가 전체문장의 맥락에 따라 "잡란雜亂"이라는 해석을 내렸다. "혼잡하고 너저분하다"는 뜻이다. 주희는 부정적인 뜻을 강조해서 말한 듯하지만 실제로 "잡란"이란 "복잡하다," "복합적이다," "다양한 요소들이 어지럽게 얽혀있다"는 뜻을 내포한다. "형용形容"은 형용한다는 뜻이 아니다. 구체적 사물의 모습을 가리킨다.

성인은 역리易理로써 천하의 복잡다단한 현상을 관찰하고(聖人有以見天下之賾), 그것을 구체적인 물상物像에 비의比擬하여(而擬諸其形容) 그 물이 물됨의 마땅함을 상징해내었다(象其物宜). 그래서 괘상卦象이라고 이르게 된 것이다(是故謂之象).

그리고 또 성인께서는 역리로써 천하의 끊임없이 움직이는 모습을 관찰하고(聖人有以見天下之動), 그 움직이는 것들이 만나고 융통하여 일정한 법칙에 따라 변하는 것을 통찰하여(而觀其會通, 以行其典禮: 여기 "전례典禮"는 "상법常法"이라 했으니, 항상스러운 질서를 의미한다), 그 이벤트들에 해당되는 말을 달았다(繫辭焉). 그리하여 인간세의 길흉을 판단하게 만들었다(以斷其吉凶). 이로써 인간은 변화 속에서 자신의 때를 판단할 수 있게 되었으니, 그것이 곧 효爻라고 일컫는 것이다(是故謂之爻).

역을 만든 성인은 천하의 지극히 복잡한 것을 괘상을 통하여 말하고 있음에도 불구하고 천하사람들은 그것을 혐오하지 않는다(言天下之至賾而不可惡也). 복잡한 현상에서 단순한 질서를 통찰해내는 측면이 있기 때문이다. 또 역을 만든 성인은 효를 통하여 천하의 지극히 역동적인 변화를 말하고 있음에도 불구하고 천하사람들은 그것이 어지럽다(혼란스럽다)고 말하지 않는다(言天下之至動而不可亂也).

384효 속에는 정연한 질서가 들어있기 때문이다. 사람들은 괘와 효가 있기 때문에 자기실존의 문제들을 그것에 본뜬 연후에 발언하게 되고(擬之而後言), 또 서로의 문제들을 그것에 비의比擬하여 토론한 후에 행동을 결정하게 되었다(議之而後動). 이로써 사람들은 본뜨고 토의하는 과정을 거침으로써 변화하는 시공 속에서 자신의 언행을 정확히 규정할 수 있게 되었다(擬議以成其變化). 여기 핵심적인 주제는 "인간의 언행"이다.

8-2 **"鳴鶴在陰, 其子和之, 我有好爵, 吾與爾靡之。"**
명학재음 기자화지 아유호작 오여이미지

子曰: "君子居其室, 出其言。善則千里之外應之,
자왈 군자거기실 출기언 선즉천리지외응지

況其邇者乎! 居其室, 出其言。不善則千里之外
황기이자호 거기실 출기언 불선즉천리지외

違之, 況其邇者乎! 言出乎身, 加乎民; 行發乎邇,
위지 황기이자호 언출호신 가호민 행발호이

見乎遠。言行, 君子之樞機。樞機之發, 榮辱之主
견호원 언행 군자지추기 추기지발 영욕지주

也。言行, 君子之所以動天地也。可不愼乎!"
야 언행 군자지소이동천지야 가불신호

국역 중부괘 구이九二 효사에 이런 말씀이 있다:

"에미 학이 그늘에 가려 우는구나.

멀리 있는 새끼가 그 소리만 듣고 화답하네.

엄마 나 잘 있어.

속이 진실한 친구들이여!
나에게 아름다운 술잔이 있고
향기 드높은 술이 있소.
나 그대들과 더불어
잔을 기울이고 싶소."

공자께서 이 효사를 해설하여 이와같이 말씀하시었다:

"군자가 타인이 알지 못하는 자기만의 방구석에 홀로 거하고 있으면서 그곳으로부터 말을 내도, 만약 그 말이 좋으면 천리 밖에서도 감응한다. 하물며 가까이 있는 사람들이 감응치 않을 수 있겠는가! 자기만의 방구석에서 홀로 담론을 지어냈을 때, 그 말이 좋지 못하면 천리 밖에서부터 이미 시비를 건다. 하물며 가깝게 있는 사람들이야 더 말할 건덕지가 있겠는가! 내 말은 내 몸으로부터 나아가 민중에게 덮어씌워지는 것이다. 나의 행동은 가까운 곳에서 시작되지만 멀리 있는 데까지 그 영향이 드러나는 것이다. 그러기 때문에 말과 행동은 군자의 추기이다. 추기가 어떻게 발동되는가에 따라 영욕이 엇갈린다. 언행이야말로 추기와도 같이 군자가 천지를 움직이는 소이의 핵심이다. 삼가지 않을 수 있겠는가?"

금역 이 공자의 계사는 나의 저서『도올주역강해』에 잘 해설되어 있다(pp.735~739). 61번째 풍택 중부中孚괘 ䷼의 두 번째 효, 구이九二의 효사가 그대로 인용되고 있고, 그 효사의 내면적 깊은 뜻을 공자가 풀이한 내용이 실려있다. 그리고 본 장의 제1절 말미에 역과 관련하여 인간의 언행言行의 중요성에 관한 심오한 통찰이 실려있는데, 여기서 공자가 계사로서 풀이하고 있는 7개의 효사도 그러한 통찰의 중요성을 강조하는 내용이다.

“중부中孚”는 인간의 내면의 성실성을 말하는 괘이며, 군자의 추기樞機인 언행을 중시하는 괘이다. 언행이란 논리적 인과관계의 소산이라기보다는, 논리를 초월하는 중부中孚의 성실, 언어로 표출되는 것 이전의 교감의 장場에서 이루어지는 것이다.

먼저 중부괘 구이九二 효사가 인용된다.

> 아~ 그늘에 가려
> 보이지 않는 저 에미 학이 우는구나(鳴鶴在陰).
> 멀리 있는 새끼가 그 소리만 듣고도 화답하네.
> 엄마 나 잘 있어(其子和之).
> 중부中孚의 진실한 친구들이여!
> 나에게 아름다운 술잔이 있고
> 귀신이 탐내는 향기 드높은 술이 있소(我有好爵).
> 나 그대들과 더불어
> 술잔을 같이 기울이고 싶소(吾與爾靡之).

중부괘 九二효사에 대하여 공자님께서 다음과 같이 말씀하시었다:

“군자가 타인이 알지 못하는 자기만의 방구석에 홀로 거居하고 있으면서(君子居其室) 그곳으로부터 말을 내면(出其言), 만약 그 말이 좋으면 천리 밖에서도 감응한다(善則千里之外應之). 하물며 가까이 있는 사람들이 감응치 않을 수 있겠는가!(況其邇者乎) 자기만의 방구석에서 홀로 담론을 지어냈을 때(居其室, 出其言), 그 말이 좋지 못하면 천리 밖에서부터 이미 시비를 건다(不善則千里之外違之). 하물며 가깝게 있는 사람들이야 더 말할 건덕지가 있겠는가!(況其邇者乎) 내 말은 내 몸으로부터 나아가 민중에게 덮어씌워지는 것이다(言出乎身, 加乎民). 나의 행동은 가까운 곳에서 시작되지만 멀리 있는 데까지 그 영향이 드러나는 것이다(行發乎邇, 見乎遠). 그러기 때문에 말과 행동(언행言行)이라는 것은 군자의 추기樞機이다(言行, 君子之樞機: 추樞는 대문의 돌쩌귀. 문을 열고 닫는 핵심부위. 기機는 쇠뇌활의 방아쇠. 강력한 쇠화살의 잠금을 푸는 장치. 노弩는 고조선에서부터 있었다. 낙랑무덤에서 많이 출토, 남쪽에서는 경북 영천 용정리 널무덤에서 청동쇠뇌가 출토되었다). 추기가 어떻게 발동되는가에 따라 영榮(성공)과 욕辱(실패)이 엇갈린다(樞機之發, 榮辱之主也). 언행이야말로 추기와도 같이 군자가 천지를 움직이는 소이의 핵심이다(言行, 君子之所以動天地也). 삼가지 않을 수 있겠는가?(可不愼乎)"

역의 효사가 말하고 있는 시적 경지는 언어 이전의 느낌의 교감을 강조하고 있다. 수운이 말하는 "무위이화無爲而化"도 이러한 중부中孚의 느낌과 상통하고 있다. 수운은 말한다: "나의 도는 함이 없이 스스로 변해가는 것이다. 하느님의 마음을 지키고, 하느님의 기를 바르게 하고, 인간에 내재하는 천명의 본성을 따르고, 도덕적 교훈을 받아들이면, 오도吾道는 스스로 그러한 가운데서, 마음속으로부터 우러나와 변하는 세상과 합일이 된다. 吾道無爲而化矣。守其心, 正其氣, 率其性, 受其教, 化出於自然之中也。"(도올 김용옥 지음, 『동경대전』2, p.130).

8-3 "同人, 先號咷而後笑。" 子曰: "君子之道, 或出或處, 或默或語。二人同心, 其利斷金; 同心之言, 其臭如蘭。"

동인 선호도이후소 자왈 군자지도 혹출혹처 혹묵혹어 이인동심 기리단금 동심지언 기취여란

국역 동인괘 구오九五의 효사는 다음과 같다: "동지들을 규합하려 한다. 처음에는 너무도 힘이 들어 비통한 현실에 울부짖는다. 그러나 구오九五의 진실에 호응하는 사람들이 많이 생겨 상황이 바뀐다. 나중에는 크게 웃는다."

이 효사를 해석하여 공자님께서 다음과 같이 말씀하시었다: "군자의 도는 혹은 용감하게 박차고 나아갈 때도 있지만 또한 조용히 자기 자리를 지키며 움직이지 않을 때도 있다. 사회의 불의에 관해 목소리를 높여 발언할 때도 있지만 침묵 속에 아무 말도 하지 않을 때도 있다. 두 사람의 가슴의 교류, 그 마음의 하나됨은 그 날카로움이 강력한 쇠를 자를 수도 있다. 그리고 그 하나된 마음에서 우러나오는 말의 향기는 은은한 난초의 향기보다도 더 짙다."

이 역시 인간의 언행에 관한 말씀이다.

금역 이 절에서 인용되고 있는 것은 13번째 괘인 천화 동인同人괘䷌의 구오九五 효사이다. 그 앞에 있는 두 구절만 인용되었다. "동인同人"이란 "사람들과 함께한다," "사람들을 모집한다," "사람들과 한마음이 된다," "혁명의 거사를 위해 뜻을 같이 할 수 있는 동지들을 규합한다"는 뜻이다. 여기서도 역시 중부中孚괘에서부터 시작된 테마, 즉 인간의 마음의 소통, 단합, 교감, 협동(Fellowship, Cooperation)의 주제가 계속되고 있다. 동인괘 앞에는 천지 비否䷋괘가 있는데 이것은 비색의 시대가 끝나고 마음 맞는 사람들끼리 협동하여 새 세상을 건설한다는 뜻이다.

"동인同人, 선호도이후소先號咷而後笑"는 구오九五의 고뇌와 성취를 나타내는 효사이다. 구오九五는 양효로서 양위에 있고, 중中을 얻고 있을 뿐 아니라, 아래에 있는 육이六二와 아름다운 응應의 관계에 있다. 육이六二도 중정中正을 얻고 있으니, 이 양자(九五와 六二)는 연합하여 새 세상을 건설하려고 했다. 그러나 이 사이를 가로막고 있는 구삼九三과 구사九四의 세력은 너무도 막강하다. 그래서 구오九五의 혁명, 협동의 길은 너무나 험난하다. 그래서 처음에는 좌절감에 울부짖는다. 그러나 용맹스럽게 강습돌파해 나가면 결국 대소大笑하게 된다는 것이다. 동인괘 구오九五의 효사는 이와같다: "사람들과 마음과 힘을 같이하여 새 세상을 건설하려 한다. 그러나 처음에는 울부짖을 수밖에 없다. 그러나 동인의 시대는 다가오고 있다. 결국에는 크게 웃게 된다. 同人, 先號咷而後笑。"

이 효사에 대하여 공자는 이와같은 해석을 매달았다: "군자의 도道는 혹은 용감하게 박차고 나아갈 때도 있지만 또한 조용히 자기자리를 지키며 움직이지 않기도 한다(或出或處). 사회의 불의에 관하여 목소리를 높여 발언할 때도 있지만 침묵 속에 아무 말도 하지 않을 때도 있다(或默或語). 이 九五와 六二의 만남을 위해 가슴의 교류, 그 하나됨의 정신은 그 날카로움이 강력한 쇠를 자를 수도 있고(二人同心, 其利斷金) 그 뜻을 같이하는 마음에서 우러나오는 말의 향기는 은은한 난초의 향기보다도 더 짙다(同心之言, 其臭如蘭)."

「계사전」의 저자가 이 계사를 만들 때에 이미 효사에 대한 이해가 심도있는 경지를 과시하고 있었다는 것을 알 수 있다. 그리고 『역』을 구성하는 기본 스트럭쳐가 오늘날 우리의 해석방식과 일치하고 있다는 사실도 발견하게 된다. 그리고 이러한 「계사전」의 공자 언어는, 인간의 언행에 대한 심도있는 이해와 감수感受야말로 상象과 효爻가 만들어지게 된 근원적 이유라는 것을 말하고 있다. 공자의 언어는 8-1의 철학을 배경으로 일관되게 여기 선택된 효사들과 결합하여 향기를 발하고 있는 것이다. 언행이야말로 군자지요君子之要인 것이다.

8-4 **“初六, 藉用白茅, 无咎。” 子曰: “苟錯諸地而可矣。**
초육 자용백모 무구 자왈 구착저지이가의

藉之用茅, 何咎之有? 愼之至也。 夫茅之爲物薄,
자지용모 하구지유 신지지야 부모지위물박

而用可重也。 愼斯術也以往, 其无所失矣。”
이용가중야 신사술야이왕 기무소실의

국역 대과괘 초육初六의 효사에 이런 말씀이 있다: “하느님께 제사를 지내는데 그 자리에 띠풀을 깔아 공경스러운 마음을 표시한다. 험난한 시기에도 허물이 없을 것이다.”

이 효사를 공자님께서는 다음과 같이 해석하시었다: “제기를 그냥 땅에 놓는다 할지라도 잘못될 것은 없다. 그런데 깨끗한 띠풀을 사용하여 바닥에 깔고 그 위에 제기를 놓으니, 무슨 허물이 있을 수 있겠는가? 이것은 신중함의 극치이다. 띠풀 그 자체는 고귀한 물건이라 할 수 없다. 주변에 흔하게 있는 가벼운 물건이다. 그러나 그 쓰임이 이토록 소중할 수가 없다. 이러한 삶의 태도를 신중하게 유지해나가면 삶의 전도에 잘못되는 바가 있을 수 없다.”

제사를 대하는 공경한 마음과 인간의 언행의 신중함을 대비하여 말한 것이다.

금역 여기 “초육初六”이라 하는 것은 28번째의 택풍 대과大過䷛괘의 첫 음효의 효사를 말한다. 대과란 본시 “대大의 과過”라는 뜻인데, “대大”는 “양”을 의미하므로 “대과”는 실상 “양의 지나침”이라는 뜻이다. 괘상을 보면 음효가 가생이로 밀려나있고 양효 4개가 가운데 밀집해 있다. 분명 건강한 모습이 아니다. 흔히 “대과大過”라 하면 “큰 과실”을 연상케 되는

데 그렇게 해석해도 무방하다. 양(강함)의 밀집은 큰 과실을 저지르기 쉬우니까. 「계사」의 저자가 이 효사를 끄집어낸 안목이 놀랍다. 역시 이 효사는 과실에 대한 군자의 방비라든가, 조심이라든가, 공경스러운 마음씨라든가 하는 것을 말하고 있기 때문이다. 군자의 행동에 관한 중부中孚, 즉 중용中庸을 말하고 있는 것이다. 일관된 주제가 달리고 있다.

초육初六은 손괘☴의 제일 아래에 있으며, 본시 따른다는 성격이 손괘에 있으므로 초육初六은 대과의 가능성에 대하여 극단의 유순한 성격을 지니고 있다. 그리고 그러한 유순함을 제사의 과정을 비유로 들어 문학적으로 나타내고 있다. "자藉"는 "깐다"는 뜻이고, 백모白茅는 띠풀을 말하는데, 벼과의 다년생 초본이다(*Imperata cylindrica*). 그 뿌리는 약초로 쓰인다(白茅根).

"자용백모藉用白茅"는 "까는 데 백모를 쓴다"라고 번역된다. 띠풀은 우리말로 "삘기"라고도 하는데, 옛 고례에 제사지낼 때 땅에 술을 부을 때, 그냥 붓기 뭐하니깐 띠풀을 깔고 그 위에 부었다고 한다. 그리고 제기를 놓을 때 땅위에 그냥 놓을 수 없으니까 깨끗한 띠풀을 깔고 그 위에 놓았다는 것이다. 옛날에는 상을 쓰지 않았고 땅위에 직접 제기를 놓았다는 것으로 풀이될 수 있다. 하여튼 이것은 실내제사가 아니라 교郊에서 상제上帝(God of Gods)에게 지내는 제사의 풍습을 말한 것이다. 그것은 공경의 극치인 동시에, 자연 그대로에 가까운 소박미의 경건성이다. "초육初六의 효사는 다음과 같다. 까는 데 백모를 쓰니 허물이 없다."

이 효사를 세 번째 예로 들어 공자는 다음과 같이 해석한다: "제기를 그냥 땅에 놓는다 할지라도 천지의 교감의 소박미를 생각할 때 잘못될 것은 없다(苟錯諸地而可矣). 그런데 깨끗한 띠풀을 사용하여 바닥에 깔고 그 위에 제기를 놓으니(藉之用茅), 무슨 허물이 있을 수 있겠는가!(何咎之有) 이것은 신중함의 극치이다(愼之至也). 띠풀 그 자체는 고귀한 물건이라 할 수 없다(夫茅之爲物薄). 흔히 주변에 있는 가벼운 물건이다. 그러나 그 쓰임이 이토록 소중하고 고귀할 수가 없다(而用可重也). 이러한 삶의 태도를 신중하게 유지해나가면 그의 삶의 전도에는 잘못되는 바가 있을 수 없을 것이다(愼斯術也以往, 其无所失矣)."

공자의 계사(즉 「계사전」의 저자의 창안)는 매우 명료하게 효사의 의미를 파악하여 맥락적으로 적절하게 그 예를 활용하고 있다. 「계사」의 저자는 끊임없이 변하는 역의 우주 속에서 인간의 언행이 얼마나 중요한 것인가, 그리고 얼마나 신중하게 사용해야 하는가를 사뭇 강조하고 있다. 인간의 언행은 경심輕心으로 지나칠 수 없는 것이다.

8-5 **"勞謙君子, 有終, 吉。" 子曰: "勞而不伐, 有功而不德, 厚之至也。語以其功下人者也。德言盛, 禮言恭。謙也者, 致恭以存其位者也。"**

노겸군자 유종 길 자왈 노이불벌 유공이 부덕 후지지야 어이기공하인자야 덕언성 예언공 겸야자 치공이존기위자야

국역 겸괘 구삼九三의 효사에 다음과 같은 말씀이 있다: "그대는 진실로 노력하여 공을 이루었음에도 겸손한 군자로다! 항상 겸허한 삶의 자세를 잃지 아니하고 유종의 미를 거두니, 길할 수밖에 없다."

공자님께서 이 효사를 해석하여 다음과 같이 말씀하시었다: "수고롭게 노력하면서도 자신의 성취를 뽐내지 않는다. 공이 있으

면서도 그것을 덕으로 여기지 아니하니, 이것이야말로 후덕함의 극치라 할 것이다. 이것은 공을 이루었음에도 불구하고 타인에게 자신을 낮추는 인격을 말하고 있는 것이다. 덕이 성하면 성할수록 예는 더욱 더 공손하게 된다. 겸이라는 것은 공손함을 지극하게 하여 그 위를 명예롭게 보전하는 것을 의미하는 것이다."

금역 이 절의 효사는 15번째 괘, 지산 겸謙䷎괘의 구삼九三 효사에서 온 것이다. 이에 대한 공자의 말은 역시 군자의 언행에 관계되는 것이며, 우리가 일상생활에서 보통 쓰는 "겸허謙虛"라는 말의 포괄적 의미와 상통하고 있다. 겸괘는 대유大有괘 다음에 오는데, 대유(크게 있음)는 성대함을 의미하므로 다음에 오는 겸괘는 비움과 겸손을 나타내고 있다.

구삼九三은 전체 괘 중에서 유일한 양효다(䷎). 하괘의 최상위에 있는 신하로서는 최고의 책임있는 지위에 있다. 그는 강의剛毅한 인물로서 정正을 얻고 있다. 구삼九三은 국가사회를 위해 진실로 노력하고 수고하여 공을 많이 쌓았음에도 불구하고 항상 겸허한 자세를 유지하는 군자이다. 『노자』에 "공성이불거功成而弗居"(제2장)라는 말이 있고, 38장에는 또 "상덕부덕上德不德"(지고한 덕은 덕스럽지 아니하다)이라는 말이 있는데 여기 "노겸勞謙"이라는 말과 상통하는 것이다.

『역』과 『노자』와 「계사」는 하나의 고조선패러다임이라고 말할 수 있다. 겸은 겸허의 뜻이지만 『역』이 강조하는 것은 공허한 겸손이 아니고, 관념적 무화無化가 아니다. 불교의 반야도 역에서 보면 "노勞"를 상실하고 있다. 노勞라는 것은 실제로 육체적 노동을 말하는 것이다. 실제로 노동하여 공을 쌓은 자만이 겸손이 의미있게 되는 것이다. "노겸군자"라는 것은 공을 드높게 쌓아올렸어도 겸손한 군자라는 뜻이다.

이러한 군자가 노겸의 자세를 생이 종료될 때까지 잃지 않는다. 이것이 "유종有終"의 뜻이다. 우리가 흔히 쓰는 "유종의 미"는 이런 뜻이다. 노겸한 군자가 유종하니 길할 수밖에 없다. 이것이 겸괘 세 번째 효사의 뜻이다. 이에 대하여 공자는 말을 달았다:

"수고롭게 노력하면서도 자신의 성취를 내보이지 않는다(勞而不伐). 공이 있으면서도 그것을 덕으로 여기지 아니하니(有功而不德), 이것이야말로 후덕함의 극치라 할 것이다(厚之至也). 이것은 공을 이루었음에도 불구하고 타인에게 자신을 낮추는 인격을 말하고 있는 것이다(語以其功下人者也). 덕德이 성盛하면 성할수록, 예禮는 더욱 더 공손하게 된다(德言盛, 禮言恭). 겸이라는 것은 공손함을 지극하게 유지하여 자신의 위상을 명예롭게 보전하는 것을 의미하는 것이다(謙也者, 致恭以存其位者也)."

옥안 "덕언성德言盛, 예언공禮言恭"에 있어서 "언言"이라는 글자는 별 뜻이 없는 어조사로 많이 쓰인다. 나는 "……할수록 ……하다"는 뜻으로, 두 문장을 연결시키는 조사로 보았다. 이퇴계는 "덕으로 언言컨댄 성盛하고, 예禮로 언言컨댄 공恭하다"라고 해석했는데(성백효, 『주역전의周易傳義』下, p.545), 나는 송나라 양만리楊萬里, 1127~1206(주희와 동시대, 남송의 문장가. 사詞로써는 남송4대가로 꼽힌다. 애국우시愛國憂時의 시를 많이 썼다)의 설을 따랐다. 공자의 해설에 도가적 사유가 많이 반영되어 있는데, 이러한 등등의 문장경향 때문에 「계사」를 도가의 작품으로 보는 것은 심히 어리석은 발언이다. 선진사상에는 사유의 경향성이 있을 뿐, 일가라는 학파로서의 격절된 단위(듀이가 말하는 콤파트먼트compartment)는 존재하지 않았다.

8-6 "亢龍有悔。" 子曰: "貴而无位, 高而无民, 賢人在
항룡유회 자왈 귀이무위 고이무민 현인재

下位而无輔, 是以動而有悔也。"
하위이무보 시이동이유회야

국역 건괘의 상구上九 효사는 이와같다: "그대는 항룡이다. 지나치게 올라가서 내려올 수가 없다. 어프러진 물과도 같다. 후회만 있을 뿐이다."

공자께서 이 효사를 해석하여 다음과 같이 말씀하시었다: "높은 지위에 있으면서도 실질적인 위가 없고, 높은 권좌에 앉아있는데도 따라주는 민중이 없고, 현자들이 하위에 있는데도 항룡이 되어버린 상구上九의 오만 때문에 누구도 그를 보좌하려 하지 않는다. 이렇게 되면 상구上九는 움직이기만 하면 후회를 낳을 뿐이다."

금역 "항룡유회亢龍有悔"는 우리가 잘 아는 바대로 건괘☰ 상구上九의 효사이다. 「계사」의 저자가 "항룡"(九五의 비룡을 지나친, 너무 높게 올라간 용. 유신의 박정희가 곧 항룡의 예다)을 선택한 것도 군자의 언행에 관한 궁극적 경종을 발하는 맥락이 깃들어있다. 역의 지혜는 구오九五를 예찬하는 데 있지 않고 상구上九를 말했다는 데 있다. 우리는 삶 속에서 끊임없이 항룡의 과오를 범한다. "비룡재천"은 길흉의 평가를 벗어난다.

그러나 항룡은 우리에게 끊임없는 후회의 반성을 촉구한다. 왕양명은 인생에 관해 이렇게 말한 적이 있다: "인생의 가장 큰 병폐는 단지 오만하다는 오傲, 이 한 글자에 있다. 자식으로서 오만하면 반드시 불효하게 되고, 신하로서 오만하면 반드시 불충不忠하게 되고, 아버지로서 오만하면 반드시 자애롭지 못하게 되고, 친구로서 오만하면 반드시 신용이 없게 된다 …… 겸손은 중선衆善의 기반基이고, 오만은 중오衆惡의 괴수魁이다."

항룡유회에 대하여 공자는 이와같이 말했다: "높은 지위에 있으면서도 실질적인 위位가 없고(貴而无位), 높은 권좌에 앉아있는데도 따라주는 민중이 없고(高而无民), 현자들이 하위에 있으면서도(구오九五 이하의 양효들) 상구上九의 오만 때문에 누구도 그를 보좌하려 하지 않는다(賢人在下位而无輔). 이렇게 되면 상구上九는 움직이기만 하면 후회를 낳을 뿐이다(是以動而有悔也)."

그런데 너무도 재미있는 사실은 바로 이 「계사」의 문장이 한 글자도 변함없이 「문언文言」에 "자왈子曰"로 나와있다는 사실이다. 주희는 이 사실에 대해, "이 문장은 마땅히 「문언」에 속하는 것이다. 여기에 거듭 나왔다. 釋乾上九爻義, 當屬「文言」, 此蓋重出。"라고만 평했다. 내가 생각키에는, 이 「계사」 구절이 「문언」으로 옮겨진 것인지, 원래 「문언」에 있던 구절이 이리로 옮겨진 것인지, 단언할 수가 없다.

이것은 우발적인 전사轉寫의 문제가 아니고 이 공자의 말을 양쪽에 싣는 것에 관하여 아무런 죄의식이 없이 확고하게 사용한 것이 분명하다. 재미있는 것은 이 문장이 백서역 「계사」에 그대로 들어있다는 사실이다. 「문언」은 천지코스몰로지에 관한 확고한 의식이 있는 문헌이다. 그래서 건괘와 곤괘에 대해서만 주석을 달았다. 하여튼 이 문장이 양쪽에 다 실렸다는 사실 하나만으로도 문헌비평에 많은 시사를 던지는 것이다.

8-7 **"不出戶庭, 无咎。" 子曰: "亂之所生也, 則言語以**
불출호정 무구 자왈 난지소생야 즉언어이

爲階。君不密，則失臣；臣不密，則失身；幾事不
위계 군불밀 즉실신 신불밀 즉실신 기사불

密，則害成。是以君子愼密而不出也。”
밀 즉해성 시이군자신밀이불출야

국역 절괘의 초구初九 효사에 다음과 같은 말씀이 있다: "출세의 기회가 있는데도 뜨락 밖을 나가지 않고 집에서 학업을 쌓고 인격을 도야하는 데 전념한다. 이렇게 절제할 줄 아는 인간에게는 허물이 있을 수 없다."

이 효사를 해석하여 공자님께서 다음과 같이 말씀하시었다: "우리 삶에 어지러움이 생겨나는 이유는 항상 그 언어가 화근이 되기 때문이다. 임금이면서 그 말이 주도면밀하지 않으면 신하를 잃게 되고, 신하된 자로서 그 말이 면밀하지 못하면 목숨을 잃게 된다. 사태의 갈림길에서 그 미묘한 기운을 면밀하게 파악하지 못하면 해가 생겨난다. 그러므로 군자는 신중하고 면밀하게 자신을 지키며 함부로 나아가지 않는다."

공자는 여기서도 "언어言語"와 행동의 신중함을 말하고 있다.

금역 여기 인용되고 있는 효사, "불출호정不出戶庭, 무구无咎"는 60번째 괘, 수택 절節 ䷻ 괘의 초구初九의 효사이다. 절節이라는 글자는 우리에게 매우 친숙한 글자로서, 괘의 이름이 될 만큼 우리 인생에게 중요한 과제상황을 던져주는 많은 의미를 내포한다.

절은 대나무의 약約을 의미한다고 했는데, 약은 "마디"를 의미한다. 마디는 속이 빈 줄기가 규칙적으로 막히면서 판을 형성하는 것인데, 하여튼 그 모습은 질서, 절도, 분절, 리듬을 의미한다. 예에 맞는 행동을 예절禮節이라 하고, 절제라는 의미로부터는 절검, 절약의 뜻이 생겨난다. 기후와 관련되면 절후, 계절, 시절의 뜻이 생겨나고, 우리 몸에 적용되면 관절, 결절이라는 뜻이 생겨난다. 우리 삶의 모든 리듬, 단락, 분절에 적용되는 말이다. 「계사」의 저자가 절괘를 여기 인용한 것은 그 맥락에 비추어 너무도 정당하다. 군자가 신중해야만 하는 모든 것에는 이 "절節"이 필요하기 때문이다. 중부中孚, 중용中庸의 본질도 이 절을 전제로 하는 것이다.

우리 일상생활의 가장 중요한 것은 절도를 지키는 문제와 관련된다. 절괘에는 "고절苦節"이니 "감절甘節"이니 하는 재미있는 표현이 있는데 고절이란 절도 그 자체가 너무 지나쳐 고통스럽다는 뜻이요, 감절이란 절제함 그 자체가 달콤한 느낌을 전달하는 것이다. 다이어트를 해도 무리한 절제가 너무 고통스러워 새로운 병을 일으킬 경우도 있지만 또 좋은 리듬을 타면서 시중에 맞게 절제를 하면 다이어트 그 자체가 달콤하게 느껴질 수도 있다.

초구初九의 효사는 "뜨락 밖을 나가지 않는다"는 뜻인데 그것은 출세의 기회가 있는데도 세상에 나가지 않고(不出戶庭) 집에서 학업을 쌓고 인격을 도야하는 데 전념하는 신중한 인생의 자세를 의미한다. 이렇게 절제할 줄 아는 인간에게는 허물이 있을 수 없다(无咎).

「계사전」의 저자는 이 효사를 공자의 말임을 빌어 다음과 같이 해설한다: "우리 삶에 어지러움이 생겨나는 이유는 항상 그 언어가 화근이 되기 때문이다(亂之所生也, 則言語以爲階). 임금이면서 그 말이 주도면밀하지 않으면 신하를 잃게 되고(君不密, 則失臣), 신하된 자로서 그 말이 면밀하지 못하면 목숨을 잃게 된다(臣不密, 則失身). 일의 성패가 판가름나는 미묘한 갈림길에서

면밀하지 못하면 해가 생겨난다(幾事不密, 則害成). 그러므로 군자는 신중하고 주도면밀하게 자신을 지킬 줄 알므로 함부로 나아가지 않는다(是以君子愼密而不出也)."

옥안 여기 "기사幾事"의 "기"를 나는 동사로 해석했다. 그리고 마지막의 "불출"은 세상 밖으로 나가지 않는다, 함부로 출세길에 나아가지 않는다는 뜻으로 해석할 수 있지만, 많은 주석가들이 "입 밖으로 말을 내보내지 않는다"라고 해석하기도 한다. 「계사전」에서 추구하고 있는 주제가 "말에 신중해야 한다"는 것이기 때문에 그러한 해석도 정당하다고 본다.

7개의 효사를 인용하는 「계사」의 저자는 동일한 주제를 놓고 다양한 인간학의 과제상황을 펼쳐내고 있다. 우선 「계사」의 저자가 역경을 이해하는 방식이 우리의 역이해와 상통한다는 사실이 놀랍고, 또 같은 주제라도 무궁무진하게 다양한 각도에서 새롭게 해석될 수 있다는 것을 여러 효사들을 통하여 보여주고 있는 것이 놀라운 것이다. 역은 존재론이 아니라 삶의 철학이며, 생활의 철학이며, 생명의 철학이다. 「계사」의 저자가 인간의 언행의 신중함이라는 테제를 놓고 접근하는 방식은 너무도 다양하고 자유롭다. 무한한 인간학의 개발 가능성을 보여주는 그의 방식에서 우리는 놀라움을 금치 못하게 된다.

그 인간학의 과제상황이란 무리하게 미래를 알고자 하는 점占prognostication이 아니다. 점의 핵을 이루는 효爻는 길·흉과 관계된다. 그러나 길·흉은 나에게 선택의 여지가 없는 운명의 길이 아니라, 오늘 나의 실존의 권한 내에 있는 변통의 문제이다. 우리는 평소 술 한 잔, 밥 한 숟가락, 아리따운 미소를 놓고도 길흉을 판단할 능력이 있어야 한다. 역은 우리에게 그러한 능력을 길러주는 삶의 재미이다(낙이완樂而玩).

8-8 子曰: "作易者其知盜乎? 易曰: 負且乘, 致寇至。
자왈 작역자기지도호 역왈 부차승 치구지

負也者, 小人之事也。乘也者, 君子之器也。小人
부야자 소인지사야 승야자 군자지기야 소인

而乘君子之器, 盜思奪之矣! 上慢下暴, 盜思伐之
이승군자지기 도사탈지의 상만하폭 도사벌지

矣! 慢藏誨盜, 冶容誨淫, 易曰: 負且乘, 致寇至,
의 만장회도 야용회음 역왈 부차승 치구지

盜之招也。"
도지초야

국역 공자는 이 문단에서 해괘의 육삼六三 효사를 두 번 인용하면서 담론을 계속한다. 공자께서 말씀하시었다: "역을 지으신 성인께서는 도둑놈들의 생태를 잘 파악하고 계신 것 같다! 역의 효사에 이런 말이 있다: '지겟짐이나 지고 걸어가면 딱 좋을 놈이 삐까번쩍하는 수레를 타고 의젓하게 간다. 이 꼬락서니는 도둑놈들을 꼬이게 만드는 것일 뿐이다.' 지겟짐은, 소인의 일이다. 고급수레라는 것은 군자의 기물이다. 소인인 주제에 군자의 기물에 올라타면 그것은 도둑놈으로 하여금 그 기물을 빼앗을 생각만 하게 만드는 것이다. 한 나라의 상층부가 태만하고 하층민이 난폭하면 도둑놈들은 그 나라를 정벌할 것만을 생각하게 된다. 한 나라의 재화를 수장한 창고를 태만하게 관리하는 것은 도둑놈들에게 도둑질을 가르치는 것과도 같다. 남녀 불문하고 외모를 과도하게 가꾸는 것은 사람들에게 음란한 망상을 불러일으키는 것과 다름이 없다. 역에 '봇짐 질 놈이 수레 타고 가니 도둑놈들만 꼬이게 만든다'라고 써있는 것은 정치가 도둑놈들만 양산하고 있음을 경계하여 말씀하신 것이다." 일관된 주제가 흘러가고 있다.

금역 이 일곱 번째의 효사는 형식이 독톡하다. 전체가 공자의 말로써 시작을 하고 또 종료하는데, 그 말씀 중간에 자연스럽게 효사를 인용하는 형식을 취하고 있다. 동일한 효사구절을 두 번이나 반복해서 인용하고 있다. 매우 독특한 인용방식이다. 「계사」의 저자의 자유로운 문학적 상상력을 느끼게 한다.

여기 인용되고 있는 것은 40번째의 괘인 뢰수 해解䷧의 육삼六三 효사이다. 매우 코믹하지만 의미심장하고 또 여기 이 장의 주제와 멋있게 맞아떨어지는 효사이다. 우리 말에서 "해解"는 "풀다" "풀린다"의 뜻이다. "수학문제를 푼다"도 되지만 꽁꽁 얼었던 얼음이 녹는다(해빙解氷)는 의미도 된다. 수학문제가 풀리는 것이나 얼음이 녹는다는 것, 양자간에 공통된 풀림이 있다. 해는 얼어붙었던 운명의 길이 다시 풀린다는 뜻이 있고, 고난의 시기가 끝나고 새로운 운세가 도래한다는 뜻도 있다.

서양에서 말하는 암흑에 대한 광명의 도래와 같은 이분법적 바뀜보다는 서서히 풀려가는 프로세스를 전제로 한다는 의미에서 역시 역의 논리는 서양적 사고가 미치지 못하는 현실감을 지니고 있다. 문제는 오늘 우리나라의 지성, 대부분이 역의 논리보다는 기독교적인 이분법적 사유에 더 친숙감을 느끼고 함부로 언행을 발한다는 데 있다.

「대상전」의 저자는 뢰수의 수☵를 비雨로 해석했다. 우레가 울리면서 봄비가 내리면 얼었던 모든 것들이 풀리고 만물이 소생하는 생성의 기쁨을 누리는 것으로 해석한 것이다. 그런데 「계사」의 저자는 이러한 해의 정황, 그 환희의 정황에 대하여 안일한 기쁨을 발하지 않고, 이렇게 풀림의 조짐이 있는 때일수록 더욱 더 근신하고 조심해야 한다는 우려를 표명하고 있는 것이다.

육삼六三의 효사도 이러한 맥락의 주제를 매우 코믹하게 표현하고 있다. "부차승負且乘, 치구지致寇至"라는 육삼六三의 효사는 이렇게 해석된다. 원래 삼三의 자리가 불안하고, 억지로 점프하려는 기미가 있는 자리이다. 여기 역을 만든 사람은 매우 코믹한 연출을 했다: "지게를 지거나, 괴나리봇짐이나 지고 가면 딱 좋을 놈이 롤스로이스를 타고 폼을 잡고 간다. 그 꼬라지가 도대체 뭐냐? 결국 도둑놈들만 꼬이게 만든다."

도덕재능을 결핍하고 인품이 너무도 걸맞지 않는 꾀죄죄한 놈이 고위에 앉아있으니, 결국 도둑놈들만 꼬이게 만든다는 것이다. 대중의 신뢰를 얻지 못하면 나라를 다 거덜내고 만다는 것을 예언하고 있는 것이다. 현금 우리나라의 정치지도자라는 사람들이 이 꼴에 사로잡혀 있는 경우가 많다. 진보고 보수고 모두 부차승負且乘 하니 국민이 애써 노력해서 모은 국가의 부를 도둑질해먹으려는 내부의 야비한 놈들, 외부의 겁박하는 열강들만 발호하고 있다. 열강에 대해 강한 프라이드를 세우면 세울수록 우리나라는 대접받게 되어있다. 그런데 우리나라 정치인들은 비굴하게 기어다니는 것을 자신의 재능으로 알고 있다. 그러나 우리나라의 정치는 이러한 절망 속에서도 항상 희망을 창출해내었다.

공자는 말한다: "역을 만든 사람은 도둑놈들의 본성을 잘 파악하고 있는 사람일 것이다. 역에 '부차승, 치구지'라는 말이 있다. 이 말이야말로 이러한 정황을 정확히 말해주고 있다. 부負, 즉 지게를 지거나 괴나리봇짐을 메고 다닌다는 것은 평범한 사람들의 일이다(負也者, 小人之事也). 그러나 아름다운 고급 수레를 탄다는 것은 군자의 도덕적 역량이 있는 자만이 그 수레라는 그릇에 올라탈 수 있음을 의미하는 것이다(乘也者, 君子之器也). 그런데 겉과 속이 다른 위선적 소인이면서 그러한 삐까번쩍하는 군자의 기물에 올라타고 지나간다면(小人而乘君子之器), 그것을 보는 도둑놈들은 그 군자의

기물을 빼앗을 것만을 생각하게 된다(盜思奪之矣).

한 나라의 상층부가 게으름에 물러터져 정예로운 인재를 등용치 않고 정사에 태만하면, 하층부는 상층부를 신뢰할 수 없으니 멋대로 난폭하게 행동한다(上慢下暴). 한 나라가 그러한 난맥상을 연출하게 되면 도둑놈은 그 나라를 정벌할 것만을 생각하게 된다(盜思伐之矣). 한 국가가 쌓아올린 재화의 창고를 태만하게 관리하는 것은 도둑놈들에게 도둑질을 가르치는 것과도 같은 것이다(慢藏誨盜). 마치 겉을 아름답게 화장하는 것은 상대방에게 음란한 망상을 불러일으키는 것과 다름이 없다(冶容誨淫). 역이 "부차승 치구지"라고 말한 것은 도둑놈들의 잔치를 차려주는 것과도 같음을 우려하여 말씀하신 것이다(盜之招也)."

언어가 매우 신랄하고 진지하다. 인간의 언행을 삼가는 것은 인간의 운세가 풀려가는 시기일수록 더 신중해야 하는 것이요, 분수에 맞게 말과 행동을 가릴 줄 알아야 하는 것이다. 사회의 리더는 자신의 도덕적 역량을 가리어 언행을 해야 한다. 그 역량을 넘어서 함부로 지껄이고 행동하면 결국 자신의 파탄뿐 아니라 국가의 전면적인 붕괴까지 초래한다는 것이다. 지금 우리나라의 남북문제가 이러한 방향으로 흘러가고 있으니, 역사라는 것은 뭐 대단한 정치이론이 필요한 것이 아니다. 그 흥망성쇠가 지도자 몇몇의 언행에 좌우되는 것이니 역易의 외침, 그 이상의 이론이 뭔 필요가 있으리오?

제 9 장

9-1 **天一地二, 天三地四, 天五地六, 天七地八, 天九地十。天數五, 地數五, 五位相得而各有合。天數二十有五, 地數三十, 凡天地之數, 五十有五, 此所以成變化而行鬼神也。**

천일지이 천삼지사 천오지육 천칠지팔 천구지십 천수오 지수오 오위상득이각유합 천수이십유오 지수삼십 범천지지수 오십유오 차소이성변화이행귀신야

국역 천수는 1이요, 지수는 2요, 천수는 3이요, 지수는 4요, 천수는 5요, 지수는 6이요, 천수는 7이요, 지수는 8이요, 천수는 9요, 지수는 10이다. 이렇게 펼쳐놓고 보면 천수가 다섯이요, 지수가 다섯이다. 다섯 위位에 있는 천수와 지수는 서로 교감하면서 얻고, 또 각기 합함이 있다. 합하여 보면 천수는 25가 되고, 지수는 30이 된다. 대저 천수와 지수를 합친 천지지수는 55가 된다. 이 천지지수야말로 시공간의 모든 변화를 이룩하며, 또 천지의 신령한 측면인 귀신이 영활하게 기능하도록 만든다. 그래서 천지는 영험스러운 것이다.

금역 「계사」를 생각할 때마다 제일 골치가 지끈거리는 장이 바로 제9장이다. 이 장의 내용이 결국 후대의 상수학적 상상력의 근원이 되었고, 또 상수학적 상상력에 대한 역전易傳의 권위있는 근거가 되었기 때문에 의리

학과 상수학이라는 역리 전체를 생각할 때 항상 들먹이게 되는 장이 바로 「상계」 9장이다.

그런데 9장의 논의는 좀 조잡하게 들리는 듯하고 수리數理 또한 매끄럼하게 맞아떨어지지 않을 뿐 아니라, 「계사전」 전반의 심오한 철학적·이론적 결구에 비추어볼 때 매우 이질적이라는 느낌을 준다. 그리고 이 장의 서술이 텍스트에 따라 베리에이션이 있고, 이 장의 찬입竄入 가능성에 대한 여러 논의가 있기 때문에 이 장의 텍스트정통성(textual authenticity)에 대한 의문이 많이 제기되기도 하였다. 그러나 주희가 이 장을 매우 중시하였고, 이 장에 근거하여 서법筮法을 개발하고 확정지었기 때문에 주희의 『역본의』 출현 이후에는 이 문헌의 신빙성을 의심치 않았다.

기실 주희는 『역본의』를 46세 때 발심하여 48세(1177년) 때 초고를 만들었으나 그 내용이 부실하다고 생각하여 계속 개고改稿하였다. 개고의 주된 원인은 상수학적 지식의 증대와 더불어, 상수와 의리를 통합하고자 하는 열망이 있었기 때문이라고 사료된다. 그가 『역본의』를 완성한 것은 죽기 4년 전, 67세(1196년) 때였다. 그러니까 그는 『역』을 20여 년간 가슴에 품고 살았던 것이다.

최근 마왕퇴 3호분의 곽상椁箱 중에서 『역』이 나왔다(1973년 12월 14일 공식발표). 이 백서역에 대하여 사계의 다양한 관심이 집중되었는데 오묘한 사실 중의 하나는 백서역 문헌 중에 우리가 가지고 있는 「계사전」과 거의 동일한 「계사전」이 들어있다는 것이다. 3호분은 하장연대가 확실하다. BC 168년 2월 을사이다. 그러니까 「백서계사」는 물리적으로 BC 200년경 이전으로 올라갈 수 있는 문헌이다. 『역』에 관한 연구성과는 분묘발굴 이후 약 20년이 지난 1993년 8월경부터 그 문헌의 전모가 밝혀지면서 열조熱

潮가 흔기掀起했는데 우리의 관심포커스와 관련하여 던져지는 질문은 바로 「백서계사」에 제9장이 들어있느냐는 것에 관한 것이었다.

과연 9장의 내용이 「백서계사」에 있는가? 없는가? 있는가? 없다! 이 9장은 백서에는 나타나지 않았다.

9장이 「백서계사」에 부재하다는 사실은 9장이 한대漢代 이후의 상수학자들이 자신들의 생각을 찬입시킨 후대문헌이라는 주장을 설득력 있게 만들었다. 그리고 이 설을 주장하는 사람들은 「백서계사」가 현행본 「계사」보다, 「계사」조본祖本에 더 접근하는 고본이라는 생각을 당당하게 주장하기에 이르렀다. 이런 주장을 하는 사람들 중에 왕보현王葆玹, 진고응陳鼓應(내가 대만대학 철학과대학원에 재학할 당시 도가철학을 강의한 강사선생님이었다. 도가철학의 대가이다) 같은 학자는 「백서계사」를 독립적으로 연구해 볼 때, 이것은 전국시대 도가학파의 작품임이 분명하다고 결론을 내렸다. 이러한 주장은 「계사」 그 자체를 도가철학 학파의 소산으로 보는 것이다. 그리고 「백서계사」야말로 「계사」가 집필될 당시의 모습을 전하는 오리지날 「계사」라고 주장했다. 이런 주장 앞에서는 9장은 후대의 위서僞書가 되어버리고 만다.

그러나 학자들의 연구가 진행됨에 따라 「계사」를 도가문헌으로 본다든지, 「백서계사」야말로 오리지날 「계사」라는 단순한 생각은 불식되기에 이르렀다. 「계사」는 본시 학파적 규정을 벗어나는 고도의 포괄적인 철학서이다.

나는 이 9장이 오리지날 「계사」에 속하지 않는다는 주장에도 전면적으로 부정적인 생각을 하지는 않지만, 랴오 밍츠운廖名春과 같은 학자들이 주장하듯이, "「백서계사」는 매우 부실한 문헌이며 초서抄書상의 탈자·오자가 심하다. 「백서계사」는 베끼는 과정에서 9장을 빼먹었다. 「백서계사」의 제대로 된 원본에는 9장이 들어있었음에 틀림이 없다"라고 주장하지도 않는다. 현행본 「계사」와 「백서계사」는 계통을 달리하는 판본이며, 9장이 현행본 「계사」의 조본祖本에 들어있지 않았을 가능성이 크지만, 그 나름대로 정통성 있는 문헌으로서 「계사」 초기부터 엄존했을 것이라고 나는 생각한다. 문제는 오직 이 9장의 정확한 해석과 해독에 있을 뿐이다. 9장의 내용은 대체적으로 "점을 치는 방법"에 관한 의론이다.

우선 텍스트의 방편적 변용이 있는데 주희 이전의 텍스트와 이후의 텍스트는 배열이 다르다. 그러나 텍스트 자체의 변화는 없다. 왕한주王韓注 텍스트만 보아도 이 9장은 "대연지수大衍之數"로 시작한다. 그리고 "천일지이天一地二"부터 "천구지십天九地十"까지의 한 줄이 제11장 첫 줄에 가있다. 주희는 이 한 줄을 여기 9장의 첫머리에 옮겨놓았다. 그리고 "대연지수大衍之數"로부터 시작하여 "고재륵이후괘故再扐而後掛"로 끝나는 문단 전체를 "행귀신야行鬼神也" 뒤로 밀어놓았다. 주희는 편집의 귀재라 할 것이다. 주희의 편집에 따라 읽는 것이 전체적 문맥이 잘 통한다. 장 전체 의미가 어디까지나 점을 치는 수리數理에 관한 것이기 때문에 그 숫자를 앞에 놓고 시작하는 것이 문리가 통창通暢한다. 나도 주희의 텍스트에 따랐다.

사실 역사적 실상을 논하자면, 서법筮法이라는 것이 주희 이전부터 고정적인 법칙으로 있었던 것이 아니다. 서법 자체가 주희가 『역본의』를 저술하면서 채원정과 더불어 개발해낸 것이라고 보는 것이 정당할 것이다. 채원정은 당시까지 대륙 각지의 민간서법을 수집하여 이 9장의 논의에 맞추어가면서 그 절차를 확정지은 것이다.

그러니까 이 빈약한 9장의 논의로부터 온전히 서법을 고안해낸 것이 아니다. 주희가 「서의筮儀」(67세 때나 완성됨. 『역본의』 「서문」 바로 뒤에 실려있다) 라는 문장에서 밝힌 점법을 이해하면서 이 9장을 읽으면 이 9장의 문장이 이해되도록 되어있다. 그러니까 「서의」 자체가 9장에 나오는 몇마디 언사에 따라 창조적으로 구성된 것이고, 우리는 그 창조적 구성에 따라 이 9장을 읽을 때, 9장이 이해되는 것이다. 그러니까 이 9장과 「서의」가 함께 주희+채원정의 유기적 구성물이라고 보면 그 역사적 맥락이 확연하다. 천재들의 공업功業이라 할 것이다. 주희의 「서법」 이후로는 점법에 관하여 군말이 사라졌지만, 또 그만큼 고대점법의 실상이 어떠했는지에 관해서는 획일적인 논의를 넘어서는 다양한 방법이 존存했을 수도 있다. 「계사」를 읽다보면 그런 생각이 자주 든다.

"천일지이天一地二"부터 "천구지십天九地十"까지는, 1부터 10까지의 수에서 홀수(1, 3, 5, 7, 9)가 하늘의 수이고, 짝수(2, 4, 6, 8, 10)가 땅의 수라는 것을 말하고 있다. 그러니까 역에서는 홀수가 양수고, 짝수가 음수가 된다는 것이다. 수에 대한 이러한 의미부여는 음양론과 더불어 시작된 천지코스몰로지의 기본적 설계에 속하는 것이라고 보아야 한다. 역경에 이미 구九니 육六이니 하는 숫자가 쓰이고 있기 때문이다. 그러나 이러한 숫자가 방위와 결합되고 수의 심볼리즘에 관한 신비적 상응관계들이 설정되면서 상수학적 상상력이 비등하게 되고 하도낙서 등의 신비로운 도안이 발전하게 되는데, 나는 이 모든 상수학적 상상력의 근거는 "무근거"(아무것도 확실한 기준을 찾을 수 없음)라고 단언한다.

다음 구절, "천수는 다섯이요, 지수도 다섯이다"는 이해가 쉽다. 그런데 그 다음에 나오는 "오위상득이각유합五位相得而各有合"은 해석의 왜곡이 심한 구절이다. "오위"는 단순히 10자리 중에서 천수와 지수의 다섯 자리를 가리키는 것으로 해석하면 그만이다.

그러나 역대의 주석가들은 이 "오五"라는 숫자에 흥분한다. 그것은 곧 "오행五行"을 의미한다고 보기 때문이다. 그러나 역경 자체에 오행사상은 없다. 십익 전체에도 오행사상은 없다. 그런데 동한말 경학의 대가인 정현鄭玄, AD 127~200부터 이 "오五"를 오행으로 해석하였다: "1을 수水라 하니, 이것은 천수天數다. 2를 화火라 하니, 이것은 지수地數다. 3을 목木이라 하니, 이것은 천수다. 4를 금金이라 하니, 이것은 지수다. 5를 토土라 하니 이것은 천수다." 운운.

一 (天)	二 (地)	三 (天)	四 (地)	五 (天)
水	火	木	金	土

여기서부터 전개되어 나가는 오행의 이론은 문자 그대로 산더미같다.

그리고 주석가들은 "오위상득이각유합五位相得而各有合"의 해석에 있어서, "상득"의 의미와 "각기 합함이 있다"는 "합合"의 의미를 오행적인 관계를 말하는 것으로써, 별도의 의미를 부여하여 해석하였다. 그러나 "득得"과 "합合"이 오행론적인 특별한 의미가 있다고 생각되어지지는 않는다. 주희만 해도 이 문제에 관하여 다음과 같은 오행적 해석을 내렸다.

> **"천수는 다섯, 1·3·5·7·9 모두 홀수이다. 지수는 다섯, 2·4·6·8·10 모두 짝수이다. '상득相得'이라는 것은 1과 2, 3과 4, 5와 6, 7과 8, 9와 10, 각각 홀수와 짝수가 감응하여 같은 류類를 삼아 서로 얻는다는 것이다. '유합有合'이라는**

것은 1과 6, 2와 7, 3과 8, 4와 9, 5와 10, 아래위로 음양이 서로 합하여짐이 있음을 말한 것이다."

이것은 또다시 십간十干의 오행과의 상응관계로 발전한다. 그러나 이러한 논의는 「계사」의 원래적 문맥과는 관계없는 것이다: "천수가 다섯, 지수가 다섯인데, 이 다섯 위는 서로 얻기도 하고, 각각 서로 보탬이 있기도 하다"라는 소박한 뜻으로 해석하면 족할 것이다. 전반적으로 추상적인 의미이며, 그 구체적 함의는 꼬집어 말하기 어렵다고 나는 생각한다.

다섯 개의 천수天數를 다 더하면(1+3+5+7+9) 25가 되고(天數二十有五), 다섯 개의 지수地數를 다 더하면(2+4+6+8+10) 30이 된다(地數三十). 이 둘을 합하면 천지의 수가 된다. 천지의 수는 55이다(25+30)(凡天地之數, 五十有五). 이 천지의 수만 확보되어도 천지간의 모든 변화를 연출해낼 수 있으며, 천지의 신령스러운 측면인 귀鬼(땅)와 신神(하늘)의 영험스러운 운행을 가능케 할 수 있다(此所以成變化而行鬼神也). 여기까지는 어려울 것이 아무것도 없다. 숫자의 합셈도 매우 명료하다. 뭐 어려울 건덕지가 없다. 55만 있으면 천지간의 모든 변화를 연출해낼 수 있다는 것도 수의 신비는 끝이 없기 때문이다. 수라는 것은 무궁무진한 심볼리즘이다.

그런데 여기 문제가 있다. 다음 절에 (주희의 편집체계에 따라) "대연지수大衍之數 오십五十"이라는 구절이 나온다. 이것은 분명 점을 치는 산대(시초)가 50개이기 때문에 생겨난 말이니, 대연지수(천지를 크게 펼쳐놓은 수數라는 말이다)는 결국 천지지수天地之數와 일치하는 의미이다. 즉 시초 50개만 가지고도 천지간에 일어나는 모든 사건의 심볼리즘을 포섭할 수 있다는 뜻이다. 천지지수가 55이면 대연지수도 당연히 55가 되어야 마땅하다. 그런데 왜 대연지수가 50이 됐을까?

이 55와 50의 불일치를 해설하는 사계의 논의는 무궁무진하다. 그런데 아무것도 정통적인 신빙성을 주장할 수 없다. 그 불일치에 대한 누구나 수긍할 수 있는 보편적 이유는 아예 없기 때문이다. 혹자는 옛날 간백자료에는 탈자가 심하여 55의 표기방법인 "오십유오五十有五"에서 뒤쪽 두 글자 "유오有五"가 탈락되어 그냥 "오십五十"이 되었다고 한다. 매우 심플한 설명방식이다. 그렇다면 점을 치는 방법에서 50개의 산대 중 하나를 빼서 나무통櫝 속에 집어넣고 시종일관 쓰지 않는데, 그것이 하나가 아니라 여섯이 되어야 할 것이다. 점은 무조건(수리상) 49개로 시작해야 하기 때문이다.

오행이 매개를 해서 55가 되었기 때문에 55에서 오행을 상징하는 5는 빼야 마땅하다(정현), 50은 십간十干의 10과 12진辰(12지支)의 12와 28수宿의 28을 합친 숫자이다(경방) 등등, 벼라별 이론이 많으나 내가 그것을 다 소개해본들 소용이 없다. 권위있는 십삼경주소본『주역정의』에도, "50의 수의 뜻은 학자마다 의견이 다르니, 누가 옳은지 알지 못하겠다"라고 했다. 정답일 것이다. 50은 점을 치는 데 있어서 절대적으로 필요한 "시작의 수"이다. 그리고 55는 합리적인 천지의 수이다. 55에서 50으로 가는데 그리 어려울 것이 없다. 중국식으로 "차뿌뚜어差不多"라고 말해도 되지 않을까 생각한다. 역은 수학이 아니기 때문이다. 괘를 구성하는 것은 수학문제풀이와 같은 그런 형상적 과정Formal process이 아니다. 역은 이런 불일치 때문에 오히려 더 재미있을 수도 있다.

9-2 **大衍之數五十，其用四十有九。分而爲二以象兩，**
대연지수오십 기용사십유구 분이위이이상량

掛一以象三, 揲之以四以象四時, 歸奇於扐以象
괘 일 이 상 삼　설 지 이 사 이 상 사 시　귀 기 어 륵 이 상

閏。五歲再閏, 故再扐而後掛。
윤　오 세 재 윤　고 재 륵 이 후 괘

국역 대연지수는 50이다. 점을 칠 때는 대연지수를 상징하는 50개의 산대에서 하나(태극을 상징)를 빼서 통에다 꼽고 시종 건드리지 않는다. 그래서 점은 단지 49개의 산대만을 활용하게 되는 것이다. 공손하게 두 손을 모아 산대 49개를 들고 있다가 무념, 무심하게 왼손, 오른손으로 이분한다. 이 이분된 산대는 천(왼손)과 지(오른손)를 상징한다. 다음에는 오른손 뭉치에서 하나를 뽑아 왼손의 새끼손가락과 약지 사이에 낀다. 이 하나를 점치는 판에 같이하니 천·지·인 삼재를 상징하게 되는 것이다. 다음에 왼손에 든 산대 뭉치를 오른손으로 4개씩 셈하여(덜어낸다) 나가는데 4개씩 셈한다는 것은 사계절을 상징한다. 4개씩 셈하고 남은 우수리를 2회에 걸쳐(제1회 왼손뭉치, 제2회 오른손뭉치) 왼손 손가락 사이(약지와 중지 사이, 중지와 검지 사이)에 낀다. 이 우수리를 손가락 사이에 낀다는 것은 윤달을 상징하는 것이다. 다섯 해가 되면 윤달이 두 번 생겨나기 때문에, 산대로 말하자면, 두 번 손가락 사이에 끼니 괘의 모습이 갖추어지기 시작한다고 말한 것이다. 이 문단의 끝에 있는 "괘掛"는 "괘卦"로 해석함이 옳다. 그리고 그것은 실제로 한 효의 결정을 의미하는 것이다.

금역 "대연지수大衍之數"의 "연衍"은 "연演"과 같은 뜻이다. "포연布演"의 의미다. 펼쳐놓았다는 뜻이다. 여기서부터 얘기하는 것은 나의 저술

『도올주역강해』의 앞머리에 있는 제2장 「점을 치는 방법」을 마스터하지 않으면 따라오기 어렵다. 산대를 만들어 실제로 점을 쳐봐야 헷갈리지 않는다(pp.97~108을 정밀하게 읽을 것).

대강 그 방법을 말하면 다음과 같다. 손에 시초 50개를 잡고 경건하게 하나를 뽑아 통에 넣는다. 이 하나는 유有의 세계에 대하여 무無의 세계라고 말한다. 그 하나는 태극太極을 상징한다고 한다. 그것은 통에 다시 넣고 시종 건드리지 않는다. 그러니까 점을 치는 것은 49개의 시초로 하는 것이다. 49개의 시초를 두 손으로 받쳐 들었다가 무념무상으로 펼치면서 양손으로 나누어 든다(이 나누는 것을 전문용어로 "분分"이라 한다). 왼쪽 손에 든 것이 하늘(天)을 가리키고 오른쪽 손에 든 것이 땅(地)을 가리킨다.

오른손에서 하나를 뽑아 왼손의 새끼손가락과 약지 사이에 낀다. 이 하나가 사람(人)을 상징한다. 즉 천지인 삼재三才가 틀을 잡은 것이다. 소지·약지 사이에 끼는 것을 전문용어로 "건다"("괘掛"라고 쓴다)라고 한다. 지금 50개에서 태극 하나를 뺐고, 또 하나를 소지·약지 사이에 걸었으니 양손에 든 것은 48개, 즉 4의 배수가 된다. 4의 배수라는 사실이 중요하다. 다음에 오른손에 든 산대(=시초)를 앞에 있는 작은 책상 위에 놓고 그 풀린 오른손으로 왼손에 있는 산대를 4개씩 세어 나간다. 여기 "4개씩"은 사계절을 의미한다.

4개로 깨끗이 떨어진다고 제로로 하지 않고 반드시 4개를 남긴다. 제1차로 세고 남은 것을(남았다는 것은 "윤달"을 의미한다) 약지와 중지 사이에 낀다(이것을 "설揲" 또는 "설사揲四"라고 한다). 그 다음 책상 위에 놓았던 산대를 4개씩 설해나간다(제2차 "설揲"). 나머지를 중지와 검지 사이에 낀다("귀기어륵歸奇於扐"이라는 표현을 쓴다. "륵扐"은 두 손가락 사이를 의미한다. "기奇"는 "나머지"의 뜻이다). 다음에 세 뭉치, 즉 두 번 륵扐한 것과 새끼손가락에 괘掛한 것을 합치는 것이다. 이 합치는 것을 전문용어로는 "귀歸"라고 부른다. 그러니까 크게 보면 1) 분分 2) 괘掛 3) 설揲 두 차례 4) 귀歸의 4단계가 있다. 이 4단계를 "사영四營"이라고 부른다. 이 사영 한 세트를 "변變"이라고 부른다.

그러니까 제일 먼저 거친 한 세트의 사영四營이 제1변第一變을 형성한다. 제1변의 수는 반드시 9 아니면 5다. 전체가 4의 배수이기 때문에 왼쪽의 기奇가 4이면 오른쪽의 기도 반드시 4가 된다. 그러면 새끼손가락 인人의 1과 합치면 9(=1+4+4)가 된다. 왼쪽 기奇가 3이면 오른쪽 기는 1, 왼쪽 기가 2이면 오른쪽 기는 2, 왼쪽 기가 1이면 오른쪽 기는 3, 새끼손가락의 1과 합치면 5가 된다. 그러니까 제1변은 9 아니면 5이다. 큰 수를 우耦라 하고, 작은 수를 기奇라 한다. 9가 우이고, 5가 기이다(짝수를 나타내는 우는 耦로도 쓰고 偶로도 쓴다).

다음에 49개의 산대에서 9 아니면 5를 뺀 40 또는 44개의 산대를 가지고 똑같은 조작을 되풀이한다. 제2변에서 얻어지는 숫자는 8 아니면 4이다. 또 제2변을 마치고 남은 나머지의 32, 36, 40개의 산대를 가지고 똑같은 조작을 하면 제3변이 완성되는데 제3변의 숫자는 8 아니면 4이다. 이 3변을 통하여 얻어진 숫자는 9, 8이면 많은 수(多)라 하고 5, 4면 적은 수(少)라 한다.

3변을 통하여 두 번 많은 수, 한 번 적은 수가 나올 경우, 즉 9-4-8, 9-8-4, 5-8-8이 되면 이것은 소양少陽(—)이 된다. 단單이라 부른다. 두 번 적은 수, 한 번 많은 수, 즉 5-4-8, 5-8-4, 9-4-4가 나오면, 소음少陰(--)이 된다. 탁拆이라 부른다. 세 번 다 적은 수, 즉 5-4-4가 나오면 노양老陽(□)이 된다. 중重이라 부른다. 세 번 다 많은 수, 즉 9-8-8이 나오면 노음老陰(×)이 된다. 교交라 부른다.

3변에서 얻은 수	속성	대변하는 숫자	기호	호칭
양다일소兩多一少 양우일기兩耦一奇	소양少陽 양의 불변효	7七	—	단單
양소일다兩少一多 양기일우兩奇一耦	소음少陰 음의 불변효	8八	--	탁拆
삼소三少 삼기三奇	노양老陽 양의 변효	9九	□	중重
삼다三多 삼우三耦	노음老陰 음의 변효	6六	×	교交

이 3변에서 얻은 하나의 효가 제일 밑에 오는 제1효이다. 그런데 한 괘는 여섯 개의 효로 이루어지므로 한 괘를 얻기 위해서는 18변을 해야 한다. 「계사」의 저자는 그것을 "십유팔변이성괘十有八變而成卦"라고 표현하였다.

자아! 이제 본문을 하나하나씩 해석해보자!

"대연지수는 50이다. 그 중에서 49개만 쓴다. 大衍之數五十, 其用四十有九。"는 이제 쉽게 이해된다. 대연지수가 50이라는 것은 점에 쓰는 산가지가 50개라는 것 외에 어떤 딴 의미가 들어있지 않다. 50에서 하나를 빼고 49만 쓴다는 것은 수리적으로 결정되어 있지만, 그 일자는 태극을 의미하며 모든 변화를 일으키는 무형의 보편자이다(서양적인 실체Substance가 아니다).

다음에 "분이위이이상량分而爲二以象兩"은 사영四營의 과정에서 제일 먼저의 단계이다. "둘로 나누어 량兩을 상징한다"의 "량兩"은 바로 천지코스몰로지의 두 기둥인 천天과 지地, 건乾과 곤坤, 음陰과 양陽을 나타낸다. "괘일이상삼掛一以象三"은 사영의 과정에서 두 번째 스텝인 "괘일掛一"을 나타낸다. 이것은 인人을 상징함으로써 천지인 삼재의 모델을 완성한다. 「계사」의 저자는 "상삼象三"이라 표현하였다.

"시초를 4개씩 셈한다"(덜어낸다)는 것, 그 4개는 사시四時, 즉 봄·여름·가을·겨울의 음양의 변화를 상징한다(상사시象四時). 역은 곧 변화이고, 가장 피부에 와닿는 변화의 리듬은 사계절이다.

귀기어륵이상윤歸奇於扐以象閏, 오세재윤五歲再閏, "기奇"는 설사하고 남는 산대를 말한다. 그 산대를 손가락 사이(扐)에 낀다(歸: 여기 "귀"는 "합한다"는 의미와 다르게 쓰였다. 오히려 "낀다"는 뜻이다)는 것은 윤달을 상징(象閏)한다고 했다.

"삼세일윤三歲一閏, 오세재윤五歲再閏"이라는 말이 있는데 설명이 필요하다. 열두 달 삭朔으로써 한 해를 계산하면 그 실수는 354일이 되어 지구의 공전주기, 365일에 비해 12일이 모자란다(계산하기 좋게 대략을 말한 수치이다). 3년이면 36일이 모자라는 형국이 된다. 여기에 30일을 도려내어 한 달로 하고(三歲一閏) 나머지 6일을 후윤後閏으로 돌린다. 그러면 제4년, 제5년에는 12일씩 24일이 모자라는데 거기에 한 번 윤하고 남은 6일을 보태면 30일 윤달이 된다(五歲再閏). 태음력과 태양력의 오차를 보정하기 위해 윤달 한 달을 더 두는 것을 말한다. 윤년에는 1년이 열세 달이 된다(실제는 19년 동안에 총 7번의 윤달을 둔다. 19년 7윤법이라 하는데 춘추시대 초기부터 이미 확립된 천문법이다).

사영四營의 과정에 있어서 약지와 중지에 끼는 것을 일윤一閏으로 보고, 중지와 검지에 끼는 것을 재윤再閏으로 비정한 것이다. 우주의 변화와 점법에 있어서의 천지인 관계를 상응시킨 일리가 있는 설명방식이라 하겠다. "재윤"을 언급하는 것은 세월을 어디서 5년을 잘라도 꼭 두 번의 윤달이 끼게 되어 있다. 재윤이라는 주제가 역점에 들어가는 이유는 역점은 5년 이상의 시간의 경과를 두고 길흉을 논해야 한다는 당위성이 포함되어 있다. 역점은 기본적으로 개인의 안위를 점치는 것이 아니다. 성인 혹은 성인급의 군자가 국가공동체의 대운을 예지하는 것이다. 오늘날 역점에 대한 인식이 크게 잘못되어 있음을 지적하지 않을 수 없다. 「상계」는 개인 내면의 덕성에 강조점을 두지만 「하계」는 공동체의 우환에 대한 책임의식을 강하게 표방하고 있다.

최후에 있는 "고재륵이후괘故再扐而後掛"는 명확한 설명이 필요하다. 사영四營(4단계로 시초의 셈을 운영한다는 뜻)에 있어서 "괘掛"는 본시 오른손에 있는 산대 중 하나를 뽑아 왼손의 새끼손가락과 약지 사이에 끼는 것을 의미했는데, 여기서의 용법은 이미 "재륵再扐"(두 번의 설揲)을 통과한 이후의 사태이므로 총체적으로 괘상卦象을 만드는 단계, 최소한 한 효가 완성되는 결정적 맥락에서 "괘掛"가 해석되어야 할 것이다. 경방京房의 텍스트에는 "괘掛"가 "괘卦"로 되어있고, "재륵再扐한 연후에 괘卦를 깐다"라고 해설하였다. "재륵을 거치고나서 괘의 모양이 갖추어지기 시작하였다" 정도의 의미로 해석해도 대차가 없을 것이다.

9-3 乾之策, 二百一十有六; 坤之策, 百四十有
건 지 책 이 백 일 십 유 육 곤 지 책 백 사 십 유

四, 凡三百有六十, 當期之日。二篇之策, 萬有
사　범삼백유육십　당기지일　이편지책　만유

一千五百二十, 當萬物之數也。是故四營而成易,
일천오백이십　당만물지수야　시고사영이성역

十有八變而成卦。八卦而小成, 引而伸之, 觸類
십유팔변이성괘　팔괘이소성　인이신지　촉류

而長之, 天下之能事畢矣。
이장지　천하지능사필의

국역 건괘는 노양만으로 구성되어 있다. 노양을 얻고 남은 산대의 숫자는 36이다. 이 숫자가 건괘의 심볼숫자이다. 6효이므로 6×36, 건괘의 산대는 216개이다. 곤괘는 노음만으로 구성되어 있다. 노음을 얻고 남은 산대의 숫자는 24이다. 이 숫자가 곤괘의 심볼숫자이다. 6효이므로 6×24, 곤괘의 산대는 144개이다. 이 둘을 합치면 360이 되는데 이것은 대강 1년의 날 수에 해당된다.

역은 상편, 하편으로 나누어져 있다. 이 두 편에 있는 괘는 64괘인데 64괘의 효는 총 384개이다. 이 중 양효가 192개 음효가 192개 동수이다. 192에 노양의 숫자 36을 곱하면 6,912가 된다. 그리고 192에 노음의 숫자 24를 곱하면 4,608이 된다. 이 두 개의 숫자를 합치면 11,520이 된다. 이 숫자는 만물의 수에 해당된다.

그러므로 나누고, 걸고, 덜고, 합하는 4단계의 운영을 거쳐 역의 기초인 효가 만들어지고, 그것이 다시 18변을 거쳐서 하나의 괘상이 만들어진다.

64괘의 구성적 핵심은 위位가 셋일 때 만들어지는 팔괘인데, 팔괘를 통하여 작은 우주가 만들어진다. 그 우주를 다시 늘려 펼치면 64괘의 대우주가 만들어지는데 음양의 효는 감통하는 것들끼리 서로 주고받으면서 생성의 과정을 계속한다. 이 64괘의 무궁한 감응 속에 천하의 일어날 수 있는 모든 일이 포섭되는 것이다.

금역 여기에 큰 숫자들이 보이지만 겁먹을 것은 없다. 산대는 49개뿐인데 뭐 그리 큰 숫자가 필요하겠냐고 하겠지만 매회 조작에 들어가는 산대의 숫자를 반복할 때마다 플러스해 들어가기 때문에 큰 숫자가 될 수도 있다. 그리고 3변의 결과로 생겨나는 심볼에 고유한 숫자심볼이 붙기 때문에 그것을 곱해나가면 큰 숫자가 된다. 우선 3변의 우수리 숫자의 모든 가능성을 한번 살펴보자! 제1변의 결과로 이어지는 산대는 9 아니면 5라고 했다. 제2변의 산대는 8 아니면 4라고 했다. 제3변도 나머지 산대는 8 아니면 4이다. 그럼 그 모든 가능성은 이렇게 보여질 수 있다(우耦는 다多 즉 많은 수, 기奇는 소少 즉 적은 수. 우리 감각으로는 큰 수, 작은 수일 텐데 역에서는 많은 수, 적은 수라 하고 우기耦奇로 표기한다).

제1변	9(耦)				5(奇)			
제2변	8(耦)		4(奇)		8(耦)		4(奇)	
제3변	8(耦)	4(奇)	8(耦)	4(奇)	8(耦)	4(奇)	8(耦)	4(奇)
합계	25	21	21	17	21	17	17	13

결국 3변三變을 합한 수는 25가 1개, 21이 3개, 17이 3개, 13이 1개 나타난다. 정리하면 가능한 산대 수는 25, 21, 17, 13의 4개의 가능성이다. 삼기三奇 즉 13(5-4-4)은 노양老陽이라 하고, 이기일우二奇一耦 즉 17(5-4-8)은

소음少陰이라 하고, 삼우三耦 즉 25(9-8-8)는 노음老陰이라 하고, 일기이우一奇二耦 즉 21(5-8-8)은 소양少陽이 된다.

노양老陽	삼기三奇	13	5-4-4	□	변효
소음少陰	이기일우二奇一耦	17	5-4-8	--	불변효
소양少陽	일기이우一奇二耦	21	5-8-8	—	불변효
노음老陰	삼우三耦	25	9-8-8	×	변효

이 표에서 삼기의 13, 이기일우의 17, 일기이우의 21, 삼우의 25라는 숫자가 나왔는데, 이것은 손에서 합하여진 산대의 숫자, 그러니까 제1효를 얻기 위한 3변에서 선택된 산대의 숫자이다. 그런데 이 선택된 산대의 숫자보다, 이 산대를 빼고 남은 산대의 숫자가 더 중요하다. 13-17-21-25를 모두 49에서 빼면 36-32-28-24가 될 것이다. 이 남은 산대를 4개씩 설하게 되면(揲四), 그 숫자가 모두 4의 배수이므로, 설사의 횟수는 9-8-7-6이 될 것이다.

이 최종 설사의 횟수를 나타내는 숫자야말로 우리가 역에서 활용하는 숫자이다. 9는 노양의 심볼이고, 8은 소음, 7은 소양, 6은 노음의 심볼이다. 역은 항상 변하는 것이 효 또한 항상 변하는 것이기 때문에 양은 노양의 9로 표시하고, 음은 노음의 6으로 표시하는 것이다. 그리고 설사의 대상이 되는 산가지 숫자(36-32-28-24) 또한 이 절을 이해하는 데 결정적으로 중요하다.

제3변을 끝내고 남은 산가지 숫자	4개씩 셈하면	숫자 심볼	사상	음양	계절 상징	점치는 과정에서 쓰는 명칭
36책	4×9=36	9	노양	가변의 양효	여름	중重
32책	4×8=32	8	소음	불변의 음효	가을	탁拆
28책	4×7=28	7	소양	불변의 양효	봄	단單
24책	4×6=24	6	노음	가변의 음효	겨울	교交

乾之策, 二百一十有六; 坤之策, 百四十有四, "책策"이란 산가지를 대로 만들어 썼기 때문에 우리말로 산대(算竹)라고도 하고, 산가지라고도 한다. 건괘는 6효로 구성이 되었으며 모두 36의 노양을 쓰고, 28의 소양은 쓰지 않는다. 매 효가 노양이면 그 전체 잔여 산가지는 216개가 된다(36×6=216). 그리고 곤괘는 6효가 모두 변하는 24의 노음이다. 32의 소음은 쓰지 않는다. 변괘라는 데 그 매력이 있는 것이다. 6효가 모두 노음이면 그 전체 잔여 산가지는 144개가 된다(24×6=144). 매우 명료한 수치이다. 이 둘을 합치면(216+144) 360이 된다. 이것은 한 기期의 날수에 해당된다(當期之日). "기期"는 1년을 말한다. 고자古字는 "**朞**"이다.

다음에 "이편二篇"이란 64괘가 상편·하편으로 나누어져 있기 때문에 쓰는 말인데, 관용구적으로 "64괘"를 의미한다. 이것은 곧 「계사전」의 저자가 우리와 같은 텍스트를 썼다는 것을 의미한다. 상·하편으로 나누어져 있는 텍스트이며 그 구조가 불균형이기 때문에(31번째 괘가 함咸괘이다) "이편二篇"이라고 지칭한 것이다.

그런데 "이편지책二篇之策"이라고 말하면 그것은 64개를 구성하는 전체 효의 수를 말한다. 그것은 384효(64×6)를 일컬은 것이다. 그런데 이 384효 전체를 펴놓고 보면 결국 양효와 음효의 수가 동일하다. 양효가 192개, 음효가 192개이다. 양효 192개를 얻기 위해서는 매번 노양老陽 36개가 필요하다. 그 총책수는 6,912(36×192)이다. 그리고 음효 192개를 얻기 위해서는 매번 노음老陰 24개가 필요하다. 그 총책수는 4,608(24×192)이다. 이 둘을 합쳐, 온전한 64괘의 전체 책수는 11,520(6,912+4,608). 이것은 만물의 수에 해당된다고 당당하게 선언하고 있다(當萬物之數也).

이편 二篇 64괘	384효	양효 192	노양의 수 老陽變爻	36×192 =6,912	11,520	만물지수 萬物之數
		음효 192	노음의 수 老陰變爻	24×192 =4,608		

지금 여기까지의 논리의 전개를 보면, 천지의 대연大衍으로부터 시작하여, 그 무대 위에 인간을 등장시키고, 사계절의 시간성을 도입한 다음, 두 번의 윤달을 통하여 태양력과 태음력의 오차를 보정하고, 1년의 시간(360일)을 말하고, 최종적으로 만물의 수를 말하였다. 이것은 점이라는 행위 속에 천지만물의 모든 변화가 포섭된다는 것을 수리로 말한 일종의 고대 형이상학이다.

일년과 만물의 숫자를 시초의 숫자로써 맞추는 노력을 가상하게 쳐다볼 수도 있지만 그런 상상력과 지혜를 고등한 기하학이나 수학에 쏟았으면 얼마나 좋았을까라고 생각도 해보지만, 그러한 형상론적(이데아적) 사유에는 오히려 미신이 끼어들기 더 쉽고(피타고라스의 경우처럼), 이데아적 사유는 인간사유의 추상성과 더불어 초월주의적 존재론을 귀결시킨다는 것을 생각하면 이러한 「계사전」의 사유는 진실소박한 현실긍정이라고 하겠다.

기하학의 발달은 결국 토건업의 발달일 뿐이며, 자연을 파괴하는 문명의 소위所爲일 뿐이다. 어찌 그러한 자본주의적 개발이론을 인간세의 근대성(Modernity)이라고 찬양할까보냐!

다음의 문구는 어렵지 않게 풀려나간다. "사영이성역四營而成易"과 "십유팔변이성괘十有八變而成卦"는 댓구인데, "사영四營"과 "18변變"이 짝을 이루고 "역易"과 "괘卦"가 짝을 이룬다. 사영은 우리가 누누이 논구하였듯이 1) 분이分二 2) 괘일掛一 3) 설사揲四 4) 귀기歸奇(나누고, 걸고, 덜고, 보탠다)의 네 스텝이다. 이것은 어디까지나 한 번의 변變에 해당되는 과정이며, 이것이 세 번을 반복해야 하나의 효爻를 얻는다. 그러므로 여기 "역易"이라는 것은 "변화"의 뜻이며, 거의 "효爻"와 같은 의미로 쓰인 것이다. 4영을 거쳐 효를 이룬다는 뜻이다(四營而成易). 그리고 이것이 18번 반복되면(18변) 한 괘가 이루어지게 된다(十有八變而成卦).

八卦而小成, 引而伸之, 觸類而長之, 天下之能事畢矣。"팔괘八卦"란 분명히 밑에서 효를 쌓아올려갔을 때 3자리에서 생기는 괘상이다(2×2×2=8). 그것은 건乾☰, 진震☳, 감坎☵, 간艮☶의 4양괘(음효와 양효가 섞여 있을 때 음효가 많으면 양괘라 한다)와, 손巽☴, 리離☲, 곤坤☷, 태兌☱의 4음괘(양효가 많으면 음괘라 한다)를 말한다. 이것은 8괘지만, 64괘를 반으로 나누어 보면 하괘(=내괘)와 상괘(=외괘)가 모두 이 팔괘로 이루어져있다. 그러니까 팔괘는 세 자리의 미완성 괘가 아니라 64괘의 디프 스트럭처를 형성하는 모괘母卦임을 알 수 있다. 64괘는 8괘가 상하로 배열된 것이다. 즉 64괘는 모두 8괘로 환원되는 것이다.

한번 이런 생각을 해보자! 왜 괘는 6효에서 멈추었는가? 7효짜리 괘(Heptagram)도 가능하지 않을까? 6자리 이상의 괘가 없었던 것도 아니지만 그러한 망상은 바로 이 8괘(Trigram)의 코아(core, 핵)적인 성격 때문에 헥사그램 이상의 괘가 허락되지 않았던 것이다.

여기 이 문장을 읽어보면 마치 점을 치면서 밑에서 효를 쌓아올려 갈 때 세 자리의 8괘에서 "소성小成"(64괘의 틀이 작게 이루어짐)이 완성되었다고 읽히게 된다. 그 소성을 늘려서 대성大成으로 갔다는 식으로. 나는 대다수의 주석가들의 그러한 생각이 유치무쌍하다고 느껴진다. 효는 물론 밑에서 쌓아올리는 것이지만 64괘의 탄생은 하나의 "게슈탈트"(전체 시스템이 일거에 같이 출현함)의 출현이라고 생각한다. 8괘는 실상 64괘라는 게슈탈트의 분석에서 이루어지는 것이다.

그러나 여기 「계사」의 저자의 논의는 방편적으로 이해할 수 있다. 세 자리의 8괘에서 소성小成이 되고(八卦而小成), 그 8괘를 인신引伸(6자리로 늘인다는 뜻)하여 64괘의 대성을 이룩하였다는 뜻이다(引而伸之). "촉류이장지觸類而長之"는 비슷한 것, 감정이 통하는 것, 종류가 같은 것끼리 접촉하여 섞이면서 서로가 자라난다는 뜻인데, 이 문구를 이해하는 데는 다산茶山이 『주역사전』에서 말한 "효변爻變" 이상의 좋은 참고서가 있을 수 없다. 하나의 효爻가 그 자체로 독립하여 있는 것이 아니라 64괘의 모든 효와 촉류觸類하여 자라나는 것이다. 이것은 "생생지위역生生之謂易"의 착종을 말한 것이다. 이러한 효의 무궁무진한 네트워크 속에는 온 천하에 일어나는 모든 사건의 스트럭쳐가 빠짐없이 포섭되는 것이다(天下之能事畢矣).

9-4 **顯道神德行, 是故可與酬酢, 可與祐神矣。子曰:**
현도신덕행 시고가여수작 가여우신의 자왈

"知變化之道者, 其知神之所爲乎!"
지변화지도자 기지신지소위호

국역 역의 길은 인간이 걸어가야만 하는 길을 드러내는 것이다. 그렇게 함으로써 인간의 덕성과 행위를 신묘하게 만든다. 인간의 덕행이란 자신의 덕행을 하느님의 덕행과 상응하게 만드는 것이다. 그러므로 인간이 이 땅위에 살아가면서 생기는 세상사에 하느님과 더불어 잘 대처할 수 있게 해주며, 그렇게 함으로써 하느님의 사업을 도와줄 수 있게 된다. 기억하자! 공자님의 말씀을! "역, 그 변화의 길을 아는 자는 하느님께서 진정코 무엇을 하시려는지를 꿰뚫고 있는 자일 것이다."

금역 "점을 친다"는 것은 점쟁이 말을 듣기 위한 것이 아니요, 내가 하느님과 소통하는 것이다. 여기 "하느님"을 의미하는 글자가 세 차례 나오는데 앞에 나온 것은 동사로 나왔고, 뒤에 두 번은 명사로 나왔다. 분명히 "하느님"의 뜻이다. 이 절은 「계사」의 저자가 점을 치는 방법과 그 천지코스몰로지적인 의미와 구조를 방대하게 논구한 후에 그 총체적 결론을 말한 대목이다. 인간은 왜 점을 치는가? 점을 친다는 것이 도대체 무슨 행위인가? 무엇을 위하여 우리는 점을 쳐야 하는가?

"현도顯道"의 "도"는 인간이 걸어가야만 하는 길이다. 그것은 도덕형이상학의 기틀이요, 모든 행위의 이유이다. 점이란 것은 그 "인간의 길Way of Being Human"을 드러내주는 것이다. 그렇게 도를 현창함으로써 인간의 덕행을 하느님의 덕행과 동등하게 만든다는 것이다. "신덕행神德行"은 인간의 덕행을 신화神化한다는 것이다. "신"은 동사로 쓰였다. 「계사상편」 12장의 "신이명지존호기인神而明之存乎其人"이라든가 「계사하편」 2장의 "신이화지神而化之, 사민의지使民宜之"와 같은 용법이라 할 수 있다. 하느님은 명사인 동시에 술부이다. 그것은 명사로서 "존재"하는 것이 아니라 만물을 신령스럽게 만드는 행위의 과정이다. 점은 인간이 걸어가야 할 길을 드러내줌으로써 인간의 덕행을 신격화하는 것이다.

여기 "수작酬酢"이란 우리 일상생활에서 좀 부정적으로 쓰이고 있지만, 원래 수酬는 주인이 손님에게 술잔을 건네는 것이요, 작酢은 손님이 술잔을 주인에게 건네는 것이다. 따라서 여기 수작이라 함은 인간세에서 벌어지는 모든 일에 응대應對, 응답應答한다는 뜻을 지니고 있다. 점을 침으로써 도를 현창하고 덕행을 신령스럽게 만들 수 있는 사람은 인간들과의 수작에 있어서도 심오한 응대가 가능하다는 것이다(是故可與酬酢).

우리나라 정치현실에서 보는 그런 수작이 아니니다. 이렇게 수작의 종교적 경지에까지 도달한 사람은 하느님을 도울 수 있다는 것이다(可與祐神矣). 길흉화복을 주관하는 하느님의 화육지공化育之功을 상식화한다는 것이다. 인간의 행위가 단지 인간의 독선에 그치지 않고, 겸손하게 신의 의지를 물음으로써 인간의 행위 자체를 거룩하게 만든다는 것이다. 이러한 물음 자체가 하느님을 돕는 길이라는 것이다. 「계사전」의 저자는 이러한 메시지를 통해 서사筮士의 점복술에 불과하던 역을 유가철학의 원리로 만들고 있는 것이다. 「계사」가 점을 철학화시킴으로써 종교적 광신의 모든 광란을 원천적으로 봉쇄하였던 것이다. 그리고 마지막 공자의 한마디!

"역易, 그 변화의 길을 아는 자는 하느님께서 진정코 무엇을 하시려는지를 꿰뚫고 있는 자일 것이다!"(知變化之道者, 其知神之所爲乎)

옥안 나는 대학교 시절부터 「계사」에 매료되었지만, 이 상上 9장 때문에 골치가 지끈거려 「계사」의 전모를 파악하는 데 어려움이 많았다. 내 주변에 이 9장을 독파 못해 「계사」에 정을 떼는 자들이 많았다. 반세기가 더 지난 오늘에나 와서 이 9장의 전모를 밝힐 수 있게 된 것은 나로서는 행운이요 축복이 아닐 수 없다. 미비한 구석이 없지는 않겠지만 거의 이잡듯이 샅샅히 뒤져 부족한 느낌 없이 정확한 의미를 밝혀놓았다. 독자들에게 이간易簡의 행운을 선사할 수 있게 되기만을 빈다.

제 10 장

10-1 **易有聖人之道四焉; 以言者尙其辭, 以動者尙其變, 以制器者尙其象, 以卜筮者尙其占。**
역 유 성 인 지 도 사 언 　이 언 자 상 기 사 　이 동 자 상 기 변 　이 제 기 자 상 기 상 　이 복 서 자 상 기 점

국역 역에는 성인이 역을 작한 원리가 포섭되어 있는데, 그 원리는 다음의 4가지가 있다. 말로써 대중과 소통하고자 하는 자는 괘사·효사와 같은 사辭를 중시한다. 행동을 하고자 하는 사람, 사업을 일으키고자 하는 사람은 효변과 같은 변變을 중시한다. 문명의 이기를 만들고자 하는 사람은 괘상이 지니고 있는 상象, 즉 그 심볼을 중시한다. 산대에 묻고자 하는 자는 점占이라는 물음을 중시한다. 사辭·변變·상象·점占의 4가지 원리를 들 수 있다.

금역 여기쯤 왔으면 「계사」의 저자가 쉴 만도 한데, 역점易占에 대한 거대한 논의가 있은 후, 오히려 더 짙은 철학적 담론을 집중적으로 쏟아낸다. 인류철학사의 모든 과제상황이 나머지 세 장(10, 11, 12)에 밀집되어 있다고 말해도 결코 과언이 아닐 정도로 심오한 논의가 계속되고 있다. 본 장에서는 점의 가치론(the axiology of divination)이 서술된다. 즉 점의 가치를 통하여 역의 가치를 논하는 인문주의적 형이상학이 전개되는 것이다.

여기 "성인지도聖人之道"라는 것은 "성인이 역을 작作한 원리"와 같은 뜻이다(Sage's Principles of making *I*). "역유易有"라는 것은 「계사」의 독특한

용법이며, "역에 ……이 있다"는 뜻이다. 역이라는 추상명사를 놓고, 그 역에 성인이 역을 작한 원리가 포섭되어 있다고 말하는 것이다. 그 원리는 4가지가 있다: 1) 사辭 2) 변變 3) 상象 4) 점占. "상尙"은 존중한다, 주로 한다, 숭상한다는 뜻이다.

"이언자상기사以言者尙其辭"의 "언言"은 독자적으로 잘 새겨야 한다. 그것은 "언어로써 대중과 소통한다"는 뜻이다. 그러니까 말로써 역의 본의를 전파하고자 하는 사람은 사辭를 중시해야 한다는 것이다. 여기 "사"는 구체적으로 괘사, 효사를 가리킨다. "그대는 잠룡이다. 자신을 드러낼 생각을 하지말라潛龍, 勿用。"라는 효사의 언어는 그 정확한 의미로써 소통을 해야 한다는 것이다. 즉 효사, 괘사에 대한 정확한 언어적 지식을 가지고 있어야 한다는 것이다.

다음에 "변變"은 아무래도 효爻와 관련되는 의미일 것이다. "동動"이라는 것은 인생에 있어서 어떤 액션을 취하는 행위, 무엇인가 사업을 도모하기 위해 움직인다는 뜻을 내포하고 있다. 액션을 취할 때는 역이 함장하는 변화의 원리를 존중할 수밖에 없다는 것이다. 우리가 액션을 취한다는 것은 우리 고조선사람들에게 있어서는 두 가지의 결론밖에는 없다. 하나는 순順이요, 또 하나는 역逆이다. 무엇에 순하고 무엇에 역하는가? 결국 순이란 천도에 순하는 것이요, 역이라는 것도 천도에 역하는 것이다.

우리의 모든 행위는 이러한 순역의 결론밖에는 없는 것이다. 밥을 먹어도 천리에 순하면 몸이 건강해지는 것이요, 과식, 포식, 장식髒食, 하여튼 더럽게 꿰쳐 먹으면 몸의 상태가 곧 천리에 역하게 된다. 정치가가 더러운 방식으로 상대방 정적을 괴롭히면 그것은 결국 천리에 역하는 짓일 뿐, 그 업보는 자기에게 돌아오는 것이다. 그 짤막한 순식간의 권력의 덧없음을 헤아리지 못하고 천년만년 부귀영화를 누릴 것처럼 생각하는 꼬라지들, 그것이 모두 천리天理에 역하는 것이다.

예괘豫卦의 「단사」에, "천지는 순順으로써 동動하니, 그래서 일월이 착오가 없고, 사시가 어긋나지 아니한다. 그러니 성인 또한 순順으로 동하지 않을 수 없는 것이다……"라는 말이 있다. 또 복괘復卦의 「단사」에는 "동이이순행動而以順行"(움직이면 순으로써 가니)라는 표현이 보인다. 결국 역이라는 것은 우리의 행위가 천지변화의 자연지도에 합치되는 것을 가르치고 있는 것이다. 역의 메시지는 이러하다: "움직이려 하는 자는 그 변變을 중시하라!(以動者尙其變)"

다음이 "상象"인데, 이것은 괘상의 모습을 의미한다. 괘의 모습에서 힌트를 얻어 문명의 이기를 만들었다는 것이다(以制器者尙其象). 「하괘」 제2장에 이러한 용례가 상세히 소개되고 있다. 일례를 들면 리괘☲에서 힌트를 얻어 그물을 만들어 들짐승도 잡고, 물고기도 잡았다는 것이다. 여기 "상象"은 "이미지" 정도로 번역하면 좋을 것 같고, "기器"라는 것은 문명을 구축하는데 필요한 도구라는 의미에서 시작하여 현상적 사물 전체를 포괄한다. 「상계」 12장에 나오는 "형이하자위지기形而下者謂之器"의 "기"가 바로 그것이다.

다음에 "복서卜筮"라는 말이 나오는데, 이 말을 그냥 상투적인 "점친다"는 뜻으로, 두리뭉스레 슬쩍 넘어가는데 한문은 그렇게 읽으면 곤란하다. 한 글자, 한 글자, 그 용례를 정확히 따져봐야 한다. 한자는 단음절어 monosyllabic language로서 한 글자가 하나의 의미의 단위가 되는 것이 원칙이다. "복서"란 말에서 "복卜"은 확실하게 거북 배딱지에 금을 긋고 뜸쑥을 놓아 거기서 갈라지는 모습을 보고 점을 치는, 점쟁이(정인貞人, 복인卜人,

사관)의 점이었다. 여기는 64괘가 들어설 자리가 없고, 수학이 개재될 까닭이 없다. 모든 것이 우연적 요소로만 이루어져 있다. 그리고 점을 묻는 자와 점을 쳐서 대답하는 자가 반드시 2원화되어 있다.

그러나 "서筮"는 대나무 변이 있듯이 이미 시초풀 단계를 지나 대나무로 만든 산대를 쓰고 있다. 이 산대는 산가지의 수리적 조작이며, 반드시 그 조작의 배면에는 64괘라는 괘상과 384개의 효사가 전제되어 있다. 그리고 제일 중요한 것은 점을 묻는 사람과 점을 치는 사람이 2원화될 필요가 없다는 것이다. 내가 대만대학에서 아내와 같이 강의를 경청한 중국 20세기 국학의 대가, 취 완리屈萬里, 1907~1979(산동 사람. 고문헌연구의 탁월한 스승이었다. 대만대학 중문과 교수) 선생의 고증에 의하면 주나라 사람들은 깊은 내륙, 서안의 동북방 산지에서 살던 사람들이기 때문에 근본적으로 구점龜占에 쓰는 "바다거북"을 구할 수가 없었다고 한다.

실제로 복卜에서 서筮로의 변화는 종교문명에서 인문문명으로의 획기적인 도약을 의미하는 것이다. 우리가 말하는 역이 이미 복卜의 단계의 산물이 아니라 서筮의 단계의 산물이라는 것을 깊게 통찰해야만 하는 것이다. 복과 서筮를 연속적 관계로 생각하는 것은 많은 오류를 생산한다.

따라서 나는 "복서卜筮"의 복과 서를 하나의 개념으로 보지 말고, "복卜"을 그냥 "묻는다"라는 일반동사로 해석하는 것이 옳다는 일부 주석가의 의견도 일리가 있다고 생각한다. 그러면 "서筮에 묻는다"는 뜻이 된다. 그러나 또 "복卜"의 원의가 「계사」시대에는 퇴화되어 "서筮"와 같은 의미로 쓰였다고 볼 수도 있다. "**以卜筮者尙其占**"의 뜻은 "산대에 하느님의 뜻을 묻는 자들은 점의 결과가 말해주는 메시지(길·흉·회·린·무구 등의 점단占斷의 말과 함께)를 중시한다"는 것이다. 주희는 「어류」에서 말한다: "역의 수數나

말辭은 인위적으로 만들어진 것이 아니다. 성인들께서 감지하신 하느님의 업이다." 성과 속의 구분이 없는 오묘한 말들이다.

10-2 **是以君子將有爲也, 將有行也, 問焉而以言。其受命也如嚮, 无有遠近幽深, 遂知來物。非天下之至精, 其孰能與於此?**

시이군자장유위야 장유행야 문언이이언 기수명야여향 무유원근유심 수지래물 비천하지지정 기숙능여어차

국역 그러므로 역을 활용하는 군자(지도자)는 어떤 일을 하려고 할 때, 어떤 행동을 하려고 할 때, 역에 먼저 묻고 그 결과에 의거하여 자신의 의도를 언표하게 되는 것이다. 역은 묻는 자의 명을 받으면 즉시로 그것을 받아 온 골짜기에 메아리가 울려 퍼지듯이 먼 곳 가까운 곳, 그윽한 곳 깊은 곳을 막론하고 구석구석에 올 것을 알린다(미래를 예시한다). 천하의 지극히 정미精微한 것이 아니라면 무엇이 과연 이러한 경지에 미칠 수 있을 것이냐? 여기에서는 사辭를 해설하였다.

금역 앞 절에서는 주어가 "성인"으로 되어있다. 성인이 역을 작作한 원리가 넷이 있다는 것이고, 그 원리를 설명하였다. 여기서는 주어가 "성인"이 아니라 "군자"다. 군자는 실제로 역을 대면하는 인간이다. 대체로 통치자를 의미한다. 즉 역의 실제적 사용자이다. 앞 절이 원리론이라 한다면, 이 절은 사용법이라고나 할까, 하여튼 일종의 방법론methodology과도 같은 것이다.

앞 절은 4원리를 제시했지만, 여기서는 하나로 통관通貫된 의미를 말하고 있는 것이다.

그러므로 군자가 장차 무엇인가를 작위하려고 할 때(有爲), 그리고 장차 어디론가 가려고 할 때(有行: 이것도 행위, 행동을 의미할 수도 있다), "문언이이언問焉而以言" 하게 된다는 것이다. 여기 "언焉"은 역을 가리키는 지시대명사이다. 그리고 "언言"은 "말로써 자기의 행위의 근거를 언표한다는 것이다." 그러니까 군자(리더의 지위에 있는 사람)는 작위나 행위를 하려할 때 먼저 역에게 질문을 던지고, 그 역의 반응에 의거하여 사람들에게 자기의 행위의 의도를 말로써 밝힌다는 것이다. 주희는 이것을 "상사尙辭"(역의 말을 중시한다)라고 했다.

다음에 나오는 "기수명야其受命也"를 군자를 주어로 하여 역의 명을 받는다고 해석해도 문제가 없다고 생각하지만, 주희는 주어를 역으로 해석했다. 그렇게 되면 "수명受命"은 역의 명령이 아니라, 점을 묻는 사람의 "물음"에 역이 대답하는 것이 된다. 기발한 해석인데 앞의 "상사尙辭"에 대해 이 부분은 "상점尙占"의 주제로 파악한 것이다. 역이 인간의 물음에 대답하는 것이 사람이 산골짜기에서 소리치면 즉각 온 골짜기에 메아리가 울려퍼지듯이(향響), 먼 곳 가까운 곳, 그윽한 곳 깊은 곳을 막론하고 구석구석에 그 메시지를 발한다는 것이다(无有遠近幽深).

그 다음의 "수지래물遂知來物"의 "물物"은 우리말의 "것" 즉 "이벤트 event"에 해당되는 말이다. 대체로 한문에서 물物은 "것"으로 번역하는 것이 좋다. 수지래물은 원근유심을 막론하고 올 것(來物)을 알린다는 뜻이다. "올 것"이라는 것은 "미래未來"(아직 오지 않은 것)를 말하는 것이다. 점은 미래와 관련이 있지만, 폐쇄된 것이 아니라 개방적인 것이라는 데 역의 위대성이 있다. 하느님은 비밀스러운 엔카운터의 대상이 아니라 원근유심에 울려퍼지는 진리인 것이다. 천하의 지극히 순결하고 정미精微한 것이 아니라면(非天下之至精), 무엇이 과연 이러한 경지에 미칠 수 있을 것이냐?(其孰能與於此) "여與"는 "급及"으로 해석해도 된다. 이 절은 점을 소중하게 여기게 되는 이유에 관해 논의를 펼친 것이다.

10-3 **參伍以變, 錯綜其數。通其變, 遂成天下之文。極其數, 遂定天下之象。非天下之至變, 其孰能與於此?**
삼오이변 착종기수 통기변 수성천하지문 극기수 수정천하지상 비천하지지변 기숙능여어차

국역 역리는 역을 구성하는 요소들이 서로 침투하고 질서(대오)를 이루어 끊임없이 변화를 일으키고, 천지의 수를 착종시킨다. 그러면서도 그 카오스적인 변화를 통관하여 천하의 문양(질서, 코스모스)들을 달성시킨다. 대연의 수를 궁극하여 8괘, 64괘와 같은 천하의 상을 정착시켰으니 천하의 지극한 변화가 아니면 과연 그 무엇이 이러한 역리의 경지에 도달할 수 있으리오? 제3절은 변變과 상象을 해설하였다.

금역 이 문장의 주어는 "역리의 변화" 정도가 될 것이다. 그러니까 문장 전체가 매우 추상적인 내용이다. 그런데 추상적인 내용을 구체적인 상수학적 설명에 맞추려는 시도는 결국 부질없는 낭설만을 늘어놓게 된다. 낭설은 낭설일 뿐이다.

우선 "삼오參伍"라는 말은 고전에 수없이 나오는 표현인데 정확한 뜻은 아무도 모른다. 우리말에 "삼參"은 석 "삼三"의 뜻도 있지만 "참여한다" "관계된다"는 뜻도 있다. "오伍"는 "대오隊伍"라는 뜻으로 가장 많이 쓰인다. 즉 "대열을 맞춘다," "질서있게 줄 맞추어 정돈한다"는 뜻이 있다. 군대에서 많이 쓰는 말이다. 물론 다섯 "오五"의 뜻도 있다.

여태까지 우리가 논의해온 것 중에 삼오參伍를 맞추어 보면 "삼參"은 "삼변三變"을 의미한 것이다. 한 효를 얻는 과정이 삼변이었다. 그리고 "오伍"에 해당되는 것은 1) 분分 2) 괘掛 3) 설揲 4) 늑扐(再潤) 5) 귀歸의 산대조작과정을 들 수 있다.

"삼오"는 『순자』, 『사기』, 『한비자』, 『관자』, 『회남자』, 『한서』 등에 나오는데(『한비자』에 많이 나온다) 그 용례가 맥락에 따라 달라 하나의 의미를 확정짓기 곤란하다. 『한서』 조광한趙廣漢의 전傳에 보면, 말의 가격을 알아보기 위해, 먼저 개값, 다음에 양값, 다음에 소값을 알아보고 나서야 말에 이르러 가격들을 비교해가면서 그 정가를 알아낸다는 말이 있다(「조윤한장양왕전趙尹韓張兩王傳」). 여기서 "삼오기가參伍其價"라는 표현을 쓰고 있다. 하여튼 "교호交互로 참고한다"는 의미를 가지고 있다. 음양이 서로 침투하여 서로 감응하면서(ingression) 변화를 일으킨다는 의미가 있다.

"착종錯綜"은 "그 수를 착종한다" 했으므로 상수적 관념이 들어가 있을지도 모르겠다. 왕부지는 착錯은 음효·양효가 서로 옆으로 반대되는 괘상의 관계를 의미하고, 종綜은 아래위로 뒤집어지는 괘상의 관계를 의미한다고 했다. 착은 보통 방통괘傍通卦라고 부르고 종은 보통 반대괘反對卦라고 부른다(반대는 뒤집어져서 짝을 이룬다는 의미). 소과䷽와 중부䷼는 착의 관계이고 함䷞과 항䷟은 종의 관계이다. 그러나 "착종"이라는 것을 반드시 이러한 상수학적 관계로 보지 않더라도(※「계사」가 지어질 때 그런 방통·반대의 착·종

관념이 없었을 수도 있다), 그냥 음효와 양효가 섞여 변화를 일으킨다라는 뜻을 추상적으로 지닐 수도 있다. 우리말에 "착잡錯雜"이라는 표현이 있는데 이것도 갈피를 다 잡을 수 없이 뒤섞여 어수선한 모양을 가리킨다.

그러니까 "삼오이변參伍以變, 착종기수錯綜其數"는, 역리의 변화에 있어서 각 요소들이 삼오로 뒤섞여 변화를 일으키고, 효를 얻는데 동원되는 숫자들도 서로 착잡하게 엉키게 된다는 것을 의미하고 있는 것이다. 그런데 그 어지러운 변화들을 통관하여(通其變), 천지의 질서를 이룩한다는 것이다(遂成天下之文). 여기 "문文"이라는 것은 "문紋"의 의미이고 문양, 질서 Order의 의미이다. 즉 카오스 속에서 코스모스를 유지한다는 뜻이다. 50이라는 대연의 수大衍之數를 궁극에까지 다 활용하여 천하의 모든 심볼을 나타내는 8괘, 64괘의 상象을 정착시켰으니(極其數, 遂定天下之象), 이것이야말로 천하의 지극한 변화를 다 감통感通할 수 있는 역리易理가 아니라면 과연 그 무엇이 이러한 경지에 도달할 수 있으리오?(非天下之至變, 其孰能與於此)

옥안 역은 변화Changes이며 실체가 없다. 그래서 찰나적인 사건이다. 이 사건들은 서로 얽혀 타자의 요소를 감입感入하면서 변화를 일으킨다. 그 변화가 일정한 향유Enjoyment에 도달하면 또다시 다른 변화로 이행한다. 이 변화는 새로움을 창조(日新)하면서 풍요롭게 된다(富有). 이것이 끊임없이 생생生生하는 역이다.

10-4 **易无思也, 无爲也, 寂然不動, 感而遂通天下之故。**
역무사야 무위야 적연부동 감이수통천하지고

非天下之至神, 其孰能與於此?
비천하지지신 기숙능여어차

국역 역은 주관적이고 개념적인 사유가 없으며, 인위적인 작위가 없다. 그래서 작위적으로 움직이지 않고 고요하게 환경을 파지把知한다. 그러다가 때가 오면 타자를 감입感入하면서 천하의 모든 존재의 이유를 소통시킨다. 천하의 지극한 신령함이 아니라면 무엇이 과연 이러한 역리에 미칠 수 있을 것인가? 제4절은 점占을 해설하였다.

금역 「상계」 10장 4절이야말로 「계사전」에 대한 송유들Song-Confucians의 인상을 왜곡시킨 매우 불행한 언어의 연원지라고 말할 수 있다. 신유학의 출발을 상징한 주렴계周濂溪, 1017~1073의 『태극도설太極圖說』에도 "성인정지이중정인의이주정聖人定之以中正仁義而主靜"이라는 말이 있다. "정靜"을 주主로 삼는다는 말인데 이것은 렴계의 자주自註대로, 무욕無欲하여 고요하다고 했을 뿐이지, 정靜한 상태가 우주의 본체라든가, 인생의 본질이라든가 하는 것을 말한 것은 아니다. 그런데 불교의 언어에 세뇌를 당한 송유들은 "정靜"이라는 글자를 만나기만 하면 그것을 본체론의 특징으로 말하는 경향을 띠었다.

주희도 "적연부동寂然不動, 감이수통感而遂通"이라는 「계사」의 말에 대하여 "적연자는 감感의 체體요, 감통자는 적寂의 용用"이라는 주석을 달아 "체용론體用論"을 도입하여 말하였다. 주희가 말하는 체體와 용用이 반드시 서양철학사가 그토록 고집하는 본체Substance와 현상Phenomena으로 해석될 필요는 없다고 생각하지만, 많은 송유들이 그런 방식으로 주희의 복합적 사유를 단순화시켜 생각했다. 그 근원적 빌미를 제공한 것은 주희 머릿속에 박혀있는 리理와 기氣의 이원론이다. 즉 리理는 적연부동寂然不動한 것이요, 기氣는 감이수통感而遂通하는 것이라는 생각이 있는 것이다. 리는 체體가 되고 기는 용用이 되는 것이다. 리기론적 사유의 근원을 모두 이 「계사」의 적연寂然과 감통感通의 이원론적 해석에 귀속시키고 있는 것이다.

"체용體用"이라는 것은 송명유학에서 매우 흔히 쓰이는 개념이지만 그것은 결코 중국철학의 본래적 스트럭쳐에서 나온 말은 아니다. 내가 대만에 유학하고 있을 때, 중국사학의 진정한 대가라 할 수 있는 치엔 무錢穆, 1895~1990(강소성江蘇省 무석無錫 사람) 선생의 댁에서 그의 강의를 들은 적이 있는데, 선생은 "체용"론의 최초의 발설자는 왕필이며, 왕필이 『노자』를 주석하는 문장 속에 나오고 있다고 했다.

그 구체적 용례로서 『노자』 11장, 38장의 주석을 들었는데, 내가 생각키엔 적합하지 않은 지적 같다. "체용"이 문제가 되는 것은 그 말이 지니는 우주론적 함의(cosmological connotation) 때문이다. 체용을 서구적 철학개념인 "본체와 현상"의 의미에 비슷한 것으로 사용하기 때문인 것이다. 그러나 노자에서 치엔 무 선생이 지적한 것은 "이무위용以無爲用"인데, 이것은 노자철학의 핵심적 개념 하나를 설명하는 말이지 우주론적 한 쌍의 개념을 포괄하는 말이 아니다. 그리고 노자의 "무無"는 유(존재Being)와 무(비존재Non-Being)의 개념이 아니라 단지 "허虛"의 의미이다. 도가철학에서 말하는 무無는 거개가 다 "허"의 의미이다. "빔"이 "없음"은 아닌 것이다. 따라서 "이무위용"은 "빔으로써 쓰임을 삼는다"는 뜻이지, 존재와 현상을 운운하는 맥락이 아니다.

체 體	모양 Shape	≠	본체 noumena	=	형상Form, 이데아Idea	≠	리理 Li	≠	무無 Nothingness	리理와 기氣는 이원론二元論이 아닌 혼원론渾元論이다
용 用	쓰임 Use, Function	≠	현상 phenomena	=	감관의 대상 Sensational Objects	≠	기氣 Qi	≠	유有 Being	

체와 용의 순수한 내재적 맥락에서 그 의미를 따져보면 체體는 그냥 "몸," "몸뚱이," "질량을 지닌 물체"일 뿐이다. 그것 자체로는 아무런 생명력을 지니지 않기 때문에 "용用," 즉 "쓰임"(Use), "기능"(Function)을 말한 것이다. 그렇다고 용用이 현상이고, 체體가 실체(=본체=본질*noumena*)라는 뜻은 내포되어 있질 않다.

몸과 기능이라는 뜻에서 그 용례를 찾아보면, 『장자』, 『순자』, 『여씨춘추』, 『황제내경』 등등에 그 비슷한 용례가 있다. 그러나 이것은 우주론적 범주가 아니다. "체용體用"이 문제가 되는 것은, 불교에 내재하는 인도유러피안어족의 특유한 주술主述관계(주부: 실체, 술부: 현상)를 한문투적인 언어로 표현하고자 하는 시도에서 발생하는 것이다. 그러나 결국 체용이 본체와 현상의 개념으로 이원론적으로 환원되는 사례는 거의 없다. 삼론종이나 천태종 모두 체용불이不二, 체용일여一如, 체용일원무간體用一源無間을 말할 뿐이다. 선종도 정체혜용定體慧用의 불이不二를 말한다.

하여튼 체용론은 동방사유 자체 내에서 발생한 것이 아니라 서방불교가 유입되면서 생겨난 것이다. 그 최초의 용례는 도안道安, 도생道生의 저작에 나온다고 하는 말을 강의 도중에 들은 적은 있으나 확인할 길이 없다. 반야사상에서 반야를 체로, 방편을 용으로 말하는 예는 일반적인 용례에 속한다. 하여튼 5세기 후반에서 6세기에 걸친 불교관계의 저작에 집중적으로 "체용"이라는 말이 쓰이고 있다(대표적인 저작이 『대승기신론』이다). 이것은 송유의 리기론적 사유에 결정적인 영향을 주었다. 그러나 송유는 이 체용이라는 언어의 함의를 명료하게 규정하지 못했다.

지금 「계사」 본 절의 고유한 뜻을 묻다가 주희의 주 때문에 곁가지로 새어나갔는데, 「계사」는 「계사」일 뿐이요, 타 주석의 권위를 필요로 하지 않는다. 동방철학사의 모든 언어에 「계사」가 앞서는 것이다. 주나라 인문문명, 그리고 그 인문문명에 결정적인 영향을 준 고조선문명의 사유가 대부분의 담론에 앞서는 것이다. 시기적으로도 「계사」는 불교의 아함(*āgama*)에도 앞서는 것이다.

핵심적인 과제상황인 "적연부동寂然不動"은 "역무사야易无思也, 무위야无爲也"를 전제로 깔고 있고, 후속명제인 "감이수통천하지고感而遂通天下之故"가 연속되고 있다. 역의 하편의 시작인 함괘咸卦䷞는 "다all"라는 뜻인데, 동시에 "느끼다Feeling"라는 의미를 갖는다. 역에서의 모든 존재는(※ 역에서는 존재자와 존재가 일치한다) "느끼는 존재"라는 것이다. "느낀다"는 것은 느낌의 관계망에 있는 상대를 파악한다(Prehension)는 뜻이고, 파악한다는 것은 타자를 자기존재의 일부로 수용한다는 것을 의미한다. 그러니까 "적연부동"이라는 것은 "움직임이 부정되는 고요함靜의 상태"가 아니라, 감이수통, 즉 느낌의 전제로서 더 많은 파악을 하기 위한 적극적인 다이내미즘이 되는 것이다.

그 앞에 있는 무사无思, 무위无爲에 관해서도 정이천은 좋은 해석을 내렸다: "성인께서 역을 작하심에, 일찍이 무위 하나만을 말한 적이 없다. 단지 무사无思를 먼저 말하고, 그 뒤에 무위无爲를 끼워 말한 것이다. 그러니까 여기 무위라는 것은 인간의 작위적인 요소를 경계하신 것이다. 그리고 그 아래에 있는 '적연부동, 감이수통천하지고'에 관해서는 동動과 정靜의 이치를 함께 말한 것이다. 동과 정, 그 어느 한 편에 치우쳐 말한 바가 없다! **聖人作易未嘗言无爲, 惟曰无思也无爲也, 此戒夫作爲也。然下卽曰: 寂然不動, 感而遂通天下之故, 是動靜之理, 未嘗爲一偏之說矣!**"

문제는 많은 사람들이 서양철학적 혹은 불교철학적 사유의 영향에서 헤어나지를 못하고(둘 다 인도유러피안어적인 사유체계), 적연부동을 정靜으로 생각하고 감이수통을 동動으로 생각하여, 정을 본체, 실체, 본모습, 본질(좋은 것)로 생각하고 동을 현상, 감각소여, 허상(나쁜 것)으로 생각한다는 것이다. 모든 동정론에는 이런 이분법적 발상이 깔려있는 것이다.

우리 삶의 현실을 생각하면 마구 변하고 마구 살육이 자행되고, 기아에 허덕이고, 재난이 닥치고, 친구가 배반을 일삼곤 한다. 그런데 삶의 이상, 천국을 생각하면 모든 사람이 투명한 유리로 만든 것 같고, 악한이 없고, 천사만 주위를 맴돌고, 변화가 없고, 꽃이 시드는 법이 없고, 생멸소장이 없다. 본체와 현상이라는 개념에는 이런 천국과 (지상)지옥의 가치관이 오버랩되어 있다. 서양철학의 원조를 이루는 플라톤의 이데아론도 이러한 가치관을 고취하는 사유의 장치다. 기하학을 모르는 자는 그의 아카데미에 들어갈 수 없었다. 기하학이란 형상적 사유의 극점이요, 잡雜스러운 현상이 빠진 것이다.

그러나 역易이란 무엇인가? 그것은 변화다! 이 문단의 주어는 역이다! 변화! 변화란 무엇인가? 그것은 시간이다. 시간은 기하학이 아니다. 그것은 잡雜한 것이다. 복잡한 것(complexity)이다. 여기 "무사无思"라는 것은 사특한 주관적 사유의 고집이 없다는 것이다. "무위无爲"라는 것은 특정한 주체만을 위한 작위가 없다는 것이다. 역은 변화다. 전 우주(시공간)의 변화요, 간단間斷을 모르는 창조의 순수지속이다. 역에는 "불변"이라는 것이 있을 수 없다. 적연부동이란 움직임이 부정되는 것이 아니라, 주관적 사유와 특정한 주체만을 위한 행위가 부정되는 네트워크의 고요함이다. 더 풍요로운 감통感通을 위한 포섭이다.

역의 위대함은 이미 기원전 5·6세기에 변화의 세계를 부정하고 이데아

세계로, 천당으로 초월하는 것이 아니라, 변화! 잡스러운 세상현실, 가자와 우크라이나에 비통한 울음이 울려퍼지는 이 변화의 세계를 긍정했다는 데 있는 것이다. 인문정신의 극상에 이미 인간의 사유가 도달했다는 것을 의미한다. 적연부동과 감이수통을 이원화하는 것은 불교적 사유를 벗어나지 못하는 송유의 유치함이요, 깨끗이 밑을 닦지 못하는 주희의 미적거림이요, 초월을 갈망하는 인간존재의 우매함이다. 천하의 지극한 신성이 아니고서야 이 세계 어느 것이 과연 역의 위대함에 미칠 수 있을까보냐?(非天下之至神, 其孰能與於此?)

아리스토텔레스Aristoteles(BC 384~322, 알렉산더대왕의 선생)는 사물에 힘을 가하면 굴러가다가 반드시 정지하므로, 사물의 본질은 운동이 아니라 정지라고 생각했다. 정지(靜)야말로 사물의 본질이요, 본체라는 것이다. 운동보다 정지가 더 본원적인 것이라는 사유는 서양철학 전반의 사유요, 기독교와 결합된 모든 종교적 사유의 특징이다. BC 5·6세기에 이러한 종교적 사유를 근원을 혁파하고 역이 솟았다는 데 주나라 인문주의와 그에 영향을 준 고조선문명의 위대함이 있는 것이다.

뉴튼물리학의 위대함은 바로 이 동정의 관계를 역전시켰으며 그 역전에 의하여 우주현상을 일관되게, 일반적으로, 더 체계적으로 설명했다는 데 있다. 우리의 시공간 안에 있는 모든 물체는 움직인다. 정지라는 것은 일반적 상태가 아니요, 특수한 상태이다. 그것은 관측자와 피관측체가 동일한 속도로 움직일 때만 가이한 상태이다. 우리가 보통 관찰하는 정지라는 것은 마찰에 의한 것이지, 그 물체 자체의 본질적 성향이 아니다. 지구상에 내가 고요히 앉아서 지금 이 책을 쓰고 있는 듯이 보이지만, 나를 태양에서 본다면 나는 격렬하게 자전, 공전을 하고 있다. 하여튼 우리가 말하는 정지라는 것은 운동의 특수한 측면이다. 주희는 이것을 명료하게 파악하지 못했고 우리나라 조선유학에도 이 주정론主靜論은 부정 못할 가치로서 영향을 주었다. 그리고 주정론의 존숭은 남인의 기독교수용과도 일정한 내면적 관계가 있다.

그들은 역을 제대로 파악하지 못했다. 역은 변화다! 그래서 실체가 없다! 이 "역무체易无體"라는 「계사」의 한마디를 제대로 파악한 사람은 송선하宋先河 중에서는 장재張載, 1020~1077(장안에서 태어났고 섬서 미현郿縣 횡거진橫渠鎭에서 살았다. 그래서 횡거선생이라 부른다. 이정二程의 선생) 한 사람뿐이었다. 횡거의 역학을 제대로 계승한 이가 바로 명말청초의 유로遺老 대유인 왕선산이었다. 왕부지는 그의 『사문록思問錄』(내가 홀로 사유하고 물은 기록. 말년의 성숙한 작품. 단지 정확한 저작연도를 알 수 없다. 그러나 대강 68세, 1686년작으로 추정한다. 『주역내전』 완성 직후였을 것이다) 「내편」에 이렇게 토로한다:

> "태극이 동하여 양을 생한다 했는데, 그것은 동의 동이다. 정靜하여 음을 생한다 했는데 그것은 동의 정이다. 순수한 정靜이라는 것은 있을 수가 없다. 동이라는 것이 완전히 폐하여진 정靜이라는 것이 과연 있을 수 있겠는가? 시간이 부정된 그런 정으로부터 어떻게 음이 생겨날 수 있겠는가! 한번 움직이고 한번 고요한 것은 우주의 합벽의 리듬이다. 합(닫힘)을 거쳐 벽(열림)하고, 벽을 거쳐 합하는 것이 모두 동動인 것이다. 시간이 사라진, 시간이 폐하여진 정靜이라는 것은 죽음이다. 『중용』에 '지극한 정성은 쉼이 없다'고 했다. 생각해보라! 어떻게 천지가 쉴 수 있겠는가! 『중용』에 『시경』을 인용하여 이렇게 말했다: '하늘의 명은 영원히 그침이 없도다.' 어떻게 순수한 정靜이라는 것이 있을 수 있겠는가! 太極動而生陽, 動之動也; 靜而生陰, 動之靜也。廢然無動而靜, 陰惡從生哉! 一動一靜, 闔闢之謂也。繇闔而闢, 繇闢而闔, 皆動也。廢然之靜, 則是息矣。'至誠無息,' 況天地乎! '維天之命, 於穆不已,' 何靜之有!"

나는 대학교 4학년 때 『사문록思問錄』을 읽었다. 그리고 왕부지를 내 생애의 반려로 삼기로 했다. 내가 동경대학 중국철학과에서 쓴 학위논문은 제목이 "왕선산의 동론動論"이었다(1977년 2월 10일, 학위논문 인정됨).

10-5 **夫易, 聖人之所以極深而研幾也。唯深也, 故能通天下之志。唯幾也, 故能成天下之務。唯神也, 故不疾而速, 不行而至。子曰: "易有聖人之道四焉"者, 此之謂也。**

부역 성인지소이극심이연기야 유심야 고능 통천하지지 유기야 고능성천하지무 유신야 고부질이속 불행이지 자왈 역유성인지도사 언 자 차지위야

국역 대저 역이란 성인들께서 세상의 표층 밑에 있는 깊은 심층을 궁극에까지 파헤치고, 또 변화의 오묘한 갈래길 조짐들을 미리 파악하게 만드는 심오한 바탕을 제공하는 것이다. 심층까지 내려가기 때문에 천하사람들의 뜻과 지향성을 통관할 수가 있고, 갈래길의 기미를 예감하기 때문에 천하사람들의 사무를 바르게 성취시킬 수 있다. 또한 신령한 경지에 이르기 때문에 달리지 않아도 빠르고, 감이 없이도 이른다. 공자께서 역에는 성인께서 역을 작하신 원리가 넷이 포섭되어 있다고 말씀하셨는데, 그것은 사물의 심층을 보는 능력, 갈림의 조짐을 예감하는 능력, 보이지 않게 움직이는 신묘한 능력을 전제로 해서 말씀하신 것이다.

금역 대저 역이란 성인이 나타난 현상의 배후에 있는 깊은 스트럭처를 궁극에까지 파헤치고, 변화를 가져오는 오묘한 계기들을 연구하게 되는 그 까

닭을 제공하는 것이다(夫易, 聖人之所以極深而硏幾也). "극極"은 궁극에까지 파헤친다는 뜻이고, "연硏"은 연마하다, 연구하다는 뜻이다. 성인의 노력의 주제로 「계사」의 저자는 심深과 기幾를 제시했다. 심深은 현상에 내포되어 있는 심층, 즉 디프 스트럭쳐를 가리키고, 기幾는 시간상에서 일어나는 갈림길의 계기, 길흉이 엇갈리는 조짐 같은 것을 말한다.

주희는 "극심極深"은 2절의 "지정至精"과 관련되고, "연기"는 3절의 "지변至變"과 관련된다고 했다. 성인의 업으로서 "극심極深"과 "연기硏幾"를 제시하고, 각각의 결과를 말한다. 심층을 파헤칠 수 있기에 천하사람들이 지향하는 바를 통달할 수 있게 된다는 것이다(唯深也, 故能通天下之志). 그리고 오묘한 갈림길들을 먼저 파악할 수 있기(唯幾也) 때문에 천하사람들이 해야 할 일(天下之務)을 이루어나갈 수 있게 된다는 것이다.

그리고 마지막으로 4절에서 말한 역리의 신묘함에 관해 이야기한다. 역리는 신묘하기 때문에(唯神也), 즉 하느님의 업과도 같은 보편성을 지니고 있기 때문에, 달려가지 않아도 빨리 가고(不疾而速), 걷는 행위가 없이도 목표에 곧바로 이른다(不行而至). 나는 "부질이속不疾而速, 불행이지不行而至"를 생각하면, 에밀레종의 부조인 비천상을 연상케 된다.

서양의 천사들과 같이 유치하게 날개가 달리지도 않았고, 가벼운 천의가 하늘거리며 몸에 두세 번 말려 움직이고 있는 구름과 함께 긴 타원형을 만들어 공중을 날고 있는 모습은 "불행이지不行而至"라는 표현을 무색케 한다. 선녀와 같은 비천들은 음악을 연주하고 있다. 종의 음을 구상적인 그림으로 표현하고 있는 것은 신라인의 독창성에 속한다. 거의 옷을 입지 않은 듯한 비천의 몸 허리를 휘감아 날리는 몇 갈래의 표대가 허공으로 뻗어나가고, 박대와 허리춤에서 출발한 요패腰佩의 기다란 띠들은 바람 한 점 없는데도 너울너울 춤을 춘다. 그것들의 유려한 곡선은 어지러운 듯하면서도 정연하기 짝이 없다(성낙주 지음, 『에밀레종의 비밀』, 푸른역사, pp.347~8).

「계사」의 저자는 10장 첫머리에서 언급되었던 "역유성인지도사언易有聖人之道四焉"이라는 구절을 다시 인용하면서, 마지막에서야 그것이 공자의 말씀임을 밝힌다.

역에는 성인이 역을 작한 4가지 원리가 포섭되어 있다고 말했다. 그리고 그 4가지 원리로써 문단을 결론지었다. 그리고 그 중간에 지정至精, 지변至變, 지신至神을 말하였다. 지극히 정밀함, 지극히 변함, 지극히 신묘함을 말하였다. 다음에 유심唯深, 유기唯幾, 유신唯神을 말하였다.

<table>
<tr><th colspan="4">易의 공능</th></tr>
<tr><td>通天下之志
통 천 하 지 지</td><td colspan="2">成天下之務
성 천 하 지 무</td><td>不疾而速부질이속
不行而至불행이지</td></tr>
<tr><td>唯深也
유 심 야</td><td colspan="2">唯幾也
유 기 야</td><td>唯神也
유 신 야</td></tr>
<tr><td>天下之至精
천 하 지 지 정</td><td colspan="2">天下之至變
천 하 지 지 변</td><td>天下之至神
천 하 지 지 신</td></tr>
<tr><td>問焉而以言
문 언 이 이 언</td><td colspan="2">參伍以變, 錯綜其數
삼 오 이 변 착 종 기 수</td><td>无思, 无爲
무 사 무 위</td></tr>
<tr><td>言者언자</td><td>動者동자</td><td>制器者제기자</td><td>卜筮者복서자</td></tr>
<tr><td>辭사</td><td>變변</td><td>象상</td><td>占점</td></tr>
<tr><td colspan="4">역유성인지도사언易有聖人之道四焉</td></tr>
</table>

【성인이 역을 작作한 원리】

10장 전체문장의 항목만을 뽑아놓은 것인데, 서로의 내용이 얽혀있어 정확한 대응관계를 말하기는 어렵다. 역리가 지향하는 사辭, 변變, 상象, 점占의 심오함, 오묘함, 신묘함을 말한 것이다. 반복하여 읽다보면 논리적 갈래가 스스로 드러날 것이다.

제 11 장

11-1 子曰: "夫易, 何爲者也? 夫易, 開物成務, 冒天下
자왈 부역 하위자야 부역 개물성무 모천하

之道, 如斯而已者也。" 是故聖人以通天下之志,
지도 여사이이자야 시고성인이통천하지지

以定天下之業, 以斷天下之疑。是故蓍之德, 圓
이정천하지업 이단천하지의 시고시지덕 원

而神; 卦之德, 方以知; 六爻之義, 易以貢。聖人
이신 괘지덕 방이지 육효지의 역이공 성인

以此洗心, 退藏於密。吉凶與民同患。神以知來,
이차세심 퇴장어밀 길흉여민동환 신이지래

知以藏往。其孰能與此哉! 古之聰明叡知, 神武
지이장왕 기숙능여차재 고지총명예지 신무

而不殺者夫?
이불살자부

국역 공자님께서 자문자답하신다: "도대체 역이라는 게 무엇을 하기 위하여 만들어진 것일까?

이 질문에 대한 답은 세 가지로 요약될 것이다. 첫째로 역은 천지간의 만물의 사건을 개시해주고, 둘째는 그 사건들이 일정한 효용을 달성할 수 있도록 성취시켜주며, 셋째로는 역은 자기 속에 천하의 변화의 길을 담아내어 끊임없이 모험을 감행한다. 내가 생각하기에 역은 이러한 것일 뿐이다."

그러므로 역을 만든 성인은 천하사람들의 모든 뜻을 통달하여, 천하사람들이 이루고자 하는 업業을 안정적으로 성취시킨다. 그렇게 함으로써 천하사람들의 불안과 의심을 풀어버린다.

그러하므로 역점의 과정을 담당하는 가장 기본적인 시초의 덕성은 둥글기 때문에 (원만하여 모든 가능성을 포용한다) 신묘하고, 만들어진 괘의 덕성은 모가 나면서도 (가능성이 구체화된다) 지혜롭다. 또한 최종적인 여섯 효의 의미는 무한한 변화를 일으키며 (지괘之卦의 출현을 역易, 즉 변화라 표현했다) 일정한 공업功業을 달성한다.

성인은 이와같은 과정을 거치면서 마음을 깨끗이 씻는다. 결과가 나와도 그것과 함께 은밀한 곳으로 물러나 반성의 생활을 한다. **점의 결과로 얻은 길흉이라는 것은 궁극적으로 다수의 민중과 더불어 같이 걱정하자고 있는 것이다.** 신묘한 예지로써 올 것(미래)을 알고, 냉철한 지식으로써 지나간 사건들(과거)의 되풀이되는 법칙을 의식 속에 간직한다.

과연 그 누구가 이러한 신묘한 경지에 도달했다고 말할 수 있을 것인가! 옛날에 총명예지의 성인은 신비로운 비경의 무술을 소유하고서도 군대를 일으키거나 사람을 살상하는 법이 없었다고 했는데 그러한 경지의 인간이라야 이러한 신묘한 역에 도달했다고 말할 수 있을 것인가!

금역 11장도 매우 중후한 내용이다. 결코 가볍게 넘어갈 수 없는 많은 철학적 주제가 밀집되어 있다. 「계사」라는 문헌이 얼마나 옛사람들의 사유를 짙게 농축시키고 있는지를 보여주는 언어의 장이다. 역의 등장과 발전이 고대 동북아 사상계에 얼마나 자유롭고도 치열한 사유를 제공했는지를 보여준다. 과연 오늘 21세기를 사는 우리들에게 이러한 사유의 창조가 이루어지고 있는지 깊은 반성을 요한다. 사상이라 하면 서구인들의 하찮은 레토릭을 되씹는 말장난이 그 전부라 해도 과언이 아닐 것이다.

처음부터 공자의 말씀으로부터 시작한다. 주석가에 따라 공자의 말씀을 "여사이이자야如斯而已者也"에서 끊기도 하고, "천하지의天下之疑"까지 보기도 하고, 또는 이 문단 전체를 공자의 말씀으로 보기도 한다. 그러나 공자 말씀의 인용은 짧은 것이 그 맛이 좋다. 그리고 그 말씀의 내용으로 볼 때도 문제제기에 대하여, 그 문제에 답하고, 또 "이러할 뿐이다"라고 클로징 멘트를 날리고 있기 때문에 "여사이이자야"에서 끊는 것이 정당하다고 생각한다. 13경주소본 『주역정의周易正義』의 구두점을 따랐다.

그리고 본 절이 끝나는 부분에 "기숙능여차재其孰能與此哉"라는 구문에서 보통 "여與" 아래에 "어於"가 있는데, 『정의』본에는 "어"가 없다. 의미상으로도 "어"가 없는 것이 더 명료하다. 교감에 의하면 『정의』본에는 본래 "어於"가 없었다고 한다. 『정의』본을 따랐다. 그러나 있어도 상관없다. 의미의 변화가 없다.

공자는 단도직입적으로 거창한 질문을 던진다: "역이라는 게 도대체 무엇 때문에 만들어진 것이냐? 도대체 무엇을 하자고 있는 것이냐?"라고 과감한 질문을 던진다. 도대체 역의 공능功能이 무엇이냐? 무엇을 하기 위한 것이냐? 그 기능이 무엇이냐? 이것은 매우 과감하고 큰 질문이다. 이런 질문을 21세기 한국인에게 던진다면, 99%의 한국인은 이렇게 말할 것이다: "역은 점을 치기 위한 것이다."

공자는 자기 질문에 간결히 답한다. 자문자답인 것이다. 역은 도대체 무엇을 하기 위한 것이냐?(何爲者也). 공자는 간단명료하게 역의 기능을 셋으로 답한다: 1) 개물開物 2) 성무成務 3) 모천하지도冒天下之道.

"개물"의 "물物"은 앞서 말했듯이 "것"이다. 그것은 이벤트를 의미한다. 천지지간에서 일어나는 모든 사건을 의미한다. 내가 보고있는 장미꽃

한 송이가 "사건"이다. 사건 치고는 너무도 거대한 사건이다. 그래서 내 앞에 그 아이덴티티를 유지하고 있는 듯이 보인다. 많은 주석가들이 개물의 물을 정확히 해석하지 못해, 물을 그냥 물체로 해석하고, "개물開物"을 "물질을 개발한다"로 해석하여 "개발"의 논리를 역에 덮어씌웠다. 20세기~21세기 자본주의 개발의 논리가 역에까지 기어올라온 것이다. "개물"의 "개開"는 연다는 뜻이다. "개물"은 "사건을 연다"는 뜻이다. 즉 이벤트를 이니시에이트한다는 뜻이다. 사건을 개시하여 그것이 자신의 본성대로 발전해나가도록 개방시켜 준다는 뜻이다.

이 "개물"은 다음의 "성무成務"와 연결이 된다. "무務"는 인간세의 사무事務이고 사업事業이다. 문명 속의 우리의 삶을 구성하는 일들이다. "개물"하여 그 "무務"가 이루어지도록(成), 성공하도록(공功을 성취한다) 만든다는 것이다. 그 다음에 나오는 말은 "천하의 도를 모모한다(冒天下之道)"는 뜻이다. "모冒"라는 것은 모자의 모습이다. 머리를 덮어씌우는 것이다. 모冒는 "무릅쓰다"라는 의미도 된다. 모험의 뜻도 있다. 새로운 길을 개척한다는 뜻도 있다. 동시에 머리에 담는다는 뜻도 있다.

『주자어류』에 "모冒라는 것은 천하의 많은 도리道理를 덮어씌워 자기내면에 담아낸다"라는 뜻이다 라고 했다. 역은 개물하고 성무하여 천하의 도가 순리대로 펼쳐나가질 수 있도록 한다. 구체적으로는, 64괘의 이치 속에 천하의 모든 도가 망라되어 있다는 뜻도 된다. 매우 낙관적인 인간의 삶의 모습을 그리고 있다. 공자는 이 세 가지를 제시하고 나서 역의 존재이유는 이것이 다일 뿐이라고 클로징 멘트를 날린다.

다음에 「계사」의 저자는 "시고是故"로써 말을 잇는다. 그렇게 함으로써 성인(※ 주어가 성인이다)은 천하사람들의 뜻志(=지향성, 하고자 하는 것)을 통변通變케 하고, 천하사람들의 업業(사업, 공업, 문명의 구조)을 정하고, 천하사람들의 의심, 의문을 풀어버린다.

이광지李光地의 『주역절중周易折中』에 인용된 공환龔煥은 이와같이 말했다: "통지通志는 앞서 말한 개물開物을 받아 말한 것이고, 정업定業은 성무成務를 본받아 말한 것이다. 그리고 단의斷疑는 모천하지도를 받아 말한 것이다. 천하지도를 다 머릿속에 담고 있어야 천하의 의심들을 다 풀어버릴 수 있다(※ 과학적 사유의 긍정이 있다). 그 도가 불비不備한 것이라면 어떻게 천하사람들의 의심, 의문을 깨끗이 다 풀 수 있단 말인가!"

역은 무엇을 하기위한 것인가? 夫易何爲者也?	개물 開物	통천하지지 通天下之志	통지 通志	지를 통하게 함	Philosophy
	성무 成務	정천하지업 定天下之業	정업 定業	업을 정함	Economy
	모천하지도 冒天下之道	단천하지의 斷天下之疑	단의 斷疑	의심을 풀음	Science

그러하므로 점을 치는 시초에 내재하는 덕성(是故蓍之德)은 원만하며(※ 원만의 원뜻은 "계속 잘 굴러간다"는 것이며 그 시초가 손에서 굴러가는 것이 고집 없이 원만하다는 뜻이다) 신적인 공능을 나타낸다(神: 신묘하다. 하느님의 기능을 한다). 그리고 시초에서 괘가 구성되면, 그 괘의 덕(卦之德)은 모가 나며(원만과 대비된다) 안정적인 모습이 있다. 그래서 지혜롭다. 이광지李光地는 "방지方知"라는 것은 "사유정리事有定理"라고 했다. 즉 일에 일정한 이치가 있다는 것을 의미한다고 했다. 시초의 단계에서는 "변화무방變化無方"의 융통성을 과시하지만 괘가 구성되면 일정한 "방方"을 갖춘다는 뜻이다. 공자의 말씀에 대한 주석으로서 역점의 과정을 들어 이야기하고 있는 것이다: 1) 시초의 단계 2) 괘상이 드러난 단계 3) 효사를 따져보는 단계(六爻之義).

육효의 의미에 관해서는 "역이공易以貢"이라는 표현을 썼는데 주석가에 따라 이견異見이 많다. 역은 "변한다"는 의미이며, 효와 관련하여 대표적인 술어이기 때문에 더 말할 건덕지가 없다. 그러나 "공貢"에 관해서는 제일 많은 번역이 "고告해준다," "말해준다"는 뜻이라 하는데, 너무 평범하다. 효는 당연히 "말해주는 것"이다.

공貢을 "공功"이라고 보는 주석이 많은데 역시 이 의미가 더 적합해보인다. 즉 효는 변함을 통해 우리 인생에 일정한 공을 성취한다는 뜻이다. 효가 꼭 점이라고만 생각할 필요가 없다. 우리가 살아가는 삶의 과정이 효사를 굴리는(변화시켜 가는) 과정이라고 생각해도 될 것이고, 사유의 과정이 효가 변해가면서 일정한 공업功業을 성취하는 과정이라고 생각해도 될 것이다. 이미 효사는 인문학적 텍스트가 되어있던 시기였다.

장횡거는 이와같이 말했다: "원신圓神하기 때문에 능히 천하의 지志에 통할 수 있고, 방지方知하기 때문에 능히 천하의 업業을 정定할 수 있고, 역공易貢하기 때문에 능히 천하의 의疑를 단斷할 수 있다." 꼭 이렇게 도식적으로 맞출 필요는 없으나 의미있는 연관이라고 생각한다.

역 易	시초	시지덕 蓍之德 The virtue of the divine stalks	원이신 圓而神 versatile and God-like	통천하지지 通天下之志 Intentionality
	괘	괘지덕 卦志德 The virtue of the diagrams	방이지 方以知 exact and wise	정천하지업 定天下之業 Construction
	육효	육효지의 六爻之義 The meaning of the six lines	역이공 易以貢 Changeful and achieving	단천하지의 斷天下之疑 Universality

점은 왜 치는가? 점이란 무엇을 위한 것인가? 시초를 동원하여 괘를 얻고 효를 얻었으면 그 결과로써 무엇을 해야 하는가? 주어가 다시 "성인聖人"으로 바뀐다. 예부터 점을 치는 사람도 성인이었다. 여기 성인이란 사회적 책임을 지닌 인간이다.

맹자는 "성인"을 "대인大人" 다음의 높은 단계에 놓았다. 대인은 "충실이유광휘充實而有光輝"라고 규정했다. 내면이 꽉 차서 그 광채가 겉으로 드러나는 사람이라는 것이다. 선인善人(착한 사람), 신인信人(믿을 수 있는 사람), 미인美人(믿음직한 덕성이 몸에 차 무르익은 사람)의 단계를 거쳐 대인大人에까지 이르렀는데, 그보다 더 높은 경지의 인간이 성인聖人이라는 것이다. 그런데 대인과 성인을 가르는 결정적 차이는 무엇인가? 대인大人은 그 덕성이 자기존재 내부에 머물러도 되지만, 성인聖人은 반드시 그 덕성이 사회적 차원을 확보해야 한다. 맹자는 말한다: "대大의 충실성이 반드시 사회적으로 교화작용을 일으킬 때 우리는 그 사람을 성인이라 부른다. 大而化之之謂聖。"

성인이란 그 존재 그 자체로써 타인을 교화시키는, 사회적으로 도덕규범을 창조하는 인간이래야 한다. 시蓍, 괘卦, 효爻의 결과를 얻은 성인은 그것을 자기 개인의 운명에 적용하는 것이 아니라, 사회적 반향을 위하여 반드시 자기성찰의 기나긴 과정을 거친다. 점의 사辭는 성인의 내면을 거쳐서 사회적 공능을 지니게 되는 것이다.

그러기 위해서는 성인은 점의 말을 얻은 후에 반드시 그 마음을 깨끗이 씻어야 한다(聖人以此洗心). 여기 "세심洗心"이라는 말이 나오고 있고 또 "퇴장어밀退藏於密"이라는 말이 나오고 있다. "퇴장어밀"을 5장 2절의 "장저용藏諸用"과 관련시키는 주석이 많은데 양자는 사용된 맥락이 다르다. 여기는 "세심洗心"을 위하여 은밀한 곳으로 물러난다는 뜻이다. 감이수통을 위하여 적연부동하게 있는다는 뜻이다. "마음을 씻는다"는 의미는 『논어』에도 공자가 이미 설파한 것이 있다:

"공자께서는 평소 삶에 네 가지의 태도가 전혀 없으셨다: 1) 주관적 억측이 없으셨다.毋意 2) 무엇이 꼭 이렇게 되어야만 한다는 편협한 주장이 없으셨다.毋必 3) 변통을 모르는 고집이 없으셨다.毋固 4) 나라는 집착이 없으셨다.毋我." 무의, 무필, 무고, 무아의 덕성만 해도 기실 불교가 말하는 무아無我(*anātman*)의 실생활적 가치와 크게 차이나지 않는다. 중국인들에게 대승불학의 실제적 의미는 유교적 가치관에서 벗어나지 않는다. 유교의 뿌리는 역이고, 역은 변화이며, 무체无體이다. 무체라는 것은 인식론적 엄밀한 의미를 떠나 오온의 가합假合이라는 말과도 상통한다.

역易 *I*	세심洗心 Cleansing of Mind
유교 Confucianism	사절四絶: 무의毋意, 무필毋必, 무고毋固, 무아毋我 No foregone conclusions, no arbitrary predeterminations, no obstinacy, and no consciousness of Self
불교 Buddhism	무아無我 *Anātman*

사유를 구성하는 개념들의 엄밀성도 중요하지만 그것들이 실제적으로 지니는 의미를 개관하여 본 것이다. 불교를 도가철학과는 쉽게 연관지으면서도, 유가와의 관계를 기피하는 것은 정치사적 이유가 강하다. 사상이란 삶의 흐름이지 학파에 예속된 갈래길들이 아닌 것이다.

그런데 여기 「계사」의 논의에서 주목할 것은 불교의 무아가 궁극적으로 개인의 해탈을 목적으로 하고 있는데, 여기 「계사」가 말하는 세심의 궁극적 목표는 "여민동환與民同患"이다. 유교적 정서의 궁극적 본질은 고업苦業으로부터의 구원이 아니라, 민과 더불어 우환을 공유하는 것이다. 괘효에 길吉이 나왔으면 민과 더불어 기뻐하고, 흉凶이 나왔으면 민과 더불어 우려하고 대책을 마련하는 것이다. 이러한 우환의식이 없는 자는 성인의 자격이 없을 뿐 아니라, 근원적으로 점을 칠 자격이 없는 것이다. 장횡거의 스승인 범중엄范仲淹, 989~1052의 유명한 격언, "선천하지우이우先天下之憂而憂, 후천하지락이락後天下之樂而樂"이 다 이러한 「계사」의 사상과 관련되는 것이다.

「계사」의 저자는 또 말한다. 성인은 신적인, 영묘불가사의한 능력을 갖고 있기 때문에 올 것을 알고(神以知來: 미래를 예측한다), 또 냉철한 지혜를 가지고 있어서 지나간 모든 것(과거)을 간직하고 있다(知以藏往). 단순한 기억(memory)이 아니라 과거로부터 되풀이되어 오는 역사의 원리 같은 것을 자기 몸속에 간직한다는 뜻이다. 「계사」의 저자는 묻는다: "과연 그 누구가 이러한 지래知來와 장왕藏往의 경지에 미칠 수 있겠는가! 其孰能與此哉!"

또 말한다. 신적인 무예를 간직한 옛날의 총명예지는 무력을 휘두르지 않고도 상대를 제압했다고 하는데 이런 신출귀몰의 인간이라야 이러한 경지에 도달했을 것인가?(古之聰明叡知, 神武而不殺者夫) 왕부지는 괘사를 지은 문왕文王이 예지叡知와 신무神武를 겸비했음에도 불구하고 병兵을 일으키지 않고 태연자약하게 때를 기다렸다고 했다. 여기서 말하는 신무의 인간은 문왕과 같은 사람일 것이라고 말한다.

옥안 "세심洗心"을 "선심先心"으로 고쳐 읽어야 한다는 주석가도 있으나 적합지 않다. 다음 장에도 "재계齋戒"("齋"와 "齊"는 같은 음, 같은 의미로 쓰인다)라는 말이 나온다. 같은 의미맥락을 타고 있다.

11-2 是以明於天之道, 而察於民之故, 是興神物以前
시이명어천지도 이찰어민지고 시흥신물이전

民用。聖人以此齊戒, 以神明其德夫!
민용 성인이차재계 이신명기덕부

국역 그러므로 성인은 평소부터 하늘의 법칙을 밝게 알아 무리한 판단이 없고, 또 백성들의 삶의 사연들을 민감하게 살펴 민생을 도모한다. 이런 연후에나 신령한 물건을 일으켜 (시초점) 점을 침으로써 백성들의 삶의 효용을 리드해나간다. 성인은 점을 칠 때에는 점을 치는 과정을 통하여 자신의 몸을 재계한다. 그리고 하느님과의 해후로써 자신의 덕을 밝게 만드는 것이다(※ 대학지도大學之道는 명덕明德을 밝히는 데 있다고 한 것과 상통한다).

금역 내용이 매우 추상적이래서 명료하게 해설하기가 곤란하다. 전체적으로 볼 때 주어는 성인으로 간주하는 것이 문맥상 정당하다. 동사로서는 "명明"과 "찰察"이 대비되고, 그 동사의 대상으로서는 "천지도天之道"(하늘의 길)와 "민지고民之故"(민중의 삶의 까닭)가 대비되고 있다. 천지도天之道라는 것은 하늘의 길이요, 법칙이요, 원리이니, 요즈음 말로 하면 과학의 세계라 할 수 있다. 성인은 객관적 과학적 법칙의 세계를 밝히 알아야 하고, 또 한편으로는 백성(인민)들이 살아가는 삶의 사연들, 그러니까 사회과학적 현상의 까닭을 잘 살펴야 한다는 것이다. 천도天道와 민고民故는 과학과 도덕의 수많은 층차를 가리키고 있다. 진정한 성인은 무지한 상태에서 신물神物(蓍數)을 일으키는(興) 것이 아니라, 먼저 과학적 상식과 끈적끈적한 인간세의 사연에 밝아야 한다는 것이다. 그러한 문제의식을 먼저 가지고 점에 쓰이는 신령한 물건을 일으키게 된다(是興神物). 그렇게 함으로써 백성들의 삶(民用)을 인도하게 된다(以前民用). "용用"이란 쓰임인데 백성들의 삶을 말한다. 그리고 "전前" 앞에 늘어놓는다는 뜻인데, 결국 백성들의 쓰임을 리드한다는 뜻이다.

성인은 이로써(以此: 시초풀로써) 자기 몸을 깨끗하게 한다(聖人以此齊戒)라고 했는데 이것은 결국 점치는 과정이 옛날에는 목욕재계를 한다든가, 향불을 피운다든가, 점치는 방을 깨끗하게 정돈한다든가 하는 제식적 프로세스가 많았기 때문에 그러한 경건함과 공경한 마음가짐으로써 점을 치게 된다는 것을 나타낸 것이다. 점은 경건한 기도였던 것이다.

聖人以此齊戒, 以神明其德夫! 앞의 "이차以此"의 "차"는 시초(산대)를 가리킨 것이 분명하다. 그런데 그것과 병치되는 다음 문장이 해석이 좀 어렵다. "이以" 다음에 "차此"가 생략된 것으로 보기도 하고, "신명神明"을 붙여서 한 동사로 보아 "신명스럽게 만든다"라고 하는데 나는 이런 통사론을 받아들일 수 없다. 마지막의 "부夫"는 감탄사이다. 그리고 "기덕其德"에 관하여서는 그 덕을 무엇의 덕으로 보느냐는 관점이 여러 갈래가 있는데, 대체적으로 시초의 덕으로 보는 주석가와 성인의 덕으로 보는 주석가, 혹은 역점의 추상적인 작용을 가리키는 덕으로 보는 주석가들의 견해가 있다. 나는 주어가 성인으로 시작된 문장이므로, "기덕其德"은 역시 성인의 덕으로 보는 것이 가장 자연스럽다고 본다.

나는 신명神明을 붙여 해석할 수 없다고 생각한다. "이신명기덕부"에서 신神은 역시 앞의 이以의 목적어가 되어야 한다고 본다. 그리고 주동사는 "명明," 즉 "밝힌다"는 뜻이다. 이렇게 되면 마지막 두 구절은 "성인은 시초를 다루는 것으로써 자신의 몸과 마음을 깨끗이 하고, 하느님과 접촉하는 것을 통해(以神) 성인됨의 덕을 밝게 한다(明其德夫)"는 뜻이 된다. 한문을 읽을 때는 가급적 단음절어의 원칙을 지키고, 고유한 신택스를 명료하게 따져 존중하는 것이 좋다.

11-3 **是故闔戶謂之坤, 闢戶謂之乾, 一闔一闢謂之變, 往來不窮謂之通, 見乃謂之象, 形乃謂之器, 制而用之謂之法, 利用出入, 民咸用之, 謂之神。**
시고합호위지곤 벽호위지건 일합일벽위지변 왕래불궁위지통 현내위지상 형내위지기 제이용지위지법 이용출입 민함용지 위지신

국역 그러므로 문을 닫는 것과 같은 음적인 현상을 총체적으로 상징화하여 곤坤이라 부르고, 문을 활짝 열어 생성을 활발하게 만드는 양적인 현상을 총체적으로 상징화하여 건乾이라 부른다. 한번 닫혔다가 한번 열리곤 하는 천지만물 음양의 이치를 일컬어 변變이라 일컫는다. 만물의 변화가 막히는 것이 아니라 끊임없이 왕래하는 지속의 통달함을 통通이라 일컫는다. 이렇게 변통하는 과정에서 일정한 모습을 드러내는 것을 상象이라 하고, 또 구체적인 물상으로 형상화되는 것을 기器라고 부른다. 그 그릇들을 제압하여 삶에 유익하도록 활용하는 것을 법法이라 일컫는다. 이롭게 활용하면서 자유롭게 들락날락하는 가운데 민중 모두가 함께 참여하는 신비로운 마당, 그것을 일컬어 하느님神이라고 한다. 하느님은 개방적인 쓰임이다.

금역 이 절의 문장은 천지코스몰로지, 혹은 건곤병건乾坤並建의 세계관을

포괄적으로 과시하는 그랜드한 상징체계로 해석할 수도 있고, 또 점을 치는 과정의 구체적인 레퍼런스로써 풀이할 수도 있다. 여기 "위지謂之"(……라고 부른다)로 지시하는 역의 전문용어는 8개가 있다: 1) 곤坤 2) 건乾 3) 변變 4) 통通 5) 상象 6) 기器 7) 법法 8) 신神.

곤坤이 건乾보다 앞에 오는 것을 보아도 「계사」의 저자는 곤적인(여성적인) 덕성을 건적인(남성적인) 덕성보다 더 근원적으로 보고 있다고도 말할 수 있다. 적연부동의 곤적인 가능성이 모든 건적인 능동성의 모태라고 보는 것이다. 이것을 서의筮儀로써 설명하면 양손의 산대를 합치는 것이 곤을 상징한다고 보고(합호闔戶), 그것을 양손으로 갈라 나누는 것을 건을 상징한다고 보게 된다(闢戶). 결국 점의 조작과정이 이 닫음과 열림의 연속적 과정이기 때문에 그것을 변變이라 한다는 것이다. 즉 18변을 말하는 것이다.

이 변의 과정은 끊임없이 양손의 산대가 아래위로 왕래하면서 막힘이 없기 때문에 그것을 통通이라 한다(往來不窮謂之通). 이러한 변통의 과정에서 상象이 드러나고(見乃謂之象), 또 구체적인 형체를 갖추게 될 때 우리는 그것을 기器라 부른다(形乃謂之器). 기는 특정한 그릇이 아니라 현상을 구성하는 모든 개물의 통칭이라 말할 수 있다. 우리가 문명을 이루고 산다는 것은 이 그릇을 제압하여 문명의 이기로서 활용한다는 것이다(制而用之). 이 현상적 개물들을 활용하는 근원적인 원칙 같은 것이 법法이라고 일컫는 것이다(謂之法: 법法은 과학적 법칙과 다른 의미가 아니다). 법이 없이는 활용이 불가능하다. 법이 있기 때문에 온 백성이 다 함께 그것을 활용할 수 있는 것이다.

총결적으로 쓴 말이 정말 오묘하다: "민함용지民咸用之, 위지신謂之神。" 나는 여기 신神을 "오묘하다," "신묘하다"라는 형용사로 보지 않고 그대로 "하느님"이라고 해석한다. 이 땅위의 민중이 다함께, 같은 원리로써,

같은 법칙으로써 기器를 활용(用)할 수 있다는 사실(民咸用之), 그 보편성을 하느님이라 일컫는다는 것이다(謂之神). 즉 하느님은 절대적 타자(the Other)로서 객화되는 존재가 아니라, 민民이 더불어, 함께 활용하는, 현상에 내재하는 원리가 곧 하느님이라는 것이다. 모든 신비를 인간의 삶(Life) 속으로 끌어들이는 인문주의정신의 표현이라 할 것이다.

그러나 합闔과 벽闢을 그냥 우주의 프로세스로 보아도 아무런 문제가 없다. 합(닫힘)은 추동秋冬과 같이 우주의 문이 닫히는 시기, 땅의 음기가 지배하는 시기를 말하고, 벽(열림)은 춘하春夏와 같이 우주의 문이 열리고 만물이 활동하는 시기, 하늘의 양기가 지배하는 시기로 보면 된다(고형高亨, 『주역대전금주周易大全今注』). 일합일벽一闔一闢의 출입은 앞서 5장에서 말한 일음일양一陰一陽의 도道적인 현상으로 보면 될 것이다. 왕래불궁往來不窮은 우주현상, 즉 역의 통달함을 말하는 것이다. 그러한 프로세스 가운데서 상象이 드러나고, 기器가 형성되고, 법法을 파악하여 기를 제압하고, 모든 사람이 쓰임(用)의 진리를 공유하는 그 세상을 하느님이 내재하는 우주라고 보면 될 것이다.

그러한 언어를 구태여 협의의 점법에 구속시켜 해석할 필요는 없을 것이다. 그러나 「계사」에는 점서占筮적 프로세스(divinatory process)와 우주론적 프로세스(cosmological process)가 오버랩되어 있다고 말할 수도 있다. 항안세項安世, 1153~1208(남송 효종孝宗 순희淳熙 2년 진사. 『주역』에 일가견 있는 학자. 정이천의 『역전』의 정통을 이었다고 자부함)는 『주역완사周易玩辭』라는 그의 대표적 저술에서 이와같이 말한다: "시책蓍策에 드러나는 것, 그것을 상象이라 이르고, 괘효에 형상화되는 것, 그것을 기器라 이른다. '제이용지制而用之'는 그것을 복서卜筮의 법法이라고 이르는 것이다. '함용지咸用之'는 모든 사람이 그것을 활용하여 삶의 모든 의심을 풀어버림을 일컫는다. 심오함을 극極

하고, 변화의 조짐들을 연마하는 것, 그 오묘한 경지가 이 수준에 이르렀다. 이러한 경지야말로 천하의 지극한 하나님이 아니고서는 무엇이 이에 도달할 수 있겠는가!"

하느님은 형용사, 부사인 동시에 명사이다. 하느님은 술부적 활동인 동시에 주어다. 하느님은 인민생활의 일용日用에 내재하는 "법法"이다. 하느님은 음양막측陰陽莫測의 신묘한 존재이지만 허탈虛脫의 초월자가 아니다.

11-4 **是故易有太極, 是生兩儀, 兩儀生四象, 四象生八卦, 八卦定吉凶, 吉凶生大業。是故法象莫大乎天地, 變通莫大乎四時, 縣象著明莫大乎日月, 崇高莫大乎富貴。備物致用, 立成器以爲天下利, 莫大乎聖人。探賾索隱, 鉤深致遠, 以定天下之吉凶, 成天下之亹亹者, 莫大乎蓍龜。**

시고역유태극 시생양의 양의생사상 사상생 팔괘 팔괘정길흉 길흉생대업 시고법상막대 호천지 변통막대호사시 현상저명막대호일월 숭고막대호부귀 비물치용 입성기이위천하리 막대호성인 탐색색은 구심치원 이정천하지 길흉 성천하지미미자 막대호시구

국역 그러므로 역, 즉 끊임없이 변화하는 시공의 모든 계기에는 태극이 있다. 태극은 실체가 아니요, 본체가 아니요, 존재자가 아니다. 태극은 역의 모든 계기에 있는 것이다. 역이 태극을 소유하는 것이 아니다. 역에 태극은 고유固有한 것이요, 동유同有하는 것이다. 이 태극의 총체성이 양의兩儀를 생生하고, 양의는 사상을 생

하고, 사상은 팔괘를 생한다. 팔괘는 길흉을 정하고, 길흉이 정해진다는 것은 문명의 대업을 생하는 것이다.

그러므로 상象을 본받는다는 것은 천지보다 더 위대한 것은 없고, 변통한다는 것은 우리 삶이 명백하게 감지하는 사시보다 더 위대한 것은 없다. 하늘에 상이 걸려있어 밝은 빛을 발하는 것으로는 우리 인간에게 일월처럼 위대한 것은 없다. 우리 삶에 숭고하고 높으면 좋을 것으로서는, 부귀만큼 위대한 것은 없다.

사물을 골고루 갖추어 삶의 효용을 높이고, 만들어진 그릇을 문명의 전위에 세워 천하를 이롭게 하는 것은 성인의 치업보다 더 위대한 것은 없다. 그래서 성인은 부와 귀를 갖추어야 한다고 말한 것이다.

어지러운 듯이 보이는 현상을 탐색하여 숨은 원리를 찾아내고 가려진 법칙을 분류하고, 깊은 내면의 구조를 드러내고 그렇게 하여 먼 곳에까지 이르게 하는 제일성(Uniformity of Nature)의 원리는 예로부터 과학자들의 작업이었다. 이러한 과학적 상식 위에서 천하의 길흉을 정립하고 천하사람들이 당연히 힘써야 할 것을 힘쓰도록 만드는 것은 시구蓍龜의 성스러운 진실보다 더 효율적인 것은 없다.

금역 이 11장 4절의 문장은 송명유학을 이해하는 데 있어, 빼놓을 수 없는 중요한 문장이다. 송명유학 즉 신유학의 시작은 주렴계, 1017~73의 『태극도설太極圖說』을 기점으로 삼는다. 태극을 중심으로 하는 우주발생론(cosmology)을 도형화한 태극도를 그려놓고, 그 태극도를 설명하는 문장이 바로 "태극도설"인 것이다. 그런데 이 기념비적인 『태극도설』이 "무극이태극無極而太極"이라는 문장으로 시작된다. "극極"과 "태太," "무無," 그리고 "이而"

라는 접속사에 대한 다양한 해석이 있을 수밖에 없다.

그런데 무극無極이라는 말은 『노자도덕경』 제28장의 "위천하식爲天下式, 상덕불특上德不忒, 복귀어무극復歸於無極"이라는 구절에 보인다(cf. 도올 김용옥 지음 『노자가 옳았다—My Final Commentary on Lao Tzu's Tao Te Ching』 pp.278~281). 노자에게 있어서 무無라는 것은 비존재를 나타내는 말이 아니라 대체로 무형, 근원적인 카오스, 또는 허虛(빔)를 나타내는 말이므로 "극이 없다"는 뜻은 아닐 것이다.

그런데 송유의 "태극太極"이라는 말의 어원은 바로 이 「계사전」의 본 절에 보이는 것이다. 「계사」야말로 신유학의 프로토타입이라는 것이 여실히 입증되는 것이다. 그런데 "태극太極"의 용례가 『장자』 「대종사」편에도 있다. 앞에서 나는 「계사」의 성립과 「대종사」편의 성립이 동시대의 패러다임이라는 이야기를 한 적이 있는데, 하여튼 양자의 언어의 상통이 이러한 가설을 더 신빙성 있게 만든다.

그러나 「대종사大宗師」에 나오는 "태극太極"은 우주발생론적인 맥락이 아니라 단지 높다는 것을 강조하는 가벼운 함의를 지닌 맥락이었으므로(在太極之先而不爲高) 『태극도설』의 출전으로서는 부적합하다. 『도설』의 "무극이태극"의 전체적 출처는 「계사」로 보아야 한다. 「계사」의 태극은 확연하게 우주발생론적인 함의를 지니고 있다. 64괘라는 심볼리즘의 성립과정과 우주·인생의 길흉·대업이 생성되는 과정을 일치시켜 역의 총체적 의미를 논하고 있는 것이다.

태극이란 무엇인가? "무극이태극"이라는 말을 이해하기 위해서는 "태극"이라는 말을 정확히 이해해야 한다. "태太"는 우리말 훈으로 "클 태太"

라 하는데 정확한 표현이다. "태"는 "크다"는 뜻이다. 큼 중에서도 더없이 큼의 최상급을 가리킨다.

그런데 "태극太極"은 좀 아이러니칼한 말이다. "극極"은 "궁극"(the Ultimate)의 뜻이 있으면서 "한계"(the Limit)의 뜻이 있다. 동방인이 이 "극極"이라는 단어를 선호하는 이유는, 그들이 생각하는 우주는 가장 큰 것인 동시에 한계를 갖는다는 의미를 내포하고 있기 때문이다. 가장 큰 것이라면 혜시의 말대로 "지대무외至大無外," 즉 밖이 없어야 한다. 즉 한계가 없어야 한다. 즉 무한이어야 한다. 리미트가 없어야 한다. 그런데 우리가 북극, 남극이라는 표현을 쓰는 것만 보아도, "극"에는 광막한 지구의 북쪽한계, 남쪽한계라는 의미가 포함되어 있다. 여기서는 한계가 있다는 뜻이다. 결론적으로 말하자면, 천지는 무한하지만 그 무한은 역易으로만 가능한 무한이다.

"태극"이란 무엇인가? 크기로서는 더 이상을 생각할 수 없는 가장 큰 극極이다. 그러나 그 태극은 우리가 생각하는 시공의 우주인데, 시공을 운운하는 것 자체가 한계가 없을 수는 없다는 것이다. 한계를 말하는 것은 순환(Circulation)을 전제로 한다는 것을 내포한다. 이것은 생명적 우주에서는 불가피한 전제이다.

"무극이태극無極而太極"이라는 표현에서 "이而"를 "무극이 먼저 있고나서 태극이 있다"라고 해석할 수도 있고, 또 "이"를 "……면서"라고 해석할 수도 있다. 즉 "무극이면서 태극"이 된다. 그러면 실제로 무극과 태극은 동시적 사태가 된다. 태극 이전에 무극이라는 그 무엇이 있었다는 식으로 "무극이태극"을 해석하는 태도는 모두 "실체론적 오류"(the Fallacy of Substantialization)에 빠진 것이다.

주희도 태극이라는 물건 위에 무극이라는 물건이 있고, 그 양자 사이에는 선후관계가 성립한다는 식으로 "이而"를 해석하지는 않는다. 주희의 말을 직접 인용해보자!

"無極而太極," 不是太極之外別有無極, 無中自有此理。又不可將無極便做太極。"無極而太極," 此"而"字輕, 無次序故也。

렴계선생이 "무극이태극"이라고 했을 때 그것은 태극 이외에 별도로 무극이 있다는 것을 말한 것은 아니다. 무극의 "무"는 그냥 없다는 얘기가 아니라, 그 속에 스스로 태극의 리理가 들어있다는 것을 말한 것이다. 그렇다고 또한 무극을 곧바로 태극이라고 간주할 수도 없는 것이다. "무극이태극"이라 했을 때, 사이에 있는 "이而"는 별 의미가 없는 매우 가벼운 뜻이다. 거기에 차서次序(양자간의 순서나 서열)라는 뜻은 포함되어 있지 않다. (『주자어류』 권 제94)

이 말만 가지고는 주희의 본뜻을 다 알아차릴 수 없다. 주희는 매우 애매하고 복합적인 자세를 취하고 있기 때문이다. 말한다:

周子所謂"無極而太極," 非謂太極之上別有無極也, 但言太極非有物耳。 (『어류』 동상同上)

주렴계 선생이 "무극이태극"이라 말한 것은 태극 위에 별도로 무극이 있다는 것을 말한 것이 아니다. 주렴계가 말하고 싶었던 핵심은 태극이 단순한 물체가 아니라는 것이다.

또다른 주희의 대화를 살펴보자:

曰: "無極者無形, 太極者有理也。周子恐人把作一物看,

故云無極。” 曰: “太極旣無氣, 氣象如何?” 曰: “只是理。”
주자께서 말씀하시었다: “무극이라는 것은 형체가 없다는 것이고, 태극이라는 것은 리理가 있다는 것이다. 주렴계 선생은 사람들이 태극을 하나의 물체로 파악할까봐 두려워 무극이라는 표현을 동시에 말한 것이다.” 어느 학생이 주희 선생님께 여쭈었다: “태극에는 기氣가 없다고 말씀하셨는데, 기의 상징성 같은 것이라도 있지 않겠습니까?” 주희 선생님은 대답하시었다: “태극은 단지 리理일 뿐이다.”(『어류』 권 제94. 중화서국판p.2366)

또한 매우 오묘한 논의가 있다:

“無極而太極”只是說無形而有理。所謂太極者, 只二氣五行之理, 非別有物爲太極也。又云: “以理言之, 則不可謂之有 ; 以物言之, 則不可謂之無。”
주희 선생님께서 말씀하시었다: “주돈이 선생이 ‘무극이태극’이라고 말씀하신 것은 단지 형체가 없는데(무극) 리가 있다(태극)는 것을 말씀하신 것이다. 태극이라고 하는 것은 단지 이기(음과 양) 오행의 존립을 가능케 하는 이치(理)일 뿐이다. 태극이라는 물체가 별도로 있는 것은 아니다.” 주희 선생님은 이와 관련하여 또 말씀하시었다: “리理의 측면에서 말하자면, 태극이 있다라고 말할 수 없다. 그러나 물物의 측면에서 말하자면(물체의 근거로서 말하자면) 태극이 없다라고 말할 수 없다.”(『어류』 권 제94)

지금 내가 헷갈리는 말들을 계속 늘어놓았지만, 이것은 단지 주자학적 논의가 아니라 세계철학의 핵심적 과제가 12세기에 동북아시아에 개화하여 꽃을 피우고 있는 것이다. 이 논의는 조선유학사의 대맥으로 발전하여 사단칠정론이라는 세기적 논쟁이 된 것이다. 그 디프 스트럭처가 바로 「계사」에서 유래된 것이다. 그러니까 「계사」의 논의로부터 조선유학사에 이르는 홍류가 조선의 사상풍토에 흐르고 있었던 것이다.

주희는 분명하게 "태극太極"을 "리理"로 보고 있다. 그런데 리理는 물物(시공의 구체적 물상)과 상잡相雜하지 않는 순수한 이법의 세계이다. 그러니까 리는 형체가 없다(無形). 그래서 가장 큰 극(太極)은 극이 없다(無極)라고 말한 것이다. 어떤 의미에서 무극은 태극에 우주론적으로 선행하는 그 무엇이 아니라 태극의 성격을 규정한 가벼운 언사이다.

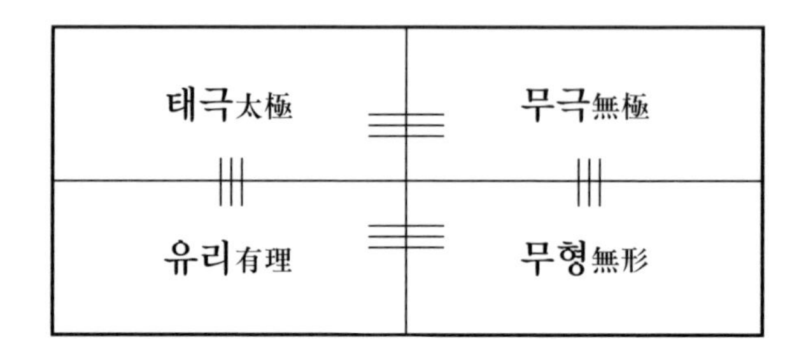

무극의 "무無"는 없다라는 뜻만 있는 것이 아니라, 노자가 말한 "혼돈"의 의미가 있다. 그 혼돈, 카오스에는 리理로 가득하다(又說無極, 言只是此理也。『어류』 중화서국본, p.2365).

"무극이태극"이라는 말의 핵심은 주자에게는 양자가 모두 "리理"임을 말하려는 데 있다. 모종삼牟宗三 선생은 무극과 태극은 두 개의 사태가 아니라 동일한 대상에 대한 부면負面과 정면正面을 일컫는 것이라고 말했다. 태극은 표전表詮(드러낸 표현)이고 무극은 차전遮詮(가려진 표현)이다. 태극은 실체사이고 무극은 극이 없음을 나타내는 형용사라는 것이다(『심체와 성체心體與性體』 제1책, p.358).

그런데 주희에게 있어서 리는 무정의無情意, 무계도無計度, 무조작無造作하는 것이다(『어류』 p.3). 그러니까 리는 물物의 세계로부터 추상되는 원리 같은 것이며 시공에 속하지 않는 완벽한 것이 되어야 할 텐데(理擧着全無欠闕。『어류』 p.100), 또 동시에 리理는 기氣를 떠나서는 존립할 수도 없고, 또 존재의의를 확보할 수 없다는 것이다. 주희는 말한다:

天下未有無理之氣, 亦未有無氣之理。

천하에 리가 없는 기는 있을 수 없고,

또한 기가 없는 리는 있을 수 없다.

有是理必有是氣, 不可分說。都是理, 都是氣。那个不是理, 那个不是氣。

리가 있으면 반드시 기가 있다. 양자는 분리되어 말하여질 수 없다. 모든 것이 리이고, 모든 것이 기이다. 무엇이 리가 아닐 수 있겠으며, 무엇이 기가 아닐 수 있겠는가?

그러나 주희가 리理를 말할 때는 그것은 곧 태극太極을 말하는 것이다. 말한다:

太極只是一箇理字。(『어류』p.2).

태극은 단지 하나의 리理 자일 뿐이다.

太極只是天地萬物之理。

태극은 단지 천지만물의 리일 뿐이다.

所謂太極乃天地萬物本然之理。

이른바 태극이라고 하는 것은 천지만물의 본연 그대로의 리理이다.

내가 주희의 사유체계를 혼원론渾元論이라 규정한 적이 있는데, 주희에게 리와 기는 합合과 리離가 혼융混融되어 있기 때문이다. 체용론體用論에도 마찬가지 과제상황이 있다. 주희의 혼원론이 매우 혼란스럽기 때문에 조선의 유자들에게 끊임없는 탐색의 실마리를 제공한 것이다.

지금 나는 내가 제시한 문제들을 정리할 시간이 없다. 그럴 필요성도 느끼지 않는다. 단지 동방철학사의 핵심과제인 "태극"의 문제가 바로 「상계」 11장에서 제기되었다는 것과, 그 태극을 주희가 "리理"로 해석했다는 것을 이해하는 것으로 족하다. "리로 해석했다"는 뜻은 주희가 인도유러피안 사유에서 문제된 현상과 본체의 이원론을 받아들였다는 것을 의미함과 동시에, 리와 기의 상즉불리相卽不離(양자는 즉하여 이원화될 수 없다)를 말함으로써 초월을 내재화시키려 했다는 것을 확인한 것이다. 초월의 내재화를 나는 혼원론이라 부른 것이다.

그런데 「계사」에서 "태극"이 등장하는 맥락은 양의兩儀, 즉 음과 양, 그리고 사상四象, 팔괘八卦가 생기는 전 과정을 망라하는 혼원의 지극至極한 미분자未分者로서 서의筮儀적, 우주발생론적 기능을 걸머지고 있는 것이다.

복희팔괘차서伏羲八卦次序

	一	二	三	四	五	六	七	八
팔괘八卦	건乾	태兌	리離	진震	손巽	감坎	간艮	곤坤
사상四象	태양太陽		소음少陰		소양少陽		태음太陰	
양의兩儀	양陽				음陰			
	태 太極 극							

그런데 왕부지는 태극의 본래적 맥락이 어디까지나 "역"이라는 사실에 의거하여 주자의 리합혼재의 논의가 근원적으로 무근거하고 무의미한 것이라고 반박한다. 젊은 날에 반청反淸 애국운동에 헌신했던 왕부지는 망국의 원인을 유교본래정신의 타락이라고 보고, 그 도덕질서의 해체를 유발한 양명학을 심척深斥하였으나, 말년에 가서는 주자학의 논의에 대해서도 신념을 잃는다. "하느님"의 보편적 개념을 논한 후에 "시고是故"로 시작된 첫 문장, 그 한마디에서 왕부지는 송명유학의 대오大誤를 꾸짖는다.

그 첫마디는 "역유태극易有太極"이다. 태극이라는 개념은 어디까지나 "역유易有"라는 조건절을 전제로 해서만 의미를 갖는 것이다. 그것은 선진유학을 잉태시킨 역易과의 관계에서 논의되어야 하는 것이다. 리理니 기氣니 하는 것은 전혀 그 문맥과 무관하다. 송유의 흐름을 창시한 렴계조차도 리기라는 개념은 쓰질 않았다.

"역유"라는 말은 앞서 10장 1절에서 "역유성인지도易有聖人之道"라는 용례가 있었듯이 「계사」의 저자가 잘 쓰는 관용구이다. "유有"는 보통 "있다"로 쓰이기도 하고 "소유하다to possess"라는 의미로 타동사적으로 쓰이기도 한다. 그런데 "역유태극易有太極"이라는 말은 "역"이 "태극"을 소유한다는 말일 수가 없다.

태극은 역易이 소유할 목적·대상이 아니다. 우선적으로 역 자체가 변화요, 변화이기 때문에 "무체無體"(고정된 몸Mom이 없다)인 것이다. 무체이기 때문에 역은 주어가 될 수 없다. 즉 좁은 의미에서 주체로서의 아이덴티티를 지니지 않는다. 역은 변화하는 우주, 그 시공 전체이다. 그러기 때문에 역은 무엇을 소유할 수 없다. 그렇다면 "역유태극"은 무슨 의미인가? 태극에서 대업까지는 "A가 B를 생生한다"라는 문법구조가 성립하지만 "역유태극"은 그 신택스가 전혀 다르다.

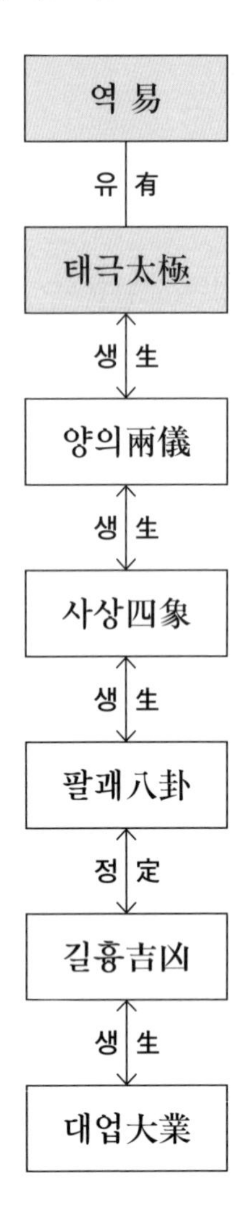

"역유태극"이란 무엇인가? 역은 주어가 아니다. 그럼 무엇인가? 역은 변화일 뿐이다. 그래서 "역유태극易有太極"은 이렇게 번역되어야 한다. "역에는 태극이 있다," 즉 변화하는 모든 이벤트의 계기(occasion)에 태극이 있다는 것이다. "역유태극"의 "유"는 단순히 "있다"는 뜻이 아니라,

"고유固有"(원래 있다)라는 뜻이요, "동유同有"(같이 있다)라는 뜻이라 한다("易有太極," 固有之也, 同有之也。『주역외전』 p.1023). 모든 변화(易)의 계기에 원래 있는 것이요, 같이 있는 것이다(동시적 계기). 태극, 양의, 사상, 팔괘, 길흉, 대업, 이 육자六者도 "같이 있는 것"이라 한다. 다시 말해서 일자가 타자를 생生하는 직선적 시간의 계기가 아니라는 것이다. 그것은 화엄적 관계망의 사건들이다.

왕부지는 말한다. "태극"의 "극"은 "이른다至"는 뜻이라 한다. 6항목이 모두 이름은 다르지만 결국 "같이 있는 것"이다. 같이 있기 때문에 서로가 서로에게 이르지 아니함이 없다. 이름이 곧 극極이다. 이르지 아니함이 없으니 그것을 일컬어 "태극太極"이라 한다. 왕부지는 주희의 리기론적 하이어라키와는 전혀 다른 그림을 내어놓는다. 주희가 죽고나서 500년에 이르러, 그의 초월주의적 열망이 왕부지에 의하여 변화의 시공 속에서 새로운 활로를 개척하고 있는 것이다.

왕부지는 또 말한다. 여기서 말하는 "생生"은 "동유同有"의 생生이기 때문에 구생俱生이다. 그래서 "시생是生"이라는 표현을 썼는데, 그것은 전체의 생생작용을 가리킨 것이다. "시생"이란 자기가 선 자리, 어디에서든지 생성한다는 뜻이다. 타자가 자기를 떠밀어주는 것에 의하여 생生하는 것이 아니다. 자신의 내재적 엘랑비탈에 의하여 생하는 것이다. 달의 명明과 백魄(명은 자체의 밝음, 백은 주변의 달무리의 밝음)이 결국 동륜同輪이요, 생의 근원과 그 흐름이 결국 한 물이다(同流一水). 그러므로 건乾이 순양이라고는 하나 음효가 없는 것이 아니요, 곤坤이 순음이라고는 하나 양효가 없는 것이 아니다. 그러니까 건에도 태극이 있고, 곤에도 태극이 있다. 박剝(䷖)의 양효는 고독하지 않고 쾌夬(䷪)의 음효는 허하지 않다. 구姤(䷫)의 음효는 약하지 않고, 복復(䷗)의 양효는 결코 세력이 미약하지 않다.

변화의 계기마다 태극이 없을 수는 없다. 점치는 모든 과정의 변화에도 태극은 내재한다. 그러하기 때문에 역에 태극이 있다(易有太極)라고 말했지, 태극에 역이 있다, 혹은 태극이 역을 소유한다(太極有易)라고 말하지 않았다. 오직 "역에 태극이 있다"라고 말함으로써 오히려 태극에 역이 내재할 수 있음을 말한 것이다. 역은 변화요, 태극 또한 변화다. 태극이 우주를 지배하는 존재자가 아닌 것이다. 태극을 리理라고 말한다면 그 리는 오직 만물이 있고나서, 그 만물변화의 계기에 내재하는 리법일 뿐이다.

태극은 양의를 생하고, 양의는 사상을 생하고, 사상은 팔괘를 생한다. 팔괘가 갖추어지면 그 상象을 보아 길흉을 정할 수 있게 되고, 길흉득실을 형량할 수 있게 되면 어떻게 흉凶을 피하고 길吉로 갈 수 있는가 하는 것을 궁리하게 된다. 이것이 곧 "개물성무開物成務"의 대업大業을 생하게 된다. 문명의 질서가 이러한 대업을 통해 구성되는 것이다.

그러므로 상을 본받는다고 하는 것은 하늘(만물을 덮어줌)과 땅(만물을 싣는다)의 공능만큼 위대한 것은 없다(是故法象莫大乎天地). 하늘과 땅의 스트럭쳐 속에서 만물은 생생하는 것이다. 모든 것은 변해야 하고, 또 변하는 것은 통通해야 하는데, 그 변통의 예로서 봄·여름·가을·겨울의 변화만큼 위대한 것은 없다(變通莫大乎四時). 우리의 삶은 이러한 4계절의 변화 속에서 리듬을 타는 것이다. 만인이 같이 바라볼 수 있는 허공의 이미지로서 빛을 발하는 것 중에 해와 달처럼 명백한 변화를 말해주는 위대한 것은 없다(縣象著明莫大乎日月)(※ 여기까지가 자연계).

그리고 인간세에서 숭고한 것으로서는 부유한 것, 그리고 직책이 고귀한 것만큼 현실적으로 위대한 것은 없다(崇高莫大乎富貴: 이것은 인간세). 민중이 필요로 하는 물자를 골고루 갖추고(備物致用) 문명의 이기를 만들어 천하를 이롭게 하는 데(立成器以爲天下利)는 성인만큼 위대한 존재는 없다(莫大乎聖人:

경제문제). 결국 성인도 부귀하지 않으면 천하를 이롭게 할 수 있는 일을 할 수가 없기 때문에 앞에 "부귀"를 언급한 것이다.

어지러운 자연의 질서를 탐색하여 그곳에 숨은 것을 찾아내고(探賾索隱), 깊은 곳에 숨어있는 진리를 끄집어내어 먼 곳에까지 미치도록 만드는 것(鉤深致遠)은 고대인에게 있어서도 과학자들의 역할이었다. 과학적 마인드로써 천하의 길흉을 정하고(以定天下之吉凶), 천하사람들이 힘써야 할 것들을 하도록 격려하는 데(成天下之亹亹者)는 시초나 거북이 배딱지가 말해주는 점의 말씀처럼 효과적인 것은 없다(莫大乎蓍龜). 과학적 진리에도 불구하고 길흉의 판단이 없으면 사람들은 진리를 무시하고 게으름을 핀다. 길흉의 판단이 확실하게 서면 민중을 이끌고 가기가 훨씬 용이해진다.

옥안 「계사」의 저자는, 종교와 과학, 그리고 경제와 치술治術을 하나의 패러다임 속에 엮어내고 있다. 그 패러다임이 바로 실체화를 거부하는 "변화의 패러다임"이다. 이 절은 천지간의 위대한 것들을 빌어 복서卜筮의 효능의 위대함을 형용하였다.

11-5 **是故天生神物, 聖人則之。天地變化, 聖人效之。**
시 고 천 생 신 물 성 인 칙 지 천 지 변 화 성 인 효 지

天垂象, 見吉凶, 聖人象之。河出圖, 洛出書, 聖人
천 수 상 현 길 흉 성 인 상 지 하 출 도 낙 출 서 성 인

則之。易有四象, 所以示也。繫辭焉, 所以告也。
칙 지 역 유 사 상 소 이 시 야 계 사 언 소 이 고 야

定之以吉凶, 所以斷也。
정 지 이 길 흉 소 이 단 야

국역 그러하므로 하느님께서 신령스러운 물건(시구)을 생하시었으니, 성인이 그 시구의 조작을 법칙화하였다. 하늘과 땅은 끊임없이 변화하면서 끝없이 다양한 모습을 연출해낸다. 성인은 이러한 연출을 본받아 인간세를 돕는다. 하느님께서는 상象을 드리워 길흉을 드러내신다. 성인은 이러한 길흉의 상을 상징화한다. 황하에서 도상이 나오고, 낙수에서 글씨가 나왔다는 전설이 있는데, 성인은 그러한 자연의 영감을 받아들여 법칙화한다. 대체로 역에는 태·소·음·양의 사상이 있는데, 이것은 사상四象으로 구성되는 더 큰 상의 효爻를 보여주려 함이다. 또 괘와 효에는 말辭이 매달려 있는데, 그것은 우리에게 메시지를 보내기 위함이다. 메시지를 내보낸다는 것은 길흉을 정하기 위함인데 이것은 흉凶을 피하고 길吉로 나아가는 도피행각을 고告하는 것이 아니다. 비본래적인 자기를 끊어내어 버리고 본래적인 자기로 복귀하는 결단을 촉구하려는 것이다. 역은 지선至善에로의 결단이다!

금역 이 절 역시 골치아프다고 생각하면 매우 골치아픈 문장이다. 그러나 추상적인 언급을 추상적인 대로 이해하는 것도 해석의 정도가 아닐까 생각한다. 여기 "신물神物"은 시초 산대나 거북이 배딱지를 말하는 것이다. 점에 쓰인 이것들은 하느님과 소통하여 하느님의 뜻을 드러내는 신령함이 있다고 믿었다. 거북의 경우, 100년을 산 대형거북은 지극한 영험이 있다고 믿었다. 하늘은 이러한 신령스러운 물物을 통해 인간의 운명을 예시한다. 그래서 성인은 이러한 예시능력을 법칙화하여 서법筮法을 제정하였다.

하늘과 땅은 끊임없이 변화한다. 일월한서寒暑의 왕래와 만물의 성쇠가 끊임없이 일어난다. 성인은 이러한 천지의 변화를 본떠서 역의 음양의 원리를 세웠다. 하늘은 가뭄과 폭우, 혜성과 같은 상象을 드리워 길흉의 전조를 나타낸다. 성인은 이러한 것을 상象으로 만들어 역에 첨가하였다.

그 다음에 "하출도河出圖, 낙출서洛出書"라는 말이 나오고 있다. 이것을 "하도낙서"라 하여, 현재 우리가 알고있는 하도낙서의 모습과 일치시켜 상수를 말하는 수없는 논의가 있는데, 한대 이후에 발전한 상수학이라 하는 것은 본시 역의 원의와는 무관한 것이며, 더구나 하도낙서와는 더더욱 무관한 것이다.

그러나 그들 논의의 권위있는 출전으로서 바로 「계사」의 이 구절이 항상 근거로 제시되는 것은 코믹한 아이러니라고 할 것이다. 현재 우리가 알고 있는 하도낙서는 모두 주희의 『역본의易本義』에 실린 도상 이상으로 올라가지 않는다.

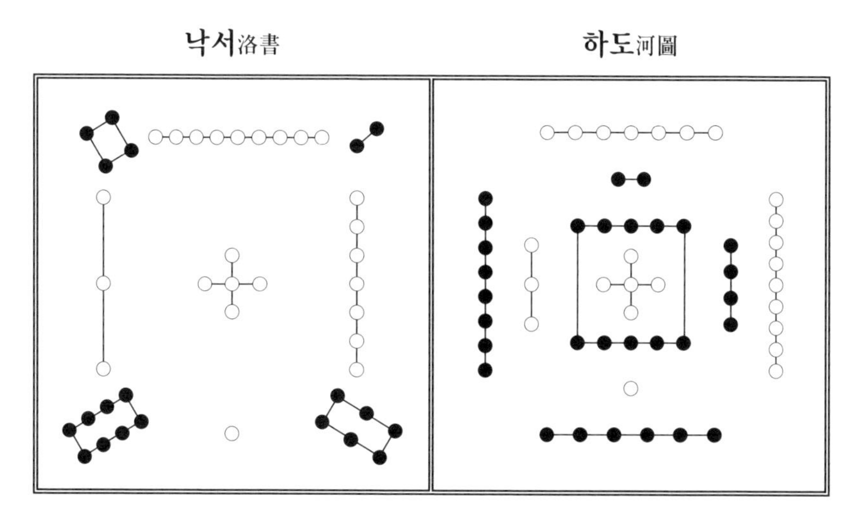

『역본의』에 나오는 하도도河圖圖와 낙서도洛書圖이다. 이 밑에 주희의 해설이 실려있는데, 「계사전」을 인용하고 있다: 천수가 25요, 지수가 30이니, 대지 천지지수는 55가 된다. 이것이 변화를 일으키고 귀신을 영험스럽게 한다. 이것이 하도의 수이다. 낙서는 대체로 거북이의 모습에서 취한 것이다. 그러므로 수의 배열을 보면 9를 머리에 이고 있고 1을 밟고 있다. 좌에 3, 우에 7, 2와 4가 어깨가 되고, 6과 8이 다리가 된다.

「계사」의 "하출도, 낙출서"보다 더 빠른 출전은 『논어』「자한」편이 있다(※ 『상서』「고명」에도 "하도河圖"의 언급이 있으나 우리 논의의 맥락과는 좀 다른 맥락에서 언급되고 있다). 공자의 말년의 탄식이 실려있는데, 그 원문은 이렇다: 子曰: "**鳳鳥不至, 河不出圖, 吾已矣夫!**" 여기 "봉황"이라 하지 않고 "봉조鳳鳥"(상서로운 새)라고 한 것도 표현이 오리지날하다는 느낌을 준다. 봉조나 하도를 위대한 성왕聖王의 출현으로 직접 비유하기도 하지만, 어떤 맥락에서는 공자가 스스로 자신을 성인에 비유하여, 그것을 인가하는 증표로서 봉조나 하도가 나타날 만도 한데 나타나지 않는 것을 보니, 아 나도 이제 그냥 끝나버리는구나! 하고 탄식하는 것일 수도 있다.

여기서 중요한 것은 하도가 낙서와 병치된 개념이 아니라는 것(※ 사마천이 이 메시지를 『세가』에 옮겨 적으면서 "낙불출서洛不出書"를 첨가하였다)이다. 봉조가 날아오는 정도의 상서로운 지표로서 하도 또한 추상적으로 인식된 전설에 불과하다는 것이다. 하도의 구체적 모습이나 상수학적 도상의 설명과는 하등의 관계가 없다는 것이다. 그것은 전설일 뿐이요, 전설적인 "서응瑞應"일 뿐이다.

하도낙서의 구체적인 도상은 송나라 초기에 갑자기 출현한 것이다. 도서역파圖書易派가 도사道士(민간신앙적 성격의 도교의 성직자들)들의 전승을 계승하여 「계사」의 대연지수와 천지지수를 하도와 낙서에 연결, 하도와 낙서를 도상화한 것이다. 그러나 오늘 우리가 『역본의』에서 보는 도상은 주희의 제자인 채원정蔡元定, 1135~1198의 창안이라고 보아야 한다. 그러니까 송대 이후의 상수학적 논의에 끼친 주희의 영향은 막강하다 할 것이다. 이 모든 논의가 「계사」와는 관계가 없다(※ 나의 고려대학교 철학과 제자인 문재곤군의 좋은 논문이 있다. 文載坤, "하도·낙서의 형성과 개탁," 『주역의 현대적 조명』, 한국주역학회 편).

하출도河出圖, 낙출서洛出書의 하河는 "황하"이고, 낙洛은 낙수洛水이다. 복희씨가 천하를 다스릴 때 황하에서는 용마龍馬가 나와 도상을 보여주어 팔괘를 그릴 수 있었고, 우임금이 치수할 때에 신령스러운 거북이 떠올라 9수로 된 도안을 보여주어 "구주九疇"를 완성할 수 있었다고 하는 전설이 있었다. 여기 「계사」의 문장에서 "하출도河出圖, 낙출서洛出書, 성인칙지聖人則之"는 역을 만드는 과정에서 성인의 창조적인 영감inspiration이 있었다는 것을 나타내는 것이다. 영감이 일정한 도식으로 법칙화되는 것을 "칙지則之"(그것을 본받았다)라고 표현했을 것이다.

성인 聖人	칙지 則之	천생신물 天生神物 **신험한 점의 수단**
	효지 效之	천지변화 天地變化 **천지만물의 끊임없는 변화**
	상지 象之	천수상 天垂象, 현길흉 見吉凶 **하늘이 상을 드리우고 길흉을 드러낸다**
	칙지 則之	하출도 河出圖, 낙출서 洛出書 **하도낙서와 같은 인스피레이션**

이렇게 도표를 보면, 성인이 주어임을 알 수 있고 4종의 "본받음"의 대상이 상호 관련되고 있음을 알 수 있다. 인류문명의 태동과도 같은 것이다. 다음에 3가지의 "소이所以"(까닭)가 나열되고 있다.

우선 "역유사상易有四象"이라는 말이 먼저 나오고 있는데, 4절 앞머리에서 "태극-양의-사상-팔괘"의 맥락에서 사상(태양, 소음, 소양, 태음)이 언급되었기 때문에 여기 "사상"은 앞의 것을 반복하는 것이 될 수 없고, 독자적인 의미를 지니는 것이라 하여 다양한 논의가 있어왔다. 주석가에 따라, 사상은 신물神物, 변화變化, 수상垂象, 도서圖書라 말하기도 하고, 금목수화라 하기도 하고, 소강절은 음양강유陰陽剛柔라 하기도 하고, 사방四方, 사시四時 운운 등 다양한 견해가 제출되었다.

주희는 『역본의』에서 "음양노소陰陽老少"라 하였다. 혹자는 "천지일월天地日月"이라 하였다. 왕부지는 순수한 양인 건乾이 하나의 상이고, 순수한 음인 곤坤이 하나의 상이다. 그리고 양이 음에 섞이는 진☳, 감☵, 간☶이 하나의 상이고, 음이 양에 섞이는 손☴, 리☲, 태☱가 하나의 상이다. 그래서 4상이라고 하였다. 내가 생각하기에는 주희의 견해가 제일 포괄적인 것 같다. 원래의 문맥 그대로 해석해도 대차가 없을 것이다. 역에 사상이 있는 것은 보여주기 위한 것(所以示也)이라 했는데, 과연 무엇을 보여주려는 것일까?

『절중折中』에 인용된 유양계游讓溪는 "시示"는 "사람들에게 변화의 도를 보여준다는 뜻이다"(謂示人以變化之道)라고 말했다. 그러나 결국 역에서 변화라는 것은 효爻를 의미하는 것이므로 사상을 거쳐 최종적으로 도달하게 되는 효를 보여주기 위한 것이라는 해석도 가능하다. 괘와 효에는 언어가 매달려 있다(繫辭焉). 괘사와 효사는 무엇 때문에 있는 것일까? 무엇을 위한 것일까? 그것은 고해주기 위한 것이라고 한다(所以告也). 무엇을 고해주는가? 점을 치는 자의 "때時"의 운세와 "자리位"의 운세를 고해주기 위한 것이다.

다음에는 "정지이길흉定之以吉凶"이라는 말이 나온다. 즉 괘·효사가 말해주는 것은 결국 길흉으로써 인생의 길을 정해주는 것을 의미한다. 인생은 결국 길과 흉의 선택이다. 단순히 흉凶을 버리고 길吉로 나아가는 도피행각이 아니다. 왜냐하면 길과 흉 그 자체도 끊임없이 변하는 것이다. 길이 영원히 길일 수 없고, 흉이 영원히 흉일 수 없다. 역이 말해주는 길·흉이란 궁극적으로 우리에게 결단을 요구하는 것이다(定之以吉凶, 所以斷也).

결단이란 표면적인 흉凶에서 길吉로 나아가는 도피행각이 아니다. 그러한 도피는 끊임없이 자아를 파괴하는 것이다. 결국 "단斷"이라는 것은 비본래적 자아를 끊어버리고(斷: 끊을 단), 본래적 자아로 회귀하는 것이다. 본래적 자아란 "여민동우與民同憂"의 우환의식이다. 존재의 의심으로부터 해방되는 것이다.

제 12 장

12-1 **易曰:“自天祐之, 吉无不利。”子曰:“祐者, 助也。**
역왈 자천우지 길무불리 자왈 우자 조야

天之所助者, 順也。人之所助者, 信也。履信思
천지소조자 순야 인지소조자 신야 리신사

乎順, 又以尙賢也。是以自天祐之, 吉无不利也。”
호순 우이상현야 시이자천우지 길무불리야

국역 대유괘의 마지막 양효인 상구上九의 효사에 이런 말이 있다: “하느님으로부터 도움이 있을 것이다. 길하여 이롭지 아니할 것이 없다.”

이 효사를 해설하여 공자님께서 말씀하시었다: “이 효사 중 우祐라고 하는 것은 돕는다는 뜻이다. 하느님께서 돕는다고 하는 것은 그 사람이 천지의 법칙에 어긋남이 없는 순리의 삶을 영위해왔다는 것을 의미한다. 이에 비하여 사람들이 이 사람을 돕는다고 하는 것은 이 사람이 주변의 모든 사람들에게 신용을 지키고 신험한 말로써 거짓없는 삶을 실천해왔다는 것을 의미한다. 신용있는 말을 실천하고, 천도에 부합하는 순조로운 삶을 생각하고, 또한 자기를 낮추어 현인을 숭상한다. 그러하므로 이런 지도자는 하느님의 도움을 받을 수밖에 없으며, 그 운세가 길하여 모두에게 이롭지 아니함이 없다.”

금역 이것은 형식으로 볼 때, 제8장에서 7개의 효사를 다시 공자가 해설한 것과 같은 방식의 논의이다. 그러니까 「계사」(매단 말, Appendix)라는 제목의 진정한 의미를 정당화하는 매단 말(효사)의 매단 말이 된다. 주희는 주를 달면서 이 텍스트 파편이 여기 와있는 것이 좀 어색하다고 하면서 제8장의 끄트머리에 들어가 있는 것이 마땅하다고 비평했다(或恐是錯簡, 宜在第八章之末). 주희는 놀라운 문헌비평의 실력자이다. 그러나 주희의 관점은 오히려 너무나 상식적이다. 「계사전」의 저자는 의도적으로 이 내용을 8장에서 떼어내어 여기에 배치함으로써 「계사전」 상편의 전체구도에 피날레적인 느낌을 주려고 했다고도 볼 수 있다.

8장의 테마는 군자君子의 "언행言行"이었다. 점占이 소기하는 것은 예지豫知의 공포가 아니라, 인간의 언행의 단속이었다. 여기 12장 1절의 테마도 "신信"이고, 그것 역시 인간의 "말"에 관한 것이다. 다음에 연결되는 12장 2절의 테마도 언言과 의意에 관한 것이다. 「계사전」의 저자는 이러한 테마를 중간에 배치했다가 마지막 부분에서 다시 아름답게 펼쳐내고 있는 것이다. 놀라운 편집감각이라고 말할 수 있다.

내가 이 말을 자신있게 할 수 있는 이유는, 평소 주희의 생각이 좀 못미쳤을 수도 있다고 느꼈는데, 새로 발굴된 백서주역을 펼쳐보니 12장 1절과 2절의 내용이 현행본 그대로 제자리에 있는 것이다. 고문헌의 신빙성을 확인함과 동시에, 함부로 고문헌을 산개刪改해서는 안된다는 경각심을 느끼게 되는 것이다. 마왕퇴 제3호 한묘고분의 주인공에게 감사할 뿐이다.

이 절은 14번째 대유大有괘(䷍)의 마지막 효, 그러니까 상구上九의 효사를 공자가 친절하게 다시 해설한 것이다. 대유괘는 특징이 다섯 번째 효만 음효이고 나머지 다섯 효는 다 양효라는 데 있다. 그런데 유일한 음효인 육오六五는 군주의 지존한 자리에 있다. 그런데 제5위는 양위이기 때문에 양효가 와야 정正하다. 그런데 대유의 경우는 지고한 존위에 부드러운, 허한, 포용력 있는 음효가 앉아있기 때문에 나머지 다섯 효가 모두 그에게 심복하는 모습이다. 유능한 신하들이 반란을 꾀할 생각을 하지 않고, 겸손하고 포용적인 육오六五를 성심껏 도울 생각을 하는 것이다. 그러한 낮춤, 비움, 포용성 때문에 이 괘는 "크게 있음," "크게 포용함," "크게 소유함"의 "대유大有"적 성격을 지니게 되는 것이다. 성실한 믿음이 바탕을 이루는 대유인 것이다.

이 효사의 주인공인 상구上九도 보통은 항룡의 자리이므로 지나치게 뻣대고 오만하여 후회가 많은 자리이다. 그런데 상구上九는 육오六五의 겸손함에 감화를 받아 자신을 억제하고 비울 줄 안다. 육오六五를 따르고 섬길 줄 아는 것이다. 그러므로 상구上九는 "하느님으로부터 도움을 얻는다(自天祐之). 길吉하여, 이롭지 아니할 것이 아무 것도 없다(吉无不利)"라는 효사를 얻게 된다. 이 효사의 전후맥락을 공자는 매우 적확하게 파악하고 멘트를 한다. 오늘 우리가 해석하는 의미의 맥락에 완전히 부합된다는 것이 놀라웁다. 「계사」의 저자의 통찰력에 우리는 경탄을 금치 못한다:

> **여기 "우祐"라고 한 것은 "돕는다"는 의미이다(祐者, 助也). 하느님께서 돕는다는 것은 그 사람이 천지의 모든 법칙에 어긋남이 없는 순리의 삶을 영위한다는 것이다(天之所助者, 順也). 이에 비하여 사람들이 돕는다는 것은 그 도움을 받는 사람이 주변의 모든 사람들에게 신용을 지키고 믿음직한 신실함을 유지해왔다는 것을 의미한다(人之所助者, 信也). 신험信驗 있는 삶을 실천하고(履), 하느님께 거슬림이 없는 순조로운 삶의 자세를 유지하면서, 자신을 낮추고(비우고) 현인들을 숭상할 줄 아니(又以尙賢也), 이러한 지도자는 하느님의 도움을 받을 수밖에 없으며 그 운세가 길하여 모두에게 이롭지 아니함이 없다.**

옥안 동학의 창시자 최수운이 자신의 철학을 요약하면 이 세 글자로 요약된다고 하면서 다음과 같은 「좌잠座箴」을 남겼다:

> **吾道博而約, 不用多言義。**
> **別無他道理, 誠敬信三字。**
> **나의 도는 한없이 너르지만 또 동시에 간약簡約하다.**
> **많은 말이 필요없다.**
> **뭐 거창한 도리가 있는 것이 아니고**
> **성·경·신 세 글자로 요약되는 것이다.**

수운이 성誠과 경敬을 말하면서 마지막으로 "신信"을 자기철학의 뼈대로서 말했다는 것이 놀라웁다. "신信"은 종교적 신앙을 말하는 것이 아니고, 신험한 삶의 자세를 말하는 것이다. 신信은 일차적으로 말과 관계된다. 자기 말에 대하여 그것이 거짓없이 실천될 수 있는 신험성(verifiability)을 유지한다는 것을 의미한다. 「계사」의 저자는 하늘의 도움에 대하여 인간세의 신용, 약속지킴, 믿음, 신실을 더 근원적인 것으로 보았다. 인간의 "신信"이 확보되어야 하느님으로부터의 "도움," 즉 "조助"가 따라온다는 것이다. 수운의 시대는 믿음이 상실된 시대였다. 모두가 모두에게 거짓말을 하고, 국가의 안위에 대해 책임지는 사람이 없었고, 민생은 파탄의 일로를 걷고 있었다. 오늘 이 시점에서도 우리가 반문해야 할 것은 성·경·신, 이 세 글자가 아닐까?(도올 김용옥 지음, 『동경대전』2, pp.230~234).

12-2 子曰: "書不盡言, 言不盡意。然則聖人之意, 其不可見乎?" 子曰: "聖人立象以盡意, 設卦以盡情
자왈 서부진언 언부진의 연즉성인지의 기불가견호 자왈 성인입상이진의 설괘이진정

僞, 繫辭焉以盡其言, 變而通之以盡利, 鼓之舞
위 계사언이진기언 변이통지이진리 고지무

之以盡神。”
지이진신

국역 공자께서 말씀하시었다(이 말씀파편은 효사에 포함되어 있지 않다): “글은 말을 다할 수 없고, 말은 가슴속의 표현하고자 하는 뜻을 다 드러낼 수 없다. 그런즉, 성인의 진정한 뜻이 우리에게 다 드러나있다고 말할 수 있겠는가?”

이 말씀을 공자님 스스로 비평하여 새롭게 말씀하시었다: “성인이 창작한 것은 일상언어가 아니라 새로운 상징象이다. 성인은 이러한 상징체계를 새롭게 창안하여 그 뜻을 다 드러낼 수 있었다. 그리고 64괘를 창안하여 만물의 실상과 허위를 다 드러내었다. 그리고 64괘와 384효에 모두 해설을 매달아 인간의 언어가 표현할 수 있는 것을 다 드러내었다. 효와 괘를 변화시키고 그 내면을 소통시킴으로써 백성들의 이로움을 남김없이 도모하였다. 그리고 북을 치고 춤을 추며 모든 제식의 마당을 열어 하느님의 가능성을 다 드러내었다.”

금역 여기에는 두 개의 “자왈子曰”이 있다. 그러니까 공자의 말씀, 두 파편을 병치해서 해설을 가한 형식이다. 주희는 뒤의 “자왈子曰”은 잘못 들어간 것이 분명하다고 말한다. 앞의 자왈이 공자의 말씀이고, 뒤의 자왈은 앞의 말씀에 대한 「계사」 저자의 해설일 것이라고 문헌비평을 가하였다. 대부분의 주석가들이 이러한 주희의 평론을 정당하다고 생각해서 뒤의 “자왈子曰”을 없애버렸다. 그런데 백서역의 모습은 현재 우리가 가지고 있는 현행본과 차이가 없다. "자왈子曰"이 두 번 들어가 있는 것이다. 우리가 가지고 있는 고전의 판본전승이 얼마나 정확한가를 보여주는 한 실례가 되고 말았다. 둘 다 공자의 말씀이며, 두 번째 공자의 말씀은 앞의 말씀을 해설한 것이다. 해설했다기보다는 앞의 말씀에서 제기된 문제를 명쾌하게 새로운 각도에서 풀어내고 있는 것이다.

우선 앞의 공자말씀은 우리에게 매우 익숙한 말인데, 그 출전을 찾아보면, 모두가 바로 이 「계사전」에서 인용한 것이다. 이 「계사」의 말씀은 『역경』에 있는 말씀이 아니다. 『경』의 텍스트에 포함되어 있지 않은 것으로서, 공자의 말씀으로 전해 내려오는 그 무엇일 것이다. "서부진언書不盡言, 언부진의言不盡意"라는 말은 고전시대의 사람들이 서한문을 마무리할 때에도 결미응수어結尾應酬語로서 잘 썼던 말이다. "서부진언"이라 하면 "본시 글이라는 것이 하고 싶은 말을 다 담지 못해서 …… 운운" 하는 것이 될 것이고, "언부진의"라고 하면 "본시 말이라는 것이 가슴속의 하고 싶은 말을 다 담아내지 못하므로, 아쉽지만 여기서 편지를 끝냅니다不盡依依 운운" 하는 형식이 된다.

그런데 이런 상투어가 「계사」에서 전해 내려오는 공자의 말씀이라는 것은 사람들이 별로 인식하지 못한다. "글이라는 것이 본래 하고 싶은 말을 다 드러내주지 못하는 한계를 지닌 것이고, 사람의 말이라는 것 자체가 말하는 사람의 가슴에 들어있는 본의를 다 드러낼 수는 없는 것이다." 공자는 이렇게 언어, 문자의 한계를 말한 이후에 그렇다면 성인의 가슴속에 들어있는 진정한 뜻(然則聖人之意), 의도, 그 진실은 다 드러날 수 없는 것이 아닐까?(其不可見乎) 하고 질문을 던지고 있는 것이다.

공자의 효사 인용이 8장에서부터 줄곧 인간의 언행의 주제에 관한 것이었는데 궁극적으로 인간 언어의 본질적 한계를 언급하고 있는 것은 참으로 놀랍다. 직접적으로 서부진언, 언부진의라는 말은 하지 않는다 해도 노자의 "도가도비상도道可道非常道"가 인간의 언어인식의 한계를 지적한 것이요, 『장자』라는 서물 속에도 그러한 인식비판은 수두룩한 것이다.

『장자』「천도」편에 나오는 제나라 환공桓公과 윤편輪扁(수레바퀴 제작수리 전문장인)의 대화는 이러한 언어비판을 대변하는 명작담론으로 인용되곤 한다. 윤편은 말한다: "결국 수레바퀴의 핵심기술조차도 자식에게 전하지 못했는데, 환공께서 읽고 계신 성현의 말씀이 어찌 성현 가슴속의 진실이겠습니까? 전하께서 읽고 계신 것은 고인들의 똥찌꺼기일 뿐이외다. 然則君之所讀者, 古人之糟魄已夫!"

이렇게 스스로 제기한 질문에 대하여 공자는 그것이 그렇게만 볼 수 있는 사안이 아니라고 치열하게 논박하면서 자신의 견해를 밝힌다. 공자는 역易의 성격이 평상적인 사실언어일 뿐 아니라, 특별한 음양태소에 의한 상징체계라는 것을 강조한다. 그가 말하는 "입상立象"의 "입立"은 단지 "세운다"는 의미가 아니라, 상징적 현상을 창조했다는 창조의 입立이다.

상징Symbol은 기호signal, sign와는 다르다. 기호는 단지 1:1의 대응관계밖에는 지니지 못한다. 교통신호의 싸인체계는 "가라, 서라, 돌아라" 하는 것 이외의 어느 것도 지시하지 않는다. 더 많은 것을 지시하면 교통대란이 날 것이다.

"안암골에는 호랑이새끼들이 많다"고 해서 고대 교정에서 호랑이새끼들을 잡으러 다니지는 않을 것이다. 호랑이는 상징symbol이요, 그것은 1:1의 대응관계가 아닌 1:다多의 상응성을 지닌다. 언어는 사실이 아니라 형상이다.

싸인은 물리적 세계의 한 지시체계이지만 상징은 인간세계의 의미를 구성하는 것이다. 헬렌 켈러가 펌프에서 떨어지는 물이 그녀의 손을 적셨을 때, 그녀는 단순히 시그널의 의미를 깨달은 것이 아니다. 이 세계의 모든 존재가 이름을 가지고 있다고 하는 그 상징우주를 심안으로 보는 개안능력을 얻게 된 것이다. 공자는 역이 단순한 언어가 아니라 상징체계라는 것을 강조한다. 그래서 이 상징체계는 우리 일상언어의 한계를 초극하여 그 뜻을 다할 수 있다고 주장한다.

왕필은 장자의 "득어망전得魚忘筌"의 논리에 즉하여 "득의망상得意忘象"을 이야기했지만 「계사」 속의 공자는 역의 상象은 그렇게 수단적 가치만을 지니는 방편이 아니라 궁극적인 심볼리즘의 체계라는 것을 강조한다. 인도유러피안 언어에 구속된 서양인들은 동방인의 언어가 애매모호하여 전달력이 부족하고 논리적 명료성logical clarity이 부족하다고 말한다. 막스 베버도 유교를 이렇게 비판했다. 그러나 공자는 베버의 동방이해가 시그널적인 수준에 머물렀다고 비판할 것이다.

역이라는 상징형식의 무한한 깊이는 서양인들에게 두리뭉실한 혼돈으로 비칠 수밖에 없을지도 모른다. 그러나 역의 상象은 그 의意를 진盡하는 것이다(立象以盡意). 64괘卦를 설하여 인간세의 진실과 허위를 다 드러내었고(設卦以盡情僞), 말을 매달아 보통 인간의 언어가 표현할 수 없는 의미를 다 드러내었다(繫辭焉以盡其言). 그 상징체계는 평면적 일상언어가 아닌 것이다. 끊임없이 효변을 일으켜 사리가 통하게 만듦으로써 일반 사람들의 이로움을 다하게 하였다(變而通之以盡利).

마지막의 "고지무지鼓之舞之"는 북치고 춤추는 제식적·예술적 행위를 통해 하느님과 더불어 완락玩樂하는 경지를 말한 것이다. 그것을 "진신盡

神"이라 표현하였다. 예술의 궁극은 종교적 엑스타시이고, 종교의 궁극은 예술적 완락玩樂이다.

12-3 乾坤其易之縕邪? 乾坤成列, 而易立乎其中矣。
건곤기역지온야 건곤성렬 이역립호기중의

乾坤毁, 則无以見易。易不可見, 則乾坤或幾乎
건곤훼 즉무이견역 역불가견 즉건곤혹기호

息矣。是故形而上者謂之道, 形而下者謂之器。
식의 시고형이상자위지도 형이하자위지기

化而裁之謂之變, 推而行之謂之通, 擧而錯之天
화이재지위지변 추이행지위지통 거이착지천

下之民謂之事業。
하지민위지사업

국역 건과 곤은 역 전체의 가능성을 함축하고 있는 온양蘊釀의 두 근원이 아니겠는가? 항상 건과 곤이 두 기둥으로서 서게 되면 그 사이에 천지음양의 모든 변화가 조화로운 춤을 추며 진열되는 것이다. 건곤이 훼멸되면 역도 훼멸되어 사라지고 만다. 역이 보이지 않으면(즉 변화가 없으면) 건곤이라는 생명의 근원이 거의 식멸息滅하게 된다. 그러하므로 일음일양의 우주가 만들어내는 모든 것은 형形으로 통섭되는 것이다. 무형을 창조한다는 말은 있을 수가 없다. **형이 있고나서 위로 가는 것(하늘적 기능을 담당하는 것)을 도道라고 말하고, 형이 있고나서 아래로 가는 것(땅적 기능을 성취하는 것)을 기器라고 말한다.** 일음일양의 변화는 앞으로 화化하는 것만이 있는 것이 아니라 그것을 제어시키는 작용과의 사이에서 작동한다. 화化를 재裁하는 것을 변變이라 부르고, 그런 가운데 꾸준히 밀고 나아가는 것을 통通이라 부른다. 이러한 변통으로 얻어지는 성과의 혜택을 천하의 민중들에게 골고루 가게 하는 것을 우리가 문명의 사업事業이라고 부르는 것이다.

금역 본 절의 내용은 거의 「계사」상편의 클라이막스를 장식하는 포괄적인 내용을 담고 있다. 우리가 일상생활에서 쓰고 있는, 이른바 형이상학이니 형이하학이니 하는 말의 어원을 포섭하기 때문에 이 절의 바른 이해야말로 세계철학사의 주요관점을 바로잡는다는 의의를 내포한다. 나는 이 장이야말로 세계철학사의 종결이라고 자부한다.

첫 구절에 나오는 "온縕"이라는 글자는 누비옷의 천 사이에 넣는 솜을 말하며(주희의 해석) 어지럽게 엉켜있다, 가득하다는 의미와 함께 모든 것을 감싸준다라는 의미도 포함한다. 누비옷은 따뜻하게 몸을 감싸주기 때문이다. 생각건대, 면솜(cotton)이 대륙에서 의류소재로 보편화된 것은 명나라 중기때라 하므로(인도에서 들어갔다) 여기서 말하는 솜은 명주솜(풀솜)일 것이다.

"건과 곤은 우주변화를 통섭·온축시키는 온縕과도 같은 것일까?(乾坤其易之縕邪) 건과 곤이 기둥을 이루면(乾坤成列: 자리를 잡는데, 근본 스트럭처를 형성한다는 뜻) 그 사이에 우주의 변화가 전개된다(而易立乎其中矣). 건과 곤이 훼멸하면 역이라는 것도 사라진다(乾坤毁, 則无以見易). 역이 보이지 않으면(易不可見) 건과 곤 또한 식멸息滅해버리고 마는 것이다(則乾坤或幾乎息矣)."

역이 사라진다는 것은 변화가 사라진다는 것이요, 그 시간과 공간 자체가 훼멸된다는 것을 의미한다. 곧 우주의 멸망을 의미하는 것이다. 천지코스몰로지의 대전제인 하늘과 땅(天尊地卑)으로부터 시작된 1장 1절의 메시지가

12장에 이르러서는 하늘과 땅의 종식을 말하고 있으니 참으로 비관적인 종말이 아닐 수 없다. 다시 말해서 역易은 창조는 말하지 않았으나 종말의 위기는 말하고 있는 것이다. 이것은 무엇을 의미하는가? 인간세의 문명의 도덕성을 묻고 있는 것이다. 그 문명을 영위하는 인간의 가치관의 궁극을 묻고 있는 것이다. 그 궁극은 천지의 훼멸까지도 몰고올 수 있는 인간의 작위에 대한 우환(*Sorge*)이다. 공포(Fear: 기독교 종말론이 던지는 협박)는 구체적 대상이 있으나 우환은 구체적 대상이 없다. 인간의 도덕성을 향한 근원적인 질문이다. 후쿠시마원전사고의 인재적 성격과 언제 끝날지 모르는 핵오염수 태평양투기를 둘러싼 제반문제는 우리나라의 모든 사람, 아니 전세계의 인민에게 막연한 우려를 끊임없이 제기하고 있다(※ 하루속히 방류밸브를 잠궈야 한다).

"건곤성렬乾坤成列"이라는 말은 64괘의 심층구조(deep structure)를 말하고 있는 것이다. 건괘와 곤괘는 단순히 64괘 중의 두 개로 이해해서는 아니된다. 그것은 64괘에 내재하는 추상적인 원리와도 같은 것이다. 이 원리는 64괘 전체 속에, 그리고 384효 전체 속에 들어있다. 임의의 괘 하나를 예로 들어보자! 세 번째 괘인 수뢰 준䷂을 예로 들어보자! 이 준괘의 양효는 모두 음효로 변할 수 있으며, 음효는 또 양효로 변할 수 있다. 일음일양위지도一陰一陽謂之道라 했으니 그렇게 끊임없이 변한다. 수뢰 준괘를 방통(착錯한다고도 말한다: 즉 옆으로 음양을 변화시킨다)하면 ䷱ 모양이 될 것이다. 이것은 화풍 정鼎괘의 모습이다. 이 상착하는 두 괘를 나란히 놓고 보자! ䷂ ䷱. 이것을 겹쳐 하나의 괘 12효처럼 생각하면, 모든 괘들이 예외없이 여섯 양효와 여섯 음효로써 이루어져 있다.

그러니까 이렇게 생각하며 모든 괘에 순양효인 건괘䷀와 순음효인 곤괘䷁가 들어가 있는 셈이다. 이것이 곧 "건곤성렬乾坤成列, 이역립호기중의

而易立乎其中矣"의 의미인 것이다. 모든 괘는 건괘와 곤괘의 착종으로 생겨나는 것이요, 모든 음효와 양효도 이러한 착종관계에 의하여 변하는 것이다. 서로 얽혀서 변화를 일으킨다. 변화가 무엇이냐? 새로운 창조인 것이다. 건곤이 훼멸되면 이러한 창조의 활동이 훼멸될 것이요, 거꾸로 이러한 창조의 활동이 훼멸되면 하늘과 땅도, 건괘와 곤괘도 사라지게 될 것이다.

건괘와 곤괘의 근원성과 보편성, 그리고 그 창조적 충동을 말한 후에 그 양자 사이에서 생겨나는 생성만물의 근본적 성격이 "형形"이라는 것을 말한 것이 바로 그 유명한 형상形上, 형하形下의 의론이다.

원래 형이상학이라는 말은 우리에게 없었던 말인데, 일본 에도말기의 유학자들이 서양철학에서 잘 쓰는 "메타피직metaphysics"을 어떻게 번역할까 고민하다가 신유학에서 잘 쓰는 「계사」의 "형이상자形而上者," "형이하자形而下者" 두 개념 중 첫째 번 개념을 메타피직에 상응시킴으로써 탄생된 조어(coinage)이다. 우리는 출전인 「계사」에 의거하여, 형이상학과 형이하학을 짝으로 쓰는데, 재미있는 사실은 서양언어에는 "형이하학"이라는 말은 존재하지 않는다는 것이다. 형이하학이라는 말을 찾으려면 어원상 "메타피직"에서 "메타"를 도려낸 "피직"이 해당된다고 볼 수 있는데, 그것은 형이하학이라기보다는 그냥 "물리학"이 된다. 그러나 아리스토텔레스의 "피지카"는 우리가 근대에 와서 쓰게 된 "Physics"라는 말에 정확히 대응되지 않는다. 그것은 자연의 양적 구조를 다루는 물리학이라기보다는 감성의 대상으로서의 변화하는(살아있는) 자연에 대한 인식을 다룬 독특한 분야를 가리킨다.

기원전 1세기 말(약 BC 70년경) 로마에서 살았던 아리스토텔레스 저작의 주석가인 안드로니쿠스Andronicus of Rhodes(정확한 생평은 모른다)가 방대한 아리스토텔레스의 저작물을 편집하던 중에 자연현상을 다룬 피지카*physika*라는 책 다음에 오는 일련의 비슷한 성격의 책들을 묶어 "타 메타 타 피지카 비블리아*Ta meta ta physika biblia*"(자연에 관한 책들 다음에 오는 책들)라고 명명했는데, 후대의 편집자들이 이 책들을 그냥 메타피직스Metaphysics라고 부르게 되었다. 이 아리스토텔레스의 저작물들은 그의 저작 중에서도 가장 중요한 제일철학의 저술이었는데, 그것은 "존재를 존재로서" 연구하는 분야였다. 존재하는 것들의 본질인 존재 그 자체, 또는 존재일반存在一般을 연구하는 것이다.

처음에 메타피직스의 "메타"는 자연학의 "다음에 오는" 것을 의미했으나, 점점 "자연학을 뛰어넘는, 초월하는" 학문이라는 뜻을 지니게 되었다. 살아있는 변화하는 자연을 뛰어넘어 있는 "존재" 그 자체에 관심을 가졌을 때, 철학은 벌써 변화하는 자연계의 차안此岸에서 영원불변한 제일원인(The First Cause), 내지는 정적인 절대존재(The Absolute Being)인 피안彼岸에 경도하게 된다. 형이상학은 간단하게 서술하면 "세계가 만들어진 원질(*archē*)에 관해 연구하는 학문"으로부터 출발한 것이다. 그것은 존재 그 자체(being as such)에 관한 연구이다. 형이상학은 가장 궁극적인 실재(ultimate reality) 혹은 가장 실재적인 것(The most real)을 알려 한다.

그러나 아리스토텔레스가 말하는 실재라는 것은 우리가 일상적으로 부닥치는 생생한 현실이 아니라 변화하는 세계의 근저에 놓여있는 불변적인 그 "무엇"이다. 상대적인 현상계의 원인이 되는 절대적인 실재계實在界, 감각으로 알려지는 세계의 배후에 이성이나 직관으로서만 알 수 있다는 물자체(*Ding-an-sich*)의 세계가 있다고 상정하는 것이다. 이것은 다름아닌 실체(Substance)의 사상이다. 아리스토텔레스의 실체관념은 서양철학사 전체를 지배했다. 근세의 인식론의 모든 논의도 이 실체라는 개념으로부터 파생되는 제반개념을 토대로 하고 있는 것이다.

그런데 "형이상자形而上者"라고 하는 것은 실제로 형이상학Metaphysics과는 아무런 관련이 없다. 「계사」의 저자가 "형이상자"를 쓴 의미맥락과 아리스토텔레스의 타 메타 타 피지카Ta meta ta physika의 제1철학이 소기하는 의미맥락은 직접적 관련이 없다는 말이다. 그런데 왜 이 양자는 병치되고 상호관련이 있는 것처럼 논의되고 있는가?

여기에는 두 가지 이유가 있다. 그 첫째 이유는 일단 "메타피직"을 그 비슷한 어감이 있는 동방고전어를 빌어 번역어를 만들고 나니까, 동방에서 서양의 철학을 공부하는 사람들이 서양철학의 제1철학인 존재론의 세뇌를 받았고, 그 사람들이 「계사전」에 관하여 제설諸說을 세울 때, 의심할 바 없이 "형이상자形而上者"가 곧 존재론적인 존재 그 자체(*kosmos noetos*)를 의미하며, 형이하자는 감각의 대상이며 무가치한 저열한 감성계(*kosmos horatos*)라고 떠들어댔고, 따라서 철학한다 하는 동방지성인의 만담慢談에 따라 형이상자인 도道는 관념화되었고 형이하자인 기器는 감성화되고 환영화되었다. 우리가 20세기의 "왜색화"를 여러모로 비판하지만 제일 극심한 왜색은 우리나라 철학의 1·2세대들이 모두 일본교육을 받아 일본식 서양철학관념과 언어습관에 오염되어 있다는 것이다. 그래서 진정한 자기 철학의 선례를 남기지 못한 것이다. 가장 극심한 왜곡은 개념의 왜곡이다.

그 두 번째 이유는 근세의 번역문제를 논하기에 앞서 송유宋儒가 「계사」의 사상사적 의의를 새롭게 발견하고 이에 대하여 새로운 개념에 의한 주석을 다는 과정에서 이 「계사」의 본의에 관한 왜곡이 일어났다는 것이다. 그 가장 명백한 왜곡이 바로 그 유명한 "리기론적 해석"이다. 주희는 리기에 대하여 리를 초월적인 것으로만 간주하지 않고 기와 상즉불리相卽不離

의 혼융의 관계에 있다고 보았기 때문에 항상 그 입장이 오묘하다. 그러나 그가 학통을 이어받은 정이천은 이 형이상자와 형이하자에 대하여 매우 단순하게 리기론을 적용한다.

> **離了陰陽更無道, 所以陰陽者是道也。陰陽, 氣也。氣是形而下者, 道是形而上者。形而上者則是密也。**
> **음양으로부터 분리되면 도라는 것은 없다. 그러나 음양을 음양다웁게 만드는 것이 도이다. 음양, 그 자체는 기氣일 뿐이다. 기는 형이하자이다. 그에 비해 도는 형이상자이다. 형이상자라는 것은 존재의 배후에 있는 은밀한 것이다.**(『하남정씨유서』 권15. 『이정집二程集』, 중화서국, p.162).

음양으로부터 분리되면 도는 없다고 말하면서도, 궁극적으로 음양을 기로 보고 도를 리理로 보는 틀을 명료하게 하고 있다. 여기 "소이음양자所以陰陽者"라는 말이 중요한데, 음양을 음양다웁게 만드는, 음양이 음양으로서 존재하는 까닭이 되는 것, 그러면 음양의 배후에 은밀하게 있는 것, 그것을 도道라고 한다는 것이다. "소이所以"라는 말 속에 누메나적인 의미가 내포되어 있다.

리理	형이상자 形而上者	도道	소이음양자 所以陰陽者	밀 密
기氣	형이하자 形而下者	기器	음양陰陽	현 顯

정이천에게는 대강 이러한 이원론적 틀(Dualistic Structure)이 있다. 이러한 이원론적 틀은 희랍철학에서 말하는 가사계可思界(*kosmos noetos*)와 가시

계可視界(*kosmos horatos*)의 이원적 분리와 잘 맞아떨어진다.

코스모스 노에토스 *Kosmos noetos*	가사계 可思界	사유계 思惟界	관념계 觀念界	형상 形相	형이상자 形而上者	도 道
코스모스 호라토스 *Kosmos horatos*	가시계 可視界	감성계 感性界	감각계 感覺界	환영 幻影	형이하자 形而下者	기 器

이러한 이원론적 사유가 황당하게도 「계사」의 논리에 덮어씌워진 것은 인도유러피안 사유의 특질인 본체(=실체)와 현상(=감각계)의 이원론적 사유가 불교를 통하여 중국인의 심성에 이미 침투되었기 때문이다. 우리가 20세기에 와서야 "근대"(Modernity)를 논하고, 기독교가 새롭게 소개하는 초월자·절대자, 그리고 어둠이 지배하는 코스모스 현상계를 논하고, 또 과학적 법칙의 이데아계를 논한다고 하지만, 그런 서구화와 근대화는 이론적으로 보면 이미 12세기가 끝나기도 전에 완벽하게 만개되어 있었던 것이다.

주희는 이러한 이원론적 짝짓기에 불안감을 토로했다. 그는 형이상자와 형이하자에 대해 매우 오묘한 해석을 내린다.

> 어느 제자가 질문하였다: "형이상과 형이하라는 말이 「계사」에 있는데 어떻게 형체를 기준으로 해서 양자를 나눌 수 있습니까?" 주희가 대답하였다: "그대의 질문이 매우 정곡을 찌르고 있다. 만약 양자를 형形이 있다, 없다, 다시 말해서 형체의 유무로써 나눈다면, 기에 해당되는 사물(器)과 리에 해당되는 도(道)는 완전히 단절되어 상관이 없는 것들이 되고 만다. 여기에 분명한 것은 상·하지간에 구분만 있다는 것이다. 그러나 기器는 도道를 향해서 가려하고 있고, 도道는 기器를 향해서 가려하고 있다는 것이다. 서로가 서로를 유지시킨다. 형이상자와

형이하자에 분별은 있으되 서로 분리되는 일은 있을 수 없다."

問: "形而上下, 如何以形言?" 曰: "此言最的當。設若以有形丶無形言之, 便是物與理相間斷了。所以謂截得分明者, 只是上下之間, 分別得一箇界止分明。器亦道, 道亦器。有分別而不相離也。"(『어류』 p.1935)

주희는 형이상자와 형이하자에 대하여 본체와 현상이라는 도식을 허용하지 않는다. 단지 양자간에 **분별**은 있으나, **분리**는 있을 수 없다(distinguishable, but not separable)고 선언한다. 그러나 그의 『역본의』의 주석을 보면 이렇게 말한다: "괘·효·음양이 형이하자이고, 그것의 리법이 도, 형이상자이다. 卦爻陰陽, 皆形而下者。其理則道也。" 또 말한다: "천지지간에 리가 있고 기가 있다. 리라는 것은 형이상의 도道이며, 물物을 생生하는 근원이다. 기라는 것은 형이하의 기器이며, 물物을 생生하는 재료이다. 天地之間, 有理有氣。理也者, 形而上之道也, 生物之體也 ; 氣也者, 形而下之器也, 生物之具也。"(『주자전서』 卷44)

주희가 양자의 분리불가를 말하는 것은 서구적 논리인 주술관계(Subject-predicate pattern)에 전적으로 굴복할 수 없음을 선언하는 것이다. 그럼에도 "분별"을 허용하는 것은 리기이원론적 결구가 그의 도덕적 리고리즘 rigorism을 강화하는 데 매우 효율적이기 때문에, 기器(현상사물)에 대한 도道의 성리론적인 우위를 강조하지 않을 수 없음을 선언하는 것이다(도본기말道本器末). 주희는 정이천의 리기이원론을 충실하게 계승했다고 볼 수밖에 없고, 그것은 그가 처한 남송의 주전파적인 배타성과 맞물려 발전해나갔다.

이러한 정주程朱의 「계사」에 대한 해석은 일차적으로 「계사」 원문에 대한 충실한 이해에 기초하고 있다고 볼 수가 없다. 그릇된 선이해(Pre-understanding)가 그들을 지배하고 있다고 생각한다. 명말청초의 왕부지에나 와서야 이러한 선이해는 완전히 퇴색해버리고 만다.

간단히 이야기하자면, 왕부지는 해석자의 관념을 부과시키지 말고 한문의 원의로부터 한글자 한글자 있는 그대로 해석해야 한다고 주장한다.

形而上者謂之道, 形而下者謂之器。

우선 "위지謂之"라 한 것을 이해해야 한다. "위지"의 "지之"는 위謂 앞에 있는 형이상자形而上者를 이어받은 지시대명사이다. "위謂"는 "일컫는다"는 말이다. 도道, 기器라는 것은 "일컬음"의 결과이다. 따라서 그것은 일컬음에 따라서 세워지는 이름일 뿐이다. "상上"이다, "하下"다 하는 것도 일컬음의 대상이 되기 전에 그것을 가르는 정해진 구분한계가 있었던 것은 아니다. 말로써 빗대어 의론을 일으키자니 "일컫는다"고 한 것이다. 다시 말해서 "위지謂之" 다음에 오는 도道니 기器니 하는 것이 모두 실체(Substance)는 아닌 것이다. 그렇다면 형이상이니 형이하니 하는 상하의 영역이나 경계가 당초부터 있지 않았던 것이니, 도道와 기器가 다른 체體를 가지고 있지 않다는 것은 너무도 명명백백한 것이다.

지금 우리는 「계사전」의 음양의 세계관을 논하고 있고, 역이라는 변화의 관점에서 우주를 바라보고 있다. 천하에 가득찬 것은 오직 기器(구체적 사물)일 뿐이다. 도道라는 것은 기器에서 연현演顯하는(Emergence) 도道일 뿐이다. 기器가 도로부터 연현한다고는 말할 수 없는 것이다. 도는 기器의 도이되, 기器는 도의 기가 아니다.

도道가 없으면 기器가 있을 수 없다는 것은 인류가 다 즐겨 말하는 것이다. 심오한 사유를 한다 하는 사람들(관념론자들, 종교적 성향의 사람들)일수록 이런 말을 즐겨 말한다. 그러나 생각해보자! 기器는 우리 주변에 엄존하는 것이 아닌가?

어떻게 도道가 없어진 무도无道의 상태를 걱정할 수 있으리오? 지식인들이 알지 못하는 것을 성인이 안다. 그러나 성인도 능하지 못한 것을 필부필부匹夫匹婦가 능할 수 있다.

사람이 그 도道에 어두워(원리를 잘 알지 못해) 그릇을 못 만들 수는 있다. 그러나 그릇(器)이 만들어지지 않는다고 해서 그릇이 없는 것은 아니다. 도가 없으면 기器가 없다는 말은 아주 잘 하는 사람들이, 기器가 없으면 도道가 없다는 말은 하지 않는다. 너무도 들어보기 힘들다. 그러나 기器가 없으면 도道가 없다는 말이야 말로 있는 그대로 진실한 기술記述일 뿐이다.

홍황洪荒한 원시시대에는 사람들이 만나면 예의를 갖추어 절한다는 도道가 없었다. 요순의 시대에는 조벌吊伐(전쟁을 일으킴)의 도道가 없었다. 한나라·당나라 시대에는 오늘 우리가 가지고 있는 도道가 없는 것이 많았다. 그렇다면 오늘 우리가 가지고 있는 도道가 미래세대에는 없어질 것이 또한 많을 것이다.

활과 화살이라는 기器가 없는데, 어떻게 궁도弓道라는 것이 있을 수 있겠으며, 거마車馬라는 기器가 없는데 어떻게 어도御道(수레몰이 도)가 있을 수 있겠는가? 고기음식과 맛있는 술과, 종과 편경 그리고 관현악기가 없으면 예악禮樂의 도道라는 것은 없는 것이다. 그렇다면 아들이 없으면 부도父道라는 것이 없을 것이요, 아우가 없으면 형의 도兄道라는 것이 있을 수 없다는 것은 너무도 명백하지 않은가?

도道는 보편적 법칙으로서 있을 수 있지만, 그것을 사람들이 시의에 맞게 기器로써 구현해내지 않으면 그것은 없는 것이나 마찬가지다. 도道는 항존하는 것이 아니요, 없을 때도 많은 것이다. 그러므로 기器가 없으면 도道가 없다는 말은 만고의 진실한 명제인데 사람들이 살피지 않고 또 말하기를 두려워하는 것이다.

> "謂之"者, 從其謂而立之名也。"上下"者, 初无定界, 從乎所擬議而施之謂也。然則上下无殊畛, 而道器无異體, 明矣。天下惟器而已矣。道者器之道, 器者不可謂之道之器也。
>
> 无其道則无其器, 人類能言之。雖然, 苟有其器矣, 豈患无道哉! 君子之所不知, 而聖人知之 ; 聖人之所不能, 而匹夫匹婦能之。人或昧於其道者, 其器不成, 不成, 非无器也。
>
> 无其器則无其道, 人鮮能言之, 而固其誠然者也。洪荒无揖讓之道, 唐丶虞无吊伐之道, 漢丶唐无今日之道, 則今日无他年之道者多矣。未有弓矢而无射道, 未有車馬而无御道, 未有牢醴璧幣, 鐘磬管絃而无禮樂之道。則未有子而无父道, 未有弟而无兄道, 道之可有而且无者多矣。无其器則无其道, 誠然之言也, 而人特未之察耳。(『주역외전』)

조금 길게 인용하였으나, 나는 청춘시절에 이러한 왕부지의 언어에 경탄과 경외를 금할 수가 없었다. 너무도 경이롭고, 아름답고, 충격적인, 그러면서도 진리의 핵심을 꿰뚫는 언어들이 이과수폭포처럼 쏟아졌다. 대륙의 학자들은 이 위대한 논설을 정주程朱의 유심론을 깬 유물론의 담론이라느니, 무슨 변증법 운운해가면서 모택동 주석의 말씀을 잘 구현한 담론이라는 등 판에 박힌 평론을 늘어놓기 일쑤다.

사실 내가 왕부지의 『주역외전』을 박사학위논문의 주요테마로 삼았을 때만 해도 세계적으로 왕부지에 대한 연구가 크게 진척되지 않았을 때였다.

왕부지의 담론은 하나의 이즘을 표방한 "논論"이 아니다. 그의 담론은 지극히 평범한 상식일 뿐이다. 상식이기에 아무도 말하지 않았던 것, 그것을 말하는 데는 무한한 용기가 필요하다. 왕부지는 『주역외전』을 그의 나이

37세, 1655년에 썼다(언제 완성되었는지는 확정할 수 없다). 이미 명나라의 몰락이 가시화되고 만주족 오랑캐가 세운 청조가 웅비를 하기 시작할 때였다. 망해가는 명나라를 위하여 의병까지 일으켰던 그가 정치로부터 은퇴하여 망국의 설움을 씹으며 『역』을 벗삼고 있었던 것이다. 그는 역을 통하여 망국의 원인이 된 사상기조를 혁명하고 있었던 것이다.

나라를 잃은 그가 양명, 노불, 정주를 일소하고 새로운 자기의 독창적 관점으로 새로운 사상의 여명을 개벽한다는 신념은 범인의 소위所爲는 아니다. 그 핵이 바로 여기 소개하는 그의 도기론이다. 이 충격적인 왕부지의 언어를 접했을 때 나는 인류의 모든 존재론적 사유를 개벽할 수 있다고 생각했다. 그리고 하바드대학 박사학위논문으로 이 테마를 정리하고 있었을 때는, 바로 박정희가 친구에게 살해되고 서울의 봄이 찾아와 희망과 절망이 동시에 뒤끓던 때였다. 왕부지가 역으로 망국의 한을 씻으려 했다면 나 또한 서울의 화창한 봄이 또 다시 겨울로 돌아가는 비극을 이 논문으로 극복하고 싶었던 바램이 없지 않았다.

왕부지는 그의 도기론을 다음과 같이 총괄하여 결론짓는다:

> **그러므로 옛날의 성인이라는 사람들은 기器를 다스리는 데는 틀림없는 능력을 발휘했지만 도道를 다스리는 데는 능하지 못할 수도 있었다. 기器를 다스리는 것이 곧 도道이기 때문에 기가 우선할 수밖에 없었다. 도가 얻어지게 되면, 그것을 덕德이라 부르고, 기器가 이루어지면, 그것을 행行이라 부른다. 기器가 사용되는 것이 넓게 보편화되면 그것을 일컬어 변통變通이라 하는 것이다. 기器를 본받는 것이 현저하게 되면 그것을 사업事業이라 일컫는다.**
>
> **그러므로 역에는 상象이 있다. 결국 역의 상象이라는 것은 기器를 본뜬 것이다.**

괘에는 효가 있다. 효라는 것은 기器를 본받은 것이다. 효에는 사辭가 있다: 사라는 것은 알고보면 결국 기器를 변별하는 것이다.

그러므로 성인이라는 사람은 결국 기器를 잘 다스리는 사람일 뿐이다. 다스림의 관점에서 말을 할 때에는 형이상의 "상上"이라는 이름을 세울 만하다. 이 상上의 이름이 세워지고 나면 "하下"의 이름도 세워지게 마련이다. 총결하면 상하上下가 모두 이름이다. 형이상·형이하라는 것이 분별할 수 있는 실체적인 고정성을 가지고 있는 것이 아니다.

故古之聖人, 能治器而不能治道。治器者則謂之道, 道得則謂之德, 器成則謂之行, 器用之廣則謂之變通, 器效之著則謂之事業。故易有象, 象者像器者也；卦有爻, 爻者效器者也；爻有辭, 辭者辨器者也。故聖人者, 善治器而已矣。自其治而言之, 而上之名立焉。上之名立, 而下之名亦立焉。上下皆名也, 非有涯量之可別者也。(『주역외전』 p.1028)

왕부지의 논의는 매우 치열하다. 「계사전」의 언어에 즉하면서도 자신의 독창적 관점을 끝까지 밀고 나간다. 젊은 날, 나 도올의 마음을 뒤흔든 최종적인 언사는 다음과 같은 결어였다:

형이상이라고 하는 것은 무형無形(형이 없음)을 일컫는 것이 아니다. 형形이 제일 먼저 앞에 왔으니 이미 형이 있는 것이다. "이而"라는 것은 형이 "있고 난 다음에"라는 뜻이다. 형이 있고 난 후에나 그 형의 위라는 말이 가능하다. "무형의 위"라는 것은 고금을 다 뒤지고, 만변을 다 통하고, 천지를 다 궁窮하고, 인人과 물物을 다 궁해도 있어본 적이 없다. 자아! 맹자가 「진심」상에서 말한 "천형踐形"을 한번 생각해보자: **"인간의 태어난 모습이라는 것은 하늘이 준 그대로의 온전한 가능성이다. 오직 성인만이 신체용모에 깃들어 있는 본래의**

능력을 온전하게 발현케 할 수 있다."(7a-38. 도올 김용옥, 『맹자 사람의 길』 下. p.776~7). **이때도 맹자가 말한 것은 몸**Mom**이요, 형이하**形而下**다. 형이상을 밟는 것이 아니다.**

形而上者, 非无形之謂。旣有形矣, 有形而後有形而上。无形之上, 亘古今, 通萬變, 窮天窮地, 窮人窮物, 皆所未有者也。故曰: "惟聖人然後可以踐形。" 踐其下, 非踐其上也。(『주역외전』 p.1028)

왕부지는 "형이상자"와 "형이하자"를 하나의 독립된 개념으로 해석해서는 아니 된다고 생각한다. "형이상자形而上者"는 "형形이 있고나서 위로 가는 것"이라는 뜻이다. "위로 간다"는 것은 "하늘적 측면을 구현한다"는 뜻이다. 그러니까 형이상자形而上者 네 글자가 모두 각각 해석되어야 한다. 형形과 상上은 실제로 동사적 용법으로 쓰인 것이다.

1) **형形: 형체가 형성된다**
2) **이而: 그 다음에**
3) **상上: 위로 간다**
4) **자者: 것**

천지간에 음양의 착종이 지어내는 모든 것은 형形이다. 이 세계는 도道를 만들지 않는다. 도는 형에서 발현되는 것이다. 도라는 것은 구체사물의 공동법칙이며, 총규율일 뿐이다. 도도 불변하는 것이 아니라 시공에 따라 변한다.

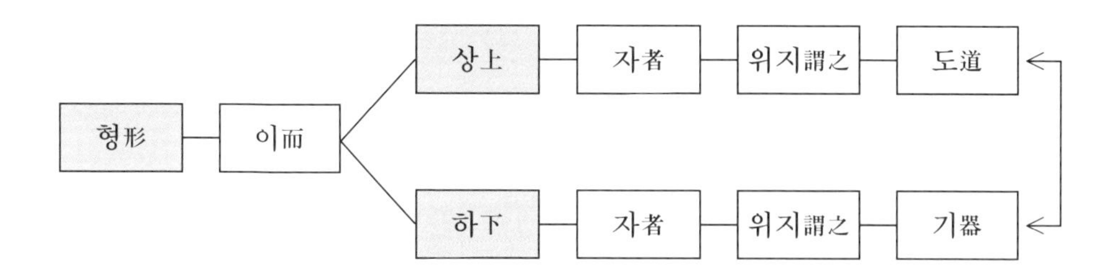

결국 형이상자와 형이하자는 하나의 형形으로 통섭되는 것이다(形而上者謂之道, 形而下者謂之器, 統之乎一形。『외전』, p.1029).

이 도식 하나로써 우리는 인류의 철학적 사고를 재건해야 한다. 나의 결론은 이것이다. 형이상학은 존재하지 않는다. 역은 무체无體다! 역에는 서구적 의미의 형이상학이 성립될 수 없다. 형이상학은 길일 뿐이요, 형이하학은 그릇일 뿐이다.

형이상자와 형이하자로써 도道와 기器를 말한 후에 「계사」의 저자는 변變과 통通과 사업事業을 말한다.

化而裁之謂之變, 推而行之謂之通, 擧而錯之天下之民謂之事業。

여기 "화化"는 화학적 변화만을 의미하는 것이 아니고 음양이 야기시키는 운화運化 전체를 가리킨다. "재裁"라는 말은 우리가 보통 "재단裁斷"한다고 할 때 쓰는 말이며, 일정한 한계를 따라 마름질하는 것이다. 백서본에는 이 "재裁"가 "제制"로 되어있는데 상통하는 글자이다. 제制는 "제어한다"는 뜻이다. 이 "재裁" 자를 사람들이 애매하게 얼버무리고 마는데, 이 재 자는 명료한 자연의 법칙을 말하고 있다. 생명의 운화는 뻗어나가고 앞으로 진전하는 것뿐만이 아니라 그 진전을 억제하는 힘도 동시에 가지고 있다. 창조적 전진만이 있는 것이 아니라 창조적 억제도 있는 것이다.

예를 들면 인간은 매일 수염이 난다. 매일 깎는 수염의 길이를 다 합치면 십리를 갈 수도 있을 것이다. 그러나 내버려두면 알아서 적당한 선에서 수염의 길이는 억제된다. 이 억제하는 힘도 매우 창조적인 힘이다. 노인이 되면 이 힘이 약해져서 모든 것이 맥없이 잘 자라나기만 한다. 수렴하는 기운이 모자라는 것이다. 자연의 운화에 제재를 가하여 질서를 유지시키는 것, 이러한 호미오스타시스를 변變이라 부른다(化而裁之謂之變). 다음은 이러한 변화를 두루두루 미치게 하는 것을 통通(penetration)이라 한다(推而行之謂之通). **변통에서 생기는 성과를 일으키어 천하의 민중들에게 골고루 사용할 수 있도록 해주는 것을 일컬어 사업事業이라고 한다**(securing the success of the workings of Life).

12-4 是故夫象, 聖人有以見天下之賾, 而擬諸其形容,
시고부상 성인유이견천하지색 이의저기형용
象其物宜, 是故謂之象。聖人有以見天下之動,
상기물의 시고위지상 성인유이견천하지동
而觀其會通, 以行其典禮, 繫辭焉以斷其吉凶,
이관기회통 이행기전례 계사언이단기길흉
是故謂之爻。極天下之賾者存乎卦, 鼓天下之動
시고위지효 극천하지색자존호괘 고천하지동
者存乎辭。化而裁之存乎變, 推而行之存乎通。
자존호사 화이재지존호변 추이행지존호통
神而明之, 存乎其人。默而成之, 不言而信, 存乎
신이명지 존호기인 묵이성지 불언이신 존호
德行。
덕행

국역 그러하므로 상象에 관하여 다시 한번 생각해보자! 역을 만든 성인은 천하의 오묘하고도 복잡스러운 현상을 꿰뚫어볼 수 있는 능력이 있었기 때문에 그 단순한 통찰의 상을 구체적 물상에 비의하여 괘상을 만들었다. 괘상이 사물의 마땅함을 상징해내었기 때문에 우리가 괘상을 상象이라고 일컫는 것이다. 또한 성인께서는 천하의 동적인 흐름을 통찰하는 능력이 있었기 때문에 그 회통되는 모습을 통관하여, 항상스러운 진리를 존중하고 그 질서를 상징하는 전례를 행하였다. 이러한 전례에는 말이 따라붙게 마련인데, 성인은 그 말들을 384효에 매달아 인간세의 길흉을 판단할 수 있게 만들었다. 이 효사 하나하나가 모두 전례가 될 수 있는 것이다. 길흉의 변화를 판단케 한다 하여 효라 일컫는다. 천하의 무질서하게 보인 잡다한 현상을 다 파헤쳐 질서있게 축약하는 것은 괘에 존存한다. 길흉을 조절하여 천하의 움직임을 고무격려 해주는 힘은 사辭에 존한다. 천하의 운화에 일정한 절제의 질서감을 주는 것은 변變에 존한다. 일음일양의 변화를 꾸준히 밀고나가는 창조의 과정은 통通에 존한다. 우주의 변화를 신적인 것으로 만들고 그것을 밝히는 힘은 사람에게 존한다. 침묵속에 묵묵히 이루어나가고, 말로 표현하지 않아도 그의 소기하는 바가 신험있게 성취되는 힘은 인간의 덕행德行에 존한다. 인간내면에 쌓이는 덕이야말로 역이 소기하는 궁극적 과제상황이다.

금역 드디어 상편의 마지막 절에 왔다. 「계사」상편의 저자는 이 절에서 여태까지 말해온 내용을 핵심적으로 정리하고 있다는 느낌을 준다. 시작하는 "시고是故"로부터 "시고위지효是故謂之爻"에 이르기까지의 문장은 제8장 1절에 있는 것이 그대로 반복되었다. 이 12장에는 앞머리의 "시고

부상是故夫象"이라는 4글자가 첨가되었다.

주석가들은 이 8장 1절의 문장이 착간으로 여기 끼어들은 것은 아니고, "극천하지색자極天下之賾者" 이하의 말을 끌어내기 위한 전제적 언사로서 고의적으로 다시 쓴 것이라고 말했다. 대체적으로 이 의견에 동조하였다. 그런데 백서에도 똑같은 방식으로 되어있다. 중출重出이 의도적인 선택이었음이 입증된 것이다. 그리고 앞의 네 글자 "시고부상是故夫象"은 떼어버리는 것이 옳다고 했는데 백서역에 네 글자가 고스란히 들어있다. 진실로 고전이란 함부로 첨삭해서는 아니 된다는 것이 입증된 셈이다.

「계사」 저자가 첫 문장이 "상象"을 설명하는 내용이므로 그것을 다시 인용하면서 상象이라는 주제를 앞에 반복적으로 내걸은 것이다. "그러므로 대저 상이라는 것은 ……"의 뜻이다. 고형高亨은 여기 "부夫"는 자형이 비슷해서 착오를 일으킨 것이라 하면서 반드시 "효爻"로 고쳐야 한다고 했는데 그것은 옳지 못한 견해이다. 고형은 고증학에 깊게 들어간 대학자이기는 한데 문자를 함부로 산개刪改하는 경향이 있다.

"위지효謂之爻"까지의 도입부분은 간략히 다시 해설하면 다음과 같다. 역을 작作한 성인은 역리易理로써 천하의 복잡다단한 현상을 관찰하고(聖人有以見天下之賾), 그것을 구체적인 물상物象에 비의比擬하여(而擬諸其形容) 그 물이 물됨의 마땅함을 상징해 내었다(象其物宜). 그래서 64괘를 상象이라 이르게 된 것이다(是故謂之象). 성인도 또 역리로써 하늘아래의 끊임없는 움직임을 관찰하여(聖人有以見天下之動) 그것들이 회통되는 것을 통찰하고(而觀其會通), 그에 따른 항상스러운 질서(=전례典禮)가 행하여지는 것(以行其典禮)을 보고 그 마디마디에 말을 매달았다(繫辭焉). 이 언어들은 삶을 운영하는 자들의 길흉을 판단할 수 있게 해준다(以斷其吉凶). 그러므로 이것을 일컬어 "효

爻"라 하였다(是故謂之爻).

다음에 마지막 절의 본론이 이어지는데 그것은 괘卦, 사辭, 변變, 통通, 인人, 덕행德行의 여섯 가지 역의 주요개념을 정리하는 내용이다.

괘卦	**극천하지색**極天下之賾: 천하의 모든 복잡다단한 현상을 상징화하여 64괘에 축약하였다.
사辭	**고천하지동**鼓天下之動: 천하의 모든 활동을 고무하고 격려한다.
변變	**화이재지**化而裁之: 우주의 변화는 창조적인 전진과 창조적인 억제의 발란스로 이루어진다. 역리는 그 변화속에 있다.
통通	**추이행지**推而行之: 사건의 계기를 밀고나가면서 그것들이 만족할 만한 성과를 이루도록 통달시킨다.
인人	**신이명지**神而明之: 이 모든 과정의 주체는 인간이다. 인간은 하느님의 경지에 도달하여 모든 것을 밝게 만들 수 있다.
덕행德行	**묵이성지**默而成之, **불언이신**不言而信: 역리의 성취는 침묵속에 묵묵히 이루어나간다. 말이 없지만 신험하다.

이 세계의 현상은 복잡다단하다. 심볼리즘을 사용하여 축약한다 해도 너무도 많다. 여기 "극천하지색極天下之賾"의 "극極"은 "궁극에까지 파헤친다," "다 조사한다," "질서있게 한다"의 의미가 있는 동사이다. 그리고 "색賾"은 혼란스러운 듯이 보이는 복잡현상이다. 극천하지색은 천하의 카오스(무질서)를 코스모스(질서)로 만든다는 의미를 내포한다. 천하의 모든 카오스를 코스모스화하여 64괘라는 심플한 도상에 다 담아놓은 것이 "괘卦"라는 것이다. "존호괘存乎卦"는 "괘에 존한다," "괘에 보존된다"는 뜻

이지만, "그것이 곧 괘다"라는 뜻도 된다.

다음으로 사辭를 해설한다. 사는 실제로 괘사, 효사를 가리킨다. 이 사는 천하사람들의 움직임 즉 삶의 활동을 고무하고 격려하기 위한 것이라 한다. 용龍이 약躍(비약)해야 할 때도 있지만 "물용勿用"의 때도 있다. 그러니까 인간의 움직임은 이러한 시時를 가지고 있는 것이다. 사辭는 이러한 때를 가르쳐줌으로써 인간의 삶의 활동이 즐거울 수 있도록(흉凶을 피한다) 도와준다. 그것을 "고천하지동鼓天下之動"이라고 했다.

다음의 "변變"은 우리의 모든 활동은 변화 속에 있다는, 시공의 역동성을 상기시켜 준다. 시세의 변화에 즉응卽應하여 나아갈 것인가 억제할 것인가를 결정한다. 변화는 화이재지化而裁之하는 역동적 과정속에 보존된다는 것이다.

다음의 "통通"은 우리의 삶의 활동이 끊임없이 통달해야 함을 말해준다. 통通은 정체가 없는 것이다. 끊임없이 추이행지推而行之, 창조적 전진을 이어나가야 한다. 새로움의 계기들이 계속 유입되는 것이 통通이다.

최종적으로 이 모든 역리易理를 신명神明(하느님의 밝음)으로 만들 수 있는 주체는 인간이라고 말한다. 역의 궁극적 주체는 인간이다. 이 "인人"의 사상에 이미 수운이 말하는 인내천사상, 오심즉여심吾心卽汝心의 논리가 다 들어있다. 결국 역의 하느님은 인간에 내재하는 것이다.

그래서 「계사」의 저자는 이러한 하느님의 밝음을 성취하는 과정은 인간존재 내부에서 일어나는 것이며, 그것은 말로 표현되는 것이 아니라 침묵속에 묵묵히 이루어나가는 것이라고 총결론을 내린다. 역은 비록 사辭를 통해, 즉 우리의 언어를 통해 우리에게 의미를 전달했지만 우리가 그것을 성취하는 과정은 언어를 초월해야 하는 것이다. 그것이 곧 "불언이신不言而信"이다. 말하지 않아도 그 성취가 신험성 있게 저절로 입증된다는 것이다.

여기서 수운이 말한 성誠·경敬·신信의 신信의 본체가 드러나는 것이다. 결국 역리易理의 모든 것은 인간의 덕행德行에 존存한다. "존호덕행存乎德行," 이 한마디가 역철학의 궁극이다. 이 한마디를 계기로 유교는 종교신앙의 저열한 논리를 벗어나 찬란한 도덕형이상학의 금자탑을 성취할 수 있었던 것이다.

옥안 여기까지가 상편이다. 나 도올이 20대에 이 문헌으로부터 받은 충격과 열망을 조선의 독자들에게 생생하게 전할 수 있다는 것이 하나의 기적처럼 느껴진다. 역易은 동북아대륙의 주체인 우리의 삶 속에서 우러나온 것이다. 그런데 현금 우리는 역의 진실로부터 너무 멀어져있다. 미신과 탐욕과 주란酒亂 속에 갇혀 방향을 잃고 있지 아니한가? 그러나 역에는 영종永終(영원한 종료)이란 없다. 종終도 중中의 일환이요 사死도 생生의 한 계기일 뿐이다. 거시적으로 보면 조선의 역사 속에서 역의 진실은 어김없이 진행되고 있다.

마왕퇴 3호분 출토 백서 역관계 문헌 중에 「계사」가 들어 있다. 그 첫 페이지. 오른쪽 상단에 "천존지비"가 보인다.

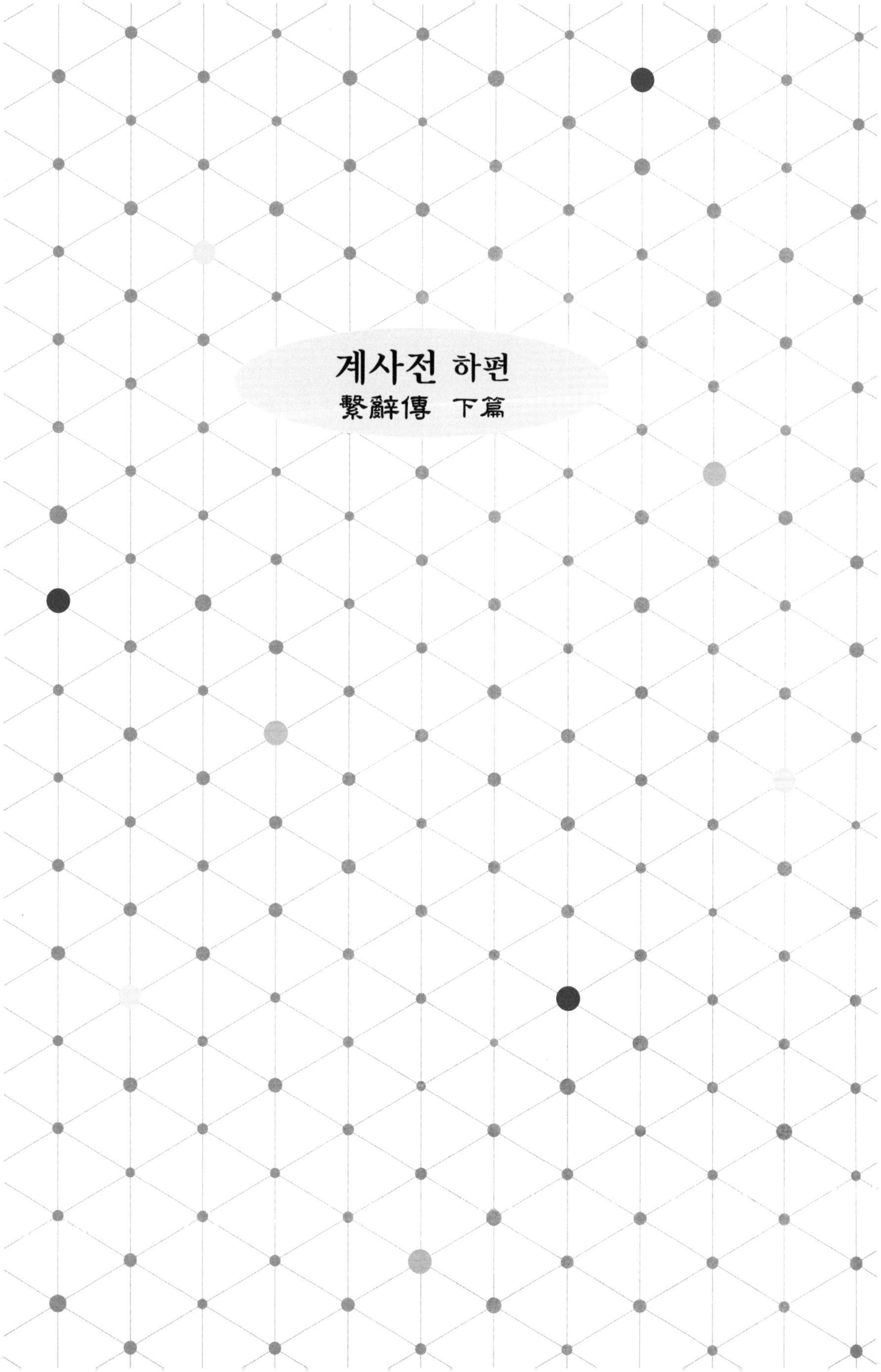

계사전 하편
繫辭傳 下篇

제 1 장

1-1 **八卦成列, 象在其中矣。因而重之, 爻在其中矣。剛柔相推, 變在其中矣。繫辭焉而命之, 動在其中矣。吉凶悔吝者, 生乎動者也。剛柔者, 立本者也。變通者, 趣時者也。**
팔괘성렬 상재기중의 인이중지 효재기중의 강유상추 변재기중의 계사언이명지 동재기중의 길흉회린자 생호동자야 강유자 입본자야 변통자 취시자야

국역 64괘의 기본인 3획괘의 팔괘가 죽 늘어서면 그 속에 상象이 있게 된다. 3획괘를 여섯자리의 괘로 배가시키면 64괘가 되는데 384개의 효가 그 속에 자리잡게 된다. 효는 항상 변하는 것이 특질이다. 강효와 음효가 서로 감응하고 밀치는 가운데, 역의 보편적 특성인 변變이라는 것이 384개의 효 중에 있게 된다. 성인은 괘와 효 아래에 말을 매달아, 묻는 사람에게 그 괘효가 내포하는 길·흉을 전달하게 하였다. 그러니까 천하의 움직이는 사건들이 모두 괘사 효사 속에 구비되어 있는 것이다. 길흉회린이라고 하는 것은 인간의 삶의 움직임의 결단에서 생겨나는 것이다. 강유, 즉 양효·음효라 하는 것은 역의 근본을 세우는 것이다. 그리고 변통變通이라고 하는 것은 시간의 계기에 맞추어 움직이는 것을 말하는 것이다.

금역 하편의 수장首章 첫머리는 이미 전편에서 논의된 개념들을 다시 총

체적으로 나열, 설명하면서 역의 의미를 추구하고 있다. 대강 이미 논의가 되었기 때문에 개략적으로 설명하고 너무 테크니칼하게 깊게 들어가지 않으려 한다.

"팔괘八卦"는 64괘의 성립과정에 상(symbolic reference)을 지닌 최초의 단위이다. 주희는 "성렬成列"에 대해 건일(☰), 태이(☱), 리삼(☲), 진사(☳), 손오(☴), 감육(☵), 간칠(☶), 곤팔(☷)이라고 주를 달았다(서법에서도 쓰는 서열이다). 실상 역의 괘는 이 팔괘를 중첩시켜 64괘로 만든 것이다(8×8=64). 그러니까 64괘의 윗 세 자리와 아랫 세 자리에는 모두 이 8괘가 들어가 있다. 8괘의 심볼리즘에 따라 다양한 해석이 생겨난다.

그런데 "인이중지因而重之"에 관하여 왕부지는 기발한 해석을 내렸다. 그에게는 독특한 상수학적 관점이 있다. 물론 그의 근원적인 입장은 철학적이고 의리적이라고 말해야 하겠지만, 상수적인 견해에 있어서도 독창적인 관점을 제시한다.

"인이중지因而重之"가 논의되는 기본맥락이 8괘이므로 64괘는 8괘를 아래위로(상괘와 하괘) 중첩시킨 것이 아니라, 8괘의 효 하나하나를 중복시키는 것이라고 한다. 그러니까 8괘 중 하나의 괘상이 1·3·5에 자리잡고 2·4·6에 중重이 자리잡는다는 것이다. 아래 괘상을 살펴보면, 1·3·5에는 8괘의 하나가 고정적으로 자리잡고, 2·4·6은 가능한 효변이 다 동원되고 있다.

그러니까 건☰을 중重하면

건乾䷀, 동인同人䷌, 소축小畜䷈, 쾌夬䷪,
가인家人䷤, 혁革䷰, 수需䷄, 기제旣濟䷾가 생겨나고,

곤坤☷을 중하면

곤坤䷁, 사師䷆, 예豫䷏, 박剝䷖,

해解䷧, 몽蒙䷃, 진晉䷢, 미제未濟䷿가 생겨난다.

진震☳을 중하면

규睽䷥, 서합噬嗑䷔, 손損䷨, 귀매歸妹䷵,

이頤䷚, 진震䷲, 림臨䷒, 복復䷗이 생겨나고,

손巽☴을 중하면

건蹇䷦, 정井䷯, 함咸䷞, 점漸䷴,

대과大過䷛, 손巽䷸, 둔遯䷠, 구姤䷫가 생겨난다.

감坎☵을 중하면

정鼎䷱, 려旅䷷, 고蠱䷑, 항恒䷟,

간艮䷳, 소과小過䷽, 승升䷭, 겸謙䷎이 생겨나고,

리離☲를 중하면

준屯䷂, 절節䷻, 수隨䷐, 익益䷩,

태兌䷹, 중부中孚䷼, 무망无妄䷘, 리履䷉가 생겨난다.

간艮☶을 중하면

송訟䷅, 비否䷋, 환渙䷺, 곤困䷮,

관觀䷓, 췌萃䷬, 감坎䷜, 비比䷇가 생겨나고,

태兌☱를 중하면

명이明夷䷣, 태泰䷊, 풍豐䷶, 비賁䷕,

대장大壯䷡, 대축大畜䷙, 리離䷝, 대유大有䷍가 생겨난다.

왕부지는 「설괘전」 제2장에 나오는 "겸삼재이양지兼三才而兩之"도 이렇게 되어야 옳다고 주장한다(「계사하편」 제10장에도 같은 표현이 있다). 하여튼 역의 상수는 그 이해방식이 다양할 수 있다는 것을 보여주는 실례 중의 하나이다. 그렇다고 전통적인 해석방법이 틀렸다고 말할 수는 없다. 왕부지는 텍스트 그 자체의 논리에 의하여 "중지重之"의 방식은 8괘를 본위本位에 놓고 늘려가는 것이 정당하다고 생각한다.

어떤 방식으로 중重을 하든지간에 여섯 자리의 음효·양효 배열이 완성되면 64괘가 짜임새를 갖추고 우주가 그 속에 담기며 384효가 그 속에 있게 된다(爻在其中). 양효는 음효로 변할 수 있고, 음효는 양효로 변하니 우주의 강한 측면과 유한 측면은 서로를 밀게되니(剛柔相推: "민다"는 것은 서로에게 침투된다는 뜻이다. 침투라는 것은 타자를 자기존재의 일부로서 감입感入한다는 뜻이다), 괘효의 변화가 그 속에 행하여지게 된다(變在其中矣). 괘효의 변화는 천지만물의 변화를 의미하게 된다.

성인은 그 변화를 보고, 괘와 효 밑에다가 말을 매단다(繫辭焉: 계사의 본래적 의미를 말해주는 구문이다). 말을 매다는 것은 자기 운명을 묻는 사람에게 길흉을 고告해준다는 것을 의미한다(命之: 여기서 명命이란 고한다는 뜻이다). 인간의 활동의 길흉이 괘효사 속에 다 담겨져 있는 것이다. "동재기중動在其中"이란 "내가 행동을 해야 할 것인가, 말아야 할 것인가 하는 결단의 계기들이 효사 속에 들어있다"는 뜻이다.

길흉회린이라는 것은 인간의 행동의 적부適否(시중時中에 적합한가 아닌가)에서 생겨나는 것이다(吉凶悔吝者, 生乎動者也). 강 ━(양효)과 유 ╍(음효)는 괘의 근본을 확립하는 것이다(剛柔者, 立本者也). 변통變通이라는 것은 변화의 계기마다 때(시중時中)에 맞추어 움직이는 것을 말한다(變通者, 趣時者也).

『중용』 26장에 "부동이변不動而變"이라는 말이 있다. 천지의 지성무식至誠無息(지극히 정성스럽고 쉼이 없다)을 말하는 맥락에서 언급된 것인데 하늘과 땅은 움직이지 않는 것 같으면서도 모든 것을 변화시킨다는 뜻이다. 그 뒤에 "무위이성無爲而成"(함이 없이 이룬다)이라는 말이 붙어있다. 「계사」전의 역의 이해는 『중용』과 상통한다. 일체의 정靜이 변화 속에 있다는 것이다. 변화는 정靜과 동動을 포섭한다.

결국 점이라는 것은 정과 동의 시중을 어떻게 얻느냐에 관한 것이다. 『장자』의 「추수」편에 이런 말이 있다: "무동이불변無動而不變, 무시이불이無時而不移。"(움직이는 데 따라 변하지 아니하는 것이 없고, 때에 따라 변동되지 않는 운명이라는 것은 없다). 결국 효변爻變이라는 것도 이와같은 것이다. 모든 변화는 동과 정을 포섭하는 것이다. 그 변화하는 삶의 상황 속에서 어떠한 선택을 하는가, 그것이 우리가 역에 묻는 것이다.

1-2 **吉凶者, 貞勝者也。天地之道, 貞觀者也。日月之道, 貞明者也。天下之動, 貞夫一者也。**
길흉자 정승자야 천지지도 정관자야 일월지도 정명자야 천하지동 정부일자야

국역 길흉이라는 것은 바르게 극복하는 것을 가르쳐주는 것이다. 천지의 도는 바르게 보여주는 것이다. 해와 달의 도는 바르게 빛나는 것이다. 천하의 움직임은 오직 하나에서 바르게 되는 것이다.

금역 『도올주역강해』에서 "정貞"은 예외없이 "점치다," "신에게 계시를

묻는다"는 의미로 해석되었다. 정貞이라는 글자는 위에 "복卜"이 있고, 밑에도 조개 패貝(점치는 복비)가 있는 것을 보면 그것은 종교적 함의를 지니는 글자였다. 갑골문에도 "점치는 사람"이라는 의미에서 "정인貞人"의 표현이 많이 나오고, 『좌전』 『국어』 『주례周禮』에 "점친다"는 의미에서의 "정貞"의 용례가 많이 나온다. 나는 『강해』에서 정貞의 의미를 일관되게 "묻는다問"는 훈으로 새겼다.

그런데 여기서 "정貞"은 그런 방식으로 해석될 수 없다. 「계사전」의 저자는 언어를 쓰는 방식이 벌써 상당히 인문주의화되었다는 것을 알 수 있다. 여기서 "정貞"은 "바르게"(부사적 용법), 혹은 "곧다," "바르다"는 뜻으로 새기는 것이 옳다. 복문卜問에 의하여 신의 의지를 묻는 것, 그리고 신의 뜻을 아는 것을 "정정貞正"이라 했다. 신의 뜻을 아는 것은 바른 것이다. 그래서 정貞은 바를 정正 자와 통하게 되었다. 정일貞一, 정소貞素, 정신貞信이 모두 "바름," "정의로움"의 뜻이 된다.

길흉이라고 하는 것은(吉凶者), 신의 뜻을 바르게 알아서 바르게 흉凶을 극복하는 것이다(貞勝者也). "정승貞勝"이란 "바르게 극복한다"는 뜻이다. 하느님의 뜻을 바르게 알아서 정의롭게 이기는 것이 길흉의 근본적 의미이다. 주석가들이 모두 흉凶을 피해서 길吉로 가는 것이 승勝이다라고 해석하는데 그것은 매우 조잡한 해석이라 말할 수 있다. 주희도 이렇게 주를 달았다: "천하의 모든 일이 길吉 아니면 흉凶이고, 흉凶 아니면 길이다. 항상 서로 이기려고 할 뿐이다. 天下之事, 非吉則凶, 非凶則吉, 常相勝而不已也。" 주희는 "정貞"의 의미를 깊게 깨닫지 못했다. 길흉이라는 것은 신의神意의 정의로움을 깨닫게 하는 것이다.

다음에 나오는 "관觀"은 "본다"가 아니라 "보여준다"는 뜻이다. 길흉 다음에, "천지지도天地之道"가 나온다는 것 자체가 「계사」의 사유적 깊이를 말해주는 것이다. 다시 말해서 천지의 도는 "바르게 보여주는 것"이다. 인간세의 도덕기준이란 인간의 한계를 벗어나지 못한다. 그러나 천지의 운행, 그 자체는 인간의 도덕적 판단을 뛰어넘는 도덕적 판단에 속하는 것이다. 서양철학이나 서양종교는 근원적으로 하늘과 땅, 그 자체의 도덕성을 깨닫지 못했다. 인간의 도덕성의 가장 심오한 기준은 하늘과 땅의 "지성무식"에 있고, 성실함 그 자체에 있다(誠者, 天之道也). 하늘과 땅의 길은 인간에게 항상 중정中正의 대도를 보여준다(天地之道, 貞觀者也). 당태종의 연호도 이 "정관貞觀"에서 왔다.

다음에는 "일월지도日月之道"를 말한다. 태양은 빛의 근원이다. 이 세상에서 태양처럼 일방적으로 아가페적 사랑을 만물에게 퍼붓는 존재는 없다. 우리의 몸, 그리고 모든 생명의 에너지, 문명의 에너지가 태양에서 오는 것이다. 밤에도 달이 있어 비춰주기 때문에 밤이 밤으로서 효용과 위대함이 있는 것이다. 일월은 실제로 서양인들이 말하는 모든 종교적 절대자보다 더 절대적으로 위대하다. 그것은 예찬되어야만 하는 위대한 존재 그 자체(*Sein*)이다. 그래서 「계사」의 저자는 이 사실을 우리에게 일깨워준다. 해와 달의 도道처럼 우리에게 정의로운 밝음을 계속해서 제공하는 존재는 없다(日月之道, 貞明者也).

그리고 최후적으로 "천하지동"을 말한다. "천하"는 "천하사람들"을 말한다. "정부貞夫"의 "부夫"는 "어於"의 뜻이다. 천하사람들의 움직임, 삶의 활동, 생명의 전진은 오로지 하나에서 바르게 된다는 뜻이다("貞夫一"은 "貞於一"이다).

『도덕경』 제39장에 이런 말이 있다:

"옛날에 하나를 얻은 사람들은 그 하나로써 다음과 같은 이치에 도달했다:

하늘은 하나를 얻어 맑아지고

땅은 하나를 얻어 편안하고

하늘의 신령은 하나를 얻어 영험하고

땅의 계곡은 하나를 얻어 빔으로 차고

만물은 하나를 얻어 생생하고

제후와 왕은 하나를 얻어 천하를 평안히 다스린다.

이는 모두 **하나**가 이룩하는 것이다.

昔之得一者: 天得一以清,

地得一以寧, 神得一以靈,

谷得一以盈, 萬物得一以生,

侯王得一以爲天下貞。其致之。"

「계사하편」의 본 장에서 말하는 "일一"이 곧 노자가 말하는 일一과 다름이 없다. 천天이 일을 얻어 청淸하고, 지地가 일을 얻어 녕寧하다. 제후와 왕이 이 일一을 얻으면 천하가 모두 바르게 된다. 일은 진정한 보편자, 절대자이며, 유일한 것이다. 이것은 관념적인 유일성이 아니라 천지가 운행하는 도요, 일월이 빛을 발하는 항구성의 도다.

이 "일一"이야말로 물리학적으로 제일적齊一的인 법칙이요, 민족과 국가와 종교와 인종과 문화적 차등을 뛰어넘는 "하나"다. 천하사람들의 움직임은 이 하나에서 정의로움, 바름을 얻는 것이다.

1-3 **夫乾, 確然示人易矣。夫坤, 隤然示人簡矣。爻也者, 效此者也。象也者, 像此者也。爻象動乎內, 吉凶見乎外, 功業見乎變, 聖人之情見乎辭。**
부건 확연시인이의 부곤 퇴연시인간의 효야자 효차자야 상야자 상차자야 효상동호내 길흉현호외 공업현호변 성인지정현호사

국역 대저, 건이라는 것은 확연하게 쉬움(이易)의 덕성을 사람들에게 보여준다. 대저, 곤이라는 것은 부드럽게 간결함(간簡)의 덕성을 사람들에게 보여준다. 효라는 것은 본받는다는 뜻인데, 바로 이러한 건곤의 이간을 본받는 것이다. 상이라는 것은 본뜬다는 뜻인데, 바로 이러한 건곤의 이간을 본뜬(=상징화한) 것이다. 효와 상이 64괘라는 우주 내에서 움직이게 되면 길흉이 겉으로 드러나게 되고, 인간의 공업의 성취여부도 효의 변화로 드러나게 마련이다. 이렇게 되면 괘효에 언어를 매단 성인의 마음의 진실이 그 괘효사에 드러나게 되는 것이다.

금역 "확연確然"은 "확실하게," "강인하게," "명료하게"의 뜻이다. "퇴연隤然"은 "부드럽게," "편안하게"의 뜻이다. 보통은 "무너지다," "실패하다"의 뜻이다. 무너져서 못 일어난다는 뜻에서 연약하다는 뜻이 생겨났으나, 여기서는 유순柔順한 모습을 나타낸다. "퇴退," "타妥," 또는 "퇴頹"로도 쓴다. 대저 건乾이란 강건한 모습으로 사람들에게 쉬움의 덕성을 보여준다(夫乾, 確然示人易矣). 대저 곤坤은 부드럽게 사람들에게 간결함의 덕성을 보여준다(夫坤, 隤然示人簡矣). 이것은 「상계」 1-3에 나온 "이간易簡" 사상의 천명이다.

「하계」는 「상계」의 사상을 충실히 계승하고 있음을 과시한다. 그러나 그것을 이야기하는 방식이나 사유의 맥락이 좀 다르다. 보통 주석가들은 「하계」가 「상계」보다 좀 산만하고 덜 체계적이라고 말하는 경향이 있으나, 내 느낌으로는 「하계」가 오히려 더 사변적이고 그 레퍼런스의 넓이가 더 광범위하다고 말할 수 있다. 하여튼 양자는 다른 그룹에 의하여 성립한 것이 분명하다. 그러나 언제 「상계」 「하계」가 별도로 성립했는지에 관해서는 정설이 없다.

순수하게 문맥으로 보면 "효야자爻也者, 효차자야效此者也"에서 "차此"는 "이것"이라고 구체적으로 지시하고 있으므로 문맥상 "이간易簡"을 지칭하는 것일 수밖에 없다. 그러니까 효爻라고 하는 것은 바로 이것 즉 "건곤이간乾坤易簡"을 본받은 것이요, 상象이라고 하는 것(象也者)도 바로 이것 즉 건곤이간을 본뜬 것이라는 것이다(像此者也). 이 "이간易簡"의 사상을 명료하게 건곤과 연결시키고 이것을 또다시 건곤이 합치된 "하나," 즉 "일음일양"의 "하나"를 앞 절에서 "일一"이라고 표현한 것이다.

천하의 움직임은 법칙적 제일성齊一性(Uniformity of Nature)에서 바름(=정貞)을 얻는다는 것이다. 제일적 보편성이 있기 때문에 이간하게(쉽고 간결하게) 효상效像(본받고 본뜨고)이 가능하게 된다는 것이다. 기실 64괘의 심볼리즘은 이 이간의 덕성 때문에 가능하게 되는 것이다. 「계사」의 저자가 이런 사유를 도덕주의적 방향으로만 발전시키지 않고 물리적 세계 그 자체로 투입시켰다면 매우 과학적인 물리학이 동방의 대륙에서도 발전했을 것이다. 물론 동방의 물리학은 서구의 물리학과는 다른 성격을 구현했을 수도 있다.

여기 "내內·외外"를 괘의 안과 밖으로 보기도 하고 점을 치면서 괘를 형성해가는 과정의 안과 밖으로 보기도 한다. 효爻와 상象이라고 하는 것은 산대를 조작하는 과정의 내부에서 움직이게 마련이고(爻象動乎內), 길흉은 그 조작과정이 완료되면 겉으로 드러나기 마련이다(吉凶見乎外). 여기 "見"자는 "현"으로 읽는다. 길흉은 항상 효爻라는 개념과 연결된다.

갑자기 "공업현호변功業見乎變"이 나오니까 당황스럽지만, 우리가 역易을 대하는 이유는 공업功業을 이루기 위한 것이다. 공업이란 문명 내에서 살아가는 인간의 성취 그 모든 것을 가리킨다. 내가 성공할 것인가, 실패할 것인가, 그 공업의 여부는 효와 상의 변통 위에 드러나게 된다는 것이다. 그리고 역을 만든 성인의 애틋한 감정, 성인이 민중과 더불어 근심을 같이 하는 그 우환의식은 괘사·효사의 언어에 절실하게 드러나있다(聖人之情見乎辭). 우리는 그러한 마음의 자세로 역을 해석해야 한다. 우리는 성인의 가슴을 만나야 한다!

1-4 **天地之大德曰生, 聖人之大寶曰位。何以守位曰人, 何以聚人曰財。理財正辭, 禁民爲非曰義。**
천지지대덕왈생 성인지대보왈위 하이수위왈인 하이취인왈재 리재정사 금민위비왈의

국역 천지의 가장 큰 덕성이란 생명을 주는 활동을 끊임없이 한다는 것이다. 성인의 가장 소중한 보물이라는 것은 범인이 범접할 수 없는 위位를 가지고 있다는 사실이다. 그 위는 어떻게 지키는가? 말한다, 그것은 사람의 마음이 지켜주는 것이다. 나라에 사람이 모여야 성인의 힘이 생기는데, 사람은 무엇으로 모으는가? 말한다, 그것은 재물이다. 성인이 해야 할 일은 세 가지로 요약된다. 첫째는

재물을 공평하게 관리하는 것이다. 둘째는 말을 바르게 하는 것이다. 셋째는 이러한 도덕성을 바탕으로 인민이 비리를 저지르는 것을 막아야 한다. 이 세 가지를 실천하는 것을 정의라고 한다.

금역 앞 절에서 건곤의 이간을 말하고 인간세의 공업과 역의 효상의 변화와의 상관관계를 말하고, 그러한 관계를 맺어주는 성인의 애틋한 심정까지를 다 말했다. 그 모든 역리가 정일이간貞一易簡의 법칙을 벗어나지 않는다는 것이다. 이러한 하나(一)의 바름(貞)이 가능하게 되는 가장 근본적 사실은 천지는 그냥 기하학적 공간으로서 존속하는 것이 아니라, 천지 그 자체가 끊임없이 생명을 창조하는 주체라는 사실이 중요한 것이다. 그래서 「하계」의 저자는 그 모든 논리의 전제조건인 대명제를 못박는다.

대전제는 추론의 귀납적 결과가 아니다. 모든 사태(=사건)가 그것으로부터 연역되는 것이다. "사람은 죽는다"라는 명제는 개별적 사태를 조사해서 입증될 수 있는 사실이 아니다. 그것은 모든 관련된 사태들이 연역되는 대전제인 것이다. 그래서 말한다.

천 지 지 대 덕 왈 생
天地之大德曰生。

The greatest virtue of Heaven and Earth is the constant Creational Act of giving and maintaining life.

천존지비天尊地卑에서 시작된 「상계」의 논리와, 팔괘성렬八卦成列에서 시작된 「하계」의 논리가 "천지지대덕왈생"이라는 대전제로 다시 수렴되는 것이다. 천지는 끊임없이 생명을 창조한다는 그 사실 때문에 그 대덕大德을 유지하는 것이다. 천지의 대덕은 생생지역이다. 이 지구는 45억 년의 나이 흐름 속에서 K-T대멸절과도 같은 재앙을 대여섯 차례를 거쳤다. 그것은 모두 생명의 대멸절을 초래하는 사변이었지만, 그러한 역경에도 불구하고 하늘과 땅은 어김없이 생生의 대덕大德을 발휘했다. 인간의 문명이 아무리 까분다 해도 인간만 스러질 뿐 천지의 대덕은 유지될 것이다. 역은 천지의 생명력을 예찬하고 있는 것이다.

인간세의 문명을 작作한 성인의 대보大寶(큰 보물)는 위位다(聖人之大寶曰位). 성인은 위가 없이는 성인이 될 수 없다. 지금 우리나라가 대통령이라는 캐릭터 때문에 곤욕을 치르는 것도 그 존재가 가지고 있는 위位 때문이다. 위가 없다면 쓰레기통의 쓰레기만도 못한 것이다. 그런데 성인의 위位는 단순히 통치자로서의 사회적 위(social position)가 아니라, 그 위는 천지의 대덕 즉 창조성을 유지시키는 위位(the universal position of creative virtue)라는 것이다. 그 위位는 천지를 도와 생하고 또 생하는 화육化育의 공功을 성취하는 위인 것이다.

어떻게 이 위位를 지킬 수 있는가? 그 비결은 사람에게 있다는 것이다(何以守位曰人). 왕한주본, 『주역정의』본, 『역본의』가 모두 이 자리에 "인仁"을 쓰고 있다. 위를 지키는 것이 "인仁"이라는 것은 너무 좁은 유가적 냄새가 난다. 역은 그러한 도덕주의를 탈피하는 데 그 생명력이 있다. 『경전석문經典釋文』에는 인仁 자 대신에 인人을 쓰고 있다. 나는 『석문』을 따랐다. 성인의 위位는 사람의 마음을 움직일 수 있어야 유지되는 것이다. 인민이야말로 국가의 근본이다. 인민의 마음이 모아지지 않으면 국가도 유지 안되고 위位도 유지되지 않는다. 그리고 천지의 파멸까지도 초래할 수도 있다(일본의 후쿠시마원전사태, 우리나라의 무질서한 토목공사, 아파트공사, 포항의 터무니없는 인간작위로 발생한 불행한 규모의 지진 등).

「계사」의 저자는 묻는다. 사람을 어떻게 모으는가? 그에 대한 대답은 매우 명쾌하다. 재화로 모은다(何以聚人曰財). 경제가 튼튼해야 사람을 모으고 사람의 마음을 결집시키는 것이 가능하다는 것이다. 성인은 국가의 재화와 관련하여 세 가지를 확실하게 운영해야 한다.

그 첫째는 리재理財. 국가의 부의 혜택이 공평하게 국민 모두에게 돌아가도록 재화를 질서있게 다루어야 한다.

그 둘째는 정사正辭. 국가를 운영하는 자는 시와 비가 엄정해야 한다. 아니면 아니고 기면 기다. 그 언어를 바르게 써야 한다.

그 셋째는 금민위비禁民爲非. 백성들이 비리를 저지르는 것을 용인해서는 아니 된다. 여기서 말하는 "민民"은 관리나 고위공직자를 포괄하는 개념이다. 예나 지금이나 관권의 비리가 민의 삶을 불행하게 만드는 원천이었다. 역에서 말하는 "군자"는 사회적 영향력이 큰 공직에 있는 사람들이다. 법률을 공평하게 적용해야 하고, 도덕적인 목표를 향해 써야 한다.

이 세 가지를 실천하는 것을 정의(義)라고 하는 것이요, 인정仁政의 대강大綱이다.

옥안 「계사」의 언어는 언제 들어도 우리의 가슴을 울렁거리게 만든다. 제1장은 「하계」의 인트로로서는 문학적 향기가 드높고, 사회적 문제를 외면하지 않는 정의로운 논평이다.

제 2 장

2-1 **古者包犧氏之王天下也, 仰則觀象於天, 俯則觀法於地, 觀鳥獸之文, 與地之宜, 近取諸身, 遠取諸物, 於是始作八卦, 以通神明之德, 以類萬物之情。**

고자포희씨지왕천하야 앙즉관상어천 부즉관법 어지 관조수지문 여지지의 근취저신 원취저 물 어시시작팔괘 이통신명지덕 이류만물지정

국역 옛날에 복희씨가 천하에 왕노릇 할 때였다. 우러러보아 하늘에서 상象을 통찰하고, 굽어보아 땅에서는 법칙을 관찰하였다. 또한 새와 짐승의 아름다운 문양과 그들의 삶과 어울리는 대지의 마땅함을 관찰했다. 가깝게는 이 모든 천지의 원리를 내 몸에 비유하여 취하고, 멀게는 만물의 보편적 정황으로부터 두루두루 취하였다. 이러한 관찰과 사유의 과정을 거쳐 비로소 팔괘의 상을 만들었고, 신명의 덕에 통하였고, 만물의 실상을 분류할 수 있게 되었다.

금역 너무 의역할 필요 없이 문자 그대로 해석하면 될 것 같다. 옛날에 복희씨가 천하에 왕노릇을 할 때에(古者包犧氏之王天下也) 우러러보아 하늘에서 상象을 보고(仰則觀象於天), 굽어보아 땅에서는 법法을 관찰하고(俯則觀法於地), 또 새와 짐승의 아름다운 문양과 그들의 삶과 어울리는 땅의 마땅한 형국을 관찰하였다(觀鳥獸之文, 與地之宜). 그리하여 가깝게는 이 모든 천지의 원리를 내 몸에 비유하여 취하고(近取諸身), 멀게는 이 모든 천지의 원리를 만물의 보편적 정황으로부터 두루두루 취하였다(遠取諸物). 이런 관찰과 사유의

과정을 거쳐 비로소 팔괘의 상을 만들었고(於是始作八卦), 팔괘를 지음으로써 신적인 밝음의 덕德에 통하였고(以通神明之德), 또 팔괘를 지음으로써 만물의 실제적 정황을 상징적으로 분류할 수 있게 되었다(以類萬物之情).

옥안 이 단의 문장은 구체적인 레퍼런스를 대지 않는 것이 상책이다. 구체적인 레퍼런스를 많이 댈수록 역의 의미는 졸하게 축소되기 때문이다. 팔괘가 이러한 관찰에 의하여 귀납적으로 생겼다는 것은 하나의 예찬이요, 신화요, 사실을 뛰어넘는 전설이다. 옛사람들이 문명의 성취과정을 이해한 방식을 상기하는 것으로 족하다. 역의 괘상이 이런 방식으로 형성되었다는 것은 원시적 사유의 산물이지, 그 형성과정을 복합적으로 논의하는 합리적 설명방식이 될 수는 없다. 역은 고등한 사유의 공시적 산물이지, 긴 시간에 걸친 관찰의 통시적 집적태는 아니다. 괘상은 일종의 기호학적 체계(a semiological system)이며 고도의 상징작용이다. 경험의 축적에 의한 귀납적 추론은 아닐 것이다.

"정情"이라는 글자는 현대어의 감정感情을 의미하기보다는, 실제적 정황(real situation), 현실적 모습을 나타낸다. 왕부지는 "정情"을 "실實"이다라고 하였다.

2-2 **作結繩而爲罔罟, 以佃以漁, 蓋取諸離。**
작결승이위망고 이전이어 개취저리

국역 문명의 작자作者인 복희씨는 노끈을 묶어서 그물을 만들었다. 그물을 만들어서 그것으로써 들에서 짐승을 잡기도 하고, 물에서 고기를 잡기도 하였다. 이러한 문명의 이기인 그물의 발명은 아마도 리괘䷝의 상에서 힌트를 얻었을 것이다.

금역 "저諸"는 "지어之於"의 준말이다. 이 문장의 주어는 당연히 복희씨가 되어야 한다. 앞 절과 연속되는 것이다. 그렇다면 이 문장의 뜻은 복희씨가 문명의 이기인 "그물"(망고罔罟)의 작자作者인데 그 그물을 만들게 된 연유는 다음과 같다는 것이다: "밧줄(튼튼한 노끈)을 묶어 그물을 만듦으로써 들에서 짐승을 잡고(以佃), 물에서 물고기를 잡았다(以漁). 이것은 대저 리괘離卦䷝에서 취한 것이다"라는 뜻이 된다. 리괘의 형상을 보고, 그 형상이 가운데가 비어있는 모습이 그물의 눈 하나하나가 속이 비어있는 모습과 유사하므로 그 괘상에서 힌트를 얻어 그물을 창안하기에 이르렀다는 것이다.

주석가에 따라서는 복희는 팔괘만의 저자이므로 세 자리 리괘☲에서 그물의 힌트를 얻기는 힘들다, 그러니 반드시 두 개가 겹쳐진 중화리괘䷝라야 한다는 둥 사소한 데까지 문제제기를 한다. 부질없는 논의들이다. 리괘䷝의 호체互體를 따져보면, 2·3·4효는 ☴손괘巽卦가 된다. 손괘에는 노끈의 상象이 있다. 그래서 상하의 그물눈을 묶는 의미가 있다.

또 리괘䷝에는 헤어진다, 분리된다, 떠나간다는 뜻이 있지만 그 반대의 뜻도 있다. 들러붙는다는 뜻이 강하게 괘의 속성을 이룬다. 즉 그물에 새나 물고기가 달라붙는다는 것을 상징한다고 한다.

이러한 설명방식을 종합해보아도 수렵시대의 그물이 리괘䷝의 형상을 보고 그 형상의 연역적 산물로 생겨난 것이라는 논의는 아무리 고민해봐도 좀 코메디같다. 골계도 좀 유치한 골계가 아닐까?

우선 이러한 논의의 논거가 음효·양효의 섞인 모습에서 직접 끌어오는 것이라기보다는, 대체로 괘명의 뜻에 있다는 것인데, 과연 복희시대에 오늘과 같은 괘명이 있었는지 조차도 알 길이 없다. 괘상을 만드는 것과 괘명을 붙이는 것은 전혀 차원을 달리하는 문제이다. 관괘䷓처럼 독립문과 같은 모양을 하고 있어 왕이 그 위에 올라 국가대사를 포고하여 내보이는 관觀(보이다. 나타내다)의 모습이 있다든가 하는 식의 케이스는 별로 많지 않다. 그리고 음효·양효의 모습에서 세상 사물의 모습과의 커넥션을 확보한다는 것은 쉬운 일이 아니다. 아무래도 코메디 같다.

「상계」의 제10장 제1절에 "이제기자상기상以制器者尙其象"이라는 표현이 있다. "문명의 그릇을 제작하고자 하는 사람은 그 64괘의 모습을 소중하게 여긴다"는 뜻이다. 그때는 추상적인 명제로서 그냥 그럴듯한 말이라 생각되어 넘어갔는데 지금 「하계」에서 그것을 막상 "리괘에서 그물이 생겨났다"는 식으로 얘기하고 나니 좀 황당해진다. 과연 그럴까? 무엇보다도 「계사」의 저자의 고등한 사유를 생각할 때 이런 코믹한 말을 동시에 한다는 것에 대한 모순감에 배신감까지 느끼게 된다. 신·구약의 저자에게나 있을 법한 모순이 역에도 있단 말이냐?

물론 이런 질문에 우리가 쉽게 대답할 수는 없다. 조금 문제를 깊게 생각해보면 우선 제일 마지막 구의 첫머리를 장식하는 말이 눈에 띈다. "개취저리蓋取諸離"의 "개蓋"라는 의미이다. 이것은 "아마도(probably) ……일 것이다"의 뜻이다. 아마도 리괘에서 취했을 것이다라는 뜻이다. 리괘 하나에만 그 말이 붙어있는 것이 아니다. 그 뒤에 나오는 익益, 서합噬嗑, 건곤乾坤, 환渙, 수隨, 예豫, 소과小過, 규睽, 대장大壯, 대과大過, 쾌夬에 모두 "개蓋"가 붙어있다. 이것은 「하계」의 저자 자신이 자기가 말하는 것이 정론定論이 아니라는 것을 알고 있었다는 것을 의미한다. 코메디지만 코메디로서 즐겨볼 만하다는 것이다.

다시 말해서 순수한 수학적 관계에 의한 추상적 도식에만 매달리면 역은 역이 되질 않는다. 어떻게 해서든지 괘상과 물상物象과의 관계를 확보해야 한다. 독특한 기호학인 것이다. 괘상의 추상적 도식에만 매달리는 것은 오히려 역을 특수한 관심을 가진 소수의 집착물로 만드는 것이다. 역이라는 대도大道를 알려면 이러한 코메디, 즉 기호와 물상의 관계도 필요하다고 보았던 것이 아닐까? 나는 이렇게도 생각해보는 것이다.

그리고 괘상으로부터 기물의 창조를 연역한다는 이 「계사」의 발상은 구체적인 물物에 앞서 역의 상징이 있다는 어떠한 명제를 발하고 있는 것일 수도 있다. 물物에 대한 상징의 우위를 말하려는 「계사」 저자의 감각이 배어있다고 볼 수도 있다.

2-3 **包犧氏沒, 神農氏作, 斲木爲耜, 揉木爲耒, 耒耨之利, 以教天下, 蓋取諸益。日中爲市, 致天下之民, 聚天下之貨, 交易而退, 各得其所, 蓋取諸噬嗑。**
포희씨몰 신농씨작 착목위사 유목위뢰 뢰누지리 이교천하 개취저익 일중위시 치천하지민 취천하지화 교역이퇴 각득기소 개취저서합

국역 복희씨가 죽자, 신농씨가 일어났다. 수렵어로시대를 지나 농경시대로 진입한 것이다. 신농씨는 나무를 깎아 보습을 만들고, 나무를

휘어서 쟁기를 만들었다. 보습과 쟁기, 이러한 농경기구의 효율성으로써 천하사람들을 가르쳐 농사의 혁신을 가져왔다. 이러한 혁신의 상은 아마도 익괘䷩에서 아이디어를 얻었을 것이다. 해가 중천에 뜨면 시장이 열린다. 천하의 민중이 시장으로 모이게 만드는 것이다. 그러면 천하의 재화가 한곳으로 모이게 된다. 교역이 이루어지고 나면 각기 자기 집으로 돌아간다. 그러나 재화는 각기 있어야 할 곳에 있게 된 것이다. 이 전체적인 구상은 아마도 서합괘䷔에서 취했을 것이다.

금역 복희씨가 죽자, 신농씨가 일어났다. 이것은 단지 복희와 신농의 대물림이 아니라, 인류가 수렵어로시대를 지나 농경시대로 진입했음을 의미한다. 농경이란 삶의 항구적인 지속성이 확보되는 혁명적 전환이었다. 복희씨 시대의 상징으로서 "그물"을 들고 신농씨 시대의 상징으로서 보습(사耜)과 쟁기(뢰耒)를 들고 있다. 그리고 장날의 아름다운 광경이 펼쳐진다.

이때만 해도 철기가 없다는 것을 「계사」의 저자는 잘 알고 있었다. 그래서 말한다. 나무를 깎아서 보습을 만들고(斲木爲耜), 나무를 휘어서 쟁기를 만들었다(揉木爲耒). 밭 갈고 김매는 이로움으로써 천하를 교화했다(耒耨之利, 以教天下). 이것은 아마도 익益괘에서 취했을 것이다(蓋取諸益). 익益䷩괘의 하괘인 진震☳은 동動의 상징이다. 상괘인 손巽☴은 나무의 상징이다. 호체(2·3·4)를 취하면 곤坤이 되는데, 그것은 흙(土)의 상象이다. 나무가 토중土中에 들어가 움직인다는 뜻이 확보된다. 상당히 복잡한 상징체계를 잘 활용하고 있다.

해가 중천에 뜨면 시장이 열리고(日中爲市), 천하의 민중들이 자연스럽게 시장으로 몰려든다(致天下之民). 그렇게 되면 천하의 재화들이 사방에서 몰려들어 서로 교역을 하게 된다(聚天下之貨). 서로에게 없는 물자들이 필요에 따라 호환되고 만족함을 얻으면 모두 자기 고향으로 돌아간다(交易而退). 물자는 있어야 할 자기자리를 다 얻은 것이다(各得其所). 이 상징체계는 아마도 서합䷔괘에서 취했을 것이다(蓋取諸噬嗑).

서합괘의 상괘는 리☲, 즉 태양이 중천에 떠오르는 모습이다. "일중日中"의 상象이다. 하괘는 진震☳, 땅이 움직이는 상이다. 즉 민중들을 흔들어 움직이게 하여 시장으로 모이게 만드는 상이다. 주간시장의 상이다. 호체互體(하호괘: 2·3·4) 간艮☶에는 길의 뜻이 있다. 사방에서 사람들이 모여든다는 뜻이다. 호체 간艮은 또 산山의 뜻이 있고, 약상約象(상호괘: 3·4·5)인 감坎☵은 물의 뜻이 있다. 산 좋고 물 좋고 사람 모이기 좋은 곳, 즉 시장이 형성되는 곳이다.

왕부지는 이에 대하여 매우 재미있는 해석을 내리고 있다(『내전』). 아래위로(1·6) 버티고 있는 양효의 상은 시장을 지키는 관소關所(관리들이 망보고 출입을 관장한다), 그 안에 있는 세 음효는 민중을 상징, 중간에 있는 하나의 양효는 취체관리(有司治市者), 무리한 거래가 없도록 질서를 지키게 하는 역할을 한다. 역의 해석의 상징체계가 무한히 다양하다는 것을 보여준다고 하겠다.

옥안 "일중위시日中爲市"의 서합괘상을 읽으면서 나는 그 똑같은 광경이 나의 어린 시절의 "장날경험"과 대차가 없다는 생각을 했다. 내가 자라난 천안은 장날이 음력으로 3일장이었는데 장날만 되면 사방에서 작은 재빼기언덕으로부터 남산까지 주욱 뻗쳐있는 시장에 빈틈없이 사람들이 모여

들어 거래를 했다. 모두 광목백의를 입은 사람들이었다. 해가 지고 어둑어둑 땅거미가 깔리면 남산 앞의 주막집에서 목천으로 갈 사람, 전의·전동으로 갈 사람, 직산·안성으로 갈 사람, 또 아산·모산·온양으로 갈 사람들이 제각기 갈 길로 가고 술꾼들은 나무 긴 의자에 걸터앉아 여흥을 즐기던 그 따스하고도 스산한 모습이 내 의식을 스친다.

문제가 되는 것은 그러한 나의 어린 시절의 체험이 바로 이 「계사」의 저자의 체험과 하나도 다르지 않다는 것이다. 나의 어린 시절이 곧 고조선이었다는 것이다. 나의 생애 80년이 최소한 고조선으로부터의 반만년의 인류문명체험을 압축하고 있다는 사실이다. 내가 산 80년이야말로 인류사의 모든 곡절이 압축된 80년이었다는 것이다. 누구나 자기가 산 시대의 압축성을 회상하겠지만 내가 산 시대, 나와 같이 이 시대를 산 사람들의 시간의 압축태는 광속보다도 더 오묘한 만화경이다.

내가 언젠가 나의 친구 박범훈과 "국악"에 대해 깊은 토론을 하다가, 집에서 기르던 똥개가 방안에 들어와 어린 아기가 멍석에 싸지른 똥을 핥아먹던 시절을 생각하며 "우리의 유년시절이 곧 고조선이었네. 오늘의 국악이 과연 변해야 얼마나 변했겠나? 이 모든 가능성을 집약한 우리의 체험 속에서 나오는 음악, 그것이 곧 인류보편의 음악이 아니겠는가?"

박범훈은 내 이 한마디에 대오를 얻었다고 했다. 고조선으로부터 우리 유년시절까지의 시간은 무서운 지속태였다. 그리고 유년시절부터 지금까지 우리가 산 시간이야말로 무서운 변화태였다. 나는 진정코 이 시점에서 내가 느끼는 역이야말로 소중한 우리의, 그리고 인류보편 철학의 본바탕이라고 생각한다.

2-4 **神農氏沒, 黃帝堯舜氏作。通其變, 使民不倦, 神而化之, 使民宜之。易窮則變, 變則通, 通則久。是以自天祐之, 吉无不利, 黃帝堯舜垂衣裳而天下治, 蓋取諸乾坤。**

신농씨몰 황제요순씨작 통기변 사민불권 신이화지 사민의지 역궁즉변 변즉통 통즉구 시이자천우지 길무불리 황제요순수의상이천하치 개취저건곤

국역 신농씨가 죽고 황제·요·순씨가 일어났다. 자연경제의 시대를 지나 확고한 수장을 갖춘 집권적 정치체제로 진입했음을 의미한다. 모든 변화를 소통시켜 민중들에게 권태감이 들지 않도록 시대의 요구를 따라갔다. 신묘한 기운으로써 민중의 삶을 변화시키고 민중들이 마땅하게 여기는 삶을 향유할 수 있도록 해준다. 역은 궁하면 변하고, 변하면 통하고, 통하면 지속한다. 그러므로 하늘로부터 도움을 얻게 되어있으니 길하여 이롭지 아니할 바가 없다. 그래서 황제·요·순은 긴 의상을 늘어뜨리고 천지의 작용을 다 구현해 내니 천하는 자연스럽게 다스려진다. 아마도 이러한 대의는 건괘☰와 곤괘☷로부터 취했을 것이다.

금역 신농씨가 죽고, 황제·요·순의 시대가 일어났다는 것은 그물·보습·자연경제의 시장의 시대에서 확고한 정치체제를 갖춘 왕권의 시대로 넘어간다는 것을 의미한다. 왕권 즉 최고로 높은 권력의 수장을 옹립한다는 것은 그러한 절대권력을 요구하는 인간세의 내재적 소망이 있었다는 것을 의미한다. 황제·요·순을 예로 든 것은 이 시대와 더불어 고조선의 시대 또한 단군의 체제가 출발하여 천·지·인 삼재가 합동하여 새로운 신

시神市를 열었다는 것을 의미한다.

이러한 에포크는 칼 맑스의 언어를 빌리면, 생산력의 급격한 상승이 생산제관계(*Produktionsverhältnisse*)의 변화를 요구하던 시기였다는 것을 말한다. 여기 "사민불권使民不倦"(백성으로 하여금 권태롭지 않게 한다)이라는 말이 등장하는데, 민중이 "권태로움"을 느낄 정도로 생산제관계가 고착되어 있었다는 것을 의미한다.

이 생산관계의 혁명을 요구하는 시기에 태어난 것이 곧 역易이다. 역은 변화요, 혁명이요, 개신改新이요, 생생의 창조다. 그 변화의 요구를 통하게 하고(通其變), 민중으로 하여금 권태를 느끼지 않게 하고, 신묘한 기운으로써 민중의 삶을 변화시키고(神而化之), 민중으로 하여금 각기 마땅한 자기의 삶을 향유할 수 있도록 해준다(使民宜之). 공산주의의 최종목표와 비슷하다. 역이라는 것은 궁하면(막히면) 변變하게 되어있고(窮則變), 변하면 통하게 되어있고(變則通), 통하게 되면 오래 지속한다(通則久). 혁명은 변화와 동시에 지속을 위한 것이며, 인간의 역사가 마땅한 바를 얻게 하기 위한 것이다.

그래서 대유괘䷍의 효사에 "하느님으로부터 항상 도움이 있으니(自天祐之) 길吉하여 이롭지 아니할 바가 없다(吉无不利)"고 말한 것이다. 황제·요·순은 맨발로 뛰는 자들이 아니다. 이미 역의 체제가 갖추어져서 변할 것은 변하게 되어있다. 황제·요·순은 긴 의상을 늘어뜨리고 무위無爲를 행하여도, 그들의 덕이 인민에 감화를 일으켜 천하가 스스로 다스려지게 된다(黃帝堯舜垂衣裳而天下治). 이 모습은 아마도 건괘와 곤괘로부터 취했을 것이다. 건괘와 곤괘의 상징성에 관해서는 구질구질한 주석을 달지 않는 것이 좋다. 건괘의 웃옷, 곤괘는 아래치마 운운해봐야 왜소한 해석이 되고 만다. 건곤이 상징하는 천지의 작용을 다 구현한다는 뜻으로 새기면 족하다.

2-5 **刳木爲舟, 剡木爲楫, 舟楫之利, 以濟不通, 致遠以利天下, 蓋取諸渙。服牛乘馬, 引重致遠, 以利天下, 蓋取諸隨。**
고목위주 염목위즙 주즙지리 이제불통 치원이리천하 개취저환 복우승마 인중치원 이리천하 개취저수

국역 거대한 통나무를 후벼 파내어 배를 만들고, 단단한 나무를 깎아 노를 만든다. 배와 노라는 교통수단이 가져오는 문명의 이점은, 통하지 않았던 지역을 통하게 하고, 또 효율적으로 먼 지역에 갈 수 있게 됨으로써 천하를 이롭게 하였다. 아마도 이러한 구상은 환괘䷺에서 취했을 것이다. 소를 길들여서 마차에 매달고 말을 훈련시켜 올라타고 먼 길을 간다. 무거운 것을 끌고 먼 곳에까지 가는 것이 효율적으로 이루어지게 됨으로써 천하를 이롭게 하였다. 이러한 문명의 전기의 아이디어는 아마도 수괘䷐로부터 취했을 것이다. 배와 바퀴, 수로와 육로의 혁신이 문명의 전환에 가장 전위적인 효율성의 상징이었음을 말하고 있다.

금역 큰 통나무를 가운데 후벼 파내어 배를 만들고(刳木爲舟) 단단한 나무를 깎아서 노를 만든다(剡木爲楫). "염剡"은 "삭削"의 의미이다. 배와 노가 발명됨으로써 생겨나는 이득이라는 것(舟楫之利)은 천하에 불통하던 지역까지 미칠 수 있게 되니(以濟不通) 천하에 골고루 혜택이 돌아가게 된다(致

遠以利天下). 교통, 소통의 시대가 도래하는 것이다. 옛날에는 뱃길이 육로보다 여러모로 효율성이 높은 하이웨이였다. 이러한 정황은 아마도 환괘渙卦䷺에서 힌트 얻은 것으로서 구체화되었을 것이다(蓋取諸渙). 환괘는 상괘가 손巽☴이니 그것은 나무이다. 하괘는 감坎☵이니 물이다. 그리고 호체(2·3·4)는 진震☳이니 동動이다. 나무가 물위를 미끄러져 가는 주즙舟楫의 상象이다. 이 절의 주어는 황제·요·순이다.

다음 문장의 주어도 황제·요·순이다. 소를 길들여서 마차에 매달고, 말을 훈련시켜 올라타고 먼 길을 간다(服牛乘馬: 춘추시대에는 말을 직접 타지 않았다는 설도 있다). 하여튼 무거운 것을 멀리까지 운반할 수 있는 길이 열리고 말을 타고 멀리 갈 수 있게 되었다(引重致遠). 황제·요·순의 시대에는 소통이 원활해져서 천하에 이로움이 골고루 돌아가게 되었다(以利天下). 아마도 이러한 정황은 수괘隨卦䷐에서 힌트를 얻었을 것이다. 수괘의 상괘는 태兌☱, "열悅, 說"(기뻐하다)의 뜻이 있다. 하괘는 진震☳, 움직이다의 뜻이 있다. 우마牛馬가 사람에게 열복되어 마차의 전면에서 달려가고 구루마가 그 뒤를 따라가는(動) 상象이 있다(『절중』).

옥안 2장 4절에서 건·곤을 언급한 것은 정치의 시스템화를 언급한 것이고, 본 장에서 환괘渙卦를 언급한 것은 수로교통의 혁명을 상징한 것이다. 그 다음으로 수괘隨를 언급한 것은 육로운수運輸의 혁명을 말한 것이다. 전자에서 중요한 것은 배의 발명이고, 후자에서 중요한 것은 바퀴(輪)의 발명이다. 수운水運의 핵심은 배고, 육운陸運의 핵심은 바퀴다. 마야문명에는 바퀴가 없었다고 하니 발전의 소지를 없앤 특이한 고문명이라 할 것이다. 외세의 침략에는 허무하게 무너졌다.

여기까지 전개된 상황을 보면 1) 정치체제의 구비 2) 해운의 혁명 3) 육운의 발달로 되어있다. 고문명에서 해운이 육운보다 빨랐다는 것을 알 수 있다. 광개토대왕의 비문을 보아도 해운이 육운보다 대규모의 수송이 가능했고, 더 왕성하게 활용되었다는 것을 알 수 있다.

여기 괘상의 이야기는 단순한 괘상과 물상과의 대응이야기를 넘어서, 인류문명사의 발전을 통관하고 있는 이야기라는 것을 알 수 있다. 문명의 발전사에 있어서 교통수단의 문제가 너무도 중요한 과제상황이었음을 알 수 있다. 오늘날에도 비즈니스의 핵심은 "물류"이다. 물류양식의 변화가 삶의 양식의 혁명을 초래한다. 다음에는 경찰, 정곡精穀, 군비, 건축, 장례, 서계書契의 주제가 뒤따르고 있다.

여기 괘의 명칭에도 "환渙"에는 "얼었던 강물이 녹아 뱃길이 풀린다"는 뜻이 있다. "수隨"에는 "따라간다"는 뜻이 있다. 그 괘명이 그 주제에 오묘하게 잘 들어맞는다.

2-6 **重門擊柝, 以待暴客, 蓋取諸豫。斷木爲杵, 掘地爲臼, 臼杵之利, 萬民以濟, 蓋取諸小過。弦木爲弧, 剡木爲矢, 弧矢之利, 以威天下, 蓋取諸睽。**

중문격탁 이대폭객 개취저예 단목위저 굴지위구 구저지리 만민이제 개취저소과 현목위호 염목위시 호시지리 이위천하 개취저규

국역 대문을 겹으로 만들고 경비를 세워 딱따기를 치게 하여 난폭한 도둑을 방비하니 아마도 이러한 치안의 아이디어는 예괘䷏에서 취

했을 것이다. 나무를 잘라 절굿공이를 만들고 단단한 땅을 파서 동네절구를 만든다. 이러한 절구와 절굿공이의 도정기술은 농산물의 혁신을 가져왔고 만민이 혜택을 입었다. 아마도 이러한 아이디어는 소과䷽괘상에서 취했을 것이다. 나무를 휘어서 활을 만들고, 나무를 깎아 예리한 화살을 만든다. 활과 화살은 근접이 아닌 원거리에서도 적을 제압할 수 있게 한다. 활과 화살의 이로움은 천하에 위세를 떨칠 수 있게 만들었다. 이 활의 원리는 아마도 규괘䷥에서 취했을 것이다.

금역 「하계」의 저자는 고대문명의 발상시기를 1) 복희씨시대 2) 신농씨시대 3) 황제・요・순시대로 삼분하여 논하고 있다. 복희씨시대는 어렵漁獵과 채집경제가 공존하던 시대로서 아직 집권적 권력이 없었다. 신농씨시대는 농경과 시장경제의 시대였다. 컬쳐 히어로우의 시대요, 아직 집권적 권력형태가 자리잡지 못했다. 세 번째의 황제・요・순시대는 왕권이 확립되어 가는 시대로서 집권인 정치모델이 자리잡아 가고, 수운과 육운이 발달하면서 비약적인 경제발전이 이루어지고, 국가간의 국제관계가 복잡한 양상을 띠게 된다. 「하계」의 저자는 황제·요·순시대의 항목으로서 9개를 설정하고 전 절의 3개 항목에서는 정치모델, 수운, 육운을 들었다. 본 절에서는 국내문제를 집중적으로 다루고 있다.

보통 "호戶"라 하면 단單 쪽문이요, "문門"이라 하면 양兩쪽 여닫이 대문을 가리킨다. "격탁擊柝"이라는 것은 박자목拍子木을 두드리는 야경활동을 나타낸다. 문을 이중으로 만들고 박자목을 두드려서(重門擊柝) 도적의 침입을 예방한다(以待暴客). 아마도 이러한 발상은 예괘豫卦䷏에서 취했을 것이다(蓋取諸豫). 예豫괘의 괘명 자체가, "준비한다" "대비한다"의 뜻이 있다.

"대입예비고사"라 할 때도 이 "예비豫備"를 쓴다.

예괘의 모양䷏을 보면 음효 자체가 두 쪽의 대문이다. 대문이 다섯 겹이나 설치되어 있는 것이다. 그리고 그 가운데 양효가 하나 끼어있다. 이 양효는 박자목에 해당된다고 본다. 그리고 상괘가 뢰雷☳인데 이 우레는 박자목의 울림에 해당된다고 한다. 그래서 뭇사람들을 놀라게 한다(왕부지 『내전』). 막상 역경의 여러 설명보다, 여기 「계사」의 괘명에 부합되는 심플한 설명이 더 설득력 있어 보인다. 예비, 경비, 치안의 느낌으로 예괘의 이름을 붙였을 것이다.

"중문重門"과 관련하여, 줄리어스 시저Gaius Julius Caesar, BC 100~BC 44가 갈리아를 원정했을 때도 상당히 불리한 조건 속에서도 무리하게 목책성벽을 "이중으로" 만들어 갈리아의 베르킨게토릭스가 이끄는 25만 군대를 격파시킨 사건을 연상케 된다.

다음에는 식량문제와 관련된 것이다. 단단한 나무를 잘라 다듬어 절굿공이(저杵)를 만든다(斷木爲杵). 그리고 땅을 파서 절구(구臼)를 만든다(掘地爲臼). 이 절구라는 신기술의 이로움은(臼杵之利), 만민이 이 절구로써 식량문제에 관하여 큰 도움을 얻는다(濟)는 데 있다(萬民以濟). 이 아이디어는 아마도 소과괘䷽에서 취했을 것이다(蓋取諸小過). 절구를 땅에다 판다는 것이 요즈음 감각으로는 잘 이해되지 않는다.

그러나 옛날에는 곡식의 도정이 작은 돌절구로써는 해결될 수 없는 마을의 공동행사였다. 곡식은 도정搗精을 해야 사람이 먹을 수 있다. 옛날에 껍질을 벗기는 작업은 마을공동체의 공동노동에 속하는 일이었다. 그래서 좋은 땅을 골라 사각으로 구덩이를 파고 그 속에 볏짚으로 불을 질러 며칠을 놔두면 큰 항아리처럼 단단하게 된다. 그 속에 벼를 넣고 사람들이 뺑 둘러서서 절굿공이를 상하로 움직이는 것이다.

소과괘䷽를 보면 네 개의 음효가 양효 두 개를 가운데 놓고 둘러쳐 있는데 이 음효는 땅절구의 네 모서리를 상징한다고 한다. 그리고 두 개의 양효는 절굿공이가 절구 속으로 들어가는 것을 상징한다고 한다. 그냥 소과괘를 전체적으로 보아도, 상괘는 진震☳으로 움직임(動)을 상징하고 하괘인 간艮☶은 산山의 심볼이며 "멈춤"(止)의 성질을 갖는다. 위에서 절굿공이는 벼락처럼 움직이고 절굿공이 속의 벼는 멈추어 갈 곳이 없다. 결국 껍질이 벗겨지는 것이다. 이 도정기술의 발명은 인간의 식생활에 크나큰 변화를 가져왔다. 그래서 만민의 구제를 얻었다고 「하계」의 저자는 문명사를 기술하고 있는 것이다.

농업기술의 변화, 식량문제의 신기술 도입은 국부를 증대시킨다. 국부의 증대는 필연적으로 전쟁을 유발시킨다. 본 절의 제일 앞에서는 경비·경찰, 즉 치안을 얘기했지만 여기서는 군사문제를 논한다. 군사력에 있어서도 획기적인 기술의 발전은 "활"의 발명에 있다. 전쟁에 있어서는 육박전을 수행해야만 효력을 발휘하는 "칼"보다는 원거리에서도 적을 제압하는 방법을 선사해준 "활"이라는 병기는 그야말로 고대사회에서는 최종병기였다.

나무를 불에 휘어서 활을 만들고(弦木爲弧), 나무를 깎아(염剡) 화살을 만든다(剡木爲矢). 활과 화살의 무기의 혁명적 날카로움은 천하에 그 위세를 과시하기에 충분했다(弧矢之利, 以威天下). 이 활이라는 병기의 이미지는 아마도 규괘睽卦에서 취했을 것이다(蓋取諸睽).

화택 규睽䷥의 이二와 상上은 활의 소재이고 오五와 삼三(두 개의 음효)은 그 활이라는 소재가 휘는 것을 상징한다. 사四는 활의 줄을 상징하고 초初의 양효는 화살을 상징한다. 이것은 왕부지의 해석이다. 상괘는 리☲, 즉 불이다. 불은 위력을 과시하는 것의 상징이다. 하괘는 태☱, 기뻐하는 것이다. 위력을 과시하는데도 국민들이 죽음을 두려워하지 않고 동참한다(태괘䷹의 단전에 있는 말이다). 활을 쓰는 전쟁에 참여하는 백성들의 자세를 가리킨 것인지, 무슨 뜻인지 확실하지 않다. 이것은 『주역정의』의 해석이다.

나 도올은 말한다. 활이라는 병기를 규睽괘와 매치시킨 것은 그 괘명의 의미에서 유래된 것이다. 화택 규는 본시 "어긋난다"는 뜻이다. 활은 활과 화살의 방향이 반대로 어긋나있다. 활은 당기고 화살은 앞으로 전진하는 것이다. 서로가 어긋나는 바람에 화살은 정확하게 목표를 향해 나아갈 수 있는 것이다.

2-7 **上古穴居而野處, 後世聖人易之以宮室, 上棟下**
상고혈거이야처 후세성인역지이궁실 상동하

宇, 以待風雨, 蓋取諸大壯。古之葬者, 厚衣之以
우 이대풍우 개취저대장 고지장자 후의지이

薪, 葬之中野, 不封不樹, 喪期无數。後世聖人易
신 장지중야 불봉불수 상기무수 후세성인역

之以棺槨, 蓋取諸大過。上古結繩而治, 後世聖
지이관곽 개취저대과 상고결승이치 후세성

人易之以書契, 百官以治, 萬民以察, 蓋取諸夬。
인역지이서계 백관이치 만민이찰 개취저쾌

국역 상고시대의 사람들은 자연적으로 형성된 기존의 동굴에 기탁하여 살았고, 들판에서 그냥 처하기도 하였다. 후세의 성인들은 이러한 생활습관을 바꾸어 궁실宮室을 지어 살게 했다. 위로 마룻대를 세우고 아래로 서까래를 내려뜨리는 맞배지붕의 발명으로써 비바람을 막을 수 있게 만들었다. 이 새로운 거주의 발상은 아마도 대장괘䷡에서 취했을 것이다. 옛시대의 장례라는 것은 시체에 옷을 덮듯이 장작이나 검불을 두껍게 덮는 초분형태였다. 들판 한가운데 그냥 버리고 봉분을 만들거나 나무를 심어 표시를 하지도 않았고, 장례기간도 정해져 있지 않았으니 기억에서 사라지면 그냥 사라져갔다. 후세의 성인들은 이러한 관습을 변혁시켜 관을 만들고 또 곽을 만들었다. 이러한 발상은 아마도 대과괘䷛에서 취했을 것이다. 상고시대에는 끈을 매듭지어 인간관계의 질서를 도모했다. 이 방식이 너무 간단해서 상징성이 부족하기 때문에, 후세의 성인들은 이 방식을 바꾸어 문자를 만들고 부절의 방법을 써서 정확한 사회약속체계를 만들었다. 이로써 백관은 효율적으로 자기업무를 수행할 수 있었고, 만민은 매사를 분명히 살필 수 있게 되었다. 이 위대한 문명의 전기의 아이디어는 아마도 쾌괘䷪에서 취했을 것이다.

금역 다음으로 인간세의 가옥의 형태의 발전을 이야기하고 있다. 집이란 인간의 삶에 가장 중요한 것이다. 동굴에서 사는 삶은 기존의 지형에 사람이 가서 그 지형에 의존하여 사는 것이다. 집이라는 것은 어느 환경이든지 사람이 세워 비바람을 막고 거주할 수 있는 공간을 창조하는 행위이다. 그것은 문명의 창조의 시작이다. 상고시대에는 사람들이 동굴에 살면서 들판에 적응하여 살았다(上古穴居而野處). 후세의 성인은 이러한 삶의 방식을 바꾸어 궁실을 지었다(後世聖人易之以宮室). 여기서 말하는 "궁실宮室"이란 대궐이 아니고 초가집이라는 사람이 거처할 수 있는 공간 일반을 의미한다.

이 공간의 혁명이란 "상동하우上棟下宇"에 있다. 집을 짓는 과정을 보면 제일 먼저 사방에 기둥을 놓을 자리에 주춧돌(초석)을 놓고 난 후 기둥을 세운다. 기둥을 사면에 세우고 기둥에 보(세로)와 도리(가로)를 결합시킨다. 그리고 들보(량梁) 위에 대공(동자기둥)을 세운다. 그 대공을 연결하여 마룻대(동목棟木)를 올린다. 마룻대가 올라가면(상량을 한다고 말한다) 뼈대공사가 마감된다. 다음에 서까래를 얹어 지붕을 만든다. 서까래는 수목垂木이라고도 하는데 마룻대에서 도리 또는 보에 걸쳐 지르는 나무이다.

여기 "상동하우上棟下宇"라는 표현에서 "동棟"은 용마루 밑을 가로지르는 제일 높은 도리를 의미한다. 우리말로 "마룻대"라고 하는 것이다. 그리고 마룻대와 十자를 이루는, 두 기둥을 가로지르는 큰 나무가 "량梁"이다. 보통 우리가 들보, 대들보라 하는 것이다. 하여튼 이 지붕을 짜맞추는 기술, 기둥에 보와 도리를 얹고, 다시 마룻대를 얹고, 서까래를 얹는 이 기술은 초가집으로부터 대궐의 기와집에 이르기까지 모두 공유되는 심층구조라는 것이다. 이 기술로 인하여 가옥을 창조하기에 이른 것이다. 이 기둥과 지붕의 심플한 구조만 알면 누구라도 집을 만들 수 있다. 비바람을 피할 수 있고(以待風雨) 협동의 사회조직을 만들 수 있었다. 이 주택의 혁명은 아마도 대장大壯괘상 ䷡ 에서 힌트를 얻었을 것이다(蓋取諸大壯).

아래의 4양효는 마룻대를 올리는 것을 말하고, 위의 2음효는 서까래를 아래로 내리는 것을 말한다. 왕부지의 설이나 크게 설득력이 있지는 않다. 혹자는 상괘인 진震☳의 일양一陽이 상괘의 아래에 있으면서 이음二陰을 받아주고 있다. 이것이 "상동上棟"의 상象이다. 건☰의 삼양三陽이 아래에 있으면서 우레에 상비相比하고 있다. "하우下宇"의 상象이다. 건乾이 아래에 덮여있고, 진震(우레)이 위에서 요동치고 있다. 주거가 풍우에 덮여있는 상이라 했다.

나는 간결하게 이와 같이 생각한다. 대장의 괘상은 ䷡이다. 상진하건上震下乾이다. 진震은 동動을 상징하고, 풍우와 우레가 위에서 요동치고 있는 상象이다. 건乾은 건강, 건실(健)을 상징한다. 다시 말해서 집이 위에서 요동치고 있는 나쁜 기후를 건실하게 막아내고 있는 모습이다. 아늑한 하늘이 지붕아래 있는 모습이다. 괘명 또한 "크게 건실하다"는 의미이다.

다음은 유교문화의 핵을 이루는 장례의 문제를 다룬다. 이것은 신종추원愼終追遠의 주제이며 온갖 예의범절의 출발이다. 문명사회를 후덕하게 만드는 습관이다(民德歸厚矣).

옛날에는 사람이 죽으면(古之葬者), 그냥 시체를 풀이나 장작더미로 두껍게 덮어(厚衣之以薪: "후의厚衣"의 후는 부사, 의는 동사로 "개蓋"의 뜻이다) 황량한 들판 한가운데에 버렸다(葬之中野). 초분을 했다는 의미일 것이다. 묻거나 봉분을 만들지도 않았고, 표시로서 주변에 나무를 심지도 않았다(不封不樹). 그러니까 상기喪期도 정해져 있지 않았고 슬픔이 지나가면 그냥 잊어버리고 마는 것이었다(喪期无數). 황제·요·순은 이러한 관례를 바꾸는 혁명적인 발상을 했다. 시신을 관에 담을 뿐 아니라 그 관을 넣는 곽槨까지도 만들었다(易之以棺槨). 사자를 정중히 다루는 예법을 인간세에 퍼트림으로써 문명의 질서를 후덕하게 만들었다. 이러한 발상은 아마도 대과大過䷛의 괘상에서 힌트를 얻었을 것이다(蓋取諸大過).

대과䷛는 대감大坎이라고도 한다. 감坎의 이미지는 숨는다는 뜻이 있다. 즉 매장의 이미지가 있다. 또 하괘의 손巽☴은 "입入"의 뜻이 있다. 상괘의 태兌☱는 열說(기뻐하다)의 뜻이 있다. 그러니까 들어가서 기뻐한다는 뜻이다. 사자가 흙에 들어가 편안함을 느낀다는 의미가 있는 상象으로 해석될 수 있다.

왕부지는 이렇게 해석했다. 가운데 4양효는 관이 엄중嚴重하게 겹겹의 관재로 만들어져 있음을 나타낸다. 외측의 2음효는 흙에 해당된다. 나는 그냥 "대과大過"라는 괘명에서 취했을 수 있다고 생각한다. "대과"는 "크게 보내드린다" 즉 "후하게 보내드린다"는 뜻으로 새길 수 있다.

다음 황제·요·순 치세의 최후의 단계를 말한다. 꼭 시간적 전후의 문제는 아니겠지만, 원시적 삶에서 문명의 삶으로의 전환에 가장 필수적이며 최종적인 것은 문자혁명이라는 것이다. 상고시대에는 매듭을 짓는 약속체계로써 인간세의 질서를 유지시키는 매우 단순한 방법을 썼다(上古結繩而治). 인간세가 아주 심플하게 돌아갈 때는 그런 방법도 가능하겠지만 사회관계가 점점 복잡해지고 인간의 지혜가 발달함에 따라 더 많은 것을 담을 수 있는 심볼의 체계를 요구하게 되었다. 그것이 바로 문자혁명이다. 글을 쓰는 방법과 부절 같은 약속체계를 발명하였다. 결승結繩의 방법이 "서계書契"의 방법으로 바뀌게 되자(易之以書契), 이로써 백관百官이 다스리는 것을 효율적으로 수행할 수 있었고(百官以治), 만민萬民이 서로를 분명하게 살필 수 있어 명료한 이성을 갖게 되었다(萬民以察). 이러한 문자혁명의 발상은 아마도 쾌괘夬卦䷪에서 취했을 것이다(蓋取諸夬).

쾌괘는 5양의 효가 연속하고 있고 제일 꼭대기의 일음一陰에 이르러 둘로 깨끗이 쪼개지는 모습이 있다. 이것은 부절의 모습이요, 언어의 주요한 기능과도 같은 것이다. 이것은 왕부지의 설이다. 주희는 "쾌괘는 명쾌히 결단한다는 뜻이다"라고만 『역본의』에서 주해했다. 혹자는 괘상이 "상태하건上兌下乾"이니 태는 기쁘다는 뜻(說)이요, 건은 건강하다(健)는 뜻이다라고 했다. 그러니 기쁨으로써 건강한 인과관계를 추구할 수 있게 되었다는 뜻이라고 해석했다. 또 혹자는 쾌괘는 군자가 소인을 결단하는 괘이다, 그러므로 서계書契가 사회의 보편적 가치가 되면 소인의 위선이 불가능하게 된다고 말했다.

쾌夬는 결단의 뜻이 강하다. 인간의 언어도 이 결단과 깊은 관련이 있다.

옥안 「계사전」하편에서 내가 평소 이해하기 어려웠던 부분을 다 주해하고 나니 「하계」가 진실로 깊게 이해가 되는 것 같다. 고전에 있어서의 코메디는 단순히 사람을 웃기려는 뜻에서 발출한 것이 아니라 그 나름대로 심오한 의도를 품고 있다. 이 장을 문명사적인 관점에서 상술한 것은 역주석사에 있어서 드문 사례에 속한다 할 것이다.

제 3 장

3-1 **是故易者, 象也; 象也者, 像也。彖者, 材也; 爻也者, 效天下之動者也。是故吉凶生而悔吝著也。**
시고역자 상야 상야자 상야 단자 재야 효야자 효천하지동자야 시고길흉생이회린저야

국역 그러므로 역이라는 것은 상象이다. 상이라는 것은 본뜨는 것이다. 자연으로부터 심볼을 취하는 것이다. 단彖, 즉 괘사라는 것은 한 괘 전체의 의미를 구성하는 바탕이며 재료이다. 효爻라고 하는 것은 천하의 움직임을 본받는 것이다. 움직이기 때문에 길흉이 생겨나고, 길흉보다는 좀 미묘한 회린도 드러나게 되는 것이다.

금역 제2장의 방대한 상象에 대한 강의를 듣고 난 후에 느끼는 여기 "시고是故"(그러하므로)는 매우 그 구체적인 의미가 전체적으로 다가온다. "그러므로"는 상투적 인과어가 아니라 매우 구체적이고 실제적이고 총체적인 클레임이다. "그러므로"로써 역의 성격을 총체적으로 규정할 수 있는 알맞은 타이밍에 그 대략을 선포하고 있는 것이다. "그러므로, 역은 상象이다(是故易者, 象也)." 그 얼마나 강력하고 자랑스러운 언명인가? 역은 상이다. 역은 심볼의 체계이다. 그것은 공시적인 심볼의 체계인 동시에, 기나긴 인류의 문명사적 자취를 더듬어온 통시적인 심볼리즘이다. 그 심볼리즘의 역사는 문명의 획기적 진기를 바련한 기器의 발명의 계기에서 성인의 "작作"을 빛내주고 있는 것이다.

상象이란 무엇이냐? 그것은 "본뜸像"을 의미하는 것이다. 무엇을 본뜬 것이냐? 기器를 본뜬 것이다. 역은 형이하자形而下者인 동시에 형이상자形而上者인 것이다. 역에는 전 인류문명의 기器의 역사가 들어있는 것이다.

다음에 「하계」의 저자는 또 묻는다. "단彖"이란 무엇이냐? 단은 보통 "괘사卦辭"를 의미한다. 괘사라는 것은 한 괘 전체의 의미를 드러내는 것이다(※ 효사는 한 효의 의미를 나타낸다. 괘사가 한 괘상의 게슈탈트라 한다면 효는 그 각 요소들의 개별적 의미를 나타낸다). 단彖이라는 것은 한 괘상을 구성하는 재료라 할 수 있다(彖者, 材也). 재료라는 말에 쓰인 글자는 목재(木材)를 의미하는 "재材"이다. 재는 재단(裁斷)되어 여러 가지 모양을 나타낼 수 있는 가능성이 있다. 재材는 판단의 가능성인 동시에 일괘 전체가 해석될 수 있는 다양한 의미체계이다. 역의 상징체계에 있어서 우리가 먼저 접하는 것은 괘이며 괘상이며 괘명이며 괘사이다. 그것은 우리 판단의 재료를 구성하는 것이다.

괘사를 판단한 후에 우리는 효사를 접하게 된다. 개별적 효라는 것은 천하의 움직임을 본받아 그 의미가 구성된 것이다(爻也者, 效天下之動者也). 그러기 때문에 효사를 해석하게 되면 점치는 자의 길흉이 확실히 드러난다(是故吉凶生). 그런데 길흉은 구체적인 득실이 있다, 그 판결이 명료하다. 그러나 후회(회悔)라든가, 아쉬움(린吝)은 명백하지도 않고, 구체적인 득실은 나타나지 않는다. 보통 인간 내면의 고민이다. 이렇게 미묘한 회린도 효사에서는 드러나게 마련이다(而悔吝著也). 회린을 상기하는 것도 인생의 진로에 많은 도움을 준다.

제 4 장

4-1 **陽卦多陰, 陰卦多陽, 其故何也? 陽卦奇, 陰卦耦。**
양괘다음 음괘다양 기고하야 양괘기 음괘우

其德行何也? 陽一君而二民, 君子之道也。陰二君
기덕행하야 양일군이이민 군자지도야 음이군

而一民, 小人之道也。
이일민 소인지도야

국역 8괘는 양괘와 음괘로 분류된다. 그런데 양괘에는 음이 더 많고, 음괘에는 양이 더 많다. 주효는 소수이다. 왜 그런가? 양괘에서는 기수효(=양효)가 주도권을 잡고, 음괘에서는 우수효(=음효)가 주도권을 잡는다. 이 경우 양괘와 음괘의 덕이 구현되는 행위는 어떠한 양상일까? 양괘의 경우는 일양이음이기 때문에 하나의 군君이 둘의 민民을 통솔한다. 이것은 군자의 덕성이 발현되는 길이다. 음괘의 경우는 이양일음이기 때문에 군君이 둘이 되고 민民이 하나가 된다. 군 둘이서 하나인 민을 놓고 서로 환심을 사려고 각축을 벌이는 꼴이다. 소인의 도가 아닐 수 없다. 인간세의 모든 지도체제는 소수가 다수를 다스리는 것이다. 문제가 되는 것은 오직 소수의 도덕성일 뿐이다.

금역 앞 장에서는 단彖과 효爻의 의미를 총론적으로 규정하였다. 제4장에서는 8괘구성의 전반적인 의미를 검토한다. 8괘의 구성을 보면 양괘에는 음이 많고(陽卦多陰), 음괘에는 양이 많다(陰卦多陽). 그 까닭은 무엇인가?(其故何也)

이게 도대체 무슨 말인가? 역의 가장 기본단위인 8괘 중에서 순양☰인 건괘와 순음☷인 곤괘는 음양이 섞이지 않았으므로 일음일양의 생성태에서는 제외된다. 건·곤이 제외된 다음 6개의 괘가 남는데, 이 6개의 괘는 양괘 셋, 음괘 셋으로 나뉘어 규정성을 얻는다.

진震☳, 감坎☵, 간艮☶은 양괘라 하고, 손巽☴, 리離☲, 태兌☱는 음괘라 한다. 왜 그런가? 역에서는 항상 소수가 다수에 비하여 주도권을 잡는다. 복괘䷗에서 초初의 양효는 외롭지만 주도권을 가지며 나머지 다섯 음효들이 오히려 밀리게 되어있다. 그러니까 양괘는 일양이음一陽二陰이기 때문에 양괘가 된 것이고, 음괘는 일음이양一陰二陽이기 때문에 음괘가 된 것이다. 즉 양괘는 음이 더 많은 것이고, 음괘는 양이 더 많은 것이다.

양괘에서는 기수효奇數爻(=양효)가 주도권을 잡고(陽卦奇), 음괘에서는 우수효耦數爻(=음효)가 주도권을 잡는다(陰卦耦). 이러한 구성으로 생겨나는 덕행은 과연 무엇일까?(其德行何也) 양괘의 경우는 일양이음이므로 하나의 군君인 양이 둘의 민民인 음을 지배하고 통솔하는 모습이기 때문(陽一君而二民)에 그것은 군자의 덕성이 발현되는 길이라 할 수 있다(君子之道也).

그러나 음괘인 경우에는 이양일음二陽一陰이므로, 군君이 둘이 되고 민民이 하나가 된다(陰二君而一民). 즉 하나의 민民을 놓고 군 둘이서 서로 그 민의 환심을 사기 위해 각축을 벌이기 때문에 바른 명분이 설 수가 없고 분란이 끊이질 않는다. 이것은 역사가 소인의 길로 빠져 들어가는 첩경이다(小人之道也). 상도常道일 수가 없다.

옥안 이 글을 처음 대하는 사람, 그리고 역의 본모습을 깨닫지 못한 사람은 혼란스러울 수 있다. 그러나 제4장이 말하고 있는 진리는 인간세의 만고불변의 진리이며, 특히 서구문명의 "근대화"라는 환상, 그리고 더불어 진입한 "민주"라는 허구, 그리고 인간평등론과 더불어 논의되는 저열한 페미니즘의 막장담론에 의하여 엄폐될 수 없는 진실을 말해주고 있다.

우선 역에서 음·양이란 남·여의 문제가 아니다. 음효는 항상 양효로 전환되며, 양효는 항상 음효로 전환된다. 일음일양의 변화는 무체無體의 변화이다. 그것은 성적 구별이나 차별·억압을 정당화하는 보수적 논의가 아니다. "양괘는 일군이이민一君而二民, 군자지도야君子之道也。음괘는 이군이일민二君而一民, 소인지도야小人之道也。"라고 했다고 해서, 양이 음을 지배하는 것이 정당하다는 얘기를 하고 있는 것이 아니다.

여기서 말하는 진정한 주제는 인간세에 있어서의 "리더십"을 말하는 것이다. 모든 조직은 소수가 다수를 지배한다. 그 지배자가 여성이든, 남성이든 아무 상관없다. 그러한 메일쇼비니즘male chauvinism은 여기에 그림자도 없다. 회사는 사장이나 회장 한 사람이 다스리게 마련이고, 학교는 교장이 인사권을 쥐게 마련이고, 군대는 상관의 명령에 무조건 복종하지 않으면 전쟁수행이 이루어질 수가 없다. 우리가 민주사회를 살고 있는 것 같지만, 실제로 우리가 사는 사회의 대부분의 조직은 민주와는 거리가 멀다. 생각해보라! 오케스트라의 단원이 모두 민주적으로 악기를 연주한다면 과연 관현악이 성립하겠는가? 관현악단의 모든 요소는 지휘자의 지휘봉의 절대적인 권위(=권력)에 따라 움직여야 한다.

역이 말하는 주효主爻의 문제는 우리가 말하는 우리사회의 리더십과 상통한다. 리더(君) 한 사람에 다수가 따르는 체제가 군자지도君子之道라는 것은, 이념적인 메시지가 아니라 현실적인 효율의 문제이며, 진정한 위민爲

民의 사상이다. 교육이라는 것은 위대한 리더십을 기르는 것이다. 우리나라의 현실을 보라! 그동안 서구적 사유에 도취하여 교육을 해체시키고 대통령을 모두 감옥에 갈 만한 사람들만 뽑아놓고, 권좌 주변의 인물들의 광란을 국민들이 빤히 쳐다보면서 아무 말 못하고 있는 이 세태가 과연 민주의 표상인가?

민주라는 것은 모든 차원의 사태에 있어서 리더십(=주효)의 도덕성을 말하는 것이다. 제각기 자기의 욕망대로 잡설을 분출하는 것이 아니다. 이제부터 우리가 서구적 근대와 민주라는 환상을 버리고, 우리 본연의 역사와 도덕적 리더십을 새롭게 창출하지 않으면 K-컬쳐라는 환상이 덧없는 환영이 되고 말 것이다. 진보는 없다. 보수는 있을 수 없는 미친 짓이다. 오직 우리는 우리의 길을 가야 한다. 역은 민중의 결단을 최우선으로 삼는다.

제 5 장

5-1 易曰: "憧憧往來, 朋從爾思。" 子曰: "天下何思何
역 왈 동동왕래 붕종이사 자왈 천하하사하

慮? 天下同歸而殊塗, 一致而百慮, 天下何思何慮?
려 천하동귀이수도 일치이백려 천하하사하려

日往則月來, 月往則日來, 日月相推而明生焉。寒
일왕즉월래 월왕즉일래 일월상추이명생언 한

往則暑來, 暑往則寒來, 寒暑相推而歲成焉。往者
왕즉서래 서왕즉한래 한서상추이세성언 왕자

屈也, 來者信也, 屈信相感而利生焉。
굴야 래자신야 굴신상감이리생언

尺蠖之屈, 以求信也。龍蛇之蟄, 以存身也。精義
척확지굴 이구신야 용사지칩 이존신야 정의

入神, 以致用也。利用安身, 以崇德也。
입신 이치용야 이용안신 이숭덕야

過此以往, 未之或知也。窮神知化, 德之盛也。"
과차이왕 미지혹지야 궁신지화 덕지성야

국역 함괘 ䷞ 구사九四의 효에 이런 말이 있다: "안절부절 설왕설래 하고 있구나! 너의 생각만을 따르는 같은 패거리에 갇혀 어쩔 줄을 모르네!" 이 효사를 평하여 공자님께서는 다음과 같이 말씀하시었다: "천하사람들이여! 무엇을 생각하고 무엇을 염려하고 있느뇨? 천하사람들이 제각기 다른 길을 걷고 있는 것처럼 보이지만 결국 하나로 돌아가고, 백가로 나른 생각을 하고 있는 것 같지만 하나의 진리로 수렴되게 마련이다. 천하사람들이여! 무엇을 생각하고 무엇을 염려하고 있는가?

해가 가면 달이 오고, 달이 가면 해가 온다. 해와 달은 서로 바톤을 이어가며 이 세상의 밝음을 유지시키고 있다. 추위가 가면 더위가 오고, 더위가 가면 추위가 온다. 추위와 더위는 서로 밀쳐가며 한 해를 이룩한다. 가는 것은 옴추리는 것이요, 오는 것은 펴는 것이다. 옴추림과 폄이 서로를 느끼게 되니 그 리듬에 따라 사는 삶의 이로움이 생겨나는 것이다.

자벌레의 옴추림은 폄을 구하는 것이다. 용이나 뱀이 칩거·동면하는 것은 그 몸을 보전하는 것이다. 사람으로 말해도 인간의 사물의 뜻을 정밀하게 연구하여 하느님의 경지에 도달하는 것(옴추림)은 언젠가 크게 사회적 효용을 발현하기 위한 것(폄)이다. 그 효용을 날카롭게 하여 내 몸의 가치를 발현케 한다는 것은 나의 내면적 덕성을 숭고하게 만드는 것이다.

여기까지 우리가 논의한 것들은 인간으로서 노력할 수 있는 최선의 방법들이다. 이것을 넘어서는 것들은 하느님의 경지래서 범인의 지혜로써는 감당키 어려운 것이다. 그럼에도 불구하고 오묘한 하느님의 세계를 끝까지 파헤쳐 들어가 우주변화의 전체적 상을 그려내는 성인의 경지는 인간의 덕성의 극치라 말해야 할 것이다."

금역 하편 제5장은 상편 제8장과 유사한 방식의 효사 재해석이다. 공자의 풀이로 되어있다. 그러니까 계사繫辭(매단 말)의 원의에 충실한 장이라고 말할 수 있다. 여기에는 11개의 효사가 인용되고 있다.

<계사下 5장에 인용된 11개의 역경효사>

1	함咸 ䷞ 九四 효사 (31)	憧憧往來, 朋從爾思。
2	곤困 ䷮ 六三 효사 (47)	困于石, 據于蒺藜。入于其宮, 不見其妻, 凶。
3	해解 ䷧ 上六 효사 (40)	公用射隼于高墉之上, 獲之。无不利。
4	서합噬嗑 ䷔ 初九 효사 (21)	屨校, 滅趾。无咎。
5	서합噬嗑 ䷔ 上九 효사 (21)	何校, 滅耳。凶。
6	비否 ䷋ 九五 효사 (12)	其亡其亡, 繫于苞桑。
7	정鼎 ䷱ 九四 효사 (48)	鼎折足, 覆公餗, 其形渥, 凶。
8	예豫 ䷏ 六二 효사 (16)	介于石, 不終日, 貞, 吉。
9	복復 ䷗ 初九 효사 (24)	不遠復, 无祇悔。元吉。
10	손損 ䷨ 六三 효사 (41)	三人行, 則損一人; 一人行, 則得其友。
11	익益 ䷩ 上九 효사 (42)	莫益之, 或擊之, 立心勿恒, 凶。

본 절에 나오는 효사는 역에서도 매우 중요한 괘, 즉 하편의 시작을 이루는 함괘咸卦䷞의 네 번째 구사九四의 효에 달린 효사를 공자가(가탁) 해설한 것인데 매우 탁월하다.

함괘는 느낌(Feeling)의 괘이다. 우리 몸의 느낌의 센터가 아래로부터 위로 이동하는 과정에서 심장에까지 왔다. 마음은 무심할수록 감感의 보편성이 획득된다. 그 효사의 내용은 설왕설래하면서 나의 생각을 따라줄 친구들하고만 교감한다(憧憧往來, 朋從爾思). 그렇게 되면 인식이 편협하게 치우쳐 많은 사람들을 포용할 수 없게 된다는 것이다.

이 효사에 대하여 공자는 충고의 말을 던진다:

> "천하사람들이여! 뭘 그렇게 생각하고 걱정하느뇨?(天下何思何慮) 천하에 온갖 일이 일어나고 있지만 그 길은 달라도 결국 하나의 진리로 수렴되고(天下同歸而殊塗), 사람들의 생각이 제각기 달라 오만 가지 사유가 난립해도 결국 하나의 원리로 귀결되게 마련이다(一致而百慮).
>
> 해가 가면 달이 오고(日往則月來), 달이 가면 해가 온다(月往則日來). 해와 달이 번갈아 들면서 이 세상의 밝음을 생성시키고 있다(日月相推而明生焉). 추위가 가고 더위가 온다(寒往則暑來). 더위가 가면 또다시 추위가 온다(暑往則寒來). 추위와 더위가 서로를 밀치며 시간을 이어가니 1년이라는 리듬이 생겨난다(寒暑相推而歲成焉). 가는 것은 옴추리는 것이요(往者屈也), 오는 것은 펴는 것이다(來者信也). 옴추리고 펴는 것이 서로 감응할 때 그 리듬에 따라 사는 삶의 이로움이 보장된다(屈信相感而利生焉).
>
> 자벌레가 몸을 옴추리는 것은 다시 몸을 펼치는 것을 구하고 있기 때문이다(尺蠖之屈, 以求信也). 용이나 뱀이 칩거·동면하는 것은 그 몸을 보존하고 낭비하지 않기 위함이다(龍蛇之蟄, 以存身也). 사람으로 말해도, 인간이 사물의 뜻을 정밀하게 연구하여 하느님의 경지에 도달한다는 것(옴추림)은 언젠가 크게 사회적 효용을 발현하기 위한 것(펼침)이다(精義入神, 以致用也). 그 효용을 날카

롭게 하여 내 몸을 편하게 한다는 것은 나의 내면적 덕을 숭고하게 하려는 것이다(利用安身, 以崇德也). 치용致用(utility), 안신安身(safety), 숭덕崇德(moral enhancement), 이런 것들은 인간이 할 수 있는 고귀한 덕성들이다.

그런데 이것을 넘어서는 하느님의 세계는 우리가 다 헤아릴 수 없는 것이다(過此以往, 未之或知也). 그러나 인간의 한계를 극복하고 다 헤아릴 수 없는 음양의 신묘한 세계를 파헤쳐 들어감으로써 우주의 변화를 알아내는 것이야말로 인간의 덕德의 극치라고 해야 할 것이다(窮神知化, 德之盛也)."

옥안 인간의 인식의 한계, 그 겸손을 말하면서도, 인식의 한계를 돌파하여 끊임없이 보편성의 범위를 확장하는 노력을 예찬하고 있다. 마지막의 "궁신지화窮神知化," "덕지성德之盛"이 이 논의의 극치라 할 수 있다.

인용하고 있는 「계사전」의 효사는 일상적 생활에서의 편협한 교우관계에 대한 충고인데, 공자는 그것을 인용하여 우주론적인 맥락으로 확대시키고 인간의 인식의 한계를 돌파할 것을 말하였다. 그래야 천하의 다른 길들이 동귀同歸할 수 있고, 백 가지 다른 사유가 하나의 구심점을 갖게 된다는 것이다. 참으로 거대담론이라 할 것이다.

수운이 그의 한글가사에서 "동귀일체同歸一體"라는 말을 많이 쓰는데, 이 「계사」의 표현을 원용한 것이다. 무극대도의 진리로 다같이 돌아간다, 한몸됨으로 돌아간다는 뜻이다.

5-2 易曰:“困于石, 據于蒺蔾。入于其宮, 不見其妻,
역왈 곤우석 거우질려 입우기궁 불견기처

凶。”子曰:“非所困而困焉, 名必辱。非所據而據
흉 자왈 비소곤이곤언 명필욕 비소거이거

焉, 身必危。既辱且危, 死期將至, 妻其可得見耶?”
언 신필위 기욕차위 사기장지 처기가득견야

국역 곤괘䷮의 육삼六三 효사에 이런 말이 있다: “곤궁한 삶의 상황이 거대한 바위가 앞을 가로막고 있는 것과도 같다. 방향을 바꾸어 돌파하려 해도 질려(남가새)의 가시에 찔리기만 할 뿐이다. 잘못 나왔구나 생각하고 집으로 돌아간다. 집에 당도해 보니 집의 기둥인 아내도 사라졌다. 흉하다.” 이에 대해 공자께서 평하시었다: “인생에 곤궁함이 없을 수는 없다. 그러나 곤궁치 않아도 될 환경 속에서 곤궁을 자처하니, 그 이름을 욕되게 할 뿐이다. 세상에는 거하지 않아도 될 곳에 거하는 자들이 많다. 이들은 몸을 반드시 위태롭게 한다. 욕되고 위태로움이 심하여 죽을 날도 얼마 남지 않았는데, 도망가 버린 아내를 과연 찾을 수 있을 것인가? 패망이다!”

금역 이 절에서는 47번째 괘인 곤괘困卦䷮의 육삼六三 효사를 인용하고 있다. 이 곤괘는 인간의 곤궁한 상황을 그리고 있다. 괘상을 보면 상괘가 태兌☱, 즉 택澤이다, 연못이다. 하괘가 감坎☵, 즉 물이다. 연못 밑에 물이 있다는 것은 연못으로부터 물이 다 빠져나가 택澤이 고갈되는 것을 상징한다. 곤의 효사는 한 인간이 처한 곤궁한 상황을 다양하게 그리고 있다.

삼三은 본시 불안한 자리이다. 이 효사는 고난의 대처에 실패한 불행한 한 인간의 이야기를 담고 있다. 육삼六三은 음유하고 부중부정不中不正하다. 앞으로 나아가자니 거대한 바위가 앞길을 꽉 막고 있는 느낌이다. "바위에 곤궁하다"(困于石)라고 표현했다. 어차피 바위는 움직이지 않는다. 뒤로 물러나 다른 방도를 택하자니 질려의 가시에 찔려 옴짝달싹할 수가 없다(據于蒺藜). 아~ 갈 곳이 없다. 어떻게 할까? 그제서야 집 생각이 난다. 그래도 내가 의지할 곳은 집밖에 없지! 그래서 집으로 돌아온다(入于其宮). 그러나 집의 주체인 아내는 이미 떠나버리고 없었다(不見其妻). 텅 비었다. 아~ 비극이다! 흉하다(凶)!

공자는 이 효사에 대하여 해석을 가하였다. 공자는 이 육삼六三의 행동이 천재天災로 인한 것이 아니라 자작얼自作蘖임을 강조한다. 우리네 인생에 곤궁한 상황이 없을 수는 없는 것이다. 그러나 그것이 정도正道를 행하다가 당한 것이라면 태연한 자세로 그것을 이겨낼 수밖에 없다. 그러나 자기가 스스로 촐싹거리다가 만들어낸 곤욕이라면 생애를 근원적으로 허물어버릴 수도 있다.

공자는 말한다: "곤궁할 필요가 없는 상황에서 곤궁한 것이라면(非所困而困焉), 반드시 그 이름이 욕되게 될 것이다(名必辱). 거하지 않아야 할 곳에서 거했다면(非所據而據焉) 그 몸은 필연코 위태롭게 된다(身必危). 욕되고 위태로움이 심하여 죽을 날도 얼마 남지 않았는데(既辱且危, 死期將至), 도대체 도망가버린 부인을 어디서 찾을 수 있단 말인가!(妻其可得見耶)"

참으로 신랄한 멘트다. 앞 절에서 공자는 왕래굴신往來屈伸의 도리를 말하였다. 불필요하게 전진만을 강행하거나, 비겁하게 퇴행하거나 하는 것은 역이 가르치는 음양의 중용이 아니다. 집의 기둥인 부인은 가고 없다! 우리 역사가 진보한다고 생각하면 할수록 우리 역사의 진정한 주체가 사라지고 있는 것은 아닐까? 현재 우리나라 정치를 이끌고 있는 사람들의 머릿속에 들어있는 비젼이 과연 무엇일까?

5-3 **易曰: “公用射隼于高墉之上, 獲之。无不利。” 子**
역 왈 공 용 석 준 우 고 용 지 상 획 지 무 불 리 자
曰: “隼者, 禽也; 弓矢者, 器也; 射之者, 人也。
왈 준 자 금 야 궁 시 자 기 야 사 지 자 인 야
君子藏器於身, 待時而動, 何不利之有? 動而不
군 자 장 기 어 신 대 시 이 동 하 불 리 지 유 동 이 불
括, 是以出而有獲, 語成器而動者也。”
괄 시 이 출 이 유 획 어 성 기 이 동 자 야

국역 해괘䷧ 상육上六의 효사에 이런 말이 있다: “고관이 높은 담 위에 올라가 불상응의 고위를 탐하여 날아드는 송골매를 쏜다. 명중하여 잡는다. 좋은 마무리다. 불리할 것이 없다.” 이 효사에 대해 공자께서 좋은 멘트를 남기셨다: “송골매는 맹금의 일종이다. 활과 화살은 기물이다. 활을 쏘는 자는 사람이다. 군자는 기물을 몸에 감추고 있다가 때를 당하면 움직인다. 이렇게 준비가 되어있는 사람에게 무슨 불리한 상황이 발생하겠는가? 그가 움직임에 그를 방해할 장애물이 아무것도 없다. 그러므로 나아가면 곧 승리한다. 이것은 기器를 먼저 이루어 놓고 움직이는 것을 말한 것이다. 시중의 실천이다.”

금역 해괘䷧는 위에 우레가 있고 밑에 물이 있다. 얼음 위에 봄비가 내리고 우레가 치면서 꽁꽁 얼어붙었던 빙판이 녹는 이미지이다. 그러니까 해解는

풀 해니까, 고난의 상황이 풀리기 시작하는 형국을 나타낸다. 해괘의 앞에는(39번째 괘) 건괘蹇卦가 있었다. 건괘는 곤란, 어려움, 난국을 의미한다. 고난이 해괘에서 풀리기 시작하는 것이다. 이 효사는 해괘의 마지막, 여섯 번째 효의 사이다. 풀림의 마지막 형국을 나타낸다. 즉 풀림을 완수하는 것이다.

여기 "공公"은 높은 지위이지만 육오六五의 천자가 아니기 때문에 "공"이라고 한 것이다. 여기 "준隼"은 송골매인데 좋은 이미지가 아니라 생명을 가차없이 잡아죽이는 폭력적인 존재다. 공公은 높은 담 위에 올라가 불상응不相應의 고위를 탐하여 날아드는 송골매를 향해 적시에 화살을 날린다(公用射隼于高墉之上). 적중이다(獲之). 불선不善은 제거되고 해解의 과업은 완수되었다. 무불리无不利다. 이롭지 아니함이 없다.

이 상육上六의 효사는 의미가 명료하다. 이 효사에 대하여 공자는 멋있는 주석을 달았다: "준이라는 것은 맹금이다(隼者禽也). 판을 깨트리는 폭력적 존재다. 활과 화살은 기器다(弓矢者器也). 활을 쏘는 것은 사람(人)이다(射之者人也). 군자는 기를 몸에 지닌다(君子藏器於身). 항상 기를 몸에 간직하여 어느 때고 필요에 따라 활용할 수 있다(실력이 항상 배양되어 있다는 뜻도 된다). 그러다가 때를 당하여 움직이는 것이니(待時而動) 군자에게 불리함이 있을 수 있겠는가?(何不利之有) 움직였다 하면 행동을 저지하는 매듭(풀림의 반대)이 없다(動而不括). 그래서 출격했다 하면 기민한 행동 때문에 반드시 성과가 있다(是以出而有獲). 이것은 기器를 성취한 자가 움직이는 것에 관해 말한 것이다(語成器而動者也)."

옥안 마지막에 "성기이동成器而動"이라고 했는데, 기器를 이루는 것이 형이하학이요, 그 기를 가지고 오묘한 전술을 써서 움직이는 것, 그 싸움의 도가 바로 형이상학이다. 우리 동방인의 형이상학은 바로 이러한 형形의

상학上學이다. 이순신이 거저 애국심만으로 우리나라를 건진 것이 아니다. 왜놈들이 쳐들어올 것을 알고, 화약과 포탄과 대포를 일본군이 상상할 수 없을 정도로 완벽하게 준비했고, 육박해전에 절대적인 힘을 과시하는 판옥선과 거북선을 만들어(成器) 전쟁에 대비했기(形而下學) 때문에 일본이 허망하게 무너진 것이다.

카이로스를 파악했기 때문에 출정할 때마다 백전백승이었고 해로를 차단함으로써 육로로 진출한 왜군을 무기력하게 만들었다. 그러면서도 조정의 부패와 선조의 시기와 질투와 오판으로 인하여 자신의 운명이 구렁텅이에 빠질 것을 예감하면서도 죽음을 뛰어넘고 왜놈들에게 다시금 그런 사악한 짓을 이 조선대륙에 감행하지 못하게 하기 위하여 관음포에서 전사戰死를 선택하는 이순신의 예지, 그 사유의 도道야말로 형이상학인 것이다. 이순신의 전투준비가 형이하학이요 이순신의 죽음이 형이상학이다. 왜놈들은 아직도 이순신의 형이상학 때문에 한국을 침공하는 것을 두려워하는 것이다. 존재론Ontology이 형이상학이 아니다. 이순신의 도덕적 삶의 자세가 형이상학이다.

「상계」 8장의 경우에는 효사선택이 인간의 언행에 관한 것으로 그 주제가 일관되어 있었다. 「하계」의 저자에게는 그러한 일관된 주제가 있는 것 같지는 않다. 전반적으로 「하계」는 산만한 듯 논의를 진행하면서 보다 포괄적으로 역의 의미를 일깨운다. 「상계」가 형이상학적인데 치우쳐 있다면 「하계」는 형이하학적인 데 더 강렬한 포커스를 맞추고 있다 할 것이다.

『순자』의 「유효儒效」편에 이런 말이 있다: "예羿라는 사람은 천하에 활 잘 쏘기로 유명하지만, 활과 화살이 없다면 그 신묘한 솜씨를 드러낼 방도가 없을 것이다. 위대한 유자라고 하는 것은 하늘아래 인간세를 잘 조화롭게 통일할 수 있는 능력을 보유한 자라는 뜻인데, 만약 그에게 주어진 백 리의 땅이라도 없다면 그는 그 뛰어난 공功을 드러낼 방도가 없을 것이다. 羿者, 天下之善射者也。無弓矢, 則無所見其巧。大儒者, 善調一天下者也。無百里之地, 則無所見其功。"

5-4 **子曰: "小人不恥不仁, 不畏不義, 不見利不勸, 不**
자왈 소인불치불인 불외불의 불견리불권 불
威不懲, 小懲而大誡, 此小人之福也。易曰: '屨
위부징 소징이대계 차소인지복야 역왈 구
校, 滅趾。无咎。' 此之謂也。"
교 멸지 무구 차지위야

국역 공자께서 말씀하신다: "소인은 본시 불인不仁을 저지르는 것을 부끄러워하지 않는다. 그리고 의롭지 못한 짓을 해도 두려워하지 않는다. 소인은 이利를 보지 않으면 나아갈 생각을 하지 않는다. 잘못에 대한 외부로부터의 징벌이 없으면 내면에서 자기를 징벌하는 일이라고는 없다. 이런 상황에서 작게 징벌을 받고 크게 뉘우쳤다면, 이것은 소인의 복이라 해야 한다. 그런데 서합䷔ 초구初九 효사에 이런 말이 있다: '초구初九는 죄인이다. 차꼬를 채운다. 그리고 발꿈치에 상처를 내는 형벌을 받는다. 허물이 없다.' 이 효사는 내가 말한 소인의 복을 지칭한 경우일 것이다."

금역 여기서 인용하고 있는 효사는 21번째 서합噬嗑䷔괘의 초구初九의 효사이다. 많은 판본이 "리履" 자를 쓰고 있는데, 그것은 오류이다. "구

屨"가 맞다. 나의 『도올주역강해』에도 구로 되어있다. 구는 "족쇄를 채우다"라는 동사에 해당된다. 족쇄는 쇠사슬을 채우는 것이고, 여기서 말하는 "교校"는 나무로 만든 "차꼬"이다. 차꼬는 두 발목을 나무에 넣고 자물쇠로 채우는 것이래서 족쇄보다 구속력이 더 심하다.

서합괘는 "씹는다"는 의미의 괘이다. 괘상 ䷔을 보아도 턱과 이빨 사이에 작대기가 하나 가로질러 있다. 작대기는 씹어서 제거해야 할 대상이다. 씹음은 형벌(Punishment)의 의미가 있고 작대기는 불순세력의 제거라는 의미가 있다. 여기 "멸지滅趾"는 "무구无咎"가 있으므로 헤비한 형벌로 해석할 수 없다. 두 발을 차꼬에 넣고 발꿈치에 가벼운 상처를 낸다, 정도의 의미로 새겨야 할 것이다. 본시 "멸지滅趾"는 발꿈치를 잘라 없앤다는 뜻이어야 할 것 같은데 그것은 너무 심한 형벌이다. 공자는 이 구절을 소인의 잘못에 가벼운 형벌을 줌으로써 그를 크게 깨우친다는 교화적 맥락으로 해석했다. 아마도 처음에는 발꿈치를 도려내는 벌인 줄 알았다가 가벼운 상처로 끝나그 뉘우침이 크게 만들어지는 효과가 있었을지도 모르겠다.

공자는 말한다: "소인은 본시 불인不仁을 저지르는 것을 부끄러워하지 않는다(小人不恥不仁). 그리고 의롭지 못한 짓을 해도 두려워하지 않는다(不畏不義). 소인은 이利를 보지 않으면 인을 실천하는 일에 힘쓰지 않는다(不見利不勸). 그리고 잘못에 대한 외재적인 징벌이 없으면 그 내면에서 자율적 징계를 받는 일이라고는 있을 수 없다(不威不懲). 그래서 반드시 징벌을 해야 하는데 작은 징벌로 큰 반성이 일어날 수 있다면(小懲而大誡), 그것은 소인의 복이다(此小人之福也)."

옥안 아주 단순한 문장이지만 실로 그 의미가 깊다. 여기서 말하는 "불치불인不恥不仁, 불외불의不畏不義"는 요즈음 우리나라 정계의 대체적인 흐름을 규정하는 데 매우 적합한 말인 것 같다. 1) 불인不仁 2) 불의不義 3) 불권不勸 4) 부징不懲의 4구절에서 제3구는 제1구를 받은 것이고, 제4구는 제2구를 받은 것이다.

그리고 이 절에서 특징적인 인용방식은 인용구가 제일 뒤로 나왔다는 것이다. 먼저 해설을 가하고 제일 뒤에 그래서 역에 이러이러하다고 말한 것이다라는 인용을 첨가했다는 것이다.「상계」의 8장 8절에서도 그러한 방식을 볼 수 있었다.『한비자』의「해로解老」(『노자』를 해석함)「유로喩老」(『노자』를 비유적으로 해석함)편에 나오는 방식이다. 물론「계사」가『한비자』보다는 시대가 한참 앞선다.

「계사전」의 저자는 문장의 구성양식에 있어서도 다양함을 과시하고 있다.

5-5 **善不積, 不足以成名; 惡不積, 不足以滅身。小人以小善爲无益而弗爲也, 以小惡爲无傷而弗去也。故惡積而不可掩, 罪大而不可解。易曰: "何校, 滅耳。凶。"**
선부적 부족이성명 악부적 부족이멸신 소인이소선위무익이불위야 이소악위무상이불거야 고악적이불가엄 죄대이불가해 역왈 하교 멸이 흉

국역 내가 앞에서 소인의 뉘우침에 관하여 너무 쉽게 말한 것 같다. 선이라는 것도 쌓이지 않으면 선한 자의 이름을 이룩하기에는 부족한 것이다. 악도 쌓이지 않으면 악한 자의 몸을 파멸시키는 데 이르지는 않는다. 소인은 작은 선은 별로 이득될 것이 없다고 생각

하여 행하지 않는다. 그리고 작은 악은 별로 해가 될 것이 없다고 생각하여 계속 행한다. 그러나 악이 쌓이면 엄폐할 방법이 없고, 죄행도 커지면 해결할 방도가 없다. 같은 괘 여섯 번째 상구上九 효사에 다음과 같은 말이 있는데 이 말로써 소인지복이라 한 말을 보완해야 할 것 같다: "큰 칼을 채우고 귀를 잘라버린다. 흉하다!"

금역 본 절은 인용의 따옴표가 없다. 서합괘의 상구上九 효사가 인용되고 있는데 이것은 앞에서 인용한 같은 서합괘의 초구初九 효사에 대한 공자의 멘트를 보완하기 위하여 같은 괘 내의 효사를 들어 형벌의 문제에 있어서는 신중해야 하는 이유를 재천명하고 있기 때문이다. 앞 절의 연속 때문에 따옴표를 쓰지 않았고, 또 "자왈子曰"이라는 말을 첨가하지 않았다. 그러나 효사 이외의 말들은 공자의 언어로 간주해야 할 것이다.

공자는 4절에서 소악小惡에 대한 가벼운 처벌을 이야기했다. 그리고 "소징이대계小懲而大誡"를 말함으로써 소인의 행운을 얘기했다. 공자는 아무래도 "소인의 행운"이 불완전한 멘트라고 생각한 것이다. 왜냐하면 소악이 철저하게 다스려지지 않고 적당히 넘어가면 결국 그것은 "대악大惡"이 되기 때문이다. 역易은 변화다. 선·악도 시간의 흐름 속에서 논의되어야 한다. 일시점에서의 선악판단은 항상 오류를 동반한다.

여기 인용된 효사는 같은 서합괘(처벌을 나타내는 괘)의 최종, 즉 상구上九의 효사이다. 초初와 상上이 모두 형벌을 당하는 죄인이다. 상구上九에게서 벌을 받을 만한 요소들이 극에 달했고, 또 그 죄값도 최대의 사태이다. "하何"는 "하荷"와 같다. "걸머진다"는 뜻이다. "하교何校"의 "교"는 상체에 걸머지는 것이니 "큰 칼"을 의미한다. 하교는 "큰 칼을 찬다"이다. 초구初九의 경우는 "멸지滅趾"였다. "뒤꿈치에 상처를 낸다" 정도로 가볍게 해석했다. 거기에는 효사에 "무구无咎"라는 말이 있었다. 여기에는 효사에 "흉凶"이 들어있다. 그러니 "멸이滅耳"는 중처벌로 해석되어야 한다. 사실 멸이(귀를 잘라버린다)는 코를 자르는 의형劓刑에 비해 훨씬 가벼운 형벌이었다. 그러나 여기 문맥에서는 중형에 해당된다. 그래서 "흉하다"라고 했다.

공자는 이 상구上九의 효사에 대해 이와같이 멘트를 날린다:

> "선이라고 하는 것은 쌓여지지 않으면 그 아름다운 이름을 드러내기에 부족하다(善不積, 不足以成名). 악이라는 것도 쌓여지지 않으면 그 악인의 몸을 파멸시키는 데는 이르지 아니한다(惡不積, 不足以滅身). 소인은 작은 선은 별로 이득이 될 것이 없다고 하여 행하지 아니한다(小人以小善爲无益而弗爲也). 그리고 작은 악은 별로 해가 될 것이 없다고 생각하여 계속 행한다(以小惡爲无傷而弗去也). 그러나 악이 쌓이면 엄폐할 방법이 없고(故惡積而不可掩), 죄행도 커지면 풀 방도가 없다(罪大而不可解). 그래서 역에 '하교 멸이 흉'이라고 한 것이다."

선은 시간을 두고두고 쌓여야 진정한 선이 된다. 중간에 배신하면 다시 방명을 회복하기 어렵다. 악은 소악이라도 철저히 고치지 않으면 반드시 대악으로 자라난다. 동한 말의 사상가 왕부王符가 쓴 『잠부론潛夫論』「신미愼微」편(미세한 것을 조심함)에 공자의 말을 빗대어 한 말이 있다.

> 중니가 이렇게 말한 적이 있다: "탕이나 무가 어쩌다 한번 잘해서 왕이 된 것이 아니다. 걸이나 주가 어쩌다 한번 개판 쳐서 나라를 망해먹은 것이 아니다. 3대의 흥망성쇠는 모두 시간의 축적에 있는 것이다."
> 선을 쌓은 것이 오래되면 한번 잘못을 했더라도 그것은 과실로 간주되어 멸망에 이르지는 아니한다. 악을 쌓은 것이 오래되면 한번 좋은 일을 해도 그것을 올방

구로 인식하여 명성이나 나라를 존속시키는 데는 부족하다. 통치자는 이런 말을 들으면 등골이 오싹하다 할 것이요, 서민이 들으면 얼굴을 붉히며 마음자세를 가다듬을 것이다.

故仲尼曰: "湯武非一善而王也, 桀紂非一惡而亡也。三代之廢興也, 在其所積。" 積善多者, 雖有一惡, 是爲過失, 未足以亡; 積惡多者, 雖有一善, 是爲誤中, 未足以存。人君聞此, 可以悚懼; 布衣聞此, 可以改容。

옥안 "엄掩"이 왕한본에는 "揜"으로 되어 있다.

5-6 **子曰: "危者, 安其位者也; 亡者, 保其存者也; 亂者, 有其治者也。是故君子安而不忘危, 存而不忘亡, 治而不忘亂, 是以身安而國家可保也。易曰: '其亡其亡, 繫于苞桑。'"**

자왈 위자 안기위자야 망자 보기존자야 란자 유기치자야 시고군자안이불망위 존이불망망 치이불망란 시이신안이국가가보야 역왈 기망기망 계우포상

국역 공자께서 말씀하시었다: "위태롭다고 생각하는 것은 오히려 그 자리를 안전하게 만드는 것이다. 망할 것이라고 경계를 늦추지 않는 것은 오히려 그 존재를 보호하는 것이다. 어지러워질까봐 걱정하는 것은 오히려 오늘의 평화를 지속시키는 것이다. 그러므로 군자는 편안함 속에서도 위태로움을 잊지 않고, 보존되고 있음에도 상실되는 것을 잊지 않고, 평화로움 속에서도 어지러워지는 것을 잊지 않는다. 그러함으로써 몸을 안태하게 하고 국가를

보전할 수 있다. 이러한 양면의 지혜를 비괘䷋ 구오九五 효사는 이렇게 말한 것이다: '떨어져 사라지겠구나! 사라지겠구나! 저 가냘픈 뽕나무 가지에 위태롭게 매달려 있는 보물이여!'"

금역 이 여섯 번째의 파편을 이해하기 위해서는 나의 『도올주역강해』 비괘否卦 부분(12번째 괘. 태泰䷊ 다음에 온다)을 전체적으로 읽어보는 것이 좋을 것 같다. 주석가들마다 견해가 달라 통일된 의견은 없는 것 같다. 역에서는 하늘자리에 하늘이 있고, 땅자리에 땅이 있는 것을 비색否塞하다고 말한다. 땅자리에 하늘이 있어야 하늘은 자기자리로 가려고 운동을 하고 땅은 하늘에 있어야 땅으로 내려가려고 운동을 한다. 반자도지동反者道之動의 운동은 이렇게 자리가 엇갈려 있을 때 편안해진다. 그래서 태평을 의미하는 태괘䷊에서는 땅이 하늘로 가있고 하늘이 땅으로 내려와 있다. 그래서 일음일양의 오묘한 발란스가 이루어진다.

이와 반대의 비괘䷋는 하늘자리에 하늘이 있고 땅자리에 땅이 있어 모든 것이 고착되고 변화를 모른다. 그래서 화해가 이루어질 수가 없다. 그래서 비괘를 "Obstruction, Standstill"이라고 영역했다. 여기 비색은 전면적인 비색이다. 인간세로 친다면 조선대륙에 있어서의 남한과 북한의 대치상황이 비괘에 비유될 수 있을 것이다. 그러나 역은 항상 반대상황을 전제로 한다. 여기 인용된 효사는 비괘 중에서도 가장 중요한 자리에 있는 구오九五, 중정中正의 덕을 지닌 영주英主라 할 수 있다.

이 영명한 군주는 남북경색의 비색을 타개하려고 노력하여 일단 비색을 멈추게 하는 단계에까지 진전시켰다. 그것을 "휴비休否"라고 표현했다. 비색을 멈춘다는 뜻이다. 교류가 가능하게 되었다는 뜻이다. 이것은 진실로 대인大人의 역량이 아니면 가능한 얘기가 아니다. 그래서 "대인大人, 길吉"

이라 표현했다. "참으로 대인이로다! 길하다!"는 뜻이다. 그 다음에 "기망기망其亡其亡, 계우포상繫于苞桑"이라는 생뚱맞은 구절이 붙어있다. 이것은 비괘의 내재적 논리에서 나온 말 같지는 않다. "망亡"과 "상桑"이 운을 밟고 있는 것으로 보아, 당대의 노래이거나 속담 같은 데서 인용된 것으로 보인다. "계우포상"이란 "뽕나무에 매달려있다"는 뜻인데, 주석가들은 "포상苞桑"을 뽕나무 가지를 여러 개 감싸서 그 단단해진 집단적인 가지에 매달았다는 뜻으로 본다.

하여튼 무엇인가 소중한 보물을 뽕나무 가지에 매달았다는 뜻이다. 여기 뽕나무 가지에 매단 보물은 바로 "휴비休否"를 가리키는 것일 수도 있다. 경색을 그치게 한 그 보물같은 기회가 곧 다시 사라지게 생겼구나라는 탄식을 노래하고 있는 것이다. "기망其亡, 기망其亡"은 "나뭇가지에서 떨어지겠구나! 떨어지겠구나!"의 뜻도 되고, "아슬아슬하게 매달려 있는 것이 얼마 안 가서 사라지겠구나! 없어지겠구나!"라는 탄식이 되고 만다.

이 비괘의 구오九五 효사에 대하여 공자는 매우 장중한 주석을 달았다.

> **공자가 말했다: 위태롭다고 생각하는 것은 오히려 그 자리를 안전하게 만드는 것이다(危者, 安其位者也). 망할 것이라고 경계를 늦추지 않는 것은 오히려 그 존재를 보호하는 것이다(亡者, 保其存者也). 어지러워질까봐 걱정하는 것은 오히려 오늘의 평화를 지속시키는 것이다(亂者, 有其治者也). 그러므로 군자는 편안함 속에서도 위태로움을 잊지 아니하고(是故君子安而不忘危), 보존되고 있음 속에서도 상실되는 것을 잊지 않고(存而不忘亡), 평화로움 속에서도 어지러워지는 것을 잊지 않는다(治而不忘亂). 그러함으로써 몸을 안태하게 하고, 국가를 보전할 수 있다(是以身安而國家可保也). 이러한 양면의 지혜를 『역』이 다음과 같이 표현한 것이다: "없어지겠구나! 없어지겠구나! 저 가냘픈 뽕나무 가지에 매달린 보물이여."**

5-7 **子曰: "德薄而位尊, 知小而謀大, 力小而任重, 鮮不及矣。易曰: '鼎折足, 覆公餗, 其形渥, 凶。' 言不勝其任也。"**
자왈 덕박이위존 지소이모대 역소이임중 선불급의 역왈 정절족 복공속 기형악 흉 언불승기임야

국역 공자께서 말씀하시었다: "덕이 박한데 그 자리가 높고, 아는 것은 쥐꼬리 만한데 큰일을 도모하려 한다. 힘이 딸리는데 무거운 짐을 지었으니 재앙이 그 몸에 미치지 않는 상황은 거의 없다. 정괘䷱ 구사九四 효사에, '거대한 정鼎의 다리가 부러졌다. 그 안에 담긴 어마어마한 양의 공적 제사음식이 쏟아져 버리고 말았다. 정을 메고 가던 사람이나 그 주변 사람들의 몰골이 국물에 젖어 말이 아니다. 흉하다.'라고 했는데 이것은 소인들이 무거운 책임을 감당하지 못해 나라가 망가지는 형국을 비유해서 한 말이다."

금역 여기 인용된 효사는 50번째 정괘鼎卦䷱의 구사九四의 효사이다. 김충열 교수는 나의 대학시절의 강의 속에서 본인은 64괘 중에서 제일 가슴에 와닿는 괘가 정井, 혁革, 정鼎, 이 세 괘라고 했다. 역은 변화며, 혁명이다! 혁명을 하기 위해서는 반드시 우물이 필요하다. 우물은 사람들을 모이게 만들며, 폐쇄되지 않고, 항상 생명수를 사람들에게 나눠준다. 그러면서 항상 같은 수위水位를 유지한다. 정井은 혁명을 하기 위한 실력배양의 시기라 했다. 혁명을 하고 나면 반드시 정鼎의 시기가 뒤따라야 한다. 정은 세 발이며 안정성이 높다. 그것은 혁명으로 인한 새로운 체제를 정립시키는 과정(the process of establishment)이다. 정鼎이 성공하지 못하면 혁革은 실패한다.

노무현이 이명박에게 자리를 넘긴 것이나, 문재인이 윤석열에게 자리를 넘긴 것은 이유여하를 막론하고, 역사의 취선就善에 대한 막연한 환상 때문에 치열하게 미래를 기획하지 못한 우몽愚蒙의 업이다. 정鼎의 과정을 유실한 것이다.

정鼎은 경복궁 근정전勤政殿 양편에 국가의 대본을 상징하는 그릇으로서 놓여있지만, 옛날에는 실제로 먹을 음식을 끓이는 대기大器였다. 국가의 중요행사에 많은 사람이 같이 먹는 고깃국을 끓이는 큰 그릇이었다. 그 괘상을 보아도 하괘가 손☴이니 나무요, 상괘가 리☲니 불이다. 나무가 불을 따르는 것이요, 그릇의 물을 끓이는 것이다. 그리고 괘상 전체䷱를 보아도 제일 아래 음효는 세 발이 떠받치고 있는 빈 공간이요, 구이九二, 구삼九三, 구사九四는 정의 불룩한 배를 나타낸다. 육오六五는 양 옆에 사각으로 올라와 있는 귀(耳)를 나타낸다. 그리고 상구上九는 정현鼎鉉이라 하여 정의 귀에 끼어 정을 들어올리는 거대한 쇠막대이다.

구사九四는 신하로서 높은 자리에 있어 요번 대제례를 담당하는 인물이다. 그래서 요리담당관리들과 함께 음식이 가득 담긴 정을 제례장으로 나르는 책임을 맡고 있다. 정은 별도의 장소에서 끓이고 다 끓여 먹기 좋게 된 음식을 정 그대로 귀에 꿰어 여러 명의 관리들이 어깨에 매고 대제례의 장場으로 나르는 것이다. 생각만 해도 좀 불안한 요소가 많다. 구사九四의 효사는 이렇다. "정절족鼎折足"! 정의 다리가 부러졌다는 얘기인데 상식적으로 청동으로 만든 정의 다리가 부러지기는 참 어렵다. 정을 메고 가던 쇠막대기(정현鼎鉉)가 부러졌다든가 하는 사고일 수도 있다. 물론 다리에 금이 가서 부러질 수도 있다.

하여튼 이것은 대참사이다. 그 음식의 양이 엄청나기 때문이다. "복공속

覆公餗"이라 했다. 공속은 임금께서 드실 음식이요, 제식에 참석하는 국인이 다함께 먹는 공식적인 찬이다. 이 공속이 다 엎어지고 만 것이다. "기형악其形渥," "악渥"은 물 수 변이 있는 것으로 보아 옷에 음식을 뒤집어쓴 모습일 수도 있다. 그냥 전체적으로 해석하는 것이 마땅하다. 즉, 공속이 어프러진 이후의 형국, 그 몰골들이 말도 아니라는 뜻이다. 그 몰골이 음식물로 뒤범벅이 되었다는 뜻이다. 흉하다! 이 대참사에 대하여 공자는 매우 훌륭한 멘트를 남기고 있다. 이것은 역량이 안되는 인물이 분에 넘치는 국가대사를 담당할 때 생기는 문제라는 것이다.

공자는 말한다: "실력은 안되는데 위位만 높고(德薄而位尊), 아는 것은 쥐꼬리만큼인데 큰일을 도모하고(知小而謀大), 힘은 딸리는데 무거운 짐을 지었으니(力小而任重) 재앙이 그에게 미치지 않는 예라고는 거의 없다(鮮不及矣). 이 재앙은 개인의 재앙일 뿐 아니라 국가의 재앙이다. 정괘 구사九四의 효사는 책임을 감당하지 못하는 고관들의 꼬라지를 집어 말한 것이다(言不勝其任也)."

"선불급의鮮不及矣"는 재앙이 그의 몸에 미치지 않는 경우는 거의 없다라고 해도 되고, 재앙에 미치지 않는 경우는 거의 없다라고 해도 된다.

옥안 서구식 민주주의의 가장 큰 병폐는 리더십의 타락이다. 우리나라뿐 아니라 전 세계의 지도자가 "역량부족"이라는 질병에 시달리고 있는 것이다. 선거라는 제도를 통해 뽑힌 자들의 수준이 말이 아닌 것이다. 그렇다고 선거에 의한 주기적인 리더십의 교체를 폄하할 수는 없다. 그것은 인류가 20세기를 통하여 획득한 새로운 가치국면이다. 그것은 형식만 갖추었고 그 형식에 합당한 내용이 아직 제대로 갖추어지지 않았다는 것을 의미하겠지만, 중요한 것은 개선의 비젼이 항상 판에 박힌 서구적 가치를 여과 없이 수용한다는 데 있다.

"개헌"도 필요한 것이지만, 개헌을 하고자 하는 사람들이 추구하는 역사의 비젼이 개인의 욕망이나 그릇된 서구적 가치의 모방에 그치고 말 때, 우리역사는 기나긴 세월을 또 허비하게 된다. 자유니, 평등이니, 민주니, 근대니 하는 20세기의 구호적 가치들은 기본적으로 명언종자名言種子에 불과한 픽션이다. 그 가치들은 근원적으로 새롭게 검토되고 주체적으로 구성되어야 한다. 조선대륙의 역사는 조선인 스스로 그 운명을 결정해야 한다. 외래종교나 외래정치철학이 우리의 삶을 규정할 수 없다. 항상 잊지 말아야 할 것은 "역무체易无體," 이 한마디이다.

『장자』「소요유」에 이런 말이 있다:

> "수량이 두텁지 아니하면 큰 배를 띄울 수 있는 부력이 없다. 한 잔의 물이 마루의 패인 곳에 엎질러지면, 작은 풀잎은 떠서 배가 되지만, 잔을 놓으면 곧 가라앉는다. 물이 얕은데 띄운 것이 크기 때문이다. 마찬가지로 바람이 쌓인 것이 두텁지 아니하면 큰 날개를 띄울 힘이 없다. 그러므로 구만리를 올라가야 날개 밑에 충분한 바람이 쌓인다. 그런 후에야 비로소 대붕은 바람을 타고 푸른 하늘을 등에 진 채, 아무런 장애도 없이 바야흐로 이상향 남南을 향해 날개를 휘젓는다. 且夫水之積也不厚, 則負大舟也無力。覆杯水於坳堂之上, 則芥爲之舟, 置杯焉則膠, 水淺而舟大也。風之積也不厚, 則其負大翼也無力, 故九萬里則風斯在下矣。而後乃今培風, 背負青天而莫之夭閼者, 而後乃今將圖南。"

5-8 子曰:“知幾其神乎? 君子上交不諂, 下交不瀆, 其
자왈 지기기신호 군자상교불첨 하교부독 기

知幾乎! 幾者, 動之微, 吉之先見者也。君子見幾
지기호 기자 동지미 길지선현자야 군자견기

而作, 不俟終日。易曰:‘介于石, 不終日, 貞, 吉。’
이작 불사종일 역왈 개우석 부종일 정 길

介如石焉, 寧用終日? 斷可識矣。君子知微知彰,
개여석언 녕용종일 단가식의 군자지미지창

知柔知剛, 萬夫之望。”
지유지강 만부지망

국역 공자께서 말씀하시었다: “운명의 미묘한 갈림길을 아는 것은 오직 신적인 경지에서만 가능할 것이다. 그러나 이러한 갈림길은 군자의 일상적 삶에 내재해 있는 것이다. 윗사람에게 공손하면 아첨하는 것처럼 보이게 마련이고 아랫사람에게 쉽게 대하면 모독하는 것처럼 보인다. 그러니까 군자는 윗사람에게 공경하면서도 아첨하지 않고, 아랫사람에게 개방적이면서도 얕잡아 보는 자세가 없다. 이러한 삶의 양면성이야말로 미묘한 갈림길을 알아야만 가능한 것이다. 여기 내가 말하는 미묘한 갈림길이란 인생의 움직임의 미묘한 조짐이요, 운명의 길흉이 먼저 드러나는 것이다. 군자는 그 미묘한 갈림길을 파악하면 곧 결단을 내리고 실천에 돌입한다. 삶의 결단은 하루가 걸리지 않는다. 예괘 ䷏ 육이六二의 효사에 이런 말이 있다: ‘그 결단의 견개함이 우뚝 서있는 바위와도 같다. 하루를 걸리지 않는다. 운명을 물어보면 길하다.’ 그 견개함이 바위와도 같은데 어찌 하루가 걸릴까보냐? 과단성 있게 결단하는 그 내면의 모습은 누구든지 쉽게 알 수 있는 것이다. 군자는 미묘함을 아는 동시에 명백함을 알고, 부드러움을 아는 동시에 강함을 안다. 그러하기 때문에만 만인이 따를 수 있는 삶의 본보기가 되는 것이다."

금역 여기서 인용된 효사는 예괘豫卦䷏의 두 번째 육이六二의 효사이다. 예괘는 준비한다, 예비한다는 의미와 기쁨을 나타내는 열락悅樂의 의미가 주를 이룬다. 나는 "Enjoyment, Enthusiasm"으로 번역했다. 괘상을 보면 위가 우레가 요동치는 모습이요(☳), 아래 곤괘(☷)는 화순和順하는 모습이다. 동動을 순順이 다 받아주기 때문에 상하가 다 순응하여 열락의 의미가 있는 것이다. 아래위의 팔괘의 상으로 분석하면 양陽이 지중地中에 잠기고 갇혀 있다가, 동하여 지축을 박차고 나와 포효하는 소리를 내는 모습이다. 그래서 통창通暢하고 화예和豫하다. 그래서 예라 한다(정이천).

육이六二의 경우는 음유하면서 중정中正을 얻고 있다. 응효도 없고 비효도 없다(䷏). 매우 고독하다. 독립독행이요 권세에 의지하지도 않는다. 중정中正을 지키면서 절조節操를 지킬 줄 아는 군자이다. "개우석介于石"의 개는 "견개狷介"의 뜻이다. 고집스럽게 지조와 정절을 지키는 고고한 삶의 태도를 가리킨다. "우석于石"은 "여석如石"이다. 돌과 같다, 즉 인수봉처럼 거대하게 우뚝 서서 경거망동하지 않는다는 뜻이다.

그런데 자신의 거취를 결단하는 데 있어서는 한나절도 걸리지 않는다는 뜻이다(不終日). 움직일까, 움직이지 말까? 인생에는 끊임없이 이러한 결단의 계기가 있다. 이 계기의 특징은 항상 미래를 예측한다는 데 있다. 길흉의 엇갈림을 예상하는 것이다. 예언은 미신이 아니다. 미래를 미리 예측한다는 것은 자기와 자기가 속한 공동체의 운명의 리수理數의 필연必然을 읽는 것이다. 인간의 위대함은 이러한 예조豫兆를 감지하는 능력에 있다. 알고보면 제갈공명의 능력은 누구에게든지 있는 것이다. 그것은 예수의 독점영역이 아니다. 이러한 결단의 육이六二가 점을 치면(물음을 던진다) 길한 결과가 나온다(貞, 吉).

이 "개우석介于石, 부종일不終日"에 대한 공자의 해석은 매우 날카롭고 심오하며 그 주제의 핵심을 파헤쳐 들어가고 있다. 공자는 이 효사의 주제를 "지기知幾"(기를 예감한다)라고 파악했다. "기幾"란 무엇이냐? 공자는 말한다. 그것은 "동지미動之微"요 "길지선현자吉之先見者"이다. 동지미動之微라는 것은 움직일까 움직이지 말까? 나아갈까, 나아가지 말까? 취할까 취하지 말까? 그 미묘한 갈래길의 조짐이다.

『중용』 제1장에도 군자는 보이지 않는 데서 삼가고, 들리지 않는 데서 두려워한다. 은미한 것처럼 드러나는 것이 없고, 미세한 것처럼 명백한 것이 없다. 이 신독愼獨의 계기들이 모두 "기幾"라 말할 수 있다. 『주자어류』에서 주희는 "기幾는 동지미動之微인데 그것은 움직일까 움직이지 말까라는 결단의 사이를 가리키며, 그 사이에 선과 악이 갈리게 되는 것이다. 인생이란 이 기미幾微에 올라타서 이해되는 것이다."라고 말했다.

"길지선현자야吉之先見者也"라는 구문에는 본시 길 뒤에 흉凶이 있었다. "길흉지선현자야吉凶之先見者也"로 읽는 것이 정당하다. 결국 흉을 피해 길로만 가기 때문에 흉을 없앤 것이라는 주석은 엉터리 주석이다.

인간이 그 미묘한 갈림길을 안다는 것은 신적인 경지에서만 가능한 일이다(知幾其神乎). 그러나 그 신적인 경지는 인간에게 내재한다. 미묘한 기幾를 아는 것, 그것이 곧 인간의 신적인 경지가 아니고 무엇이랴! 예를 들어보자! 군자는 윗사람에 공손해야 한다고 말한다. 그러나 공손은 아첨으로 인식될 수 있다. 군자는 아랫사람을 부드럽고 개방적으로 대해야 한다고 말한다. 그러나 그러한 부드러움은 상대방을 업신여기는 것으로 인식될 수 있다. 윗사람과 교섭하면서 아첨하지 않고(上交不諂), 아랫사람과 교섭하면서 모독함이 없는 것(下交不瀆), 이러한 삶의 과제상황이야말로 기幾를 아는 것이 아니고 무엇이랴!(其知幾乎)

기는 동動의 은미한 갈림길이요(幾者, 動之微), 길흉이 먼저 드러나는 것이다(吉之先見者也). 군자가 이 기幾를 파악하여 결단을 내리는 데는 하루가 걸리지도 않는다(君子見幾而作, 不俟終日). 삶은 결단이요, 결단은 주저함이 없는 것이다. 그래서 예괘 육이六二 효사에 "개우석介于石, 부종일不終日。 정貞, 길吉。"이라 한 것이다.

"우석于石"이 왕필본, 『정의』본에는 "여석如石"으로 되어 있다. 『역본의』에는 "우석于石"으로 되어 있다. 여기서는 효사 본문은 "우석于石"으로 되어 있고, 공자의 해설은 "여석如石"으로 되어 있다. 그 군자의 결단과 견개함이 홀로 우뚝 서있는 거대한 바위와도 같이 확실한 것인데 어찌 하루종일을 써야 할 것인가!(介如石焉, 寧用終日) 순간에 진리를 통찰하는 것이다. 그 결행의 과단성은 누구든지 쉽게 알아차릴 수 있는 것이다(斷可識矣).

군자는 미세한 것도 알고 동시에 드러나는 명백한 것도 안다(君子知微知彰). 군자는 부드러움을 알지만 동시에 강함을 안다(知柔知剛). 그러기 때문에만 만인이 바라보는 이상적 인간형이 되는 것이다(萬夫之望).

옥안 이 절의 공자의 언어는 매우 오묘하고 미묘하다. 우리는 존재를 말하기 전에 삶을 이야기해야 한다. 지기知幾를 말하면서 불첨不諂, 부독不瀆의 인간관계의 오묘함subtlety을 말하는 「계사」 저자의 논리는 매우 중층적이다. 여기서 말하는 군자의 이상은 이미 우주론적인 양면성(미微와 창彰, 유柔와 강剛)을 포섭하는 것이며 이미 유가다 도가다 하는 학파적 분별을 넘어서는 것이다. 오히려 고조선 사람들의 기개라 함이 더 적확할지도 모르겠다. 「하계」의 저자에게 우리가 가지고 있는 역경 텍스트와 그 의미맥락이 고스란히 정확하게 공유된다는 사실도 놀라운 일이다. 이때만 해도 종이가 없었다. 텍스트는 모두 죽간이었다고 보아야 한다.

장개석蔣介石, 1887~1975의 "개석介石"은 바로 예괘의 효사에서 온 것이다. 개석은 결코 견개한 인물은 아니었다. 그러나 개석을 초라하게 만들었던 모택동毛澤東, 1893~1976(장개석보다 6살 어리다. 비슷한 시기에 죽었다)이라는 인간에 대한 종합적 평가는 세월이 갈수록 초라해진다.

5-9 **子曰: "顏氏之子, 其殆庶幾乎! 有不善, 未嘗不知, 知之未嘗復行也。易曰: '不遠復, 无祇悔, 元吉。'"**

자왈 안씨지자 기태서기호 유불선 미상부지 지지미상복행야 역왈 불원복 무지회 원길

국역 공자께서 말씀하시었다: "안씨네 아들은 삶의 경지가 거의 성인의 경지에 이르렀도다! 자기 삶에 선하지 아니함이 있으면 그것을 알아차려 고치지 아니함이 없었으며, 그것을 안 이상 절대로 그것을 다시 행하는 일은 없었다. 복괘䷗ㅤ초구 효사에 이런 말이 있다: '삶의 정도에서 멀리 빗나가는 적은 없다. 항상 곧 정도로 복귀한다. 후회에 이르는 법이 없다. 원천적으로 길하다.'"

금역 여기에 인용된 효사는 24번째 괘인 복괘復卦䷗의 초구初九의 효사이다. 초효지만 전체 괘의 주효主爻로서 엄청난 우주론적인 의미를 가지고 있다. 주역의 괘효는 항상 순환한다. 박괘剝卦䷖는 음의 세력에 의하여 마지막 상효의 양이 박탈되는 것처럼 보이지만 그 박탈된 양효는 다시 복괘의 초효가 되어 돌아온다. 음의 세력을 물리칠 강력한 양의 세력이 되어 음의 세력을 치고 올라가는 것이다.

「단전」에 "복기견천지지심호復其見天地之心乎"라는 말이 있는데, "복에서 천지의 마음을 본다"라는 말이다. 노자는 "반자도지동反子道之動"이라 했는데 반反(Returning)의 계기가 곧 복이라는 것이다. 새로운 시작은 항상 "다시 시작"이다. 다시 시작은 생생지역生生之易의 시작이다. 그 생生하는 마음, 그 엘랑비탈의 마음이 곧 천지의 마음이다. 천지는 만물을 생하는 마음을 가지고 있기 때문에 만물은 천지로, 일음일양의 도로 돌아가는 것이다.

이러한 천지코스몰로지의 중요한 관건을 이루는 복괘의 초효를 공자는 좀 다른 차원에서 해석하고 있다. 우주론을 인생론의 차원으로 바꿔서 논하고 있다.

"안씨지자顔氏之子"라고 하는 것은 공자가 너무도 사랑했던 애제자 안회顔回를 가리킨다. 안회는 공자의 엄마 안씨녀와 같은 패밀리였으며 30세 연하로서 공자와 같은 동네 곡부 궐리에서 성장하였다. 이 이야기는 『논어』「선진」편에 나오는 어록파편과 비슷한 연계선상에 있기 때문에 아마도 안회가 세상을 뜬 직후의 평론이었을 것이다. "안씨지자"라고 하는 것은 안회의 아버지가 살아있을 때였기 때문에(『논어』 11-7) "안씨지자"라고 한 것이다.

여기 "서기庶幾"라고 하는 것은 "거의 가까웠다"라는 뜻인데, 도를 완벽하게 체득한 인물에 가까웠다라는 뜻이다(其殆庶幾乎). 실상 공자는 안회를 도의 구현자라고 생각했다. 「선진」편에 보면 비슷한 표현이 있다: "안회는 완벽한 기준에 가까웠지. 그는 가난하여 끼니를 자주 굶었다. 回也其庶乎, 屢空。"(『논어』 11-18). 끼니를 굶어도 도에서 어긋나는 삶의 허점이 보인 적이 없었다는 얘기다. 공자는 안회를 사랑하는 마음을 이렇게 표현한다: "사랑하는 안회여! 그대는 나를 도와주는 사람이 아니로다! 내 말에 기뻐하지 아니하는 적이 없으니! 回也, 非助我者也! 於吾言, 無所不說!"(『논어』 11-3).

공자는 말한다: "잘못된 것이 있으면 그것을 깨달아 고치지 않은 적이 없었다(有不善, 未嘗不知). 잘못된 것을 깨달으면, 그것을 두 번 다시 반복한 적이 없었다(知之未嘗復行也)." 「옹야」편에 이런 말이 있다.

> **애공哀公이 물었다: "제자 중에서 누가 배우기를 좋아합니까?" 공자가 대답하여 말하였다: "안회顔回라는 아이가 있었는데, 배우기를 좋아하고, 노여움을 남에게 옮기지 않으며, 잘못은 두 번 다시 반복하는 적이 없었습니다. 그런데 불행하게도 명이 짧아 죽었습니다. 그가 지금은 이 세상에 없으니, 아직 배우기를 좋아한다 할 만한 자를 듣지 못하였습니다."**
> 哀公問: "弟子孰爲好學?" 孔子對曰: "有顔回者好學, 不遷怒, 不貳過。不幸短命死矣。今也則亡, 未聞好學者也。"

여기에 나오는 "불이과不貳過"는 「계사」의 "미상복행未嘗復行"과 통한다.

그런데 「계사」에서 인용한 복괘 초효의 이해방식과 보통 우리가 역에서 읽는 방식과는 약간의 차이가 있다. 보통 "불원복不遠復"은 "머지않아 회복되리라"라는 뜻이다. 그것은 생명의 귀환, 양의 세력의 복귀를 선포하는 것이다. 머지않아 정의로운 군자의 도가 회복되리라라는 복음을 선포하고 있는 것이다.

그러나 여기 「계사」의 저자가 인용한 맥락은 안회의 삶에 내재하는 시중, 중용의 텐션이다. "불원복"을 "불원不遠"에서 끊고, "복復"을 등장시킨다. 그것은 안회의 삶은 도道에서 약간 벗어나는 상황이 있더라도, 그 벗어남이 멀리 가지는 않는다는 뜻이다. 멀리감이 없이 곧 본래의 자리로 원대복귀한다는 뜻이다. 도에서 멀어진다 해도 곧 돌아온다(不遠復). 후회에 이르는 법이 없다(无祇悔). 원천적으로 길하다(元吉).

「계사」의 저자는 효사의 원맥락을 안회의 삶의 긴장 속에서 확대해석했다. 본절에서 말한 "서기庶幾"는 8절에서 말한 "지기知幾"와 상통하는 바가 있다고 말하는 주석가도 있다. 인생에서 가장 어려운 것은 멀리 가지 않고 되돌아오는 것이다. 다이어트한다고 애쓰는 사람들의 식사습관을 보아도 그러한 삶의 도가 얼마나 실천하기 어려운 것인지 쉽게 알 수가 있다.

5-10 **天地絪縕, 萬物化醇; 男女構精, 萬物化生。易曰: "三人行, 則損一人; 一人行, 則得其友。" 言致一也。**

천지인온 만물화순 남녀구정 만물화생 역왈 삼인행 즉손일인 일인행 즉득기우 언치일야

국역 하늘과 땅이 서로 교감하는 기운이 천지간에 가득하다. 그 교감에 의하여 만물이 태어나고 조화롭게 익어간다. 남자(양적 존재)와 여자(음적 존재)가 교합을 통해 존재의 엣센스인 정精을 엮어내니 만물이 그로써 화생化生하게 되는 것이다. 남녀의 교접은 역이 말하는 생생生生의 대본大本이다. 손괘 ䷨ 육삼六三 효사에 이런 말이 있다: "세 사람이 갈 때에는 한 사람이 빠져주는 것이 좋다. 두 사람이

짝짜꿍이 맞을 기회가 높아진다. 한 사람이 홀로 가는 것도 좋다. 친구를 얻을 기회가 많아지기 때문이다." 이것은 무슨 의미인가? 결국 남녀가 화합하여 구정構精하면 그것은 하나에 이르게 된다는 것을 말한 것이다. 하나야말로 만화萬化의 대본이다.

금역 여기에 인용되고 있는 효사는 41번째 손괘損卦䷨의 세 번째 육삼六三의 효사이다. "손損"은 우리가 생활에서 잘 쓰는 개념이다. 손익분기점이니 하는 말에 쓰이듯이 손과 익은 짝으로 쓰인다. 손의 일차적 의미는 "덜어낸다, 줄인다"의 뜻이다. 아랫괘가 태☱니까 연못이고, 윗괘가 간☶이니 산이다. 연못에서 준설하여 흙을 파올리면 연못은 청정해지고 주변의 언덕은 더 높아진다. 그러한 양면적 이미지가 이 손괘에는 있다. 손괘를 단지 "아래를 덜어낸다"는 이미지만으로 해석하는 것은 미흡하다.

여기 공자가 인용한 이 효사의 이미지도 정확한 맥락을 타고 있는데 그 의미를 인간세, 혹은 생명세계의 핵심적인 과제상황에 확대재해석을 한 것이다.

보통 손괘䷨는 태괘泰卦䷊가 변하여 된 것이라고 말한다. 즉 태괘의 세 번째 양효가 여섯 번째 자리로 가고, 대신에 태괘의 여섯 번째 음효가 세 번째 자리로 내려오면 손괘가 된다는 것이다.

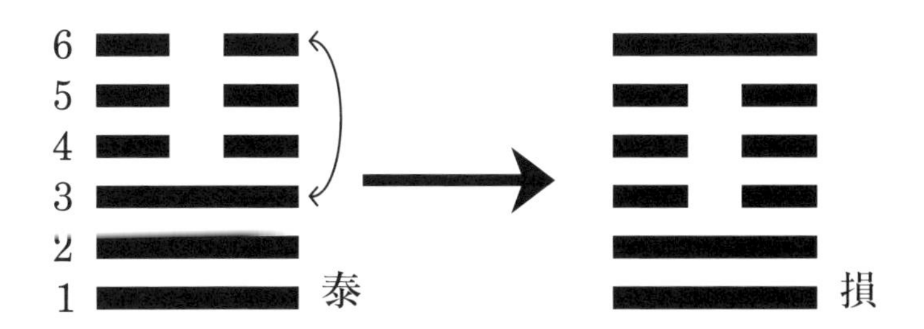

"세 사람이 간다三人行"는 뜻은 태괘의 모습처럼 아래 세 자리의 사람이

다 동질적인 존재로서 뭉쳐다니면 아무런 음양착종의 변화가 없다. 이런 경우 셋째 자리의 양효가 빠져주면(則損一人) 1, 2만 남게 되니(혹은 이질적인 요소가 들어온다) 더 좋다는 것이다. 꼭 음효와 양효를 꼭 남녀라는 개념으로 접근하면 효사가 해석이 되질 않는다. 동질과 이질로 생각하는 것이 옳다.

다음에 태괘의 세 번째 자리를 물려주고 떠나는 한 사람(一人)의 경우는 상괘의 제일 윗자리로 가니까 음의 친구들을 많이 만날 수 있다. 즉 고독하게 가야 친구를 얻는다(一人行, 則得其友)는 뜻이다. 뭉쳐다니면 음양화합의 기회가 일어나지 않는다는 뜻이다. 공자는 이 효사를 매우 창조적으로 해석했다. 즉 천지의 대덕이 곧 생生(下1-4)이라고 하는 생생지위역生生之謂易(上5-2)의 세계관의 핵심적 과제상황으로 이 효사를 해석했다.

생생의 과제를 푸는 열쇠는 모든 자웅雌雄의 결합이다. 이 자웅의 결합은 곧 성교, 즉 섹스라고 우리가 부르는 행위가 없이는 성립하지 않는다. 이 성교의 의미를 「계사」 이전의 여타 경전에서 명료하게 말한 적이 없다. 아마도 구체적인 생물학적 지식이 없었을지도 모른다. 그런데 「계사」에서 최초로 "구정構精"이라는 표현을 썼다. "구構"는 "구搆"라고도 쓴다. 엮는다는 뜻이다. 여기 "정精"은 단지 정액, 정자의 뜻이 아니라 남녀의 생식기능에 다 해당되는 말이다. "정精"에는 쌀 미米가 들어가 있다. 우리가 먹는 곡식의 총칭이다.

즉 우리가 먹는 것이 몸에 들어가 맑은 기운이 되어 하초에 집결된 것으로 생명의 본원이라고 본 것이다. 성행위는 남자의 정과 여자의 정이 결합하는 것이라고 본 것이다. 이것은 모든 동물에게도 꽃나무 식물에게도 동일하게 적용되는 것이다. 거대하게 보면, 천지코스몰로지에서는 하늘과 땅이 섹스를 한다. 하늘과 땅이 섹스를 해서 만물이 태어나는 것이다. 이 그랜드한 섹스를

"천지인온天地絪縕, 만물화순萬物化醇"이라 표현했다. "인온絪縕"을 주희는 "교밀지상交密之狀"이라고 주석을 달았다(『본의』). 서로 얽혀 빽빽하게 들어찬 모습이라는 뜻인데, 그것은 하늘과 땅의 섹스를 표현한 것이다. "화순化醇"의 "순"은 술이 발효를 일으켜 청정한 제3의 엑기스로 변하는 것이니 천지지간의 만물은 끊임없이 발효되고 있다는 뜻이다.

그 다음에 핵심적인 구문인 "남녀구정男女構精, 만물화생萬物化生"이 나오고 있다. 여기서 "남녀"는 "만물"과 짝짓고 있으므로 인간의 성별에 제한된 개념이 아니라는 것을 알 수 있다. 만물의 화생化生(자기의 복제가 아닌 새로운 생명의 탄생)은 반드시 남녀의 구정을 요구한다는 것이다. 성교가 없이 새 생명은 잉태되지 않는다. 동성연애는 생리적 요구에 의한 특수정황은 이해할 수는 있으나, 천지의 기운을 받아 태어난 존재가 천지의 화생化生에 거역하는 망동임을 알아야 한다. 남녀의 사랑처럼 고귀한, 자연의 이끌림이 또 어디 있으랴! 사랑 없이 문학의 한 줄이나 성립할 것이냐?

그리고 공자는 손괘의 육삼六三 효사를 인용한다. "천지인온天地絪縕, 만물화순萬物化醇, 남녀구정男女構精, 만물화생萬物化生。"은 육삼六三 효사의 해석치고는 최상의 철학적 변론이라 말할 수 있다.

그리고 총결론을 발한다. 그런데 바로 이 말이야말로 "화생化生"의 핵심이다.

言致一也。
이상의 모든 것은 "치일致一을 말한 것이다.

자아! "치일致一"이라는 게 뭐냐? 치일致一은 문자 그대로 "하나에 이른다"는 뜻이다. "구정構精"을 말했을 때 「계사」의 저자는 정자와 난자의 구체적 개념은 없었을 것이다. 그러나 그것과 비슷한 추상적인 개념은 있었던 것 같다. 대부분의 주석가들이 "치일"의 "일一"을 그냥 추상적으로 엉성하게 처리하고 마는데(정일精一한 도리에 이른다는 식으로), 여기 "일"은 남자의 정과 여자의 정, 남자의 에센스와 여자의 에센스가 결합하여 하나로 된다는 것을 의미한다. 정자와 난자가 결합하여 일체一體(한몸)가 되어야만 만물의 화생化生이 일어나는 것이다.

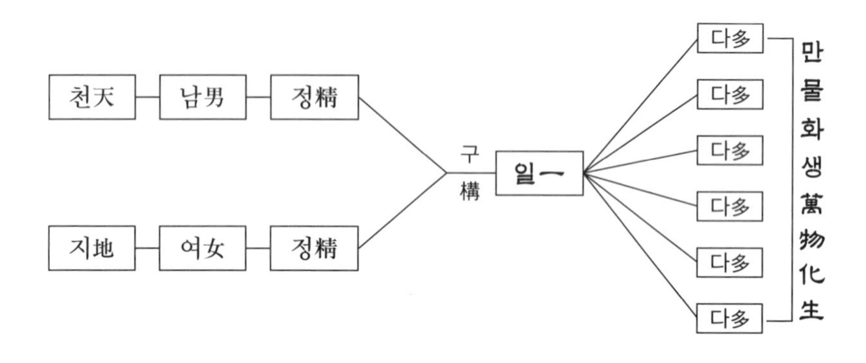

5-11 子曰: "君子安其身而後動, 易其心而後語, 定其交而後求。君子脩此三者, 故全也。危以動, 則民不與也; 懼以語, 則民不應也; 无交而求, 則民不與也。莫之與, 則傷之者至矣。易曰: '莫益之, 或擊之, 立心勿恆, 凶。'"
자왈 군자안기신이후동 이기심이후어 정기교이후구 군자수차삼자 고전야 위이동 즉민불여야 구이어 즉민불응야 무교이구 즉민불여야 막지여 즉상지자지의 역왈 막익지 혹격지 립심물항 흉

국역 공자님께서 말씀하시었다: "군자는 그 인격을 편안하게 만들고 나서야 행동에 돌입해야 한다. 그리고 그 마음을 평화롭게 하고 나서야 연설을 해야 한다. 군자는 민중과의 도덕적인 관계를 정립한 후에나 민중에게 요구를 해야 한다. 행동과 연설과 요구, 이 삼자에 관한 수신이 온전하게 된 후에나 그의 운세가 온전하여 질 수 있는 것이다. 위태로운 조건에서 액션을 취하면 국민은 같이 해주지 않는다. 공포감을 조성하면서 연설을 행하면 국민은 그 호소에 응하지 않는다. 선한 교섭이 쌓이지 않은 상태에서 요구를 하면 국민은 내놓지를 않는다. 국민들이 더불어 하지 않는 상태가 지속되면 반드시 그 지도자를 제거하려는 세력이 등장하게 마련이다. 익괘䷩ 상구上九 효사에 이에 합당한 말씀이 있다: '상층을 덜어내어 하층을 보태주는 통치의 원칙을 실행하지 않으면 반드시 민중 가운데서 통치자를 공격하는 자가 생겨난다. 통치자의 마음가짐이 항상성이 없고 점점 자기 이익만 챙긴다. 흉하다.'"

금역 본 절이 인용하고 있는 효사는 익괘䷩의 상구上九의 효사이다. 익괘는 손괘䷨ 다음에 오는 괘로서 같은 류의 주제를 말하고 있다. 익괘의 "익益"은 보탠다는 뜻이다. 그런데 여기 "보탬"은 하층민을 쥐어짜서 위에다 보태는 것이 아니라, 상층부의 사람들의 가진 것을 덜어내어 하층민에게 보탠다는 뜻이다. 위를 덜어내어 아래를 보태지 않으면 결국 반란, 혁명, 상층부의 시해사건이 뒤따를 수밖에 없다는 것을 암시하고 있다.

결국 11개의 효사 사례가 "익益"으로 끝났다는 것 자체가 상층 지도부에 대한 경종을 울리는 것이며, 「계사」 저자의 문제의식, 그 정의감을 명료하게 드러내는 것이다. 모택동의 문화혁명과도 같은 광란을 그토록 오랫동안 순종적으로 견디어내는 중국민족을 바라보면서 역시 역은 조선민중의 것이라는 생각을 하게 된다. 「상계」는 개인의 언행을 파고드는 반면 「하계」는 치자의 사회적 가치를 신랄하게 파헤치고 있다.

익괘는 괘변으로 말하면 비괘☷의 상괘인 건괘☰의 아래 일양을 덜어내어 하괘인 곤괘의 제일 아랫자리로 보낸 것이다. 즉 비괘에서 1과 4가 교환된 것이다.

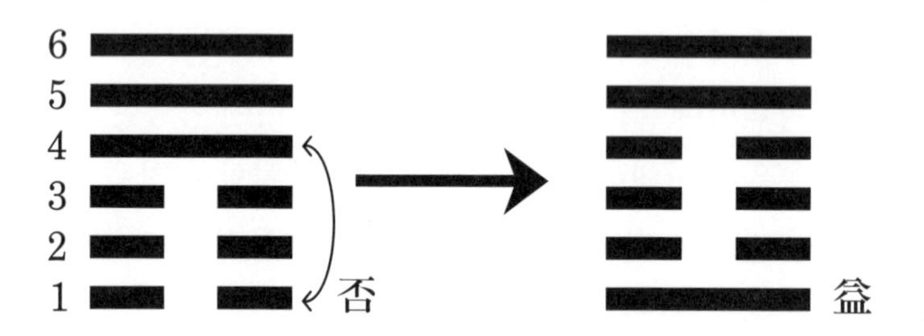

상구上九는 익괘의 종극終極이다. 익괘는 본시 상上을 덜어 하下를 보태주는 도덕적 원리를 가진 괘였다. 그런데 上九의 위位를 차지한 통치자는 그러한 도덕을 철저히 파괴한다. 즉 항룡의 자리에 앉은 것이다. 양강하여 자신의 높은 위치만 생각하고 타인을 도와줄 생각을 일체 하지 않는다(막익지莫益之). 이러한 행패에 대하여 민중은 그를 가만두지 않는다. 민중 가운데는 그를 공격하려는 자가 생겨난다(或擊之). 박정희의 죽음이 생각나는 대목이다. 1997년 7월 도올서원 제8림 계사강의노트를 보니까 "the assassination of Park"이라고 두주가 달려있다. 최근에 나온 영화 『남산의 부장들』(2020년작. 우민호 감독. 이병헌, 이성민, 곽도원 출현)은 박정희의 심리상태를 여지없이 잘 묘사하고 있다.

"입심물항立心勿恆"은 그 상층 권력자의 마음씀씀이가 이익만을 탐하고 확고한 절조節操가 없고 시종 그 마음이 항상된 기준이 없이 흔들거리기만 하기 때문에 화를 자초한다는 뜻이다. "흉凶"은 비극적 결말을 나타낸다. 물론 민중의 입장에서는 복福이다.

이 익괘의 오묘한 효사에 대하여 공자는 오묘한 멘트를, 아니 그 의미체계가 지시하는 인간세의 행위양식에 대한 총체적인 진단을 내린다.

공자는 말한다. 통치자는 우선 그 몸을 편안하게 하고 나서야 움직여야 한다. 몸의 전인적 건강을 의미할 것이다. 독식하고 남을 도울 줄 모르는 자는 몸부터 망가지게 되어있다. 다음 통치자는 마음을 화평하게 한 후에 말해야 한다. 성급하거나 휘몰리거나 무엇에 편견을 가진 상태에서 말하면 안된다. 다음 통치자는 민중과 오랫동안 사귀어 그들을 도와준 것이 쌓여 관계가 정착된 연후에나 요구를 해야한다. 군자는 이 세 가지를 실천해야만 그 몸을 온전하게 보전할 수 있다(君子脩此三者, 故全也).

통치자가 준수해야 하는 3대강령	安其身而後動 몸을 편안하게 한 후에야 움직인다	on Move
	易其心而後語 마음을 화평하게 한 후에야 말한다	on Speech
	定其交而後求 민중과 교제를 두텁게 한 후에야 요구한다	on Demand

이 3대강령과는 반대로, 위태로운 상황을 만들어가면서 움직이면 민중은 그와 더불어하기를 거부할 것이요(危以動, 則民不與也), 공포스러운 어조

로 얘기를 하면 민중은 그의 말에 반응을 하지 않을 것이요(懼以語, 則民不應也), 성실한 사귐의 축적이 없이 요구를 하면 민중은 내어주기를 거부할 것이다(无交而求, 則民不與也). 민중이 통치자와 더불어하지 않으면 반드시 그 통치자를 제거하려는 세력이 등장하게 될 것이다(莫之與, 則傷之者至矣). 이러한 정황을 익괘의 상구上九 효사가 말해주고 있는 것이다.

옥안 여기까지가 5장이다. 5장은 11개의 효사를 해설하고 있는데, 독자들이 나와 더불어 보아왔듯이, 이것은 단순한 몇몇 효사샘플의 해설이 아니라 일반인들이 역과 그 효사를 이해하는 방식에 관한 전반적인 오리엔테이션을 친절하게 설명하고 있는 것이다. 그것이 단순한 의미부연을 초월하여 효사의 함의가 우리의 삶과 우주 그 전체와 어떻게 연관되어 있는지를 보여주는 방대한 담설이라 할 것이다. 그리고 통치자의 사회적 행위에 대한 비판의식을 놓치지 않는다. 「계사」를 알지 못하면 영원히 역을 알 수가 없다.

제 6 장

6-1 **子曰: "乾坤, 其易之門邪?" 乾, 陽物也; 坤, 陰物**
자 왈 건 곤 기 역 지 문 야 건 양 물 야 곤 음 물

也。陰陽合德, 而剛柔有體, 以體天地之撰, 以通
야 음 양 합 덕 이 강 유 유 체 이 체 천 지 지 찬 이 통

神明之德。其稱名也, 雜而不越。於稽其類, 其衰
신 명 지 덕 기 칭 명 야 잡 이 불 월 어 계 기 류 기 쇠

世之意邪!
세 지 의 야

국역 공자께서 말씀하시었다: "건과 곤, 이것이야말로 역이라는 우주의 대문이로다!" 건은 양적 사건의 총체요, 곤은 음적 사건의 총체이다. 음양이 교감을 통하여 덕을 합치면 강과 유가 일정한 자기정체성을 지니게 되고, 천지의 모든 질서와 명분을 체현해 낸다. 뿐만 아니라 그 배경에 있는 신명神明의 덕을 통달케 한다. 건곤이라는 역의 대문이 결국 64괘를 만들어 내는데 그 괘의 이름이나 효사에 들어있는 명사들은 잡스럽게 보이지만 그 명분을 뛰어넘는 일이 없다. 괘명을 잘 분류하여 그 뜻을 상고해 보면, 그 속에 쇠망해 가는 세상의 뜻이 숨어있도다!

금역 어차피 공자학단의 유파에 의한 설명이므로 공자의 말씀의 인용은 짤막하게 자르는 것이 더 멋있다. 그래서 나는 "건곤乾坤, 기역지문야其易之門邪?"에서 끊었다. 공자는 위의 그랜드 스케일의 효사 설명을 마치고 탄식조로, 감탄조로 탄성을 발한다: "아~ 아~ 건과 곤이야말로 모든 우주의

변화가 드나드는 대문의 두 쪽문이로구나!"

건乾은 양을 상징하는 물物(=것. 모든 이벤트)이요, 곤坤은 음을 상징하는 물이다. 이 음과 양의 이물二物이 덕을 합치면 구체적인 현상을 분별하는 강剛과 유柔가 일정한 몸(=아이덴티티identity)을 갖게 된다(陰陽合德, 而剛柔有體). 그리함으로써 천지의 모든 수적인 질서 혹은 이름의 질서를 체현해낸다(以體天地之撰). 강유는 음양보다도 그 개념의 성립이 빠르다. 결국 강유의 분별에 의해 그 여섯 자리 64괘 384효가 생겨났고, 이 심볼리즘은 천지간의 모든 찬撰을 체현해냈다는 것이다.

주희는 찬撰을 사事라고 훈했는데 매우 좋은 해석이다. 나는 이름·수리 등으로 다양하게 해석한다. 천지의 모든 일들(사건들)을 구현해내고 있다는 뜻이다. 「하계」의 저자도 천지코스몰로지, 건곤코스몰로지, 건곤병건乾坤並建의 의식을 확실히 가지고 있는 것이다. 천지의 찬撰을 체현하는 동시에 그 배후에 있는 신명神明(생명의 형이상학적 측면)의 덕을 다 통달해낸다(以通神明之德).

그러므로 64괘 모든 이름이 붙어있지만, 우리가 그 괘명을 칭稱하게 될 때(其稱名也), 매우 잡다하고 혼란스럽게 들리지만 이치에 어긋나는 법이 없다(雜而不越). 깊게 해석해 들어가면 다 정연한 논리가 있다. 괘명이나 효사가 드러내는 사건의 종류(기류其類)를 깊게 고찰해보면(어계於稽) 그 사건의 성격에는 쇠망해가는 역사의 함성이 배어있는 것이다!(於稽其類, 其衰世之意邪)

고전시대의 작가들은 춘추시대를 "쇠세衰世"라고 불렀고, 전국시대를 난세라 불렀다. 그런데 역을 발명한 문왕의 시대까지도 쇠세라고 불렀다. 운세가 쇠하는 시기라는 뜻이다. 물론 그 이전 복희·신농·황제·요·순의 시대는 순박한 시대였다(cf. 吳怡, 『易經繫辭傳解義』).

상고지세 上古之世	복희 · 신농 · 황제 · 요 · 순 伏羲 神農 黃帝 堯 舜	순박純樸
중고지세 中古之世 쇠세 衰世	문왕 · 주왕~공자시대 文王 紂王 孔子	잡이불월雜而不越
난세 亂世	춘추이후 春秋以後	처사횡의 · 제후난립 處士橫議 諸侯亂立

그러니까 역은 상고시대의 순박함에 대한 동경이 살아있으면서, 쇠망하고 있지만 난세에는 이르지 않은 시대의 정신을 나타낸다고 보는 것이다. 쇠망해 가는 시대의 정신 속에서 생명력을 유지하고 있는 우환의식의 발로인 것이다.

옥안 상수학적인 설명을 가하지 않고 있는 그대로, 문장에 드러나있는 그대로 의미를 짚어가는 것이 좋다. 역의 성립과정을 역이 성립한 시대의 정신(*Zeitgeist*)에 조응照應해 가면서 매우 그랜드하게 설명하고 있다.

6-2 **夫易，彰往而察來，而微顯闡幽。開而當名辨物，**
부역 창왕이찰래 이미현천유 개이당명변물

正言斷辭，則備矣。其稱名也小，其取類也大，其
정언단사 즉비의 기칭명야소 기취류야대 기

旨遠，其辭文。其言曲而中，其事肆而隱，因貳以
지원 기사문 기언곡이중 기사사이은 인이이

濟民行，以明失得之報。
제민행 이명실득지보

국역 대저 역이란 지난 것들의 원리를 밝히고, 그러함으로써 오는 것을 알아차리게 만든다. 드러난 것도 미세하게 밝히고 숨은 것도 명백하게 드러낸다. 역의 대문을 열면 그 속에는 무수한 사건이 있는데, 그것들에 대하여 이름을 마땅하게 하고, 또 이름에 따라 사물을 변별한다. 그 언어를 바르게 해석하고 괘사·효사에 대해서는 바른 판단을 내린다. 그러면 사실 64괘 384효의 효용이 완비되는 것이다. 이 방대하고도 잡다한 역의 우주를 부르는 이름은 얼마 되지 않지만 그것이 상징하는 비유의 류라는 것은 많은 갈래가 있으니 그 복합체계는 무궁무진하다. 그 의취가 심원하고 괘효사는 문채가 난다. 그 말씀이 굽이굽이 곡절마다 들어맞고, 그것들이 상징하는 사건들은 방만하게 드러나는 것 같지만 실은 은밀하게 도사리고 있다. 결국 역이라는 것은 천지, 음양, 강유, 이러한 이가적 원리 하나로 뭇사람들의 행동을 바른길로 인도하고, 삶에 있어서의 득과 실의 과보를 명료하게 만든다.

금역 「계사」의 저자는 효사의 의미를 확연하게 인식시킨 후에 역의 전체상을 계속해서 추구해나가고 있다. 역은 어렵다. 역의 어려움은 정답이 있는데 그것을 찾지못해 어려운 것이 아니라 일양적인 논리로써 규정할 수 없는 무궁무진한 깊이가 있기 때문이다.

대저 역이란 지나간 것들의 의미를 밝히고("창彰"은 드러낸다는 뜻이다. 과거사에 대한 단순한 기억은 아닐 것이다) 올 것을(미래에 관한 것) 살피고 예측하게 만드는 것이다(彰往而察來). 다음에 "미현微顯"이라 했는데 많은 주석가들이 다음에 오는 천유闡幽와 파라렐리즘을 지키자면 "현미顯微"가 되어야 한다고 주장한다. 그러면 뜻이 반대가 되어야 할 텐데, 해석은 "미微를 현顯한다"는 식으로 한다. 주먹구구식의 해석이다. 나는 "미현천유微顯闡幽"를 그대로 두고 뜻도 v+o/v+o로 해석해야 한다고 생각한다. 그러면 역은 현저한 것조차도 미세하게 살피고, 사물 뒤에 가리어 어두운 곳에 있는 것도 드러낸다라는 뜻이 된다.

그 다음의 "개開"는 아무래도 본 장이 건과 곤이라는 역지문易之門으로 시작했기 때문에 역시 "건곤이라는 역의 문을 연다"로 해석해야 할 것이다. 그 다음에 오는 문장도 내가 끊는 방식이 좀 다르다. 역의 문을 열면 괘명으로부터 효사에 이르기까지 온갖 이름이 쏟아져 나온다. 점을 쳐서 얻은 이름이 사물의 실제에 마땅하게 들어맞도록 하여 사물을 변별辨別하고(當名辨物), 그 언어를 바르게 해석하여(正言), 괘·효사의 궁극적 의미에 대한 바른 판단을 내린다(斷辭). 그런 작업이 다 끝나면 어느 정도 역의 의미가 완비된 것이다(則備矣).

여기에 쓰인 이름들 그 자체는 작은 것이지만(其稱名也小), 그 이름과 더불어 분류되는 다양한 상징체계는(예를 들면 「설괘전」의 지시체계) 무한히 크고 복잡할 수 있는 것이다(其取類也大). 그 의취는 무한히 멀고 깊고(其旨遠), 그 말들은 문채가 난다(其辭文).

역의 언어는 곡절마다 자세하지만 사리에 적중하고(其言曲而中), 역이 말하는 사건들은 제멋대로 진열되고 있지만 그 본의는 감추어져 있어(其事肆而隱) 무한한 해석을 가능케 한다. 역은 진실로 천과 지, 강과 유, 음과 양, 이런 이가적二價的 진실(binary principle) 하나로 뭇 사람들의 행동을 바른 길로 인도하고(因貳以濟民行), 삶에 있어서의 득과 실의 과보를 명료하게 만든다(以明失得之報). 아~ 위대하도다, 역이여!

옥안 상식적인 이해를 위해 최선을 다하였다.

제 7 장

7-1 **易之興也, 其於中古乎! 作易者, 其有憂患乎!**
역 지 흥 야 기 어 중 고 호 작 역 자 기 유 우 환 호

국역 역이 흥하게 된 것은 문왕·주왕이 대치하던 중고의 시대(은말주초)에서였을 것이다! 역을 작한 사람은 우환을 가진 사람이었을 것이다!

금역 역에서 매우 잘 인용되는 말이며 제7장의 "삼진구괘三陳九卦"(선택된 아홉 개의 괘를 세 번 반복해서 논함)의 서론으로서 그 의미가 심장하다. 동방의 문화를 이야기할 때, 그 심층구조를 논구하면 반드시 언급되는 것이 바로 이 구절이다.

이 우환憂患은 왕부지의 말대로, 문왕이 주왕紂王에 의해 유리羑里 감옥에 구속된 그런 단순한 정치사적 사건을 의미하는 것이 아니다. 죽고 사는 것, 영예와 치욕 따위는 군자들로서도 우환으로 여기지 않거늘 하물며 문왕 같은 성인에게서 어찌 그런 것이 우환이 되었겠느냐는 것이다. 우환은 만물의 생육生育이 제자리를 얻지 못하고 천지의 대덕이 훼손되는 역사에 대한 우려, 근원적인 비천민인悲天憫人의 의식이다. 동방인의 도덕의식의 근원이 곧 우환의식이다. 이 우환 때문에 성인이 되고자 하는 뜻이 서는 것이다(立志).

기독교 Christianity	공포의식 恐怖意識	종교의식	상제에 의한 구원
불교 Buddhism	고업의식 苦業意識	종교의식	수도에 의한 해탈
유교 Confucianism	**우환의식 憂患意識**	도덕의식	천명의 자각

(ct. 牟宗三, 『中國哲學的特質』, p.18)

주희는 "흥興"을 한때 성행했던 것이 다시 부흥한 것을 의미한다고 했다. 좀 과도한 해석이다. 「계사」의 저자의 의도와는 거리가 멀다. 그냥 "역은 중고에 이르러 흥한 것이다(易之興也, 其於中古乎)"로 해석하면 족하다.

"중고中古"라는 것은 은나라에서 주나라로 교체되는 시기, 신본위문화에서 인본위의 인문주의문명으로 교체되는 시기, 그 패러다임 쉬프트의 변혁과 불안의 시기, 즉 우려가 많이 발생할 수밖에 없는 시기였다. 문왕文王과 주왕紂王의 시기였다. 역을 작作한 자는(창조하다의 의미) 바로 그 우환의식 속에서 그 우환을 막을 수 있는 도道를 사람들에게 가르쳐주기 위해서 역을 지었다는 것이다(作易者, 其有憂患乎).

7-2 **是故履, 德之基也; 謙, 德之柄也; 復, 德之本也;**
시고리 덕지기야 겸 덕지병야 복 덕지본야
恆, 德之固也; 損, 德之脩也; 益, 德之裕也; 困,
항 덕지고야 손 덕지수야 익 덕지유야 곤
德之辨也; 井, 德之地也; 巽, 德之制也。
덕지변야 정 덕지지야 손 덕지제야

국역 그러므로 리는 덕의 기초이다. 겸은 덕의 자루이다. 복은 덕의 근본이다. 항은 덕의 굳건한 항상성이다. 손은 덕의 닦음이다. 익은 덕의 풍요로움이다. 곤은 덕의 변별이다. 정은 덕의 땅이다. 손은 시의를 장악하여 덕을 이룸이다.

금역 제7장은 매우 특이한 언어구성양식을 보여주고 있다. 우환을 먼저 서론으로 말했기 때문에, 우환과 관련된 혹은 간난에 대처하는 삶의 방식과 관련된 전형적인 9개의 괘를 선발하고, 그 9개의 괘덕의 성격(덕德으로 본 9괘의 성격), 9괘가 자체로 지니는 성질 혹은 의미, 그리고 9괘의 효능 혹은 공용功用(function)을 세 번 반복해서 짧은 멘트를 붙이는 방식을 취하고 있다. 이 9개의 괘를 놓고 아무리 연구해보아도 그것이 우환에 관계된 특별한 성격을 지니는 것이라고 말할 수 없다. 다시 말해서 9개만이 특정되어야만 하는 필연성은 찾을 수 없다.

주희나 왕부지의 말대로 9개 외의 괘라고 해서 우환과 관계되지 않았다고 말할 수는 없는 것이다. 다른 괘들에게도 우환에 대처하는 원리와 방식이 없는 것은 아니다. 주희는 이 9개의 괘가 선정된 것은 우연일 뿐이라고 말한다. 그러나 하여튼 「하계」의 저자는 이 9개의 괘에서 성인의 우환의식을 깊게 읽었다고 보아야 할 것이다. 여기 이 9개의 괘(리, 겸, 복, 항, 손, 익, 곤, 정, 손)는 현재 우리가 가지고 있는 64괘의 배열순서대로 차례로 선정된 것이다. 「계사」의 저자는 우리와 같은 배열의 텍스트를 가지고 있었다는 얘기다. 우선 이 9괘와 그 설명을 도표화해서 그 전모를 파악하는 것이 좋을 것 같다.

	괘서 卦序	괘명 卦名	괘상 卦象	덕으로 본 9괘의 규정성	9괘 그 자체의 성격	9괘에 따르는 기능
삼진구괘 三陳九卦 우환에 대처하는 데 도움을 주는 아홉괘	10	천택리 履	䷉	德之基	和而至	以和行
	15	지산겸 謙	䷎	德之柄	尊而光	以制禮
	24	지뢰복 復	䷗	德之本	小而辨於物	以自知
	32	뢰풍항 恆	䷟	德之固	雜而不厭	以一德
	41	산택손 損	䷨	德之脩	先難而後易	以遠害
	42	풍뢰익 益	䷩	德之裕	長裕而不設	以興利
	47	택수곤 困	䷮	德之辨	窮而通	以寡怨
	48	수풍정 井	䷯	德之地	居其所而遷	以辨義
	57	중풍손 巽	䷸	德之制	稱而隱	以行權

자아! 이제 본질을 해석할 차례인데, 제일 먼저 나오는 리履䷉는 "덕지기德之基"라는 멘트가 달려있다. 우환에 처하는 덕의 기반, 기초, 기본이라는 뜻인데 이 메시지를 자세히 해설해본들 별 의미가 없다. 리괘의 괘사·효사와의 관계에서 그 필연적인 논리관계를 찾기란 어차피 어렵다. 전통적으로 리는 밟는다는 뜻이고 그것은 예禮를 밟는다(지킨다)는 의미로 해석되었을 것 같다. 호랑이 꼬리를 밟듯이 조심하라는 의미도 들어있을지도 모르겠다(리괘 괘사 참조). 하여튼 여기 나오는 덕의 규정성은 추상적인 의미 그대로 해석하고, 그 의미의 지평을 개방하는 것이 좋을 것 같다. 리와 겸, 복과 항, 손과 익, 곤과 정은 의미의 연관성이 있어 보인다.

리履는 덕의 기반이요, 겸謙(겸손, 겸허)은 덕의 자루다(德之柄, 柄: 예식을 행할 때 잡는 자루). 복復은 덕이 항상 돌아가야 할 근본이요(德之本), 항恆은 덕의 굳건한 항상성이다(德之固). 손損은 욕망을 줄이는 것이요, 덕의 닦음이다(德之脩). 익益은 있는 자들의 부를 덜어내어 없는 자들에게 보태주는 상이니 덕의 여유로움이다(德之裕). 곤困은 연못에서 물이 다 빠져나가 버리는 것과도 같은 곤궁함이니, 곤궁함에 처하면 그 처한 자의 덕의 유무가 확실하게 변별된다. 곤은 덕의 변별이다(德之辨). 정井(우물)은 마을은 움직여도 우물은 움직이지 않는다 했으니 땅에 붙박이 기능을 하는 생명력이다(德之地). 정은 덕의 땅이다. 땅에서 모든 것이 생성된다. 손巽은 순順이며 때에 순응하여 마땅함을 제압한다(德之制). 손은 카이로스(時宜)를 장악함이다.

내 스타일대로 한번 해석해본 것인데 독자들도 독자들 생각대로 해석해 봐도 좋을 것 같다. 정론은 없다. 그것이 역이다!

7-3 **履, 和而至; 謙, 尊而光; 復, 小而辨於物; 恆, 雜而不厭; 損, 先難而後易; 益, 長裕而不設; 困, 窮而通; 井, 居其所而遷; 巽, 稱而隱。**
리 화이지 겸 존이광 복 소이변어물 항 잡이불염 손 선난이후이 익 장유이불설 곤 궁이통 정 거기소이천 손 칭이은

국역 리는 조화로움을 지향하면서 극치에 다다른다. 겸은 존엄하고 빛나는 것이다. 복은 작은 힘이지만 나머지의 뭇 세력과 확실히 변별되는 진실이다. 항은 잡스러움 속에서 그 잡다함을 사랑한다. 손은 처음에는 어렵지만 질서가 잡히면 쉬워진다. 익은 타인을

보태줌으로써 자신의 덕을 오히려 너그럽게 성장시키는 것이지만 그러한 일을 작위적으로 꾸미면 안된다. 곤은 곤궁함이지만 그 곤궁을 타협 없이 끝까지 밀고 나가면 결국 통하는 것이다. 정은 자기가 있는 곳을 바꾸지는 않지만 모여드는 사람들을 통하여 멀리멀리 전파한다. 손은 때에 맞추어 현명하게 저울질하는 것이지만 그러한 위대한 덕성은 겉으로 드러나지 않는다.

금역 이 절은 9괘 그 자체의 성격, 성질을 말하고 있다. 리履는 예禮의 성격을 갖는 것으로, 예라는 것은 무리함이 없이 조화로움을 지향하면서 결국은 극치에 다다른다(和而至). 겸謙이라는 것은 겸손하게 자기를 낮추지만, 자기를 낮출 줄 알기에 결과적으로 존귀해지고 빛이 난다(尊而光).

복復이라는 것은 외로운 일양一陽이 돌아오는 것이다. 그 일양은 왜소하고 가냘픈 듯이 보이지만 나머지 다섯 음 즉 시대의 대세와는 확실하게 변별되는 정의로움이다(小而辨於物). 항恒은 음(초육初六爻)이 양 속으로 들어가고, 양(구사九四爻)은 음 안에서(상괘의 상황) 움직이고 있으니 음과 양이 잡다하게 뒤섞여 있는 모습이다(『주역내전』). 이렇게 잡다하게 뒤섞여 있어도 그 잡다함을 싫어하지 않는다(雜而不厭). 잡다함을 싫어하지 않기 때문에만 항상성을 유지할 수 있는 것이다. 잡다를 거부하고 순일純一만을 고집하는 것은 죽음의 무리들이다.

손損은 욕망을 줄여야 한다. 징분질욕懲忿窒欲(「대상전」의 표현)해야 한다. 질욕은 처음에는 어렵지만 익숙해지면 쉽고 아름답다(先難而後易). 다이어트를 자연스럽게 하는 사람은 아름다워진다. 익益은 약자에게 보태줌으로써 자신의 덕을 너그럽게 성장시키는 것이지만 그러한 일을 작위적으로 꾸미면 안된다(長裕而不設).

곤困은 곤궁함에 처하는 것이지만 정의로운 자세를 견지하면서 그 곤궁의 극極에 도달하면 결국 통通하게 되어 있다(窮而通). 정井(우물)은 자기 스스로 자리를 바꾸지 않지만 그 생명수는 타인에게 전달되어 널리널리 움직인다(居其所而遷).

손巽은 카이로스를 장악하여 마땅함을 저울질하는 것이지만, 그러한 임기응변의 위대함은 겉으로 드러나지 않는다(稱而隱).

옥안 이렇게 번역해놓고 보니, 「하계」의 짤막한 문장에서 우환의 상황에 대처하는 인간의 덕성이 과연 무엇인가 하는 것에 관한 지혜가 얻어지는 것 같다. 이것이 곧 「하계」의 저자가 노리는 메시지였을 것이다. 9괘의 선정도 일리가 있다는 생각이 든다.

7-4 **履以和行, 謙以制禮, 復以自知, 恆以一德, 損以遠害, 益以興利, 困以寡怨, 井以辨義, 巽以行權。**
리이화행 겸이제례 복이자지 항이일덕 손이원해 익이흥리 곤이과원 정이변의 손이행권

국역 리로써 행동을 조화롭게 만든다. 겸으로써 예를 누구나 지켜야 하는 질서로 만든다. 복으로써 스스로 알고 정도로 복귀한다. 항으로써 덕을 한결되게 한다. 손으로써 욕망을 줄이고 해를 멀리한다. 익으로써 못 가진 자를 보태주어 결국 모두의 이익을 홍하게 만

든다. 곤으로써 원망을 줄이는 큰 인격을 도야한다. 우물은 정의롭게 개방적으로 생성을 한다. 의로움의 기준이다. 정으로써 의로움을 변별한다. 손은 따름이요 카이로스의 장악이다. 손으로써 시세에 맞게 변하는 권도權道를 행한다.

금역 이 절은 9괘의 효용, 우리 삶에서의 기능(function)을 말해주고 있다. 이것은 우환에 대처하는 우리의 삶의 방식에 관한 것이다. 여기 구문은 "以"를 "……함으로써therefore"로서 읽는다. 리履를 동사처럼 읽어도 좋다. 그러니까 "履以和行"은 "리履함으로써 행을 화한다"라고 읽는다. 즉 예를 밟음으로써 우리의 행동을 순화롭게 한다는 뜻이다. 겸謙으로써 예禮를 제制한다는 뜻은 겸이 단순히 겸손이라는 뜻이 아니라 그 겸손함의 자세로써 모든 사람이 따라야 하는 보편적인 예의 질서를 제정하는 데까지 이르러야 한다는 뜻이다(謙以制禮). 「하계」의 저자는 개인의 덕성을 반드시 개인 내면의 문제에 국한시키지 말고 사회적 가치로 만들어야 한다는 생각이 강렬하다.

복復의 궁극적 의미는 자기를 알고, 자기의 약점을 극복함으로써 선善으로 복귀한다는 뜻이다(復以自知). 항恆은 항상성(Constancy)의 뜻이 있다. 항으로써 덕德을 일관되게 한다(일덕一德). 손損은 욕망을 줄인다는 뜻이 있다. 손損으로써 해害를 멀리한다(원해遠害). 익益은 가진 자의 것을 덜어내어 못가진 자를 보태준다는 의미가 있다. 결국 익하면 선善을 익益하는 것이며, 결국 자신의 이로움도 흥興하게 된다(흥리興利).

곤困은 곤궁한 처지에 놓이게 된다는 뜻이다. 곤궁에 부딪혀야 진정으로 인격을 수양하게 되고 그렇게 되면 하늘을 원망하고 사람을 탓하는 그러한 성격이 사라진다(과원寡怨). 그리하면 만인의 존경을 얻는다. 정井(우물)은 개방되어 있고 사람이 모이며, 사람들에게 생명수를 나누어준다. 퍼낼수록 깨끗해진다. 천하를 이끄는 이상적인 리더는 샘물처럼 끊임없이 생성을 해야 한다. 우리는 우물로써 정의로움을 변별할 수 있다(변의辨義). 우물은 군자의 의로움을 나타낸다.

손巽은 따름(순順)이다. 때에 따라 임기응변臨機應變의 선처를 할 것을, 혹은 선행을 베풀 것을 가르친다(행권行權).

옥안 우환에 처한다는 것은 도덕절조道德節操를 명료하게 지키는 것이다. 형이하의 세계 속에서 형이상의 도道를 지키는 것이다.

제 8 장

8-1 易之爲書也, 不可遠。爲道也屢遷, 變動不居, 周流六虛, 上下无常, 剛柔相易, 不可爲典要, 唯變所適。其出入以度, 外內使知懼, 又明於憂患與故, 无有師保, 如臨父母。初率其辭, 而揆其方, 既有典常, 苟非其人, 道不虛行。

역지위서야 불가원 위도야루천 변동불거 주류육허 상하무상 강유상역 불가위전요 유변소적 기출입이도 외내사지구 우명어우환여고 무유사보 여림부모 초솔기사 이규기방 기유전상 구비기인 도불허행

국역 역의 책됨의 의미는 우리 삶에서 근원적으로 소외될 수 없는 것이라는 뜻이다. 역의 도道됨은 끊임없이 자리를 바꾸며 효변을 일으키며 움직이며 일정한 시공에 거함이 없다. 두루두루 여섯 효의 자리인 육허라는 우주시공을 자유롭게 흘러 다니니, 상괘와 하괘의 고정성도 없고, 가장 근원적인 강효와 유효도 서로 바뀔 수 있기 때문에 무엇 하나 고정된 정경과도 같은 전거로 삼을 수 없다. 모든 만물에 적용할 수 있는 유일한 사실은 변화 그 자체일 뿐이다. 내괘에서 외괘로 가거나(출) 외괘에서 내괘로 오거나(입) 하는 방식에도 일정한 규칙이 있으며, 밖으로 나가 출세를 하려는 자에게나 집안에 쑤셔박혀 공부를 하는 자에게나 두려움이 무엇인지를 깨닫게 하며, 또 우환이 무엇인지, 우환을 일으키는 사태의 근본이 무엇인지를 밝혀준다. 그래서 역이라는 서물과 함께 살아가는 사람들에게는, 역은 스승이나 보모가 없다 할지라도 친부모가 항상

곁에서 감싸고 보살펴 주는 것과도 같다. 역을 대하는 사람은 처음에는 물론 일상적 말로써 통할 수 있는 괘사나 효사를 따라가기 마련이다. 그러다 보면 삶의 방도나 길이 헤아려지게 마련이다. 역은 변화다. 그러나 그 무궁무진한 변화 속에도 항상성을 유지하며 우리 삶의 기준이 되는 그런 심오한 진리가 있다. 그러나 진리가 우리에게 진리를 가르쳐주는 것은 아니다. 그 궁극적 진리에 도달하는 것은 어디까지나 사람이다. 사람이 아니라면 도는 허망하게 홀로 다니지는 않는다. 도는 형이하학적 세계와의 관계를 떠나지 않는다.

금역 제8장의 언어는 진실로 신비롭고, 역이라는 서물에 대한 예찬으로서는 최고의 아름다운 문장이라는 생각이 든다. 「하계」의 저자는 「계사」를 끝내가면서 이제 총마무리를 하고 있는 느낌이다. 그래서 역의 성격을 총정리하고 있는 것이다. 이런 문장을 대할 때마다 고민스러운 문제는 역의 "위서爲書"(책됨)라 하지만 「계사」의 시대에는 거의 다 죽간이었을 텐데, 그 방대한 양의 문장이 죽간이라는 매체를 통해 얼마나 많은 사람에게 유통되었을까 하는 문제이고, 또 역의 점치는 방법이 오늘 주희와 채원정이 고착시킨 방법과는 또 다른 방식으로 엄청나게 자유롭고 다양하며 신비로운 느낌을 유발하는 점占이었을 것 같다는 생각도 든다. 점은 도무지 고정적인 방법이 있을 수 없었다는 것이 본 장에서 받는 느낌이다.

여기 "육허六虛"라는 말이 나오는데, 육허라는 것은 효사라는 언어가 고착되기 이전의 그 위位라는 공간을 말하는 것이다. 그러니까 그 공간에는 수없이 많은 효사가 자유롭게 들락날락할 수 있다. 그래서 "허虛"라고 했는데, 허는 "빔"이고, 비었기 때문에 모든 "사辭"를 담을 수 있다. 이 육허의 "허"는 노자의 우주론적인 "허"와 다름이 없다. 「계사」의 저자와 도가 경전의 성립은 비슷한 시기의 사유체계이며 사상의 패러다임을 공유하는 것이다. 「계사」의 저자에게 이 "육허"야말로 우주공간 전체인 것이다. 즉 우리의 삶을 구성하는 생활세계의 총체인 것이다.

같은 장 속에서, "전요典要"라는 말과 "전상典常"이라는 말이 같이 나오는데 철학적 사유에 익숙하지 못한 주석가들이 그 뜻을 헤아리지 못할 때가 있다. 전요典要의 요要는 축약된 것이며 약속이며 일정한 표준의 뜻인데 이 문장 속에서는 부정적인 뜻으로 쓰인 것이다. 역은 그러한 전요로서 고착될 수 없다는 것이다. 효사가 어느 효에 고착되면 그것은 생명력을 잃는다는 것이다. "전상典常"의 "상常"은 도가도비상도道可道非常道의 "상常"이다. 즉 고정된 요체가 아니라, 변화 속에 있는 항상됨을 말하는 것이다. 전상은 긍정적인 역의 모델로 쓰였다. 대부분의 주석가들이 "전상典常"을 "불변의 도"라고 주를 달고 있는 것을 보면 그들 사유의 못미침을 개탄하지 않을 수 없다. 특히 일본의 중국학 학자들이 서양철학용어에 대한 변별력을 가지고 있질 못하다.

"사보師保"의 "사師"는 스승, 옛날에는 음악교육을 담당하는 자들이 대부분이었다. "보保"는 오늘날의 "보모保姆"와도 같이 몸을 지켜주는 존재이다. 이제 해석을 가해보기로 한다.

아~ 역의 책됨이란 너무도 영험스럽고, 우리 삶과 밀착되어 있고, 일용의 체험 속에 살아있는 것이래서 책이라는 물건으로서 물화될 수 없다. 역은 도저히 우리의 삶으로부터 멀어질 수가 없다(不可遠).

그런데 역의 도(길)됨이란 일음일양의 도이기 때문에 끊임없이 자리를 바꾸고 생성하며, 변하고 움직이기 때문에 고정된 자리를 차지하는 법이 없다(變動不居). 역은 여섯 개의 빈자리를 두루두루 자유롭게 헤엄친다(周流六虛). 그 빈자리가 그의 우주인 것이다. 상괘 하괘, 상층민 하층민, 억압하는 자 억압받는 자 이 모든 상·하가 고정된 것이 아니며, 강과 유, 음과 양, 이 건곤의 대원칙조차도 서로 바뀌는 것이니(剛柔相易) 이런 대원칙조차도 고정된 법전과도 같은 요체(典要)로 삼아서는 아니 된다(不可爲典要). 모든 상황에 들어맞는 유일한 진실은 오직 변화일 뿐이다.

여기서 말하는 "유변소적唯變所適"은 「상계」의 "신무방이역무체神无方而易无體"의 재천명이다. "유변소적"(모든 상황에 적합한 것은 오직 변화일 뿐이다)은 「계사」에서 꼭 기억해야 할 철학적 명제이다. 인류철학사에서 "변화"라는 말을 철학의 중심테마로 잡은 유례는 어느 곳에서도 없다. 변화는 부정의 대상이고 저주의 대상이고 회한의 대상이고 천박한 감각의 속물屬物이었다.

역은 육허를 자유롭게 출입하는 데 있어서도 일정한 도수(질서감각)가 있다(其出入以度). 문밖으로 나와 세상에 자기를 알리려는 사람(外), 혹 집안에 은거하여 근신하며 미래를 기약하는 사람들(內) 모두에게 공구恐懼(『중용』 1장에 나오는 "계신戒愼," "공구"와 같은 맥락에서 쓰였다)함이 무엇인지를 깨닫게 한다(外內使知懼). 두려움과 삼감이 없는 역은 무의미하다. 그뿐 아니라 그 위에 우환을 가르치고 우환을 일으키는 사태(故=事)에 대해 명료한 인식을 갖게 한다(又明於憂患與故). 그래서 역이라는 서물과 같이 살아가는 사람들에게는, 역은 스승이나 보모가 없다 할지라도 부모가 항상 곁에서 감싸고 보살펴주는 것과도 같은 안온한 느낌을 전한다(无有師保, 如臨父母).

역을 대하는 사람은 처음에는 물론 괘사·효사를 따라가기 마련이다(初

率其辭). 그러다 보면 그 길(方)이 헤아려진다(而揆其方). 그리고 그 길에는 항상된 변화의 법칙 같은 것이 있음을 깨닫게 된다(既有典常). 그럼에도 불구하고 역의 궁극은 사람이다! 역을 바르게 인지하는 사람이라는 도덕적 인격체가 없으면 역의 도는 홀로 사람 없이 공허한 우주를 다니지는 않는다(道不虛行). 『논어』「위령공」에, "사람이 도를 넓힐 수 있는 것이요, 도가 사람을 넓히는 것은 아니다. 人能弘道, 非道弘人"(15-28)라는 말이 있는데 상통하는 의미라고 생각된다.

도불허행道不虛行! 도가의 허를 예찬하면서도 동시에 허를 비판하는 맥락이 여기 들어있다. 도불허행道不虛行! 이것이야말로 「계사」가 우리에게 전하려는 휴머니즘humanism의 최종적 메시지라고 우리는 생각지 않을 수 없다. 오늘날 모든 종교가 하나님 혼자 허행虛行하기 때문에, 인간세를 이해못하고 인간보다도 못한 흉악한 범죄를 저지르고 있는 것이다. 비부悲夫!

옥안 「계사」의 언어는 출전을 따지거나 유사한 고전의 언어를 끌어들이지 말고 있는 그대로 읽는 것이 상책이다. 그래야 그 풍요로운 의미가 생동감 있게 전달된다.

제 9 장

9-1 **易之爲書也, 原始要終, 以爲質也。六爻相雜, 唯其時物也。其初難知, 其上易知, 本末也。初辭擬之, 卒成之終。若夫雜物撰德, 辨是與非, 則非其中爻不備。**

역지위서야 원시요종 이위질야 육효상잡 유기시물야 기초난지 기상이지 본말야 초사의지 졸성지종 약부잡물찬덕 변시여비 즉비기중효불비

噫! 亦要存亡吉凶, 則居可知矣。知者觀其彖辭, 則思過半矣!

희 역요존망길흉 즉거가지의 지자관기단사 즉사과반의

국역 역이 책으로서 64괘의 체제를 갖추게 되기까지, 어떠한 사태든지 그 원초를 캐어내어 그 발전의 끝까지 전부 파악하여 요약한 내용을 괘의 소질(바탕)로 삼은 것이다. 한 괘를 구성하는 6효는 음효와 양효가 서로 섞여 구성되는데 그 구성조차도 시간의 상황성을 전제로 해서 성립하는 시물時物이지 불변하는 실체가 아니다. 대체로 6효 중 초효는 시작이고 숨겨져 있으므로 알기 어렵고, 상효는 종말이고 이미 다 드러난 상태이므로 알기 쉽다. 본말을 가지고 이야기하자면 초가 본이고 상이 말이다. 초효의 단계에서 인간의 언어로써 그 상황을 비의하여 표현해 놓음으로써 마침내 상효의 언어까지 완성하게 된다. 그러므로 초효와 종효 사이에는 내면적 연관이 있게 된다. 괘 하나하나가 모두 유기체라고 할 수

있다. 그러나 여섯 효자리가 다 개성이 있기 때문에 사물을 잡스럽게 포섭하게 되고 그 섞임 속에서 덕을 만들어 내니, 그 시是와 비非를 변별하는 작업이란 초효와 상효만으로는 안되고 중간의 2·3·4·5 네 효가 구비되어야만 한다.

아~ 역에서 인간세의 존망길흉이 도출되는 과정을 잘 살펴 요약해보면, 이러한 상황에서 어떠한 결과가 도출될지는 안방에 앉아서도 알 수 있는 것이다. 지혜로운 사람이라면 효사까지 따져보지 않더래도 그 전체의 의미를 총론하는 괘사만 들여다보아도 이미 생각이 반은 넘어간 셈이다.

금역 제9장의 언어도 「하계」의 저자가 역의 전체의 의미를 통괄하는 것이기 때문에 이해하기가 만만치 않다. 최대한 원문에 즉하여 그 뜻을 헤아려보기로 한다.

"역의 책됨이란" 문구로 시작되는데, 여기 "위서爲書"(책됨)라는 말 자체가 64괘의 괘·효사 체계가 갖추어진다라는 의미를 갖는 것으로 사료된다. 그 책됨은 무엇을 위한 것인가? 모든 천지지간의 이벤트events의 시작(initiation)을 캐어 들어가서("원原"은 캐어 들어간다. 그 시작을 규명한다는 뜻이다) 그 프로세스가 끝나는 마지막(completion)까지를 요약하여(原始要終) 64괘의 본바탕("질質"이라는 표현을 썼는데, 질은 본질essence의 뜻이 아니고, 질료, 재료, 본체 즉 본래의 몸이라는 뜻이다. 우리 고유의 철학에는 본체에도 "*noumena*"라는 뜻이 없다)으로 삼은 것이다(以爲質也). 개개의 모든 괘가 시종始終을 갖추었다는 뜻이다.

그런데 한 괘를 구성하는 여섯 효라는 것은 음효와 양효가 서로 섞여있는 것이기 때문에(六爻相雜) 일음일양의 원리에 의하여 끊임없이 변하게 마련이다. 그러니까 점을 쳐서 도달한 괘나 효는 모두 시물時物일 뿐이다(唯其時物也). 여기 "시물時物"이라는 표현이 매우 중요한데 『중용』에서 말하는 "시중時中"과 유사한 뜻이며, 괘효는 시간을 타고 있는 사건이라는 뜻이다. 즉 "시물"이란 그때 그 상황에서 구성된 시간의 산물이지 영원불변의 실체가 아니라는 뜻이다. "시물"이란 그 때 그 상황성을 전제로 해서 해석되는 물物이라는 뜻이다. 물도 사건을 의미한다. 역에서 꼭 기억해야 할 단어 중의 하나가 "시물時物"이다!

시물이기 때문에 그 시작은 알기 어렵고(其初難知), 그 종료는 알기 쉽다(其上易知). 그것은 어느 사건의 본과 말을 나타내는 것이다(本末也). 여기 시작을 말하는 언어가 "초初"이고 종료를 말하는 언어가 "상上"으로 되어있다. 즉 시작은 "초효初爻," 즉 제1효를 말하는 것이고, 종효는 "상효上爻," 즉 제6효를 말하는 것임을 알 수 있다. "잠룡潛龍"은 겉으로 드러나 있질 않기 때문에 알기가 어려우나 "항룡亢龍"은 그 모습이 이미 다 알려져있기 때문에 알기 쉽고 예측도 쉽다. 이것을 사물의 본말로 얘기하자면, 초효가 본本이요, 상효가 말末이다. 사태의 본말을 한눈에 전관全觀하게 만든다는 데 역의 위대함이 있는 것이다.

"초사의지初辭擬之"라는 말이 좀 해석하기 어려우나, 보통 "사辭"를 효사로 해석하는 데 나는 그것이 꼭 이미 정해진 효사를 의미한다고 해석하지 않는다. 그냥 인간의 말로 해석한다. 즉 역이 작作되어 가는 과정의 언어로 본다. 초효의 상황에서 말로써 그 상황을 비의比擬하여(初辭擬之) 마침내 상효까지 다 완성하게 된다(卒成之終). 다시 말해서 시작의 초기상황에 이미 종료의 모습이 다 내함內涵되어 있다는 뜻이다. 그러나 초효와 상효만으로 괘 전체의미를 다 알 수 없다.

대저 사물을 착종시켜서 그 덕을 천지자연현상의 변화규율의 명칭에 맞게 분류하고(若夫雜物撰德), 옳음과 그름을 변별하는(辨是與非) 것과 같은 사태는 2·3·4·5의 중효中爻가 아니면 구비되지 않는다(왕부지 『내전』) (則非其中爻不備). 당의 공영달은 "중효中爻"를 이二와 오五라고 말했다. 주희는 중간 4효로 보았으나 이 절의 대의가 좀 불분명한 구석이 있다고 말했다. 하여튼 "비기중효불비非其中爻不備"라는 표현은 초효와 상효뿐만 아니라 중간의 2·3·4·5의 가운데 효가 괘 전체의 발전과정을 이해하는데 불가결임을 천명한 것이다. 모든 효는 괘의 사건의 프로세스 속에서 이해하는 것이 정당하다는 뜻도 내포되어 있다.

아~! 내가 존存할지 망亡할지, 또 길吉할지 흉凶할지, 그 요체를 알고자 한다면(亦要存亡吉凶), 차분히 살아가면서 역을 완미玩味하면 그 운명을 아는 것이 결코 어려운 일은 아니다(則居可知矣). 지혜로운 자들은 그 단사(=괘사)만 보아도(知者觀其彖辭), 단사는 일괘육효一卦六爻의 대의를 말하고 있으므로, 그 대강을 알아차릴 수 있다. 파악의 사유가 이미 반을 넘어간 것이다(則思過半矣).

옥안 "사과반의思過半矣"는 "이미 대반大半은 영오領悟했다"는 의미로 중국인들이 일상적으로 잘 쓰는 관용구가 되었다.

9-2 **二與四同功而異位, 其善不同, 二多譽, 四多懼,**
이여사동공이이위 기선부동 이다예 사다구
近也。柔之爲道, 不利遠者, 其要无咎, 其用柔中
근야 유지위도 불리원자 기요무구 기용유중

也。三與五同功而異位，三多凶，五多功，貴賤之
야 삼여오동공이이위 삼다흉 오다공 귀천지

等也。其柔危，其剛勝邪!
등야 기유위 기강승야

국역 제2효와 제4효는 둘 다 음효에 속하며 기능이 비슷하지만 위位가 다르다. 그 좋음의 수준이 다르다. 2는 명예가 많고, 4는 두려워할 일이 많다. 왜냐하면 4는 5의 군위君位에 가깝게 있기 때문이다. 유(음위)라는 것은 본시 홀로 자립하는 것이 아니라 강자에 기대는 습성이 있다. 그래서 권세에서 멀리 떨어져 있다는 것은 불리할 수도 있다. 그러나 결과적으로 권세에서 멀리 떨어져 있기 때문에 허물이 없는 것이다. 유함으로써 중용을 지키기 때문이다. 제3효와 제5효는 둘 다 양위陽位이니까 기능이 같다. 그러나 그 위位가 확연히 다르다. 3은 하괘에 있으니 어디까지나 신하의 위상이고, 5는 군주의 자리이기 때문에 지존이다. 그래서 3에는 흉凶이 많고, 5에는 공功이 많다. 귀천의 차등이 명확하게 구분되기 때문이다. 그러나 3과 5의 자리에 연약한 음효가 자리잡는 것은 매사가 위태롭고 불안해진다. 강력한 양효가 자리잡아야 고난을 극복할 수 있는 힘이 생겨나는 것이다.

금역 이 절은 중간 네효의 성격을 일목요연하게 「하계」의 저자가 느끼는 대로 기술하고 있다. 제2효와 제4효는 둘 다 음위陰位에 속하며 그 기능이 비슷하다고 말할 수 있다(二與四同功). 그러나 2와 4라는 것은 그 상·하의 자리가 다르다(異位). 그러니 좋음(善)의 수준이 같지 않다(其善不同). 대체적으로 2는 명예가 많고 4는 두려워할 것이 많다(二多譽, 四多懼). 왜냐하면 4는

5의 군위君位에 가깝게 있기 때문이다(近也).

음 즉 유柔라고 하는 것은(음위를 가리킨다) 본래 자기 혼자 자립하는 것이 아니다(柔之爲道). 그 삶의 방식이 강자에게 기대는 성질이 있다. 그러니 군주(제5효)에게서 멀수록 불리하다고 말할 수도 있다(不利遠者). 그러나 권세에서 멀리 떨어져 있다는 사실은 결과적으로 허물이 없다(其要无咎). 그 다음에 "기용유중其用柔中"이라는 말이 있는데 보통 "유중을 쓴다"는 식으로 번역하는데 나는 유柔를 용用의 목적으로 보고, "중中"을 동사로 본다. 그러면 육이六二가 "유柔로써(用柔=以柔) 중中을 지키기 때문이다"라는 뜻이 된다. 육이六二는 지위는 높지 않아도 유로써 하괘의 중을 지키고 상괘를 넘나보지 않기 때문에 허물을 남기지 않는다는 뜻이다.

다음에는 3과 5를 설명하고 있다. 3과 5는 둘 다 양위陽位이니까 위의 성격이 같다. 그러나 위의 귀천이 다르다. 5는 군주의 지위이고 3은 상괘로 진입하려는 불안한 갈림길에 있다. 3에게는 흉이 많고, 5에게는 공功이 많다(三多凶, 五多功). 귀천의 등급이 근원적으로 다른 것이다(貴賤之等也). 그럼에도 3과 5를 같은 차원에서 얘기하고 있다는 것 자체가 「하계」의 저자는 인간평등관적인 사유성향이 있음을 알 수 있다. 고조선의 사람들에게는 군주가 수직적인 절대권력의 소유자가 아니었다. 고조선의 수장들은 민중의 대표회의의 권위있는 조정자역할만을 했지, 명령을 하달하지 않았다.

그러나 「하계」의 저자는 3과 5의 자리에 유약한 음효가 들어앉는 것을 상당히 위태롭다고 본다(其柔危). 이것은 계속 말하지만 남녀의 문제가 아니다. 유약함과 강강함에 관한 것이다. 이 3·5의 자리에는 강한 양효가 들어갔어야 고난을 이겨낼 수 있다고 말한다(其剛勝邪!). 전국시대의 리더십의 빈곤을 개탄하고 있는지도 모르겠다.

제 10 장

10-1 **易之爲書也，廣大悉備，有天道焉，有人道焉，有地道焉。兼三材而兩之，故六。六者，非它也，三材之道也，道有變動，故曰爻，爻有等，故曰物，物相雜，故曰文，文不當，故吉凶生焉。**

역지위서야 광대실비 유천도언 유인도언 유지도언 겸삼재이양지 고육 육자 비타야 삼재지도야 도유변동 고왈효 효유등 고왈물 물상잡 고왈문 문부당 고길흉생언

국역 역의 책됨이란 광대하고 모든 것을 다 갖추고 있다. 천도가 있는가 하면, 인도가 있고, 지도 또한 있다. 천·지·인 삼재가 다 갖추어져 있는 것이다. 그 삼재의 세 자리를 각기 두 자리로 만들어 여섯 자리를 만들었다. 여섯 자리라는 것은 별것이 아니고 삼재의 길이다. 1·2는 땅의 길이요, 3·4는 사람의 길이요, 5·6은 하늘의 길이다. 삼재의 길은 제각기 변하고 움직인다. 그래서 변하고 움직인다는 의미에서 효爻라고 이름하였다. 효爻가 순수추상이라면 그것은 사물이 될 수 없다. 그런데 효爻에는 귀천상하의 등급이 있다. 이 등급은 실제 사물의 등급을 본받는 것이다. 그래서 효爻를 물物이라고도 부른다. 물이기 때문에 서로 섞이게 마련이다. 섞이면 질서가 생겨난다. 그래서 효를 문文이라고도 부른다. 1·3·5에 양효가 자리잡으면 당當이라 하고, 음효가 자리잡으면 부당不當이라 한다. 또 2·4·6에 음효가 자리잡으면 당當이라 하고, 양효가 자리잡으면 부당不當이라 한다. 위가 당當하면 길, 위가

부당하면 흉이 된다. 길흉은 음양효의 섞임으로 생겨나는 문채의 당·부당에 따라 생겨난다. 당·부당의 문제는 상황에 따라 다양하게 발전하기 때문에 평면적인 당·부당의 논리로 다 말할 수는 없는 것이다.

금역 막바지에 접어들면서 「하계」의 저자는 역에 대한 생각들을 총괄하여 간략히 정리하고 있다는 느낌이 든다. 그 언어가 정갈하고 간결하다. 효爻, 물物, 문文, 길흉吉凶의 개념을 말하고 있다.

역의 책됨은(易之爲書也) 광대한 우주를 빠짐없이 자세히 구비하고 있다(廣大悉備). 역에는 천도天道가 있고, 인도人道가 있고, 지도地道가 있다. 이 천·지·인 삼재三材(=三才)를 각기 두 자리로(兩之) 만들어 여섯 자리를 만든다(兼三材而兩之, 故六). 6효 중에서 1·2는 땅의 길이요, 3·4는 사람의 길이요, 5·6은 하늘의 길이다.

6효의 여섯이라는 것은 별것이 아니고, 삼재의 도를 가리키는 것이다(六者, 非它也, 三材之道也). 삼재의 도라 했으니, 도에는 반드시 변동이 있다(道有變動). 효라는 것은 본받는다는 뜻이고, 본받는다는 것은 천·지·인의 변화를 본받는 것이다. 그래서 괘에 있는 변화의 길을 효爻라고 부르게 되었다(故曰爻). 그런데 효에는 그 위位에 따라 귀천상하의 등급이 있게 마련이다(爻有等). 그것은 만물의 귀천상하의 물의 등급에 상응하는 것이다. 효가 이렇게 귀천상하를 갖게 됨으로써 허위虛位가 아닌 실제 물物이 되는 것이다.

효에 차등이 있을 때 우리는 그것을 물物이라고 말한다(爻有等, 故曰物). 물物은 서로 교감하여 섞이게 마련이다(物相雜). 효들이 서로 밀치고 당기고

하면서 찬란한 문채를 이룩한다. 효들 사이의 이러한 질서를 "문文"이라고 한다(故曰文). 가장 명백한 예는, 초初·삼三·육六은 양위인데 양효가 자리잡으면 당위當位라 하고 음효가 자리잡으면 부당위不當位라 말한다. 물론 이二·사四·상上의 음위에 음효가 자리잡으면 당當, 양효가 자리잡으면 부당不當이다. 이 당·부당에 따라 일차적으로 길·흉이 생겨나게 된다. 물론 이러한 질서감각은 매우 복잡다단하게 발전한다.

"문부당文不當"이라는 것은 역의 질서가 시대의 정황과 맞아 떨어지지 않는다는 뜻을 내포할 수도 있다. 그것은 다음 장에 나오는 문왕의 혁명을 예시하는 힌트로서 해석할 수도 있겠다.

제 11 장

11-1 **易之興也, 其當殷之末世, 周之盛德邪, 當文王與**
역 지 흥 야 기 당 은 지 말 세 주 지 성 덕 야 당 문 왕 여

紂之事邪, 是故其辭危, 危者使平, 易者使傾, 其
주 지 사 야 시 고 기 사 위 위 자 사 평 이 자 사 경 기

道甚大, 百物不廢, 懼以終始, 其要无咎, 此之謂
도 심 대 백 물 불 폐 구 이 종 시 기 요 무 구 차 지 위

易之道也。
역 지 도 야

국역 역이 흥한 것은 은殷나라의 말기였고, 또 새로 흥기한 주나라의 덕이 성할 때였다. 주나라의 문왕이 은나라의 마지막 폭군인 주紂의 탄압을 받고 유리의 감옥에 갇혀 있을 때였다. 문명의 전환시기였기 때문에 문왕이 작한 괘사·효사에는 위태로운 시대상황이 반영되어 있다. 문왕의 우환의식이 그 말에 배어있다. 역의 도는 괘사·효사를 접하는 사람들이 위기의식을 느끼고 근심스러워하면 그들의 마음을 평온하게 해준다. 그런데 괘사·효사를 접하고도 무시하고 대수롭지 않게 넘겨버리는 자에게는 패망을 선포한다. 역의 도道는 심히 광대하여 만사만물이 이 역의 도리에서 벗어날 길이 없다. 역의 시작과 끝을 이루는 것은 "두려움"이다. 그 핵심적 요체는 사람으로 하여금 허물을 남기지 않게 하려는 것이다. 바로 이것이 역이 가르치는 도의 핵심이다.

금역 「계사」의 저자가 가지고 있는 역에 대한 관념은 역은 장구한 역사를

거쳐 형성된 것이라는 전제가 있다. 복희씨가 만들었다는 것은 오직 괘상뿐이었다. 그때는 시대가 복잡하지 않아 음과 양의 두 심볼의 혼합인 64괘 형상으로만 모든 것을 말할 수 있었다. 그때는 괘사·효사 같은 것은 없었다.

그런데 이 괘와 효의 단순한 형상체계에 사辭를 붙인 것은 문왕이었다. 정치와 문화가 대변혁을 일으키는 전환의 시대에 문왕은 혁명의 깃발을 들고 일어섰다. 그래서 은나라의 마지막 폭군인 주왕紂王은 지방영주인 문왕을 유리羑里(하남성 안양시 탕음현湯陰縣)에 가두어버렸다. 이 문왕은 세태를 걱정하고 미래일을 우려하며 64괘에 괘사와 효사를 붙였다는 것이다. 그러니까 "계사"의 최초의 주인공이 바로 주나라 문왕이다. 64괘의 괘사만 문왕이 달았고 384개의 효사는 주나라의 인문문명을 완성한 위대한 지도자 주공周公이 지었다는 설도 있으나, 「계사」의 저자는 문왕이 괘·효사를 다 붙인 것으로 설정하고 있다. 이 정도의 역사적 배경 속에서 이 장의 문장을 읽어보자!

역이 흥興한 것은(괘·효사가 붙여지고 역의 상징체계가 인민의 마음속에 일상적 언어로서 되살아나게 되었다는 뜻) 은나라의 말기에 해당되는 시기였다(易之興也, 其當殷之末世). 이때야말로 주나라의 덕德이 성盛한 혁명의 시기였다(周之盛德邪). 그때는 또 문왕이 폭군 주왕의 핍박 속에서 유리의 감옥에서 갇혀 생활할 때였다(當文王與紂之事邪).

그렇게 감옥에서 괴로워하며 역사의 대세를 우환憂患하며 깊은 사색 속에서 괘사와 효사를 지었으니, 당연히 그 괘사와 효사의 사(말) 속에는 간난을 달래는 위기의식의 언어가 메인 테마로 달리고 있다(其辭危). 괘효사를 접하게 되는 사람들 중에서 그 괘효사를 위태롭다고 느끼는 사람들에게 편안함과 평온함을 선사하는 것이 역의 이치이다(危者使平). 그 사람은 무왕의 고뇌에 동참하는 연민이 있는 사람이다. 그러나 괘·효사를 아무렇지도 않은 듯이 가벼이 취급하고 넘어가는 사람들에게는 전복과 낭패를 선사한다(易者使傾). 그들은 천명을 깨달을 수 없는 오만한 자들이다.

역의 도리는 심히 광대하며(其道甚大), 천하의 백물百物이 이 역리를 폐할 수가 없다(不廢: 이 역리를 벗어날 길이 없다). 그러나 그 역리의 시종일관된 것은 두려움이다(懼以終始). 다시 말해서 역의 메인 테마는 시종 두려움(구懼)이다. 그 핵심적 요체는 사람으로 하여금 허물을 남기지 않게 하는 것이다(其要无咎). 이것이 바로 역이 가르치는 도의 핵심이다(此之謂易之道也).

옥안 매우 평범하고 진부하게 들릴 수도 있겠으나 인간의 구원을 협박하는 온갖 종교적 망언을 연상할 때 인간 스스로 허물을 남기지 않는 자성을 목표로 하는 이 역의 가르침은 너무도 순결하고 도덕적이라고 하겠다. 이 거창한 「계사」의 담론의 결론이 화려한 천국행이나 해탈의 자유가 아니라 "두려움," 공구의 떨림 그것 하나라는 이 사실은 인문주의문명의 본원을 깨닫게 해준다.

제 12 장

12-1 **夫乾, 天下之至健也, 德行恆易以知險; 夫坤, 天下之至順也, 德行恆簡以知阻。**
부건 천하지지건야 덕행항이이지험 부곤 천하지지순야 덕행항간이지조

能說諸心, 能研諸慮, 定天下之吉凶, 成天下之亹亹者。是故變化云爲, 吉事有祥, 象事知器, 占事知來。天地設位, 聖人成能。人謀鬼謀, 百姓與能。
능열저심 능연저려 정천하지길흉 성천하지미미자 시고변화운위 길사유상 상사지기 점사지래 천지설위 성인성능 인모귀모 백성여능

국역 대저 건이라는 것은 천하의 가장 지극한 건강함이다. 능동적이고 모험의 길을 개척하는 적극적 포스의 대명사이다. 건의 덕행은 항상 "쉬움"으로써 험난한 것을 미리 안다. 대저 곤이라는 것은 천하의 지극한 유순함이다. 포용적이며 건의 모험을 완성시켜 주는 힘이다. 곤의 덕행은 항상 "간결함"으로써 장애를 미리 안다.

성인은 건곤이간의 리법理法을 마음에 완미하게 하여 기뻐하고, 또 건곤이간의 리법을 사유에 연마하게 하여, 천하의 길흉을 정하고, 천하사람들이 각자 힘써야 할 본분의 일들을 성취시켜 준다. 그러므로 천지음양의 자연적 변화와 인간의 말과 행동에는 다양한 사건들이 있으나 그 중에서 길한 일이 있으면 상서로운 조짐을 괘·효사를 통해 내보이며, 인간이 본뜨고자 하는 일이 있으면 그릇의 가능성을 내보이며, 또 점을 치고자 하면 올 것(미래)을

알게 한다. 하늘과 땅이 위位를 설設하면 그 사이에 만물이 생성되는데, 성인은 만물의 생성의 기능이 잘 돌아가도록 만드는 주체적 역할을 한다. 처음에는 사람과 상의하여 일을 도모하고 한계에 다다르면 귀신과 상의하고 일을 도모한다. 그것이 곧 역이다. 백성은 역을 통해 성인의 기능에 동참한다. 천·지·인 삼재의 합작이 이루어지는 것이다.

금역 드디어 마지막 장에 왔다. 이 장 역시, 마지막 장으로서 그 함의가 밀집되어 번역이 쉽지가 않다. 원문에 즉하여 차근차근 해석해보기로 하자! 중간에 "능연저려能研諸慮"라는 구문이 있는데, 왕한본, 『정의』본에는 모두 "능연제후지려能研諸侯之慮"로 되어있다. "능히 제후(위정자)의 사려를 정밀하게 만든다"는 식으로 해석해놓았는데 전후맥락으로 볼 때 좀 무리가 있다. 장횡거는 그의 『역설易說』에서 "侯之"를 제거하는 것이 옳다 했고, 주희도 "두 글자는 연衍이다.侯之二字衍"라고 했다. 왕부지도 두 글자를 제거하는 것이 옳다고 말했다. 제거하고 나면 윗 문장과 대對가 되고 아름답다. 나도 "후지侯之"를 제거했다. "저諸"는 "지어之於"의 뜻. "미미亹亹"는 힘쓰는 모습이다. 논의가 다시 천지코스몰로지의 대간大幹으로 돌아가고 있다.

대저 건乾은 천하에서 가장 건강하고 가장 능동적이고(夫乾, 天下之至健也), 가장 모험을 감행하는 것이다. 그러나 그의 덕스러운 행동은 항상 평이하게 천지의 이법을 파악하고 있어서 위험을 예지할 수 있는 지혜가 있다(德行恆易以知險). 그래서 경박하게 돌진하지는 않는다. 대저 곤坤은 하늘아래 가장 유순하고(夫坤, 天下之至順也), 가장 포용적이며 건의 모험을 완성시켜주는 것이다. 그의 덕스러운 행동은 항상 간결하게 천지의 이법을 파악하고 있어서 장애를 예지할 수 있는 지혜가 있다(德行恆簡以知阻). 그래서 부드럽지만 좌절하는 법이 없다.

그래서 성인은(주어가 "성인"이 된다) 역의 이치, 즉 건곤이간乾坤易簡의 이 대원칙을 항상 마음에 즐겁게 음미하고(能說諸心: 항상 마음으로 완미玩味한다는 뜻), 또 그러한 건곤이간의 대원칙을 사려에 연마한다(能研諸慮: 건곤이간의 원리로써 사려를 연마한다는 뜻). 그렇게 마음과 사유를 여유롭게 자기화함으로써 천하의 길흉을 정하고(定天下之吉凶), 천하사람들이 각자 힘써야 할 본분의 일들을 성취시켜 준다(成天下之亹亹者). 이것이 건곤 64괘의 진정한 기능이다.

"변화운위變化云爲"라는 말이 나오는데, 여기서 "변화"는 객관적 천지음양의 변화이고, "운위"는 인간세에 관한 주제이다. 운云은 말한다이고, 위爲는 행동한다이다. 그러니까 "운위云爲"는 우리가 쓰는 "언행言行"과 같은 말이다. 인간세는 인간의 운위로 경영되는 것이다. 언행은 「상계」 8장의 주제였다.

그러므로 역은 천지음양의 변화와 인간세의 말과 행동이라는 이 모든 주제와 관련하여, 사람이 축하할 만한 일을 할 때에는 상서로운 조짐(상祥)을 예시하고(吉事有祥), 또 상징적인 사건을 구상할 때는 그에 해당되는 기물(器=形而下者)을 알려주고(象事知器: 여기서 지知는 "알려준다"로 해석한다), 점을 치고자 할 때에는 올 것을 알려준다(占事知來). 즉 미래를 알게 함으로써 무리한 행동을 하지 않게 한다.

천지天地의 움직임과 성인의 덕德은 대등하다. 이러한 설정 자체가 이 「계사」가 도가계열 사상가의 작품이 아니라는 것을 말해준다. 「계사」도 철저히 인간긍정의 유가철학이다. 도가는 인간의 우주경영능력을 근원적으로 허여許與하지 않는다.

"천지설위天地設位, 성인성능聖人成能"은 도가사상가들에게는 말도 안 되는 인간의 오만이다. 그러나 유가사상가들에게 이것은 하나의 "머스트 must"이다. "천지설위"라는 것은 건곤의 설정 자체가 인간이 건드릴 수 없는 자연의 대간大幹이요, 천지 스스로의 모습이다. 그러나 천지가 위를 설設(to establish)하고 나면 그것의 기능이 돌아가도록 만드는 것은 인간이라는 것이다. 성인은 천지지간의 만물의 능能(=효능, 기능, 능력)을 성취시킨다(聖人成能).

성인(인간세의 지도자)은 처음에는 이러한 문제에 관하여 사람들과 논의한다(人謀), 어떻게 할까를 사람들과 상량하고 도모한다. 이것이 성인의 바른 도덕적 자세이다. 그러나 사람들과 논의하는 것이 한계에 다다랐을 때는 귀신과 상의하고 도모한다(鬼謀). 천지의 영험한 기운, 즉 귀신이 인간세에 간여하게 되는 것, 그것이 곧 역의 복서卜筮이다. 성인이 복서를 통하여 예지를 얻게 되면 백성이 천지의 기능과 대등한 성인의 기능에 같이 참여하게 되는 것이다(百姓與能). 천·지·인 삼재의 합작이 이루어지는 것이다.

옥안 천지天地에 대한 이간易簡적 파악이라는 것은 곧 과학의 출현을 의미한다. "사이언스Science"라는 것은 본시 "앎"이라는 뜻인데, 일본인들이 분과과학의 전문성을 강조하는 의미로 "과학科學"(분과적 배움)이라고 번역했다. 오히려 중국의 근대사상가들은 주자학의 관념을 계승하여 서양 자연과학을 "격치格致" 혹은 "격물지학格物之學"(엄복嚴復의 『원강原强』의 번역용례)이라고 번역했다. 내가 생각건대 과학을 "이간학易簡學"이라 불렀으면 좋았을 것이다. 천지자연의 법칙과 인간세의 모든 언행을 이간의 원리로 귀속시키는 학문인 것이다.

내가 생각키에 「대전大傳」(「계사전」을 이렇게도 부른다)의 사상이 하염없는 상수학적 사유 또는 점복의 미신에 빠지지 않고 이간의 정신으로만 발전했더라면 역은 근세서양과학 못지않은 배움(사이언스)의 체계를 확립했을 것이다. 「계사」에서 느끼는 사유를 총평하자면, 역은 일종의 우주종교a cosmic religion라 해야 할 것이다. 시공의 모든 현상을 경건한 마음으로 바라보고 탐구하고 거기서 삶의 건실한 교훈을 얻는, 우주 전체가 하나의 도덕형이상학이 되는 종교라 해야 할 것이다. 역에서는 과학과 종교가 일치되는 것이다. 과학에서 가치를 제거했을 때, 과학은 권력의 노예가 되어 온갖 사악한 짓을 양심 없이 행한다. 나는 「계사」를 읽으면서 인류철학사를 지배해온 오류개념들의 홍류를 감지하고 우환을 금할 수 없었다.

12-2 **八卦以象告, 爻象以情言, 剛柔雜居, 而吉凶可見**
팔 괘 이 상 고 효 단 이 정 언 강 유 잡 거 이 길 흉 가 견

矣。變動以利言, 吉凶以情遷。是故愛惡相攻而
의 변 동 이 리 언 길 흉 이 정 천 시 고 애 오 상 공 이

吉凶生, 遠近相取而悔吝生, 情僞相感而利害生。
길 흉 생 원 근 상 취 이 회 린 생 정 위 상 감 이 리 해 생

凡易之情, 近而不相得則凶, 或害之, 悔且吝。
범 역 지 정 근 이 불 상 득 즉 흉 혹 해 지 회 차 린

국역 팔괘는 상象으로써 고하고, 효사와 괘사는 정情으로써 말한다. 강유가 잡거하니 길흉이 드러나게 된다. 변동은 리利로써 말하고, 길흉은 정情으로써 그 자리와 모습을 바꾼다. 그러므로 효들간의 사랑과 증오, 서로간의 공격으로써 길흉이 생겨난다. 원근이 서로 취하니 회린이 생겨난다. 진실한 마음과 허위의 마음이 서로 어떻게 감응하느냐에 따라 이해利害가 생겨난다. 대저 역의 정감이라는

것은 가까운데 서로를 포용하지 못하면 흉하다. 흉까지는 아니더라도 서로에게 해를 끼치면 회린이 남는다.

금역 본 절은 괘의 각 요소간에 일어나는 감응의 다양성을 몇 개 안되는 개념으로 총정리한 것으로서 그 효사의 실례가 떠오르는 사람들에게는 쉽게 이해되겠지만 그렇지 않은 사람들에게는 논의를 따라가기가 힘들 수도 있다. 그러나 결코 난해한 문장은 아니다. 여기서 가장 두드러지는 개념은 "정情"이다.

정情은 우리가 "감정"(sentiments)이라는 말로서 현대어에서 가장 많이 쓴다. 그런데 여기 역리에서도 그러한 맥락이 없지는 않다. 괘나 효 자체가 감정이 있는 느낌(Feeling)의 소사이어티(society)라고 보아야 한다. 그런데 역리에서는 "정情"은 "진실한 정황the real situation"이라는 의미를 나타내기도 한다. 그리고 정은 『중용』에서 말하는 "성誠"과도 통한다. 정은 조선유학에서 매우 부정적인 의미로 사용했다. 사단四端에 대비되는 칠정七情으로서 도덕적 경지가 매우 낮은 것으로 간주되었다. 그러나 여기서 정情은 괘나 효의 가장 진실한 상태를 말하는 것이다. 역에서는 인간의 감정이야말로 가장 순결하고도 복합적인 진리의 척도라고 생각했을지도 모른다.

여기서 말하는 "팔괘八卦"는 일차적으로 삼획괘trigram의 팔괘를 말하지만 동시에 팔괘가 중복된 64괘 전체를 의미하기도 한다.

64괘의 일차적 의미는 그 형상으로써 말하는 것이다(八卦以象告). 「대상전」은 이러한 원칙에 충실하고 있다. 다음의 "효단爻彖"이라는 것은 효사와 괘사, 즉 괘효의 상에 매단 말을 의미한다. 상象은 일종의 수학과도 같은 것이지만, 효사와 단사의 말(인간의 언어)은 주체적 감정을 가지고 있는 생명체와도 같이 그 감정의 진실한 정황으로써 말하는 것이다(爻象以情言).

각 괘의 육효의 자리에는 강효剛爻와 유효柔爻가 항상 섞여있다(剛柔雜居). 이러한 잡거雜居의 정황은 위位의 당當, 부당不當이라든가, 중中, 부중不中이라든가, 승承·승乘·응應·비比의 관계를 연출해낼 수밖에 없는데, 이러한 관계로 인해서 반드시 길吉과 흉凶이 드러나게 되는 것이다(吉凶可見矣). 역이 말하는 인생이란 결국 길·흉의 연속이다. 한여름밤의 꿈이 있는가 하면 어쩔 수 없이 빠져 들어가는 햄릿의 비운이 있다.

괘·효가 고정되어 있다면 인간의 삶의 진로도 고정된다. 그러나 괘·효는 끊임없이 변하고 움직인다. 괘·효의 변동은 인간에게 이로운 상황을 선물하는 것으로써 말을 하고 있는 것이다. "이利"라고 하는 것은 괘·효의 변통變通 때문에만 생겨나는 것이다. 변통이란 변하여 정체됨이 없다는 것이니 그 통함 속에서 인간에게 이로운 상황이 발생하는 것이다(變動以利言).

길흉이라는 것은 정으로써 움직인다(吉凶以情遷). 이 말은 무엇을 의미하는가? 길흉도 고정적인 것일 수 없다. 길도 흉으로 변하고, 흉도 길로 변할 수 있는 것이 생명의 진로이다. 여기서 "정情"이라는 것은 효가 가지고 있는 진실, 즉 각 효가 지니고 있는 유니크한 심정이 있다는 것이다. 결국 길흉은 심정에 따라 변해가는 것이다.

그러하므로 효들 사이의 사랑과 증오로 인하여 서로 공방을 하게 될 때 길흉이 생겨난다(是故愛惡相攻而吉凶生). 다음에 "원근遠近"이라는 말이 나오는데, "원遠"이라는 것은 초初와 사四, 이二와 오五, 삼三과 상上 사이의 응應, 불응不應을 말하는 것이다. "근近"이라는 것은 "비比"의 문제로서 인접하는 효들끼리의 관계이다. 멀리 있는 응효應爻를 버리고 인접해있는 비比

의 효를 취한다든가, 비比를 버리고 응應을 취함으로써 회린悔吝이 생겨난다는 것이다(遠近相取而悔吝生).

또 상하의 두 효가 진실한 의도를 가지고 감응하고 있는 것인가, 허위로 결탁하고 있는 것인가에 온갖 이해利害가 발생한다(情僞相感而利害生).

역의 진실된 정리情理라 하는 것은(凡易之情) 가까이 있는 효들끼리(비比하는 관계) 음·양이 서로 맞는데도(음과 음, 양과 양의 관계가 아니다) 서로를 버리고 멀리 있는 효에 추파를 던지는 상황은 반드시 흉凶한 결과를 낳는다(近而不相得則凶). 흉凶까지는 아니래도 서로에게 해를 끼치는 결과가 초래되면(或害之) 후회와 아쉬움이 남는다(悔且吝). 살아있는 효들 사이의 감정의 진실과 허위 여부를 말하고 있는 것이다.

12-3 **將叛者其辭慚, 中心疑者其辭枝, 吉人之辭寡, 躁人之辭多, 誣善之人其辭游, 失其守者其辭屈。**
장반자기사참 중심의자기사지 길인지사과 조인지사다 무선지인기사유 실기수자기사굴

국역 신의를 배반하는 자의 말에는 양심의 가책을 느끼는 부끄러움이 배어있다. 가슴속에 의구심을 품고 있는 자의 말은 논리가 흐트러지고 지리멸렬하다. 훌륭한 인격을 지닌 길인은 과묵하다. 출세하고 싶어 조바심을 내는 자는 말이 많다. 선한 사람을 무고하려는 자의 말은 뿌리 없이 겉돈다. 지조를 잃는 자의 말은 비굴하다. 역의 괘사·효사도 감정 있는 사람과도 같다. 그 말의 배후에 있는 진심을 파악하는 것이 역리를 대하는 사람의 바른 도리이다.

금역 「계사」의 마지막을 장식하는 이 절의 내용이야말로 역의 정情의 진실을 단적으로 표명하고 있는 명문이라 하겠다. 효사의 표현은 각 효의 심정에 따라 변화하는 것이다. 효사도 그 내면의 진정성과 조응하여 해석되어야 한다. 즉 살아있는 사람의 말처럼 감지되어야만 하는 것이다. 효사의 표현이 각 효의 심정에 따라 변화한다는 것은, 인간의 언어적 표현이 그 인간의 심정의 진실에 따라 변한다는 것과 동일하다. 말은 마음의 울림이다. 말은 마음의 소리이다. 인간의 심정은 그 말에 표현되어 있는 것이다.

신의를 배반하고자 하는 자는 그 언어가 양심의 가책을 느끼는 부끄러운 끼가 배어있다(將叛者其辭慚).

심중에 의혹을 품은 자는 그 언어가 일정한 갈래가 없이 지리멸렬하다(中心疑者其辭枝).

훌륭한 덕을 갖추고 있는 사람은 많은 말을 필요로 하지 않기 때문에 항상 과묵하다(吉人之辭寡).

출세하고 싶어서 안달안달하는 사람은 말이 많다(躁人之辭多).

선한 사람을 무고하려고 하는 사람의 말은 없는 것을 있는 것으로 꾸며야 하기 때문에 들떠있고 뿌리가 없다. 확실한 근거가 없다(誣善之人其辭游).

정조나 지조를 지키지 못한 자는 그 말이 비굴하다(失其守者其辭屈).

굴절된 표현을 통해서 우리는 그 심정의 진실에 도달할 수가 있나. 괘효사의 언어를 통해 우리는 괘효사의 심정의 진실에 도달할 수 있어야 한다. 역의 사辭는 어디까지나 해석의 대상이다.

본 장의 머리에 "쉬움을 통해 험險을 알고, 간결함을 통해 저阻를 안다. 易以知險, 簡以知阻"라고 했는데, 지금 여기 제시한 여섯 케이스 중에서 길사吉辭는 이간의 이치를 터득하여 과묵하다고 했다. 반叛, 의疑, 조躁, 무誣, 실수失守의 5사는 이간易簡의 도리를 잃어버린 것이다. 건곤이간의 이치를 확실하게 체득하지 못한 자들은 인생의 험저險阻를 깨달을 수가 없다. 그들의 왜곡된 언어를 통해서 역은 이간의 도를 우리에게 가르쳐주고 있다.

옥안 「계사」는 여기서 끝나고 있다. 겉으로 보면 매우 평범한 말로 끝나는 것 같지만 그 의미는 매우 심장하다. 장조로 진행되다가 단조로 끝나는 째즈와도 같다.

내 인생이 여기까지 건강하게 올 수 있었다는 것, 너무도 고마운 일이다. 내가 지금 이 순간 실존하고 있다는 사실을 처음으로 위대하게 느낀다. 나의 청춘은 지금부터이다.

2024년 2월 15일

오후 4시

낙송암에서

1	중천 건	乾	하늘, 모험하는 역의 근원
2	중지 곤	坤	땅, 포용하는 역의 근원
3	수뢰 준	屯	새로운 시작의 간난
4	산수 몽	蒙	어리석음. 아직 깨어나지 못함
5	수천 수	需	기다림. 음식
6	천수 송	訟	소송, 대결
7	지수 사	師	군대, 전쟁
8	수지 비	比	친밀, 단합
9	풍천 소축	小畜	작은 것이 큰 것을 멈추게 함. 작게 쌓임
10	천택 리	履	발로 밟는다, 실천한다
11	지천 태	泰	태평의 시기. 통함
12	천지 비	否	비색, 정체, 암흑시대
13	천화 동인	同人	사람들과 한마음이 된다. 협동
14	화천 대유	大有	풍요롭게 있다. 성대함
15	지산 겸	謙	겸손의 미덕, 낮춤
16	뢰지 예	豫	열락悅樂, 예비
17	택뢰 수	隨	따라가다. 때의 추구
18	산풍 고	蠱	부패와 건설, 폐단을 바로잡는 사업
19	지택 림	臨	민중에게 임함. 성장의 희망
20	풍지 관	觀	봄과 보임, 통찰
21	화뢰 서합	噬嗑	씹음, 형벌
22	산화 비	賁	문명의 수식, 질서
23	산지 박	剝	벗김, 박탈, 침식
24	지뢰 복	復	돌아옴, 생명의 약동
25	천뢰 무망	无妄	거짓 없는 도리, 예상치 못한 일
26	산천 대축	大畜	큰 것으로써 큰 것을 멈추게 한다. 큰 축적
27	산뢰 이	頤	턱, 씹음, 기름
28	택풍 대과	大過	크게 지나침, 양이 너무 쎄다
29	중수 감	坎	물, 끊임없는 험난, 구렁텅이
30	중화 리	離	불, 붙음. 밝음
31	택산 함	咸	느낌, 감응, 느낌의 다양한 차원들
32	뢰풍 항	恆	지속, 항상성
33	천산 둔	遯	은둔, 물러남의 지혜
34	뢰천 대장	大壯	큰 것(양)의 융성, 그 부작용
35	화지 진	晉	나아감, 떠오르는 태양
36	지화 명이	明夷	상처받은 밝음, 어둠의 시 총명을 숨겨야 할 때
37	풍화 가인	家人	가정의 도덕원리
38	화택 규	睽	반목, 괴리, 어긋남
39	수산 건	蹇	절름발이, 전진하지 못하고 곤경에 빠짐
40	뢰수 해	解	건난蹇難의 해체, 풀림
41	산택 손	損	덜어냄
42	풍뢰 익	益	보탬
43	택천 쾌	夬	결의, 결단, 거사의 결정
44	천풍 구	姤	만나다
45	택지 췌	萃	모이다, 모으다
46	지풍 승	升	오르다, 상승, 성장
47	택수 곤	困	고갈, 곤핍困乏, 곤궁
48	수풍 정	井	우물, 끊임없는 새로움
49	택화 혁	革	변혁, 혁명
50	화풍 정	鼎	현자를 기르다. 세발솥
51	중뢰 진	震	우레, 흔들림. 계구戒懼의 시기
52	중산 간	艮	산. 멈춤. 한계. 휴지休止
53	풍산 점	漸	점차 나아감
54	뢰택 귀매	歸妹	다양한 결혼의 양태, 주체적으로 시집가는 여인
55	뢰화 풍	豐	풍요 속의 어둠, 풍성의 시대상
56	화산 려	旅	방황의 어려움, 외지의 삶
57	중풍 손	巽	바람, 겸손함, 들어감, 따라감
58	중택 태	兌	연못, 기뻐하다, 기쁘게 하다
59	풍수 환	渙	흩어짐, 이산離散을 규합함, 세상을 구원함
60	수택 절	節	절약, 절제, 한계, 질서감
61	풍택 중부	中孚	우주적인 성실함, 내면의 진실
62	뢰산 소과	小過	작은 것의 뛰어남, 지나침
63	수화 기제	旣濟	이미 건넜다
64	화수 미제	未濟	아직 건너지 않았다

부록
우리말 역경易經

1 ䷀ 건하乾下 건상乾上 중천 건乾 하늘, 모험하는 역의 근원

대상 象曰: 天行, 健。君子以自彊不息。

하늘은 끊임없이 모험을 감행한다. 그 모습이 건강하다. 군자는 하늘의 모습을 본받아 스스로 굳세게 함에 쉼이 없다.

괘사 乾, 元, 亨, 利, 貞。

건은 원(근원적 가치의 구현), **형**(제사, 하느님과의 소통), **리**(매사에 이로운 결과), **정**(점을 친다. 물음).

효사 初九: 潛龍, 勿用。

그대는 물에 잠겨있는 용이다. 자신을 드러내지 말라.

九二: 見龍在田, 利見大人。

드러난 용이 밭에 있다. 대인을 만나는 것이 이로움이 있다.

九三: 君子終日乾乾, 夕惕若, 厲, 无咎。

군자는 매일 해질 때까지 씩씩하고 건강하게 산다. 해진 후에도 계구戒懼하는 자세로 조심스럽게 지낸다. 그래도 위태로운 상황은 사라지지 않는다. 그러나 큰 허물은 없다.

九四: 或躍在淵, 无咎。

그대는 도약의 자리에 와있다. 뛰어 하늘로 오를까 연못에 그대로 있을까 고민중이다. 허물은 없다.

九五: 飛龍在天, 利見大人。

비룡이 되어 하늘을 제어하고 있구나! 대인을 만나는 것이 이롭다.

上九: 亢龍有悔。

항룡이 되었구나! 후회만 있으리라.

用九: 見群龍无首, 吉。

한 무리의 용들이 머리가 없음을 본다. 길하다.

2 ䷁ 곤하坤下 곤상坤上 중지 곤 坤 땅, 포용하는 역의 근원

대상 象曰: 地勢, 坤。君子以厚德載物。

지세가 평평하고 순하다. 군자는 이러한 곤괘의 모습을 본받아 덕을 두텁하게 하고 만물을 포용할 수 있도록 마음씨를 크게 만든다.

괘사 坤: 元, 亨, 利, 牝馬之貞。君子有攸往, 先迷, 後得主, 利。

西南得朋, 東北喪朋。安貞, 吉。

곤은 원, 형, 리, 대지를 달리는 암말에 관한 점(물음). 군자는 가야 할 곳이 있다. 처음에는 헤맬 것이다. 그러나 나중에는 너를 인도하는 주인을 만나게 될 것이다. 이로움이 있을 것이다. 서남으로 가면 친구를 얻고 동북으로 가면 친구를 잃는다. 편안하게 네 인생에 관해 물음을 던져보아라. 길할 것이다.

효사 初六: 履霜, 堅冰至。

그대는 지금 서리를 밟고 있다. 머지않아 견고한 빙판이 찾아오리라.

六二: 直, 方, 大。不習无不利。

제왕의 자리와 상통하는 위位에 있다. 직해야 한다. 방정해야 한다. 기운이 거대하다. 보편적 가치를 구현해야 한다. 개념적 학습을 통해 배우지 않아도 이롭지 아니할 것은 없다.

六三: 含章可貞。或從王事, 无成有終。 문채 빛나는 교양을 몸속에 함장하고 있으니 점을 칠 자격이 있다. 왕을 보좌하는 일을 해도 좋겠다. 왕사를 돕는 과정에서 성취를 드러내지 않으면 유종의 미를 거둘 수 있을 것이다.

六四: 括囊。无咎, 无譽。

보물주머니 노끈을 꽉 동여매어라. 재능을 겉으로 드러내지 말라. 그리하면 화를 입을 일이 없다. 물론 명예로운 일도 없다.

六五: 黃裳, 元吉。누런 치마를 입었구나! 크게 길하다.

上六: 龍戰于野, 其血玄黃。

음의 용과 양의 용이 광막한 들판의 하늘에서 싸우고 있다. 그 피가 검푸르고 또 누렇다.

用六: 利, 永貞。이롭다. 영속하는 땅에 관하여 너는 점을 치리라.

3 ䷂ 진하震下 감상坎上 수뢰 준 屯 새로운 시작의 간난

대상 象曰: 雲雷, 屯。君子以經綸。

구름이 위에 있고 그 아래서 우레가 치고 있으나 아직 비로 화하지 않은 모습이 준괘의 형상이다. 군자는 이 간난의 모습을 본받아 새로운 세상경륜을 펼친다.

괘사 屯, 元, 亨, 利, 貞。勿用有攸往。利建侯。**준괘는 원하고, 형하고, 리하고, 정하다. 4덕을 구비한 진정한 시작이다. 그러한 덕성으로써 함부로 나아가는 바 있어서는 아니 된다. 그대를 참으로 보좌해 줄 수 있는 친구를 곁에 두는 것이 이롭다.**

효사 初九: 磐桓, 利居貞, 利建侯。함부로 전진할 생각을 하지 말라! 제자리를 맴돌아라! 너의 자리를 지키면서 미래를 기획하는 것이 이롭다. 도와줄 수 있는 친구를 세움이 이롭다.

六二: 屯如, 邅如。乘馬班如, 匪寇, 婚媾。女子貞, 不字。十年乃字。간난의 세월에 처해 있다. 나아가지도 못하고 집에서 머뭇거리고 있다. 갑자기 말을 탄 사람들이 들이닥쳐 집 앞을 빙글빙글 돌고만 있다. 도적놈들인가? 아니다! 자세히 보니 도적놈들이 아니다. 이들은 혼인을 청하러 온 것이다. 六二의 여인은 점을 친다. 비녀를 꽂지 않기로 결심한다. 이 여인은 십년을 기다렸다가 六五의 남성에게 허혼한다. 이 여인은 소신과 지조를 지켰다.

六三: 即鹿无虞, 惟入于林中。君子幾, 不如舍。往, 吝。사냥전문가의 도움도 없이 사슴만을 좇아가고 있다. 무작정 숲속으로 빠져들어 가고만 있다. 아슬아슬한 기미의 유혹만 있다. 이럴 때는 그치는 것만큼 좋은 것이 없다. 계속 가면, 비극적 결말이 있을 뿐이다.

六四: 乘馬班如, 求婚媾。往, 吉。无不利。六四의 여인이 말을 타고 반열을 맞추어 혼인의 짝을 구하러 가고 있다. 누구에게? 상응하는 初九의 남성이다. 지체 높은 여인이 아랫자리의 남성과 결혼한다는 것은 축복받을 일이다. 대의를 위한 감이여! 길하도다. 이롭지 아니할 것이 아무것도 없다.

九五: 屯其膏。小貞吉, 大貞凶。초창기 간난의 시대에 고뇌하는 천자의 자리이다. 국민들에게 혜택을 베풀어 고난을 극복할 것을 고뇌하고 있다. 작은 일에 관하여 점을 치면 길하다. 그러나 큰일에 관하여 점을 치면 흉하다.

上六: 乘馬班如, 泣血漣如。말을 탔건만 말이 나아가려 하지 않고 머뭇거리고만 있다. 부부가 헤어지는 모습일까? 리더가 자리를 떠나는 모습일까? 피눈물이 줄줄 흐른다.

4 ䷃ 감하坎下 간상艮上 산수 몽蒙 어리석음. 아직 깨어나지 못함

대상 象曰: 山下出泉, 蒙。君子以果行育德。산아래 홀로 솟아나는 맑은 옹달샘, 몽괘의 모습이다. 샘물은 흘러흘러 대해에 이른다. 군자는 몽괘의 모습을 본받아 행하여야 할 바를 중단 없이 끝까지 완성하며 덕을 기른다.

괘사 蒙, 亨。匪我求童蒙, 童蒙求我。初筮, 告。再三, 瀆。瀆則不告。利貞。

몽괘는 형의 덕성을 지닌다. 형이란 어린 사물이 잘 자라나도록 제사를 지내는 것이다. 선생인 내가 동몽을 구하러 다니지는 않는다. 동몽이 자발적으로 선생인 나를 구해야 한다. 처음에 묻는 것은 신에게 물음을 던지는 것과도 같다. 그런 진지함에는 친절하게 가르쳐준다. 함부로 같은 질문을 재삼 던지는 것은 학무를 교란시키는 것이요 신성을 모독하는 것이다. 모독에는 상대해 주지 않는다. 진지하게 존재의 물음을 던진다는 것은 좋은 일이다.

효사 初六: 發蒙。利用刑人, 用說桎梏。以往, 吝。몽매함을 깨우친다. 처음에는 엄벌을 적용했다가 시간이 지나면서 족쇄를 풀어주어 자유를 허락하는 것이 좋은 방법이다. 교육에는 엄형과 관대가 동시에 필요하다. 갈 대로 가게만 두면 후회스러운 일만 남게 된다.

九二: 包蒙, 吉。納婦, 吉。子, 克家。

九二는 주변의 몽매함을 포용하여 문채 나는 교양인으로 변모시키는 역량이 있다. 길하다. 여인을 아내로 맞아들이는 것이 길하다. 자손이 집안을 잘 다스려 나가리라.

六三: 勿用取女。見金夫, 不有躬。无攸利。

여자를 취하지 말라! 그대가 취하려는 여자는 돈 많은 남자만 보면 자기 몸을 돌보지 않고 뒤쫓아갈 그러한 여인이다. 이로울 것이 아무것도 없다.

六四: 困蒙, 吝。주변에 음으로 둘러싸여 있어서 선생을 만날 길이 없다. 자신의 어리석음 속에서 곤요롭게 지내야 한다. 참으로 애석한 일이로다!

六五: 童蒙, 吉。어린이의 몽매함은 제왕의 자리처럼 아름답다. 어린이는 무식하지 않다. 어두울 뿐이다. 길하다.

上九: 擊蒙。不利爲寇, 利禦寇。강력한 몽매함을 격파한다. 도둑처럼 쳐들어가는 것은 이롭지 않다. 도둑을 미리미리 방비하는 것처럼 내부에서 시중에 맞게 고쳐나가야 한다.

5 ䷄ 건하乾下 감상坎上 수천 수 需 기다림. 음식

대상 象曰: 雲上於天, 需。君子以飮食宴樂。

하늘 위에 구름이 있는 모습이 수괘의 모습이다. 비는 오게 되어있다. 군자는 이러한 수괘의 모습을 본받아 음식으로써 연회의 즐거움을 향유한다.

괘사 需, 有孚。光亨。貞吉。利涉大川。

수는 기다림이다. 기다림에는 성실함이 있어야 한다. 中正을 얻은 九五는 밝게 빛난다. 크게 잔치를 연다. 그대가 묻는 것은 길한 결과를 얻을 것이다. 기다린 후에 때맞게 큰 강을 건너는 모험을 강행한다. 반드시 이로운 결과를 얻을 것이다.

효사 初九: 需于郊。利用恆, 无咎。나라의 성 밖에서 기다린다. 난국을 돌파하는 최전선에 있다. 굳센 初九는 평상적 감각을 잃지 않는다. 항상됨을 활용하기에 이롭다. 허물이 없다.

九二: 需于沙, 小有言, 終吉。

간난을 뚫기 위해 전진중이다. 큰 강을 건너기 전에 모래사장에 당도하여 그곳에서 기다린다. 약간의 모략중상이 있게 마련이다. 九二는 中을 잃지 않는다. 끝내 길하다.

九三: 需于泥。致寇至。강에 인접한 진흙 벌에서 고난의 강을 건널 기회를 엿보고 있다. 九三은 中을 벗어나 있어 경망스럽게 상괘로 진입하려 한다. 경망스러운 전진은 외부의 적이 내 집을 쳐들어오게 만드는 사태를 초래하고 만다(cf. 칠천량해전).

六四: 需于血。出自穴。피투성이 아수라장 속에서 기다리고 있다. 지긋이 기다리면서 유연하게 상황을 파악한다. 벗어날 수 있는 구멍이 열리어 벗어난다.

九五: 需于酒食。貞吉。

中正을 얻고 있으며 지존의 격을 구현하고 있다. 간난의 속에서도 여유가 있다. 맛있는 음식과 향기로운 술을 마시면서 동지들을 기다린다. 점을 치면 길하다.

上六: 入于穴。有不速之客三人來, 敬之。終吉。

음효이면서 약체이다. 험險(☵)의 극점이다. 여유있게 기다릴 수 없다. 방공호 같은 굴 속에 들어가 숨을 뿐이다. 그런데도 하괘의 세 사람이 초청하지도 않았는데 들이닥친다. 上六은 이들과 대항할 힘이 없다. 부드러움으로 세 사람을 공경하고 잘 대접한다. 끝내 길한 결과가 온다.

6 ䷅ 감하坎下 건상乾上 천수 송 訟 소송, 대결

대상 象曰: 天與水違行, 訟。君子以作事謀始。하늘이 위에 있고 물이 그 아래에 있어 엇갈려 갈 수밖에 없는 모습이 송괘의 모습이다. 군자는 이 형상을 본받아 사업을 일으키려 할 때, 반드시 그 시작을 잘 헤아려 쟁송이 일어나지 않게 한다.

괘사 訟, 有孚, 窒。惕, 中, 吉。終, 凶。利見大人, 不利涉大川。**송괘 전체를 살펴보면 그 가운데 지성진실한 마음이 있다. 九二의 마음자세가 그러하다. 九二는 양실陽實하고 중을 얻고 있으나 둘러싼 두 음이 그를 질식시키려 하고 있다. 이런 상황에서도 계구戒懼하며 중용을 지키고 중도에 송사를 취소해버리면 길하다. 그러나 끝까지 송사를 밀어붙이면 흉하다. 전체를 조망할 수 있는 대인을 만나 그로 하여금 송사에 대한 판결을 내리도록 하면 좋다. 큰 강을 건너는 것은 이롭지 않다.**

효사 初六: 不永所事, 小有言, 終吉。

음효로서 최하위이니 힘이 없다. 하고자 하는 일을 길게 밀고 나갈 힘이 없다. 송사도 길게 끌수록 손해이다. 잔 비판이 있을 수 있다. 그러나 일찍 끝내면 결국 길하다.

九二: 不克訟。歸而逋, 其邑人三百戶, 无眚。

九二는 九五를 믿고 송사를 벌였으나 九五는 감응하지 않는다. 九二는 고립되어 송사를 잘 이끌지 못한다. 이 자는 도망쳐 숨을 수밖에 없다. 삼백 호 정도 되는 동네면 작지도 크지도 않아 드러나지 않을 테니까 크게 다칠 일이 없을 것이다.

六三: 食舊德。貞, 厲, 終吉。或從王事, 无成。독자적으로 송사를 일으키지 않는다. 선조로부터 물려받은 식읍 덕택에 욕심 없이 먹고살면 된다. 점을 쳐도 항상 위태로운 결론만 나온다. 그러나 보수적인 삶을 유지하며 몸을 반듯하게 닦으면 끝내 길하다. 혹시 왕사에 종사할(정치에 나아갈) 기회가 생길지도 모르겠다. 그러나 아무런 성취도 없을 것이다.

九四: 不克訟。復卽命, 渝安。貞, 吉。

中의 자리에 있지도 않고 위도 바르지 않다. 응하는 初六은 송사를 길게 끌고 갈 의사가 없다. 고립된 九四는 쟁송을 잘 이끌지 못한다. 본래의 삶의 자세로 돌아가 천명을 새롭게 받는다. 삶의 자세를 바꾸니(渝) 편안해진다. 점을 치면 길하다.

九五: 訟, 元吉。중정의 지존한 도덕을 가진 자에게는 송사가 있어도 송사에 시달림이 없이 크게 길하다. 송괘의 九五는 위대한 리더이다.

上九: 或錫之鞶帶, 終朝三褫之。중정의 덕이 없는 송괘의 종극終極이다. 송사에 승리하여 넓은 가죽띠로 만든 관복을 하사받을지도 모르겠다. 하루아침이 끝나기도 전에 세 번이나 빼앗기고 말 것이다. 송사로 얻은 명예는 너의 생애에 도움을 주지 못한다.

7 ䷆ 감하坎下 곤상坤上 지수 사 師 군대, 전쟁

대상 象曰: 地中有水, 師。君子以容民畜衆。

땅속에 물이 있는 것이 사괘의 모습이다. 땅은 농農이요, 물은 병兵이다. 군자는 이 사괘의 모습을 본받아 평소에 백성을 포용하고 민중의 잠재적 역량을 축적해나간다.

괘사 師, 貞。丈人吉。无咎。**군대가 출정할 때는 반드시 점을 친다. 점을 친다는 것은 전세를 바르게 예견하는 것이다. 군대는 반드시 경험이 풍부한 유덕자(丈人)가 장군의 자리에 앉아있어야 길하다. 그런 리더십 아래서 비로소 허물이 없게 된다.**

효사 初六: 師出以律, 否臧, 凶。

출사의 개시. 가장 중요한 것은 군대를 구성하는 사람들의 디시플린이다. 사師는 오로지 율律로써만 출出할 수 있다. 그 대열이 아름답지 못하면 흉하다.

九二: 在師, 中。吉, 无咎。王三錫命。사괘의 진정한 리더, 九二는 양강陽剛하면서 득중得中하니 중음衆陰이 다 따른다. 九二는 사師 속에 있으면서도 중용의 미덕을 지킨다. 규율을 엄정히 세우고 바른 생활을 한다. 전투에 임하면 패배가 없고 길하다. 허물이 없다. 六五의 군주는 이 탁월한 장수에게 세 번이나 은명恩命을 내린다.

六三: 師或輿尸, 凶。부중부정하다. 적정에 대한 파악 없이 마냥 밀어붙인다. 암우의 대장이다. 이런 인물이 군대를 이끌면 패전하게 마련이고, 지휘관은 전사한다. 시신이 수레에 실려 돌아오게 된다. 흉하다.

六四: 師左次, 无咎。유순하고 경거망동하지 않으면 왕을 잘 보좌하는 훌륭한 장수이다. 六四가 이끄는 군대는 높은 산을 후 우방에 두고 좌측의 유리한 고지에 진을 친다. 진퇴가 자유롭다. 망진妄進하지 않고 기다리면 큰 허물이 없다.

六五: 田有禽, 利執言, 无咎。長子帥師, 弟子輿尸, 貞凶。

六五는 권위있는 군주이며 군대의 통솔자이다. 밭에 새가 있다. 불의의 침략자들이 국토를 침탈하고 있다는 뜻이다. 상대방의 죄상을 성토하여 빨리 잡는 것이 유리하다. 허물없이 승리한다. 유능한 장수(長子)에게 지휘권을 맡기면 반드시 승리한다. 그러나 소인배들(弟子)에게 지휘를 맡기면 시체를 수레에 싣고 나르기에 바쁘다. 전황을 점치면 흉하다. 전쟁이란 지휘관을 쓸 줄 아는 안목이 제일이다.

上六: 大君有命。開國承家, 小人勿用。전쟁이 끝나면 군주는 작명爵命을 하사한다. 제후를 봉하고(開國), 경대부의 작위를 하사한다(承家). 높은 전공을 올린 소인에게는 금품만을 주고 땅을 주지는 않는다.

8 ䷇ 곤하坤下 감상坎上 수지 비 比 친밀, 단합

대상 象曰: 地上有水, 比。先王以建萬國, 親諸侯。

땅위에 물이 있는 모습이 비괘이다. 보슬비는 땅에 밀착되어 친하다. 선왕은 비괘의 모습을 본받아 만국을 세우고 제후를 친하게 한다.

괘사 比, 吉。原筮, 元。永貞, 无咎。不寧方來, 後夫凶。

비괘는 대체적으로 길하다. 점을 친 소이연을 캐 들어가면 보편적 가치(元)에 도달하게 될 것이다. 원대한 주제에 관하여 점을 치면 허물이 없으리라. 나라를 세움에 정을 주지 못했던 불편한 자들이 먼저 오리라. 뒤늦게 오는 자들은 흉운을 몰고 온다.

효사 初六: 有孚, 比之。无咎。有孚盈缶, 終來有他吉。

가슴속에 성실함이 있어야 친하게 된다. 친함이 생겨나면 허물이 없어지리라. 가슴에 성실함 있기를 질그릇에 막걸리 차듯 하라. 결국은 친구들이 오게 되고 예상치 못했던 다른 길사가 있게 되리라.

六二: 比之自內。貞, 吉。

中正의 모든 조건을 갖추었고 九五와 음양상응한다. 친밀함이 내면의 덕성으로부터 우러나와야 한다. 자신의 운명에 관해 물음을 던지면 길하다.

六三: 比之, 匪人。이웃하고 있는 사람들이 모두 사람다운 사람이 아니다. 비운이다.

六四: 外, 比之。貞, 吉。

六四는 하괘의 사람과 친해질 수 없다. 그래서 밖으로(위에 있는 九五) 친함을 구할 수밖에 없다. 六四와 九五는 음양친비의 관계에 있다. 점치면 길하다.

九五: 顯比。王用三驅, 失前禽。邑人不誡, 吉。

제왕은 공명정대한 길을 드러냄으로써 백성들과 친하여진다. 왕은 삼구三驅의 법칙만을 쓴다. 전면은 터놓고 몰이를 한다. 사라지는 금수들은 놓치는 것이 정도이다. 임금이 나타나거나 포고문을 내렸을 때 읍인들이 경계하는 분위기가 없으면 길하다. 비(친밀함)의 극치다.

上六: 比之, 无首。凶。

비괘의 최상의 자리. 친하려 해도 친할 수 있는 우두머리가 없다. 흉하다.

9 건하乾下 손상巽上 풍천 소축 小畜

작은 것이 큰 것을 멈추게 함. 작게 쌓임

대상 象曰: 風行天上, 小畜。君子以懿文德。

바람이 하늘 위를 간다. 그것이 소축의 상이다. 하늘은 대大하고 바람은 소小하다. 군자는 소축의 상을 본받아 자기 내면의 문덕을 아름답게 만든다.

괘사 小畜, 亨。密雲不雨, 自我西郊。

작게 쌓여 있다. 작은 것(음)이 큰 것(양)을 멈추게 한 모습이기도 하다. 제사를 지내어라! 구름이 하늘에 밀집해 있으나 비로 화하지는 못하고 있다. 음의 방향인 서쪽 벌판에서 왔기 때문에 아직 양기를 만나지 못했다.

효사 初九: 復, 自道。何其咎。吉。돌아가고 있다. 스스로 열리는 길을 따라가라! 자기 본래의 자리로 돌아가는데 무슨 허물이 있으리오! 길하다.

九二: 牽復, 吉。정의로운 동지를 이끌고 돌아가는 모습은 길하다.

九三: 輿說輻, 夫妻反目。

수레바퀴가 수레바퀴 축에서 빠졌다. 부부가 반목하는 모습이다. 九三(양)의 강한 돌진을 저지하고 있는 六四(음), 이 둘의 관계를 부처반목의 상이라고 했다.

六四: 有孚。血去, 惕出, 无咎。소축괘의 주인공이다. 연약한 음효로서 오양五陽을 저지하고 있다. 六四는 정正을 얻고 있으며 저지하는 근원적 이유가 오양으로 하여금 정도를 걸어가게끔 인도하고 간하는 것이다. 그래서 그들과 대적하고 싸우는 것이 아니라 내면에 성실함을 간직하고 있다. 유혈사태나 공포가 다 사라진다. 타인을 저지시켜도 허물이 없다.

九五: 有孚, 攣如。富以其鄰。제왕의 자리에 있다. 中正을 얻고 있는 존엄한 인물이다. 가슴에 진실이 있다. 바로 아래 있는 六四가 연약한 몸으로 밑에서 올라오는 양효를 막고 있는 모습을 정의롭게 바라본다. 도움의 손길을 뻗친다. 六四의 손을 잡고 소축의 대업에 참여한다. 자신의 부를 이웃에게 나누어준다.

上九: 既雨, 既處。尚德載, 婦貞, 厲。月, 幾望。君子征, 凶。먹구름이 비가 되어 내린다. 때맞게 평온한 광경이 펼쳐진다. 소축의 덕이 천지간에 가득찬다. 소축의 상징인 부인(六四, 소축괘의 주효)이 주도적으로 점을 친다. 위태로운 상황이 예견된다. 달이 보름에 가깝다. 이 정의로운 달을 더도하겠다고 나서는 군자는 흉운을 만날 뿐이다.

10 ䷉ 태하兌下 건상乾上 천택 리 履 발로 밟는다, 실천한다

대상 象曰: 上天下澤, 履。君子以辯上下, 定民志。

위에 하늘이 있고 아래에 못이 있는 것이 리의 상이다. 안정된 천지의 모습이다. 군자는 이 상을 본받아 상하를 분변하고, 백성들이 지향하는 바를 안정시킨다.

괘사 履虎尾, 不咥人, 亨。

그대는 호랑이 꼬리를 밟았다. 호랑이는 되돌아보고 너를 물지 않는다. 너에게는 호랑이에 필적할 만한 성실한 덕성이 있기 때문이다. 그대는 하느님께 제사를 지낼 자격이 있다.

효사 初九: 素履, 往, 无咎。

평소의 질소한 발걸음 그대로 밟아 나아가라! 부귀의 유혹에 빠짐 없이 가던 대로 나아가라! 허물이 없을 것이다.

九二: 履道坦坦。幽人, 貞, 吉。

자신의 길(道)을 밟아 나아가라. 길도 마음도 탄탄하다. 심산유곡에 가려진 은자의 모습. 점을 치면 길하다.

六三: 眇能視, 跛能履。履虎尾, 咥人, 凶。武人爲于大君。

애꾸눈이면서 잘 본다고 설치고, 절름발이면서 잘 걷는다고 장담한다. 호랑이 꼬리를 밟았다. 호랑이는 되돌아 이 자를 물어버린다. 포악한 무인이 대군이 되겠다고 설치는 꼴.

九四: 履虎尾。愬愬, 終吉。

호랑이의 꼬리를 밟았다. 색색하는(계구한다) 신중함으로 사태를 잘 해결해 나가면 종국에는 길함을 얻는다.

九五: 夬履。貞, 厲。

단호하게 밟는다. 제왕의 자격이 있다. 미래를 점치면 항상 걱정거리가 있다.

上九: 視履。考祥其旋, 元吉。

밟아온 역정을 되돌아본다. 돌아갈 길을 자세히 구상한다. 크게 길하다.

11 ䷊ 건하乾下 곤상坤上 지천 태泰 태평의 시기. 통합

대상 象曰: 天地交, 泰。后以財成天地之道, 輔相天地之宜, 以左右民。

하늘과 땅이 자리를 바꾸어 교섭하는 모습이 태괘이다. 군주는 이러한 태괘의 모습을 본받아 천지의 도를 인민의 삶에 알맞게 재단하여 이룩하고, 천지의 마땅함을 돕는다. 그리하여 백성들의 삶을 보살핀다.

괘사 泰, 小往大來。吉, 亨。

태泰는 작게 가고 크게 온다. 길하다. 제사를 지내 모두가 축복받을 만하다.

효사 初九: 拔茅茹, 以其彙。征, 吉。

띠풀을 뽑으니 땅 속에 엉켜있는 여러 풀이 같이 뽑힌다. 같이 따라붙은 뿌리들을 동지로 삼는다. 좋은 친구들이 뜻을 합쳐 같이 나아간다. 길하다.

九二: 包荒, 用馮河, 不遐遺, 朋亡。得尙于中行。

전체 괘의 주효. 고난의 황무지를 포용한다. 과단성 있게 맨몸으로 큰 강을 건넌다. 멀리 있는 은자들을 빼놓지 않는다. 붕당을 없앤다. 중도의 정치를 구현한다.

九三: 无平不陂, 无往不復。艱貞, 无咎。勿恤其孚。于食有福。

태평한 것이 기울지 않으리라는 보장이 없고, 가기만 하고 되돌아오지 않는 것은 없다. 간난 속에서도 바른 미래를 향해 물음을 던진다. 허물이 없다. 그대의 내면의 진실이 아니 드러날까 걱정치 말라. 그대의 식록에 관해서도 복이 있을지어다.

六四: 翩翩, 不富, 以其鄰。不戒以孚。

나비처럼 경쾌하게 이상을 향해 날아간다. 자신의 부를 부로 여기지 않는다. 이웃과 함께 한다(以=與). 경계심 없이 속마음을 드러내어 성실하게 현자의 말씀을 듣는다.

六五: 帝乙歸妹, 以祉。元吉。제을(신성한 아무개)이 자기의 딸을 저 아래의 현인에게 시집보냈다. 축복받을 일이다. 크게 길하다.

上六: 城復于隍, 勿用師。自邑告命。貞, 吝。성이 황으로 돌아간다. 돌로 쌓아올린 성이 황폐한 흙바닥으로 돌아간다. 회복을 위해 급작스럽게 군대를 동원하지 마라. 위기의 시대의 지도자는 자기 본거지로부터 새로운 시대의 명을 받을 생각을 해라! 점을 치면 아쉬운 결과가 많이 나타난다.

12 ䷋ 곤하坤下 건상乾上 천지 비 否 비색, 정체, 암흑시대

대상 象曰: 天地不交, 否。君子以儉德辟難, 不可榮以祿。

하늘과 땅이 교섭 없이 격절되어 있는 모습이 비괘의 모습이다. 군자는 이 상을 본받아 덕을 검약하게 하고 난을 피한다. 녹위祿位로써 자신을 영화롭게 드러내지 아니한다.

괘사 否之匪人, 不利君子貞。大往小來。

비괘는 사람다웁지 못한 시대상을 상징한다. 군자의 물음에 이로운 것이 없다. 크게 가고 작게 온다.

효사 初六: 拔茅茹。以其彙貞, 吉。亨。

떠풀을 뽑으니 땅 속에 뿌리들이 엉켜있어 같이 뽑힌다. 그 동지들과 함께 미래를 묻는다. 길하다. 하느님께 제사를 올리자!

六二: 包承。小人吉, 大人否, 亨。

받아들여진다. 그리고 또 받아들인다. 받아들여지는 자가 소인이면 길하고 대인이면 잘못된 것이다. 비색의 시대에는 대인이 발탁되지 않는 것이 옳다. 하느님께 감사를 드릴 만하다.

六三: 包羞。

치욕을 일신에 포장包藏하고 겉으로는 멀쩡하다. 부끄러움을 모른다.

九四: 有命, 无咎。疇離祉。

때가 찼다. 천명의 도움이 있다면 혁명의 결행은 허물이 없다. 가담한 동지들이 함께 복을 받는다.

九五: 休否, 大人, 吉。其亡其亡, 繫于苞桑。

비색의 국면을 멈추게 한다. 진정한 대인이다. 길하다. 뽕나무 가지에 매달린 보물이여 떨어지겠구나! 떨어지겠구나!

上九: 傾否。先否後喜。

양강한 군주를 도와 비색의 시국을 뒤엎는다. 새로운 시대가 열리니 슬픔은 기쁨으로 변한다.

13 ䷌ 리하離下 건상乾上 천화 동인 同人

사람들과 한마음이 된다. 협동

대상 象曰: 天與火, 同人。君子以類族辨物。

하늘이 불과 더불어 하는 모습이 동인괘의 모습이다. 군자는 이 모습을 본받아 동지들을 무리지우고, 타물과 변별케 하여 새나라 건설의 씨앗으로 만든다.

괘사 同人于野, 亨。利涉大川。利君子貞。

사람들과 한마음이 된다고 하는 것은 반드시 개방된 들판에서 이루어져야 한다. 밀실의 단합은 동인이 아니다. 하느님께 제사를 지내라. 큰 강을 건너는데 이로움이 있다. 군자가 미래를 기획하며 점을 치면 이롭다.

효사 初九: 同人于門。无咎。

문밖에서 뜻을 같이할 동지들을 모은다. 허물이 없다.

六二: 同人于宗, 吝。

종문宗門 내에서 동지를 규합한다. 부끄러운 일들이 생긴다.

九三: 伏戎于莽, 升其高陵, 三歲不興。

수풀 속에 군대를 숨겨놓았다. 고릉에 올라가 적정을 살핀다. 3년이 지나도록 군대를 일으킬 기회는 오지 않았다.

九四: 乘其墉, 弗克攻。吉。

담을 올라탔다. 결국 공격하지 아니한다. 양심의 고뇌를 거쳐 정도로 복귀한 것이다. 길하다.

九五: 同人, 先號咷而後笑。大師克, 相遇。

대동의 협력을 시도하려 한다. 너무 방해꾼들이 많아 처음에는 울부짖을 수밖에 없다. 그러나 용맹스럽게 뚫고 나가면 결국 크게 웃게 된다. 큰 군대를 일으켜라. 승리하리라. 만나야 될 사람들을 만나게 되리라.

上九: 同人于郊, 无悔。

나라의 수도성곽을 벗어난 들판에서 외롭게 사람을 구한다. 광대무사하다. 후회는 없으리라!

14 ䷍ 건하乾下 리상離上

화천 대유 大有

풍요롭게 있다. 성대함

대상 象曰: 火在天上, 大有。君子以遏惡揚善, 順天休命。

불이 하늘 위에 있다. 대유의 상이다. 태양과도 같다. 군자는 대유의 모습을 본받아 좋지않음을 막고 좋음을 드러낸다. 하늘을 순승順承하여 그 명을 아름답게 한다.

괘사 大有, 元, 亨。

대유괘는 원元하다. 하느님과 교통할 수 있다. 제사를 지낼 만하다(亨).

효사 初九: 无交害。匪咎。艱則无咎。

고독하다. 교섭으로 인해 생겨나는 해가 없다. 자기실력만으로 정도를 걷는다. 어찌 허물이 있을소냐? 간난에 허덕일수록 허물은 없다.

九二: 大車以載, 有攸往, 无咎。

큰 수레로써 가득 싣는다. 가는 곳이 있다. 허물이 없다.

九三: 公用亨于天子, 小人弗克。

공적 마인드가 있는 왕공王公은 제사음식을 천자에게 바친다(천자에게 향연의 베풂을 얻는다로 해석하는 주석가도 있다). 소인에게는 이러한 공적 향연은 일어나지 않는다.

九四: 匪其彭, 无咎。

지나치게 성대하거나 위세등등한 모습을 보여서는 아니 된다. 방방치 아니하면 허물이 없으리라.

六五: 厥孚交如, 威如, 吉。

풍요로운 시대의 제왕의 이상적 모습. 아랫사람들과 진심어린 마음의 교류를 할 줄 안다. 온화하면서 오히려 위엄이 있다. 길하다.

上九: 自天祐之, 吉。无不利。

六五군주의 덕성의 영향을 받아 영盈의 자리에 있으면서도 일溢하지 않는다. 하느님으로부터 도움을 얻는다. 길하다. 이롭지 아니할 까닭이 아무것도 없다.

15 ䷎ 간하艮下 곤상坤上 지산 겸 謙 겸손의 미덕, 낮춤

대상 象曰: 地中有山, 謙。君子以裒多益寡, 稱物平施。

땅 속에 높은 산이 들어있는 것이 겸괘의 모습이다. 군자는 이 모습을 본받아 많은 것을 덜어내어 적은 것에 보태고 사물의 높고 낮음을 잘 저울질하여 그 베풂을 골고루 행한다.

괘사 謙, 亨。君子有終。

겸의 덕성을 지닌 자는 하느님과 소통할 수 있다. 하느님께 제사지낼 자격이 있다. 군자는 겸손의 미덕을 끝까지 잃지 않는다.

효사 初六: 謙謙君子, 用涉大川。吉。

겸손하고 또 겸손한 군자여! 겸겸하게 대천大川을 건넌다. 이상을 향한 그대의 모험은 성공하리라. 길하다.

六二: 鳴謙。貞, 吉。

축적된 겸손의 미덕의 향기가 맑은 새소리처럼 이웃에 울려 퍼진다. 이런 사람이 점을 쳐야 정의로운 결과가 나온다. 길하다.

九三: 勞謙君子, 有終, 吉。

근로하면서 공을 세움에도 겸손한 군자여! 죽을 때까지 그 겸손의 자세는 유지된다. 길하다.

六四: 无不利, 撝謙。

正을 얻었다. 상괘에 있으면서도 하괘의 사람들에게 자기를 낮춘다. 불리함은 없다. 항상 겸양의 덕성을 발휘하기 때문이다(撝=揮).

六五: 不富。以其鄰。利用侵伐。无不利。

겸양의 미덕을 지닌 훌륭한 군주. 자신의 부를 부로 여기지 아니한다. 이웃과 더불어 한다. 사방의 이웃들이 이 겸양의 군주에게 모여든다. 이러한 군주에게 저항하는 세력이 있다면 정벌을 감행해도 이로울 것이다. 이 같은 덕성을 지닌 군주의 삶에는 이롭지 아니함이 없다.

上六: 鳴謙。利用行師, 征邑國。

겸양의 덕성이 울려 퍼진다. 군대를 일으켜도 이로울 것이다. 그러나 타국을 정벌해서는 아니되고, 자기의 영지 내에 있는 읍국邑國을 정벌하는 것으로 만족한다.

16 ☷☳ 곤하坤下 진상震上 뢰지 예 豫 열락悅樂, 예비

대상 象曰: 雷出地奮, 豫。先王以作樂崇德, 殷薦之上帝, 以配祖考。

우레가 땅 속에 갇혀있다가 지축을 박차고 튀어나와 호령하는 모습이 예의 상이다. 생명력이 발출하는 봄의 화락한 모습이기도 하다. 선왕은 이 예괘의 모습을 본받아 악을 작作하고, 덕을 높인다. 지고의 상제上帝에게 풍성하게 제삿상을 바친다. 그리함으로써 선조들의 혼령이 신들과 더불어 즐거움을 나눌 수 있게 한다.

괘사 豫, 利建侯。行師。

상하가 한마음이 되고 국가사회에 기쁨이 넘친다. 나라를 팽창하여 제후를 세우거나 군대를 일으켜도 이로울 것이다. 이 모든 것은 시의時義를 따라야 한다.

효사 初六: 鳴豫, 凶。자기 혼자만의 기쁨을 발출시킨다. 독락獨樂이다. 흉하다.

六二: 介于石, 不終日。貞, 吉。견개狷介함이 반석과도 같이 굳건하다. 모든 사태의 기미幾微를 파악하는 데 한낮도 걸리지 않는다. 점을 치면 반드시 길하다.

六三: 盱豫。悔遲, 有悔。

눈깔을 뒤집으며 알랑방구를 뀌어댄다. 뉘우침이 늦어지면 반드시 후회한다.

九四: 由豫。大有得。勿疑。朋盍簪。

예괘의 주효. 양강한 대신. 그로 인하여 사람들은 즐거움을 획득한다. 그의 천하경영은 사람들 모두에게 얻음이 있다고 느끼게 한다. 그러나 혼자 천하를 운영하는 중임은 경계할 일이 많다. 그러나 좌절하지 말라. 의심하지 말라! 성의를 다하여 소임을 밀고 나가면 동지들이 합심하여 그대를 도우리라! 상투 틀 때 머리카락이 모아지는 것처럼.

六五: 貞, 疾。恆不死。나약한 암군暗君의 상. 점을 치면 하느님께서는 "너에게 고질이 있다"고 말씀하신다. 스스로의 운명을 개척하지 못하고 안일의 열락에 몸을 맡기는 것이다. 항상 도움을 얻기에 죽지는 않을 것이다.

上六: 冥豫成。有渝, 无咎。혼미로운 열락의 몽환적 분위기가 사회상을 형성했다. 열락과 무기력의 극치에서 새로운 에너지를 얻는 변화를 꾀하라!("유渝"는 "변화시키다"의 뜻). 탐닉과 나약의 악습을 박차고 일어나라! 그리하면 허물이 없으리라!

17 ䷐ 진하震下 태상兌上 택뢰 수隨 따라가다. 때의 추구

대상 象曰: 澤中有雷, 隨。君子以嚮晦入宴息。

못 속에 우레가 있는 모습이 수괘의 상이다. 우레는 때를 따라 동한다. 군자는 이러한 수괘의 모습을 본받아 낮에 활동하다가도 저녁이 되면(嚮晦), 집으로 돌아가 편안히 쉰다(宴息).

괘사 隨, 元, 亨, 利, 貞。无咎。

수괘는 원, 형, 리, 정의 4덕을 다 갖추고 있다. 4덕을 갖추고 있는 자는 붕당을 짓지 않는다. 사당私黨을 만들지 아니하니 허물이 없다.

효사 初九: 官有渝。貞, 吉。出門交, 有功。

직장에 변화가 있을 수 있다. 진로에 관하여 점을 친다. 길하다. 문(자기만의 폐쇄적 세계)을 박차고 개방된 곳에서 사람을 사귀어라. 그런 따름에는 반드시 공이 있을 것이다.

六二: 係小子, 失丈夫。어리고 싱싱한 남자에게 홀려서(係), 진짜 건실한 장부를 놓쳐버리고 만다.

六三: 係丈夫, 失小子, 隨有求得。利居, 貞。

자기보다 지위와 권세가 높은 장부에게 엮여서, 젊고 도덕성 있는 훌륭한 남자들과의 커넥션이 다 끊어져 버리고 만다. 현재 네가 따라가고 있는 정황에서는 소기하는 욕망을 다 충족시킬 수 있다. 그러나 그러한 자리에 안주하는 것이 너에게 이로운 일일까? 점을 쳐 보아라!

九四: 隨, 有獲。貞, 凶。有孚, 在道, 以明。何咎。군주의 바로 밑에 있는 막강한 대신. 이 대신이 따라가는 길에는 얻고자 하는 것을 다 얻을 수 있는 수확의 성과가 있다. 점을 치면 흉하다. 그러나 이 대신의 가슴속엔 진실과 신의가 있다. 정도만을 걸어가며 인간세를 밝게 하고 있다. 결코 오해받을 사람이 아니다. 九四에게 과연 어떤 허물이 있으리오?

九五: 孚于嘉。吉。강건중정의 덕이 있는 위대한 천자! 六二와도 정응한다. 좋은 상대(嘉), 즉 현신賢臣에게는 신의를 지킨다. 국운이 길하다.

上六: 拘係之, 乃從維之。王用亨于西山。上六은 은둔하여 홀로 살고 있는 현인賢人. 임금은 그의 덕을 필요로 한다. 임금의 존엄한 권위로써 그를 억지로 묶어 끌어낸다. 간청하여 깊은 유대감을 표현한다. 임금은 그를 모셔나가 그와 함께 서산에서 하느님께 제사를 지낸다. 해피 엔딩이다.

18 ䷑ 손하巽下 간상艮上 산풍 고 蠱

부패와 건설, 폐단을 바로잡는 사업

대상 象曰: 山下有風, 蠱。君子以振民育德。

산 아래에 바람이 있다. 큰 바람은 산을 휘감으며 모든 것을 무질서로 빠뜨리고 파괴를 초래한다. 군자는 이런 고괘의 모습을 본받아 대중에게 대대적인 진휼 사업을 벌인다. 그리고 동시에 내면의 덕성을 기른다.

괘사 蠱, 元亨。利涉大川。先甲三日, 後甲三日。

파괴와 건설의 고괘에는 보편적 리더십(元)이 있고, 하느님과 소통하는 제사의 힘(亨)이 있다. 큰 강물을 건너는 모험을 하는데 이로움이 있다. 대사거행은 그 거행에 앞서 삼 일 전부터 준비를 해야 하고, 거사 후 삼 일에 이르기까지 마무리를 치밀하게 해야 한다.

효사 初六: 幹父之蠱, 有子, 考无咎。厲終吉。

아버지 대의 부패를 청산하고 대간을 바로 세운다. 그러한 아들을 둔 아버지는 오히려 허물에서 벗어날 수 있다. 부패청산의 길은 위태롭겠지만 끝내 길하다.

九二: 幹母之蠱, 不可貞。

엄마로 인하여 생긴 묵은 부패의 고리들을 다 청산하여 집안의 대간을 바로잡는다. 철저한 부패의 청산이다. 하느님께 물을 필요까지는 없다. 너의 굳건한 상식으로 행하라!

九三: 幹父之蠱。小有悔, 无大咎。아버지로부터 누대에 걸친 부패를 바로잡아 대간을 바로 세운다. 약간의 섭섭한 일들이 있을 수는 있으나 큰 허물이 없다.

六四: 裕父之蠱, 往, 見吝。아버지의 적폐를 과감히 단절시키지 못한다. 느슨하게 처리한다. 시간이 지날수록 아쉬움만 남는다.

六五: 幹父之蠱。用譽。개혁의 중심에 서 있는 천자. 아버지 대로부터의 부패를 바로잡는다. 중용의 개혁을 차곡차곡 진행시킨다. 그러한 개혁으로써(用) 역사에서 위대한 영예를 차지한다.

上九: 不事王侯。高尚其事。

무위無位의 현자. 왕후를 섬기지 않는다. 세사에 초연하다. 그러하기에 오히려 적폐청산의 일을 사심없이 추진시킨다. 적폐청산의 일을 숭고하게 만든다. 그래서 천하사람 모두에게 존경을 얻는다.

19 ䷒ 태하兌下 곤상坤上 지택 림 臨 민중에게 임함. 성장의 희망

대상 象曰: 澤上有地, 臨。君子以敎思无窮, 容保民无疆。

연못 위에 대지가 펼쳐져 있는 모습이 림괘의 모습이다. 대지 위에서 연못을 내려다보는 다스림의 상. 군자는 이 림괘의 모습을 본받아 민중을 가르치고 사랑함(思)이 다함이 없다. 민중을 포용하고 보존하는 자세가 대지와도 같이 너르고 또 너르다.

괘사 臨, 元, 亨, 利, 貞。至于八月, 有凶。

림괘는 전 민중을 대상으로 하는 큰 괘. 원·형·리·정의 사덕을 모두 갖추고 있다. 여름이 지나고 가을이 시작되는 8월에 이르게 되면 흉운이 있을 수 있다. 성하는 시기에도 쇠하는 시기의 비극을 가슴에 새기고 있어야 한다.

효사 初九: 咸臨。貞, 吉。

느껴가며 임한다. 미래에 관해 물음을 던지면 길하다. 느낌을 통해 새로운 세계가 펼쳐지기 때문이다.

九二: 咸臨, 吉。无不利。

성의를 다하여 느낌으로 임한다. 길하다. 이롭지 아니할 것이 없다.

六三: 甘臨, 无攸利。旣憂之, 无咎。

감언이설로 달콤하게 임한다. 이득을 가져오지 않는다. 잘못된 것을 알아차리고 우환을 느끼게 되면 허물이 없으리라.

六四: 至臨。无咎。

자기를 낮추어 낮은 곳에 있는 현자에게 임한다. 상하가 소통하니 허물이 있을 수 없다.

六五: 知臨, 大君之宜。吉。

지혜로써 임한다. 대군의 마땅함이다. 이러한 리더를 가진 사회는 길하다.

上六: 敦臨, 吉。无咎。

높은 자리에서 교만하지 않고, 정의로운 세력들을 도타운 마음으로 포섭한다. 대군의 본보기를 따라 도탑게 임한다. 길하다. 허물이 없다.

20 ䷓ 곤하坤下 손상巽上 풍지 관 觀 봄과 보임, 통찰

대상 象曰: 風行地上, 觀。先王以省方, 觀民, 設教。

바람이 대지 위를 두루두루 가는 모습이 관괘의 형상이다. 선왕은 이 괘의 형상을 본받아 두루두루 여러 지방을 순행하면서 살피고, 백성들의 삶의 현실을 관찰하여 보고, 그 풍속에 맞게 예교禮敎를 설設한다.

괘사 觀, 盥而不薦。有孚, 顒若。

하느님의 뜻을 살피는 제사를 올린다. 제주는 손을 씻어 몸을 성화聖化하지만 아직 공물을 올리지는 않았다. 음식과 술을 올리기 전 그 긴장된 순간이야말로 그 가슴에 천지의 성실함이 넘친다. 모든 사람이 공경하는 마음으로 우러러본다.

효사 初六: 童觀。小人, 无咎; 君子, 吝。

유치하게 세상을 바라본다. 어린이의 무지는 사회악이 아니다. 동관은 소인(벼슬하지 않은 서민)에게는 허물이 될 수 없다. 군자가 동관한다면 많은 이에게 허물을 끼친다.

六二: 闚觀。利女貞。

문 틈 사이로 세상을 엿본다. 세상 보는 눈이 협애하다. 세상 밖을 나갈 수 없는 여인이 점을 치면 오히려 이로운 결과가 나올 수 있다.

六三: 觀我生, 進退。나의 삶의 역정을 되돌아보아, 나아갈지 물러날지를 결정한다.

六四: 觀國之光。利用賓于王。

한 나라를 살필 때 그 나라의 풍속의 빛을 살펴라! 성덕이 넘치는 나라의 왕에게 초빙되어 가는 것은 이로움이 있다.

九五: 觀我生。君子无咎。

九五의 군주는 자기 삶의 역정을 총체적으로 통관해야 한다. 군자로서의 자기 삶에 허물이 없으면 만민 또한 허물이 없으리라.

上九: 觀其生。君子无咎。

민중이 그 삶을 바라보고 평가한다. 군자로서 허물이 없으면 그의 삶은 민중에게 받아들여질 것이다. 은자도 도덕적 평가의 대상이다.

21 ䷔ 진하震下 리상離上 화뢰 서합 噬嗑 씹음, 형벌

대상 象曰: 雷電, 噬嗑。先王以明罰勅法。

우레가 요동하는 바탕 위에서 번개가 내려치는 형상이 서합괘의 모습이다. 선왕은 서합괘를 본받아서 형벌을 명확하게 하고, 법을 엄격하게 적용한다.

괘사 噬嗑, 亨。利用獄。

서합은 사회체제를 바로잡는 데 필요하다. 하느님께 제사를 지내고 형벌의 공평한 의미를 향유한다(亨). 옥사를 일으키는 데 이로움이 있다.

효사 初九: 屨校, 滅趾。无咎。

차꼬를 채운다. 발꿈치에 형벌을 가한다. 허물이 없다.

六二: 噬膚, 滅鼻, 无咎。

비계를 씹어 코가 파묻힌다. 허물이 없다.

六三: 噬腊肉, 遇毒。小吝, 无咎。

아주 질긴 돼지고기 건육은 씹다가 독을 만난다. 서합 속에서 이루어지는 일이다. 끈질기게 죄상을 철저히 조사한다. 처음에는 약간의 아쉬움이 있겠지만 결국 허물을 남기지 않는다.

九四: 噬乾胏, 得金矢。利艱貞, 吉。

건자(뼈다귀와 함께 말린 아주 질긴 돼지고기 육포)를 씹는다. 씹다가 그 뼈다귀 속에 박혀있는 금화살촉을 발견한다. 九四는 서합의 사명을 완수하는 좋은 일꾼이다(사법대신). 간난 속에서 점을 치면 이로운 결과가 나온다. 전체적으로 길하다.

六五: 噬乾肉, 得黃金。貞, 厲。无咎。

건육(九四의 건자보다는 덜 질기다)을 씹다가, 황금 화살촉을 얻는다(판결이 중中을 얻었다). 군주는 항상 형벌의 정당성을 하느님께 묻는다. 하느님은 말씀하신다: "위태로운 상황이 전개될 수도 있다." 끝내 허물이 없다.

上九: 何校, 滅耳。凶。

큰 칼을 찬다. 귀를 베는 형벌을 당한다. 흉하다.

22 ䷕ 리하離下 간상艮上 산화 비 賁 문명의 수식, 질서

대상 象曰: 山下有火, 賁。君子以明庶政, 无敢折獄。

산 아래 불이 타고 있어 불빛이 산 전체를 찬란하게 비추고 있는 형상이 비괘의 모습이다. 군자는 이 괘의 모습을 본받아 서정庶政을 명료하게 한다. 그리고 함부로 옥사를 일으키지 않는다.

괘사 賁, 亨。小。利有所往。

비는 천문과 인문의 사이에 있다. 질서를 창조하는 작업을 위해 제사를 지낸다(亨). 수식은 작을수록 좋다. 문명의 모험을 감행하는 데 이利가 있다.

효사 初九: 賁其趾。舍車而徒。

한 걸음 한 걸음 깨끗하게 가꾼다. 인생의 역정을 아름답게 가꾼다. 마차를 탈 수 있는데도 마차를 거부하고 두발로 걸어서 간다.

六二: 賁其須。수염을 아름답게 장식한다. 수염은 아래턱에 종속된다. 독자적인 실질이 없다.

九三: 賁如, 濡如。永貞。吉。

수식된 모습이 성대하고 윤기가 흐른다(濡). 수식은 존재의 본질이 아니다. 아름다움은 변한다. 구원한 주제를 향해 물음을 던져라. 그래야 길한 결과를 얻으리라.

六四: 賁如皤如, 白馬翰如。匪寇, 婚媾。

수식한 모습이 하이얗다. 질박하다. 문명의 꾸밈에서 벗어났다. 백마가 흰 갈기털을 휘날리듯 달려간다. 도둑이 아니다. 백마를 탄 이 여인은 훌륭한 배필로서 가고 있는 것이다.

六五: 賁于丘園。束帛戔戔。吝, 終吉。

허식보다 실질을 숭상하는 위대한 군주. 六二와 응하지 않는다. 산림의 처사인 上九의 도움을 청한다. 질소한 별궁인 구원丘園에서 초빙의 예를 행한다. 예물은 일속一束의 비단. 근소한 것이다(戔戔). 인색하다 말할지도 모르지만 끝내 길하다.

上九: 白賁, 无咎。

문명의 극점은 문명의 수식을 무화시키는 것이다. 수식을 없앤다(백白이 동사. 무화시킨다는 뜻. 한민족이 흰옷을 입는 것과 상통한다). 허물이 없다!

23 ䷖ 곤하坤下 간상艮上 산지 박 剝 벗김, 박탈, 침식

대상 象曰: 山附於地, 剝。上以厚下, 安宅。

산이 땅에 납작하게 붙어있는 것이 박괘의 모습이다. 산의 속을 다 갉아먹어 실實한 내용이 없기 때문이다. 사회의 상층을 형성하는 사람들은 이 괘상을 본받아 하층을 형성하는 인민을 평소에 살찌게 만들어야 한다. 그래야 삶의 세계(宅)가 안정적 기반을 획득할 수 있는 것이다.

괘사 剝, 不利有攸往。

박괘는 진실이 박탈되고 있는 위태로운 형국이다. 모험을 강행하는 데는 이利가 없다.

효사 初六: 剝牀以足。蔑, 貞。凶。

침상의 다리가 썩어 들어가고 있다. 음의 세력이 침대의 다리를 갉아 먹고 있는 것이다. 군자가 소인에게 능욕을 당하고 있다. 하느님께 묻는다. 대답은 흉하다.

六二: 剝牀以辨。蔑, 貞, 凶。

침상을 박탈하는 것이 널빤지(辨)에 이르렀다. 박탈이 도수를 더해가고 있다. 멸시당하는 가운데 점을 친다. 흉하다. 전망이 나쁘다.

六三: 剝之, 无咎。六三은 음효의 패거리로부터 벗어난다. 양심세력의 결단이다. 허물을 면한다.

六四: 剝牀以膚, 凶。침상의 박탈이 요로 사용하는 동물의 가죽에 미친다. 흉하다.

六五: 貫魚, 以宮人寵。无不利。

박괘에서 군주는 上九이다. 六五는 왕후로 해석된다. 六五는 물고기를 꾸러미에 꿰듯이 궁인들을 통솔하여(以), 上九의 총애를 받도록 만든다. 소인들을 규합하여 선업에 종사하도록 만드는 행위를 상징한다. 이러한 六五의 행위는 이롭지 아니할 바가 없다.

上九: 碩果不食。君子得輿, 小人剝廬。

마지막의 양효는 나무 꼭대기에서 홀로 버티는 커다란 과일(碩果)과도 같다. 이 석과는 결코 먹히지 않는다. 혼란의 극치에서 민중은 태평으로의 복귀를 갈망한다. 군자는 결국 수레를 얻는다. 소인들은 결국 자기존재를 허물어뜨린다. 소인들이 살고 있는 집의 지붕이 박탈되고 만다.

24 ䷗ 진하震下 곤상坤上 지뢰 복 復 돌아옴, 생명의 약동

대상 象曰: 雷在地中, 復。先王以至日閉關, 商旅不行。后不省方。

우레가 땅속에 있고, 양의 기운이 피어나는 미묘한 때를 나타내는 괘가 복괘이다. 선왕은 이 복괘의 형상을 본받아 양의 기운이 움직이기 시작하는 동지의 날에는 사방의 관문을 닫아버리고 상인이나 여행객이 다니지 않게 한다. 군주도 지방시찰을 나아가지 않는다.

괘사 復, 亨。出入无疾, 朋來无咎。反復其道, 七日來復。利有攸往。

돌아오고 있다. 돌아옴을 찬양하는 제사를 올리자(亨)! 숨어있던 생명이 나와(出), 음의 세계로 다시 들어왔는데도 병이 없다(无疾). 친구들도 같이 온다. 뭔 허물이 있으랴! 도를 되돌려 회복시킨다. 회복에 7일이 걸렸다. 생명의 봄이 피어나고 있다. 모험을 강행하는 데 이로움이 있다.

효사 初九: 不遠復。无祇悔。元吉。

머지않아 온전히 회복되리라! 후회에 이를 일은 없을 것이다. 크게 길하다.

六二: 休復, 吉。아름답게 돌아간다. 길하다.

六三: 頻復, 厲。无咎。

안절부절하면서 돌아간다. 위태로운 상황을 만들기도 하지만, 결국은 허물이 없다.

六四: 中行, 獨復。중도에(中行=中途) 나 홀로 바른길로 돌아간다.

六五: 敦復。无悔。

상괘의 중이며 존위에 있다. 존엄한 위치에 있으면서 음의 수장인 그가 독실하게 정도로 돌아간다. 엄청난 결단이다. 후회를 남기지 않는다.

上六: 迷復, 凶。有災眚。用行師, 終有大敗, 以其國君, 凶。至于十年不克征。

복괘의 최후. 돌아가는 것에 관하여 미혹된 상태로 남아있다. 흉하다. 온갖 재난이 잇따르게 된다(災=天災, 眚=人災). 군사를 일으키는 바보짓까지 한다. 결국 대패한다. 군주가 죽고 나라가 멸망하는 사태에 이를 수 있다. 흉하다! 10년이 지나도록 다시 군사를 일으킨다. 패배를 설욕할 길이 없다.

25 ䷘ 진하震下 건상乾上 천뢰 무망 无妄

거짓 없는 도리, 예상치 못한 일

대상 象曰: 天下雷行, 物與无妄。先王以茂對時, 育萬物。

하늘 아래 우레가 친다. 우레는 모든 사물에게 무망의 계기를 부여한다. 문명을 작作하는 선왕들은 무망괘의 모습을 본받아, 무성하게 때에 대응하고, 만물을 육성시킨다.

괘사 无妄, 元, 亨, 利, 貞。其匪正, 有眚。不利有攸往。

무망괘는 원·형·리·정 사덕이 다 갖추어져 있는 지성진실한 괘이다. 무망은 허망이 없다. 정도를 지키지 아니하면 재난이 잇따르게 된다(有眚). 모험을 강행하는 것은 이롭지 않다.

효사 初九: 无妄。往, 吉。

망령됨이 없다. 코스모스를 박차고 카오스로 나아간다. 망령되지 않게 모험을 시작하니 길하다.

六二: 不耕穫, 不菑畬。則利有攸往。

애써 밭을 갈지도 않았는데 수확을 얻으며, 개간하지도 않았는데 기름진 좋은 밭을 갖게 된다. 자연스럽게 시운이 따른다. 나아감에 이로움이 있다.

六三: 无妄之災。或繫之牛, 行人之得, 邑人之災。예상치 못한 재난이 다가온다. 어떤 사람이 읍내 한가운데 소를 묶어놓았다. 지나가던 여행자가 몰래 그 소를 가져가 버린다(行人之得). 황당하게도 그 도난사건의 혐의를 읍내에 있던 六三이 뒤집어쓴다. 본인에게 전혀 허물이 없는 재난이다. 무망无妄이 모두 좋은 결과만을 가져오는 것은 아니다.

九四: 可貞。无咎。강건하고 사심이 없다. 점을 칠 만하다. 앞날을 물으면 허물이 없다.

九五: 无妄之疾。勿藥有喜。

中正의 강건한 몸을 지니고 있다. 예기치 못한 병을 얻는다. 약을 쓰지 않아도 스스로 병이 물러나 오히려 기쁨이 있게 된다.

上九: 无妄, 行, 有眚。无攸利。

上九 본연의 자세는 무망无妄이다. 건乾☰의 종국이므로 원칙으로 전환하는 계기가 온다. 이러한 시기에 새로운 어드벤쳐를 시도하면 재앙이 따른다. 이로울 바가 없다.

26 건하乾下 간상艮上 산천 대축 大畜

큰 것으로써 큰 것을 멈추게 한다. 큰 축적

대상 象曰: 天在山中, 大畜。君子以多識前言往行, 以畜其德。

하늘이 산 속에 온축되어 있는 형상이 대축괘의 형상이다. 군자는 이 상을 본받아, 성현들의 앞서 한 말과 행적을 다양하고 자세하게 살피어, 자신의 덕을 온축해 나간다.

괘사 大畜, 利貞。不家食, 吉。利涉大川。

대축은 강건독실하고 그 휘광이 날로 새로워지고 있으니 점을 치기에 좋은 분위기이다. 대축의 혜택을 받고 있는 대인은 집안에서 밥을 먹고 있으면 안된다. 천하를 위하여 천하의 밥을 먹어야 한다. 가식家食을 하지 않으면 길하다. 대천大川을 헤쳐 나가는 모험을 결행하는 것이 이롭다.

효사 初九: 有厲。利已。

나아가려고 하지만 위태로운 상황에 많이 봉착할 것이다. 멈추는 것이 이로울 것이다.

九二: 輿說輹。수레가 복(복토: 바퀴축을 수레몸통에 연결시키는 장치)으로부터 벗어났다. 수레는 전진할 수 없다. 자신의 중용의 덕을 지키고 심화시키면서 때를 기다린다.

九三: 良馬逐。利艱貞。日閑輿衛, 利有攸往。천리마가 도망가는 적을 뒤쫓아 질주하는 모습과도 같다. 질주는 위험에 빠진다. 이 간난의 시점에는 점을 치는 것이 이롭다. 나는 왜 이렇게 미친 듯이 달려가고 있는가? 생각을 바꾸어 매일매일 차분하게 수레몰이와 호위무술을 연마하라. 정도를 익히면 모험을 감행하여도 실패하는 일이 없으리라.

六四: 童牛之牿, 元。吉。六四는 어린 소에게 곡牿을 씌우는 방식으로 사람들을 교육시킨다. 원천적이고 보편적인 방법이다. 길하다.

六五: 豶豕之牙。吉。멧돼지의 이빨을 정면으로 상대하기는 어렵다. 멧돼지를 거세함으로써 그 이빨을 못 쓰도록 하는 유화정책을 쓴다. 六五의 정치는 길하다.

上九: 何天之衢! 亨。아~ 얼마나 아름다운 무애無碍의 하늘의 거리인가! 축지畜止의 완성은 더 이상 억제할 필요가 없는 경지이다. "구衢"는 새가 자유롭게 날아다니는 천로天路의 모습. 다같이 하늘에 제사를 지내자(亨).

27 ䷚ 진하震下 간상艮上 산뢰 이 頤 턱, 씹음, 기름

대상 象曰: 山下有雷, 頤。君子以愼言語, 節飮食。

산 아래 우레가 있다. 그 모습이 이괘의 형상이다. 군자는 이괘를 본받아 입에서 나가는 언어를 신중하게 하고, 마시는 것과 먹는 것을 절제한다.

괘사 頤, 貞, 吉。觀頤, 自求口實。

턱은 존재의 근원이다. 먹어서 기르는 것에 관하여 점을 치는 것은 길하다. 턱을 투시한다는 것은 입에 채우는 것으로써 스스로 무엇을 추구하는지를 통찰하는 것이다.

효사 初九: 舍爾靈龜, 觀我, 朶頤。凶。

그대는 영험스러운 거북과도 같은 그대 자신의 덕성을 망각하고, 나(타자, 六四)를 보자마자 아래턱을 늘어뜨리고 침을 질질 흘리며 먹을 것을 탐하는구나! 흉하다.

六二: 顚頤, 拂經。于丘, 頤。征, 凶。어린 사람에게 거꾸로 길러지기를 바라는구나! 상식에 어긋난다. 언덕(上九)에서 길러지기를 바라는구나! 그렇게 무리한 시도를 하는 것은 흉한 일이다.

六三: 拂頤。貞, 凶。十年勿用。无攸利。그대의 행동양식이 씹음, 먹음, 기름의 기본적 모랄에 위배된다. 점을 치면 흉하다. 이런 자들은 10년 정도는 활동하지 않으면서 드러나지 않는 것이 좋다. 지금 활동하는 것은 이로울 바가 없다.

六四: 顚頤。吉。虎視眈眈, 其欲逐逐, 无咎。거꾸로 길러지기를 바라는 것도 길하다. 대신이 아래의 현자의 도움을 얻는 것이기 때문이다. 호시탐탐하듯이 권위 있게 행동하라. 정의로운 바램들을 계속 성취시켜라. 허물이 없을 것이다.

六五: 拂經。居貞, 吉。不可涉大川。무위의 실력자 上九에게 민중의 돕는 일을 부탁한다. 상식에 어긋나지만(拂經), 민중을 위한 고육지책이므로 포폄의 대상이 아니다. 편안한 삶의 자세 속에서 점을 치면 길하다. 대천을 건너는 짓은 하지 않는 것이 좋다.

上九: 由頤。厲, 吉。利涉大川。천하사람들이 上九에 의지하여 구원을 얻는다. 上九의 여로에는 위태로운 일이 많다. 결국은 길하다. 최상위의 강사로서 반빈구제의 실력을 발휘한다. 대천大川도 별 지장 없이 건널 수 있다.

28 ䷛ 손하巽下 태상兌上 택풍 대과 大過

크게 지나침, 양이 너무 쎄다

대상 象曰: 澤滅木, 大過。君子以獨立不懼, 遯世无悶。

연못이 나무를 잠기게 하고 있다. 홍수가 나서 연못이 나무를 침몰시킨다. 이러한 격동의 시대가 대과의 모습이다. 군자는 대과의 모습을 본받아 홀로 서도 두려움이 없고(범인의 수준을 크게 지나치는 모습), 세상을 등지고 은둔하여도 답답함이 없다(크게 지나침의 덕성이 없으면 못하는 일이다).

괘사 大過, 棟橈。利有攸往。亨。

크게 지나쳤다. 마룻대가 휘었다. 양효가 가운데로 4개가 모였다. 크게 지나친 것은 크게 대처해야 한다. 큰일을 벌여도 이利가 있다. 하느님께 제사를 올릴 만하다.

효사 初六: 藉用白茅。无咎。

깨끗한 띠풀로써 깔아, 지극한 정성을 다한다. 허물이 없다.

九二: 枯楊生稊。老夫, 得其女妻。无不利。

말라빠진 버드나무에 새순이 돋는다. 늙은 남자가 어린 처녀를 부인으로 얻는 것과도 같다. 이롭지 아니할 것이 없다.

九三: 棟橈。凶。마룻대가 불쑥 올라 휘었다. 보수도 불가능. 붕괴할 수도 있다. 흉하다.

九四: 棟隆, 吉。有它, 吝。

마룻대가 튼실하다. 길하다. 불필요하게 타자가 와서 돕는다. 긁어 부스럼이다. 애석한 사태가 발생한다.

九五: 枯楊生華。老婦得士夫。无咎无譽。

과강過剛의 극점. 말라빠진 버드나무 가지에 꽃이 핀다. 늙은 여자가 젊은 서방을 얻는 것과도 같다. 허물은 없겠지만 명예로울 일도 없다.

上六: 過涉滅頂, 凶。无咎。

위난을 당했을 때 움츠리지 않는다. 시대의 격류 속에 과감하게 몸을 던져 헤쳐 나간다. 그러나 결국 격류 속에 파묻히고 만다. 흉하다. 그러나 이상을 위해 몸을 던졌기에 위대하다고 말해야 한다. 허물이 없다.

29 ䷜ 감하坎下 감상坎上 중수 감 坎 물, 끊임없는 험난, 구렁텅이

대상 象曰: 水洊至, 習坎。君子以常德行, 習敎事。

물이 넘쳐흐르는 모습이 끊임없이 중첩되는 상이 습감괘의 모습이다. 군자는 이러한 감괘의 형상을 본받아, 도덕적인 행위를 항상스럽게 행하고, 사람을 교화시키는 일을 반복적으로 실천한다.

괘사 習坎, 有孚。維心亨。行, 有尚。

간난이 거듭되는 모습 속에 우주적 성심誠心을 지닌 진실한 자들이 있다(有孚). 오직 마음속에서 우러나는 제사를 지내라(維心亨). 험난 속에 전진하라! 뭇사람들이 그대를 존경하리라.

효사 初六: 習坎。入于坎窞。凶。간난의 구렁텅이가 중첩되는 고난에 처했다. 제일 깊은 구렁텅이에 빠졌다. 꺼내줄 사람도 없다. 흉하다. 절망이다!

九二: 坎有險, 求小得。

험난의 한가운데 있고, 또다시 험난이 기다리고 있다. 강건하고 중용의 덕이 있다. 절망하지 않고 스스로의 생존을 모색한다(求). 스스로 구할려고 노력하니 작은 소득은 있을 것이다(小得).

六三: 來之坎坎。險且枕(沈)。入于坎窞。勿用。

와도(來) 가도(之) 험난! 진퇴양난의 고뇌 속에 위험은 깊어만 간다. 발버둥 칠수록 더 깊은 구렁텅이로 빠질 뿐이다. 에너지를 낭비하지 말라. 조용히 탈출의 때를 기다려라!

六四: 樽酒, 簋貳, 用缶。納約自牖。終无咎。

대신은 군주에게 한 호로의 약주, 한 그릇의 밥, 한 그릇의 찬을 질박한 그릇에 담아 바친다. 군주방에 달린 작은 창문을 통해 바친다. 끝내 허물이 없다.

九五: 坎不盈。祇既平。无咎。함몰된 구렁텅이가 너무 깊어 다 채워지지 않았다. 그래서 범람하지는 않지만 구렁텅이를 벗어나는 것도 아직 어렵다. 그러나 모래가 쌓여 기의 같은 평면에 이르렀다. 강건중정의 덕성으로 간난에 잘 대처하여 곧 벗어날 것이다. 허물이 없다. 희망이 보인다.

上六: 係用徽纆, 寘于叢棘。三歲不得。凶。간난을 초래한 주범. 두꺼운 밧줄로 묶어라. 가시나무숲 속에 있는 감옥에 가두어라. 3년 내로 석방해서는 안된다. 흉하다!

30 ䷝ 리하離下 리상離上 중화 리 離 불, 붙음. 밝음

대상 象曰: 明兩作, 離。大人以繼明, 照于四方。

밝음이 겹쳐 오르는 모습이 리괘이다. 대인은 리괘를 본받아 태양의 밝음과도 같은 자신의 밝음을 계속 이어나가고, 그 덕의 빛을 천하사방에 구석구석 비춘다.

괘사 離, 利, 貞, 亨。畜牝牛。吉。

리괘는 불어 이롭고(利), 불어 하느님께 물어보고(貞), 불어 제사지낸다(亨)는 것을 상징한다. 문명의 밝음은 암소를 기르는 것과도 같다. 길하다.

효사 初九: 履錯然。敬之。无咎。

발자국이 어지럽다. 타오르는 기세가 너무 강렬하다. 공경하는 자세를 회복하여라. 허물이 없다.

六二: 黃離。元吉。

황색(중용의 색)에 붙어 타오른다. 근원적으로 길하다.

九三: 日昃之離。不鼓缶而歌, 則大耋之嗟。凶。

해가 기우는데 붙고 있다. 석양에 붙으면 지고 만다. 그러나 석양은 영원한 끝이 아니고 화려한 황혼이 있다. 그 아름다운 황혼을 북을 두드려가며 노래하지 않는다면 크게 늙어감에 대한 탄식밖에 남는 것이 없다. 흉하다.

九四: 突如, 其來如! 焚如, 死如, 棄如。

조폭燥暴한 인물! 갑자기 두 태양 사이로 끼어든다. 돌연하다! 그 옴이여! 그 몸이 불타고 생명을 잃는다. 그 사체는 버려지고 아무도 돌보지 않는다.

六五: 出涕沱若。戚, 嗟若。吉。

허약한 군주. 응효도 없다. 진실로 눈물을 흘린다. 그의 뺨에 눈물이 죽죽 흘러내린다. 나라의 운명을 걱정한다. 진실한 탄식에 이른다. 길하다.

上九: 王用出征。有嘉, 折首。獲匪其醜。无咎。

명찰明察과 과단果斷의 화신인 上九의 힘을 빌려 군주(六五)는 함께 출정에 나선다. 승리한다. 나라를 어지럽힌 괴수 한 명만을 참수한다. 전쟁에 승리한다는 것은 졸병 대중을 주살하기 위한 것이 아니다. 괴수만을 처단하고 나머지는 생업에 돌아가게 해야 한다. 허물이 없다.

31 ䷞ 간하艮下 태상兌上 택산 함 咸

느낌, 감응, 느낌의 다양한 차원들

대상 象曰: 山上有澤, 咸。君子以虛受人。

산 위에 연못이 있는 것이 함괘의 모습이다. 그 연못은 산이 자기를 비움으로써만 유지된다. 군자는 함괘를 본받아 허虛로써 타인들을 포용한다.

괘사 咸, 亨, 利, 貞。取女, 吉。

모두가 모두를 느끼는 느낌이 충만한 함괘, 형, 리, 정의 3덕이 구비되어 있다. 원元만 없다. 부인을 얻거나 며느리를 얻거나 혼인의 거사는 모두 길하다.

효사 初六: 咸其拇。

엄지발가락만의 느낌으로 앞으로 나아간다.

六二: 咸其腓, 凶。居, 吉。

장딴지의 느낌으로 걸어간다. 흉하다. 서두르지 않고 평온하게 기다리면 길하다.

九三: 咸其股。執其隨。往, 吝。

허벅지의 느낌에 의거하여 앞으로 나아가려 한다. 결국 엄지발꼬락과 장딴지가 느끼는 것을 따라가는 데 집착할 뿐이다. 앞으로 나아가면 후회할 일만 남는다.

九四: 貞, 吉。悔, 亡。憧憧往來, 朋從爾思。

종합판단을 할 수 있는 심장의 자리. 무심하게 점을 치면 길하다. 후회스러운 일도 사라진다. 동동 발을 구르며 설왕설래하고 있구나! 친구들이 너의 생각만을 따른다. 너는 고립될 것이다. 동귀일체의 개방으로 나아가라!

九五: 咸其脢。无悔。

뒷태의 느낌으로, 편견 없는 무덤덤한 자세로 세상을 헤쳐 나간다. 中正의 기품을 잃지 아니하니 후회할 일이 없다.

上六: 咸其輔頰舌。

윗턱 뺨, 혀의 느낌을 느끼며 살아간다. 언어기관은 결국 교언영색에 지나지 않는다.

32 ䷟ 손하巽下 진상震上 뢰풍 항 恆 지속, 항상성

대상 象曰: 雷風, 恆。君子以立, 不易方。

우레와 바람은 항상 같이 간다. 우레와 바람은 움직이는 속에서도 만물을 소통시키고 생장시킨다. 그 모습이 항괘의 상이다. 군자는 이 항괘의 상을 본받아 비바람 속에서도 굳건히 주체적으로 서 있는다. 인생의 방향을 함부로 바꾸지 않는다.

괘사 恆, 亨。无咎。利。貞。利有攸往。

항괘는 변화 속의 지속을 말한다. 제사를 지내어 이 아름다운 균형을 찬미하여라! 허물이 없다. 매사에 수확이 있다. 그대의 미래에 관하여 물음을 던져라(貞). 새로운 길을 개척함에 이로움이 있다.

효사 初六: 浚, 恆。貞, 凶。无攸利。

새로 시집온 기가 쎈 여인이다. 매사에 슬기롭지 못하게 깊게 파고든다. 그러한 자세를 항상스럽게 한다. 이 여인에 관해 점을 쳐보면 흉한 신탁이 나온다. 이로울 것이 없다. 결혼의 시작은 가벼워야 한다. 서서히 알아가는 것이다.

九二: 悔亡。중용의 덕성에 들어맞는다. 후회가 사라진다.

九三: 不恆其德。或承之羞。貞, 吝。

한번 품은 좋은 덕성을 지속시키지 못한다. 그로 인하여 사람들로부터 치욕을 당하기 쉽다. 점을 치면 후회스러운 결과가 나올 것이다.

九四: 田, 无禽。사냥을 열심히 하지만 짐승을 잡지 못한다. 不中不正한 고관. 백성을 못살게 굴고 힘으로 복속시키려 하지만 백성이 복종치 않는다.

六五: 恆其德。貞。婦人吉。夫子凶。

유순하고 정의롭다. 그는 덕을 항상스럽게 지킨다. 六五는 물음의 주체가 될 수 있다(貞). 그러나 六五의 미덕은 어디까지나 유순과 양보의 덕이다. 부인의 입장에서는 길하지만 남편의 입장에서 보면 흉할 수도 있다. 남편은 과단강결果斷剛決해야 한다.

上六: 振, 恆。凶。음유하다. 굳건하게 항구의 도를 지키지 못한다. 떨쳐버리고 튕겨나갈 생각만 한다. 그런 자세를 항상스러운 삶의 태도로 삼으니 흉할 수밖에 없다.

33 ䷠ 간하艮下 건상乾上 천산 둔 遯 은둔, 물러남의 지혜

대상 象曰: 天下有山, 遯。君子以遠小人, 不惡而嚴。

하늘 아래 산이 있는 모습이 둔괘의 상이다. 군자는 둔괘의 모습을 본받아 소인들을 멀리한다. 그렇다고 소인들을 증오할 필요는 없다. 증오치 아니하면서도 그들을 엄정하게 비판한다.

괘사 遯。亨。小利貞。

은둔의 형국이다. 은둔하여 홀로 하느님께 제사를 지내고 하느님과 소통하는 삶을 살아라. 은둔한 산은 하늘 아래 산이다. 시운의 대국은 물러날 시기임이 분명하지만 작은 사건에 있어서는 모든 것이 정의롭게 잘 흘러가고 있다. 작은 일에 관해서는 점을 치면 이로움이 있다.

효사 初六: 遯尾。厲。勿用有攸往。

미적미적하다가 은둔한 것이 꼴찌가 되었다. 그래서 위험에 노출된다. 이럴 때는 나아갈 생각을 하지 말고 조용히 자리를 지키는 것이 좋다.

六二: 執之用黃牛之革。莫之勝說。

그것을 묶음에 견고한 황소가죽으로써 한다. 은둔의 의지를 굳게 한다. 아무도 그 견고한 의지를 풀지 못한다.

九三: 係遯。有疾, 厲。畜臣妾, 吉。

은둔할 의지는 확고하나 여러 사정에 연루되어 걸리는 일이 많다. 꼭 병에 걸려 모든 것이 위태롭게 되는 것과도 같다. 이럴 때는 관직의 업무에서 벗어나 가정을 보살피는 데 전념하는 것이 좋다. 그리하면 길하다.

九四: 好遯。君子吉, 小人否。사정에 이끌리지 않고 즉각 은퇴해 버린다. 아름답게 은둔한다. 군자에게는 더없는 길운이지만 소인은 훌륭한 은둔을 해내지 못한다.

九五: 嘉遯。貞, 吉。양강하며 中正을 얻고 있으며 六二와도 상응한다. 지상 최고의 인물이다. 표표하게 세정을 절연하고 아무런 흔적을 남기지 않는다. 하느님께 묻는다. 길하다.

上九: 肥遯。无不利。여유롭게 은둔한다. 이롭지 아니할 것이 아무 것도 없다.

34 ䷡ 건하乾下 진상震上

뢰천 대장 大壯

큰 것(양)의 융성, 그 부작용

대상 象曰: 雷在天上, 大壯。君子以非禮弗履。

우레가 하늘 위에 있는 형상이 곧 대장괘의 형상이다. 군자는 이 대장괘의 모습을 본받아 삶의 태도에 있어서 예가 아니면 밟지 않는다. 예를 실천함으로써 대장의 인간이 된다.

괘사 大壯。利。貞。

양의 세력이 강성하다(大壯). 군자가 소인을 몰아내어 정의가 득세하는 시기이니 매사가 이롭다. 하느님의 의지를 물어라(貞).

효사 初九: 壯于趾。征, 凶。有孚。

발에 왕성한 기운이 돈다. 발의 왕성한 기운만 믿고 앞으로 나아가면 반드시 흉하다. 그대는 아직 성숙하지 않았다. 약속을 이행하는 성실함으로 일관하는 것이 좋다(有孚).

九二: 貞, 吉。대장괘에서는 正을 얻고 있는 효가 운세가 좋지 않다. 바탕 자체가 대장하기 때문이다. 九二는 不正하나 중용을 지니고 있다. 하느님께 물어라. 길하다.

九三: 小人用壯, 君子用罔。貞, 厲。羝羊觸藩, 羸其角。

소인은 九三의 무모하게 장성한 기운을 즐겨 쓸 것이다. 군자는 그런 장성한 기운을 쓰지 않는다. 중용을 벗어나 있고 돌진하기만을 좋아하기에 하느님께 물음을 던지면 모두 상서롭지 못한 것으로 돌아온다. 들이받기를 좋아하고 강성한 숫양이 탱자나무 울타리를 들이받아 그 뿔이 걸려 고생하는 모습과도 같다.

九四: 貞, 吉。悔亡。藩決不羸。壯于大輿之輹。점을 치면 오히려 길하다. 후회스러운 분위기가 싹 사라진다. 가시울타리가 터져서 뿔이 걸려 고통받은 곤혹스러움이 없다. 큰 수레의 복토가 장성하다. 수레바퀴가 잘 굴러가고 있다.

六五: 喪羊于易。无悔。밭의 변경에서 숫양을 잃어버렸다. 장壯의 심볼이 사라졌다. 오히려 속이 후련하다. 후회할 일이 없다.

上六: 羝羊觸藩, 不能退, 不能遂。无攸利。艱則吉。숫양은 탱자나무 울타리를 들이박는다. 후퇴할 능력도 없고, 빠져나갈 힘도 없다. 진퇴양난이다. 이로울 바가 없다. 운명에 저항하지 말고 그 간난을 견뎌낼 생각을 하라. 머지않아 희망이 보일 것이다.

35 ䷢ 곤하坤下 리상離上 화지 진晉 나아감, 떠오르는 태양

대상 象曰: 明出地上, 晉。君子以自昭明德。

밝음이 땅 위로 솟는 형상이 진괘의 모습이다. 군자는 진괘의 모습을 본받아 스스로 자신에게 구유되어 있는 밝은 덕을 밝게 한다.

괘사 晉, 康侯用錫馬蕃庶。晝日三接。

태양이 솟아오르는 모습이다. 나라를 강녕하게 만든 제후들(康侯: 보통명사)이 태양과도 같은 천자를 알현하여 말 여러 마리(蕃庶)를 하사받고, 또 주간에 세 번이나 천자를 직접 뵙는 은혜를 입는다.

효사 初六: 晉如摧如。貞, 吉。罔孚, 裕, 无咎。

나아가려고 하면 좌절이 된다. 점을 쳐보면 길하다. 전체적인 전망은 밝다. 신임을 얻지 못한다 할지라도 여유롭게 기다리면(裕) 허물이 없다. 정의로운 역사의 세력은 꾸준히 앞으로 나아간다.

六二: 晉如愁如。貞, 吉。受玆介福于其王母。

나아가려고 애쓰고 있다. 쉽게 길이 열리지 않는다. 비애로운 느낌이 든다(愁如). 대세를 점쳐 보면 그의 전도는 길하다. 큰 복(介福)을 할머니에게 받을 것이다(王母=祖母).

六三: 衆允。悔亡。땅 위의 동지들이 그를 신뢰한다. 대중과 함께 현상現狀을 타파하려 했다는 사실이 중요하다. 후회할 일은 남지 않는다.

九四: 晉如, 鼫鼠。貞, 厲。잘도 올라갔구나! 들쥐같이 야비한 대신놈아! 네 인생에 관해 점을 쳐보아라! 위태로운 운세만 너를 기다리고 있으리라(厲)!

六五: 悔亡。失得勿恤。往, 吉。无不利。

떠오르는 태양의 중앙에 있는 존위의 대덕. 결코 후회스러운 일은 일어나지 않는다(悔亡). 잃을까 얻을까, 득실을 개의치 말라! 개의치 않고 정도로 나아가면 길하다. 불리할 것이 없다.

上九: 晉其角。維用伐邑。厲, 吉。无咎。貞, 吝。

나아감이 그 뿔에까지 이르렀다. 양강한 기운을 내부로 돌린다. 영지 내의 질서를 어지럽히는 세력을 토벌한다. 위태로운 정황도 있지만 끝내 길하다. 허물은 없다. 그러나 하느님께 물어 보면 마음에 꺼림칙한 느낌은 남는다. 무력을 사용하여 내부인을 평정했기 때문이다.

36 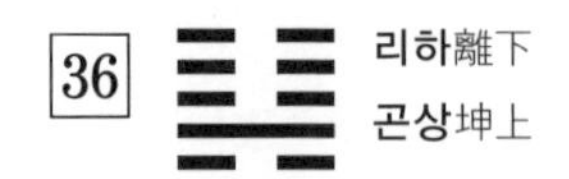 리하離下 곤상坤上

지화 명이 明夷

상처받은 밝음, 어둠의 시대, 총명을 숨겨야 할 때

대상 象曰: 明入地中, 明夷。君子以涖衆, 用晦而明。

밝음이 땅속으로 들어가 그 밝음이 가려진 모습이 명이괘의 모습이다. 군자는 명이괘의 모습을 본받아 민중에 임한다. 그리고 자신의 지혜를 흐리게 만들어 오히려 빛나게 한다.

괘사 明夷。利艱貞。

밝음이 상처받고 있다. 간난의 시대 속에서 정의롭게 물음을 던져가며 헤쳐나가면 이롭다.

효사 初九: 明夷于飛, 垂其翼。君子于行, 三日不食。有攸往, 主人有言。

밝음이 상처받아 어두울 때, 날고 또 난다. 조용히 날개를 늘어뜨리고. 군자는 가고 또 간다. 사흘 동안이나 먹지도 못했다. 그래도 강행군을 한다. 여관집 주인이 이 군자의 감지한 바를 알아차리지 못하고 잔소리를 한다.

六二: 明夷。夷于左股。用拯馬壯, 吉。

밝음이 해침을 당함이 점점 깊어 간다. 해침을 당했으나 좌측 허벅지에 상처 입는 것으로 그쳤다. 걷기 곤란하다. 이때 그를 구원하는 말이 나타난다. 그 말이 아주 건장하다. 길하다.

九三: 明夷。于南狩, 得其大首。不可疾, 貞。밝음이 해침을 당하고 있다. 남방을 향해 암흑을 퍼뜨리고 있는 악의 근원을 정벌하러 간다. 남수의 목적은 그 흉악한 괴수를 잡아 처단하는 것이다. 하느님께 묻는다. 하느님은 말씀하신다: "함부로 속단하여 질속하게 처단하면 안된다. 혁명은 온 민중의 갈망이 모아지는 때를 타야 한다."

六四: 入于左腹。獲明夷之心。于出門庭。

밝음의 해침이 깊어만 가고 있다. 암흑의 원흉의 좌복(속마음)으로 들어간다. 밝음을 해치는 그 깊은 속셈을 확실하게 파악한다. 이 자의 마음을 개오시켜 다시 밝은 세상을 만든다는 것은 불가능하다. 즉각 이 자의 문정門庭을 나와야 한다.

六五: 箕子之明夷。利貞。그 사람(箕子=其子)은 밝음을 흐리고 총명을 숨긴다. 미래에 관해 물음을 던진다. 이로운 일만 있다.

上六: 不明, 晦。初登于天, 後入于地。천자를 상징하는 자리. 처음 등극할 때는 하늘 높이 승천이라도 할 듯한 밝은 기세였다. 그러나 그에게는 밝음이 없었다. 그 인간의 본질이 어두웠다(晦). 민중은 외친다! 혁명이다! 혁명의 깃발 아래 그의 모가지가 떨어진다. 그의 시신은 땅속으로 들어간다(後入于地).

37 ䷤ 리하離下 손상巽上 풍화 가인 家人

가정의 도덕원리

대상 象曰: 風自火出, 家人。君子以言有物, 而行有恆。

바람이 불로부터 나오고 있는 모습이 가인괘의 상이다. 내면에서 축적된 밝은 덕이 밖으로 미치는 모습이다. 풍화의 근본이 가家요, 가의 근본이 몸身이다. 군자는 이 괘를 본받아 그 말씀에 실증적 근거(物)가 있게 하고, 행동에는 항상성이 있게 한다.

괘사 家人, 利女貞。

가정을 구성하는 사람들끼리 지켜야 할 덕성을 말하고 있는 괘이다. 여인이 주체적으로 가정을 리드하면서 하느님께 미래를 묻고 난관을 헤쳐가는 데 이로움이 있다.

효사 初九: 閑有家。悔亡。

가정을 이룬 초기부터 집의 법도를 잘 세운다("有"는 허사. "閑"은 "防"의 뜻. 수색문樹塞門을 의미하기도 한다). 후회할 일이 없어진다.

六二: 无攸遂。在中饋。貞, 吉。중정의 품덕을 지닌 부인. 독단적으로 매사를 완수해 버리는 짓을 하지 않는다. 집안에서 음식을 만들어 가정의 화목을 이룬다. 가정의 미래에 관해 끊임없이 기도한다. 점으로써 주도권을 잡는다. 길하다.

九三: 家人嗃嗃。悔厲, 吉。婦子嘻嘻, 終吝。융통성 없는 엄부嚴父. 너무 엄격한 룰을 세워 집안사람들을 다룬다. 집안사람들이 삼복더위에 숨을 헉헉 내쉬듯이 고통스러워 한다(嗃嗃). 그대의 엄격성을 반성하라! 그리하면 집안에 길운이 찾아오리라!

이와는 반대로, 남자의 규율의 구속이 없어 엄마와 아들이 하루종일 히히덕거린다. 끝내 후회할 일만 생긴다. 자애와 엄격은 공존해야 할 집안의 덕성이다.

六四: 富家。大吉。훌륭한 부인은 집안을 부유하게 만든다. 크게 길하다.

九五: 王假有家。勿恤, 吉。왕이면서도 자기 집안사람들을 감격시킨다("격假," 집안사람들을 감격시킨다). 집안에 정을 쏟다가 나라 망해 먹을 그리한 정횡은 걱정할 필요 없다(勿恤). 가정을 잘 다스리는 훌륭한 인품의 왕은 천하를 잘 다스릴 수 있다. 걱정 없다. 길하다.

上九: 有孚威如, 終吉。성실과 아낌(有孚), 위엄과 형식적 질서(威如). 이 양자가 상생할 때 가정은 최상의 가치를 발한다. 끝내 길하다.

38 ䷥ 태하兌下 리상離上 화택 규 睽 반목, 괴리, 어긋남

대상 象曰: 上火下澤, 睽。君子以同而異。

위에 불 ☲ 이 있고 아래에 못 ☱ 이 있어 서로 용납 못하는 모습이 규괘의 상이다. 군자는 규괘를 본받아 대세의 비젼에 관하여 동질성을 유지한다 해도 자기의 삶의 자세에 관해서는 유니크한 이질성을 고수한다.

괘사 睽, 小事, 吉。

어긋나고 있다. 큰일을 하는 것은 불가不可하지만, 작은 일에 있어서는 다중의 획일적 일치가 필요 없고, 각자 개성 있게 각자의 길을 가는 것이 좋기 때문에, 길하다.

효사 初九: 悔亡。喪馬, 勿逐。自復。見惡人, 无咎。괴리의 초기단계. 어차피 우리 인생은 반목과 괴리가 없을 수 없다. 후회가 있기 마련이나 그런 일이 일어나지 않았다(悔亡). 괴리의 시기이기 때문에 만나야 할 사람이 등을 돌리고 등 돌려야 할 사람이 만날 수도 있다. 오묘한 소통이 이루어진 것이다. 말이 도망가버렸다(사랑하는 그 무엇을 잃는다는 뜻). 쫓지 마라. 스스로 돌아오게 되어있다. 미워하는 사람을 만나라. 허물이 없을 것이다. 괴리의 시대의 아이러니.

九二: 遇主于巷。无咎。

군위君位에 있는 자를 평범한 뒷골목에서 우연히 맞닥뜨린다. 허물이 있을 수 없다.

六三: 見輿曳。其牛掣。其人天且劓, 无初有終。이상을 향해 떠나는 수레가 뒤에서 끌림을 당한다. 앞의 소도 저지당한다. 수레의 주인은 붙잡혀 이마에 문신을 당하고 코를 베이는 형을 당한다. 초기에는 악운이 가득하지만 결국 유종의 미가 있다.

九四: 睽孤。遇元夫。交孚。厲, 无咎。괴리 속에 고독하다. 괴리의 시대에는 평소 교감할 수 없는 사람을 만난다(遇元夫). 진심의 교감이 이루어진다. 위험이 닥칠수록 오히려 허물이 없다.

六五: 悔亡。厥宗, 噬膚。往, 何咎。

후회할 일이 많이 생길 수밖에 없는데도 생기지 않는다. 같은 기질의 친구들이 주변에 모여들어 돕는다. 부드러운 돼지고기를 같이 먹는다. 의기투합하니 모험하면 무슨 허물이 있겠는가?

上九: 睽孤。見豕負塗。載鬼一車。先張之弧, 後說之弧。匪寇, 婚媾。往遇雨, 則吉。괴리 속에 고립되어 있다. 시의심이 가득하다. 자기를 향해 오는 수레의 소가 진흙구덩이에서 뒹구는 돼지처럼 보인다. 수레는 귀신을 가득 실은 것처럼 보인다. 피해망상에 걸린 上九는 활을 당긴다. 수레가 가까이 오자 착각이었음을 안다. 활줄을 느슨하게 놓는다. 적대세력이 아니라, 자기와 혼인하기 위해서 오는 신부임을 깨닫는다. 이들은 새로운 인생의 모험을 떠난다. 비를 만난다. 음양이 화합하는 만물의 소생을 상징한다. 길하다.

39 간하艮下 감상坎上 수산 건 蹇

절름발이, 전진하지 못하고 곤경에 빠짐

대상 象曰: 山上有水, 蹇。君子以反身脩德。

산 앞에 물이 있는 모습이 건괘의 상이다. 뒤에는 높은 산이 있고 앞에는 큰 물이 있으므로 나아가기 힘들다. 군자는 이 상을 본받아 일보 뒤로 물러나 자기자신을 반성하고, 덕을 쌓는다.

괘사 蹇, 利西南, 不利東北。利見大人。貞, 吉。

건괘는 간난험저艱難險阻가 앞을 가로막고 있어 전진이 곤란하다. 이 곤란을 벗어나기 위해서는 서남쪽의 평평한 땅을 향해 가는 것이 유리하다. 동북쪽의 산악지대를 향해 가는 것은 이롭지 않다. 대인을 만나는 것이 이롭다. 고난 속에서는 변절하지 않는 것이 중요하다. 하느님과 소통하면서 정도를 고수하면 길할 것이다.

효사 初六: 往蹇, 來譽。

올라가면 간난에 빠지고 내려오면 명예를 얻는다. 初六의 래來는 결국 제자리에 가만히 있는 것이다. 전진만 알고 멈춤을 모르는 삶과 문명은 파멸로 귀결된다.

六二: 王臣蹇蹇。匪躬之故。왕의 신하로서 왕을 구출하기 위해 간난 속에서도 모든 힘을 쏟고 있다. 이러한 헌신의 노력은 나 하나의 몸뚱이를 위함이 아니다.

九三: 往蹇, 來反。올라갈수록 간난의 상황에 겹겹이 둘러싸이게 된다. 생각을 돌려 제자리로 돌아온다. 아래에서 힘을 합치는 것이 오히려 더 유리하다.

六四: 往蹇, 來連。

正을 얻고 있는 정의로운 인물. 위로 올라가면 곤경만이 닥칠 뿐이다. 아래로(하괘) 내려오면 오히려 동지들과 연합할 길이 생긴다. 삶의 혁명부터 실천하고 때가 차면 나아가라!

九五: 大蹇。朋來。건 전체의 상징이며 중심. 모든 품격을 지닌 훌륭한 천자. 크게 건난蹇難의 한가운데 빠져있다. 건괘의 모든 효들이 한마음으로 九五의 천자를 도와 국난을 극복하려 노력한다. 그래서 친구들이 온다고 했다(수평적 인간관).

上六: 往蹇, 來碩。吉。利見大人。왕往하려면 건蹇이 기다리고 있을 뿐이고, 내려오면 큰 인물을 만난다. 길하다. 上六과 九五의 합신의 노력은 대인을 만나는 것이 이롭다.

40 ䷧ 감하坎下 진상震上 뢰수 해 解 건난蹇難의 해체, 풀림

대상 象曰: 雷雨作, 解。君子以赦過宥罪。

우레와 비가 일어나는 모습이 해괘의 모습이다. 이때는 얼었던 것이 풀리고 만물이 소생한다. 군자는 이 해괘의 모습을 본받아 과실을 사면하고, 형기를 단축시킨다.

괘사 解, 利西南。无所往, 其來復吉。有攸往, 夙。吉。

간난이 풀리고 있다. 서남쪽으로(평평한 땅) 이利가 있다. 모든 것이 풀리는 시절에는 특정한 방향으로 나아갈 필요가 없다. 자기 본래의 위치로 돌아가는 것이 길하다. 나아가야 할 일이 있을 때는 조속히 결단해야 한다. 풀리는 시기에는 조속히 문제를 해결하는 것이 상책이다. 숙夙하면 길하다.

효사 初六: 无咎。간난이 풀리는 초기상태. 허물이 없다.

九二: 田獲三狐, 得黃矢。貞, 吉。

하괘의 중앙에 위치하는 중요한 인물. 六五와 응한다. 사냥을 나가 세 마리의 여우를 잡고, 또 여우 몸에 박혀있던 황동의 화살을 얻었다는 것은, 간신배를 제거하고 천자의 신임을 얻었다는 것을 의미한다. 미래를 점치면 길하다. 풀림의 방향이 잘 잡히고 있다.

六三: 負且乘。致寇至。貞, 吝。무리한 상승의 점프를 계속한다. 괴나리봇짐을 걸머진 꾀죄죄한 천민이 고관이 타고 다니는 삐까번쩍하는 수레를 타고 가는 것과도 같다. 도둑을 꼬이게 만들 뿐이다. 점을 치면 후회스러운 일만 있다.

九四: 解而拇。朋至, 斯孚。엄지발가락을 잘라버려라. 누적된 썩은 관계를 도려내야 한다. 소인들이 물러나고 혁명의 동지들이 그대에게 모이게 될 것이다. 서로 진심의 교감이 이루어지리라.

六五: 君子維有解。吉。有孚于小人。六五는 천자이며, 해괘의 주체이다. 이 해괘의 주체인 군자가 하는 일은 부당한 인물을 제거하는 일이다. 길하다. 사람을 바르게 해고했다고 하는 것은 떠나간 사람이 소인들이라고 하는 사실로써 입증되는 것이다.

上六: 公用射隼于高墉之上。獲之, 无不利。上六은 유순하며 정의롭다. 上六의 공公은 높은 담 위에서 불상응의 고위를 탐하여 날아드는 송골매를 쏘아 떨어뜨림으로써 해의 과업을 완수한다. 매를 제때에 잡으니 이롭지 아니함이 없다.

41 ䷨ 태하兌下 간상艮上 산택 손 損 덜어냄

대상 象曰: 山下有澤, 損。君子以懲忿窒欲。

산 아래에 못이 있는 것이 손괘의 모습이다. 못의 흙을 파내어 산을 더 높게 만드는 것이니, 자기 몸을 깎아 이상을 드높게 만드는 상이다. 군자는 이러한 손괘의 자기깎음을 본받아, 분노를 억제하고 사욕을 제압한다.

괘사 損, 有孚。元吉。无咎。可貞。利有攸往。曷之用。二簋可用。享。

아래를 덜어 위를 보태는 것에는 진실한 동기가 있어야 한다(有孚). 국가기반을 탄탄히 해야 한다. 원천적으로 길하고 허물이 없다. 점을 칠 만하다. 나아감에 이로움이 있다. 나아갈 때는 하느님께 제사를 지내야 한다. 제사음식은 무엇으로 할까? 화려하게 차리지 말라! 민중의 삶을 덜어 화려하게 신에게 바치면 안된다. 두 그릇의 제삿상이면 족하다. 하느님께서는 성실함을 감지하고 향수하실 것이다(享).

효사 初九: 已事遄往。无咎。酌損之。손은 아래를 덜어 위를 보태는 것이다. 자기를 덜어내어 어떤 일을 완수했다면 그 일의 공功에 머물지 말고 신속히 새 일을 찾아가라. 그리하면 허물이 없을 것이다. 자기를 덜어 위에 있는 자를 보태줄 때에는 자신의 사정을 잘 헤아려서 과·불급이 없이 하라(정이천 해석. 주희는 병 고치러 가는 테마로 해석).

九二: 利貞。征凶。弗損益之。

강인한 하괘의 중심. 자기의 미래에 관해 물으니 이로운 일만 있다(利貞). 비굴하게 자기를 꺾고 六五에게 나아가는 것은 오히려 흉운을 몰고 온다(征凶). 자신을 덜어내지 않고 자기자리에서 중용을 지킴으로써 오히려 六五를 보태주는 결과를 초래한다.

九三: 三人行, 則損一人。一人行, 則得其友。

세 사람이 가면 하나가 빠지는 것이 좋다. 홀로 가도 좋다. 친구를 얻기 때문이다.

六四: 損其疾。使遄, 有喜。无咎。

약해빠진 소인. 질병을 앓고 있다. 질병을 덜어내는 데는 初九의 도움이 절실하다. 빠를수록 좋다. 도덕적 결함을 극복하고 조력을 받아들이면 기쁜 일만 있게 된다. 허물이 없으리라.

六五: 或益之, 十朋之。龜, 弗克違。元吉。보탬을 받아야 할 일이 있으면 천하사람들이 모두 그를 도와준다. 영험한 거북도 다수의 공론을 이기지 못한다. 원천적으로 길하다.

上九: 弗損益之。无咎。貞, 吉。利有攸往。得臣, 无家。윗사람을 덜어내어 아랫사람에게 보태야 옳다. 그래야 허물이 없다. 점을 치면 길하다. 나아감에 이가 있다. 천하사람들이 모두 동지가 된다. 천하가 하나 되니 가家가 없다("천하위공"의 사상). 손의 궁극적 기준은 공公이다.

42 진하震下 손상巽上 풍뢰 익 益 보탬

대상 象曰: 風雷, 益。君子以見善則遷, 有過則改。

바람과 우레가 같이 있는 모습이 익괘의 상이다. 양자는 서로 도와가면서 세를 보탠다. 군자는 이 상을 본받아 타인의 선함을 보면 바람처럼 즉각 실천에 옮기고, 자신의 과실을 자각하면 번개처럼 즉각 고친다. 개과천선이야말로 나를 보태는 최선의 도리이다.

괘사 益, 利有攸往, 利涉大川。

上을 손하여 下를 보탠다. 안정적인 괘의 모습. 진취적으로 나아가는 것이 이롭다. 큰 물을 헤쳐 나가는 데 이利가 있다.

효사 初九: 利用爲大作。元吉。无咎。익괘의 분위기 속에서는 큰일(大作)을 도모하는 것이 이롭다. 원천적으로 길하다. 그러므로 과감하게 큰 일을 추진하는 것이 오히려 허물이 없다.

六二: 或益之, 十朋之。龜, 弗克違。永貞, 吉。王用享于帝。吉。

우레의 중심이며 동動의 중앙. 그를 보태주어야 할 일이 있을 때는 주변의 모든 친구들이 기꺼이 나선다. 이러한 대세의 흐름은 신묘한 거북점도 어기지 못한다. 보편적 주제에 관해 점을 쳐라! 길하다. 천자가 상제에게 향불을 피우는 것과도 같다. 길하다.

六三: 益之。用凶事, 无咎。有孚, 中行。告公用圭。六三을 도와주어야 할 어려운 상황이다. 오히려 흉사로써(환난으로써) 그를 돕는다. 허물이 없다. 성심성의로써 일을 처리한다. 중용의 도리를 행한다. 삼공三公에게 홀을 들고 도움을 요청한다.

六四: 中行。告公從。利用爲依, 遷國。중용의 미덕을 행한다(中行). 천하를 유익하게 만드는 사항을 군君에게 일일이 보고하고, 군으로 하여금 따르게 만든다. 상층권력자들도 협조하게 만들어 의지로 삼는다. 그리고 기층민중의 열망대로 수도를 옮기는 것이 이롭다.

九五: 有孚惠心, 勿問元吉。有孚, 惠我德。

이상적 덕성이 다 갖추어진 군주. 성실한 우주적인 마음과 타인에게 은혜를 베풀어 주고자 하는 마음의 소유자. 물어볼 것도 없이 원천적으로 길하다. 국운도 길하다. 국민들도 성실한 마음을 갖게 된다. 자기가 혜택받은 바를 남에게 베풀려는 자세가 있게 된다.

上九: 莫益之。或擊之。立心勿恆。凶。익괘는 上을 덜어 下를 보태주자는 도덕적 원리를 가진 괘다. 上九는 이러한 도덕을 철저히 파괴한다. 일체 보태려 하지 않는다. 민중은 그를 치려 한다. 통치자의 마음자세가 항상됨이 없다. 점점 횡포해진다. 흉하다.

43 ䷪ 건하乾下 태상兌上 택천 쾌 夬 결의, 결단, 거사의 결정

대상 象曰: 澤上於天, 夬。君子以施祿及下, 居德則忌。

연못이 하늘 위에 올라 있는 모습이 쾌괘의 모습이다. 군자는 쾌괘의 모습을 본받아 천하사람들에게 골고루 은택을 베풀려고 노력한다. 그러나 그 은택이 자기의 공로라고 생각하는 것을 금기로 여긴다.

괘사 夬, 揚于王庭。孚號, 有厲。告自邑。不利卽戎。利有攸往。

쾌괘는 오양五陽의 군자가 일음의 소인을 판결하여 잘라 내버리는 도를 설파한다. 천자의 마당으로 그(上六)를 끌어내어(揚于王庭), 성실하게 울부짖게 만든다. 위태로운 일도 많이 발생한다. 민중들이 각기 자기 읍에서 성토하게 만든다. 무력을 쓰는 것은 불리하다. 그러나 앞으로 나아가야 한다(利有攸往). 역사를 후퇴시켜서는 아니 된다.

효사 初九: 壯于前趾。往不勝。爲咎。

왕성한 기운이 앞발에 모여있다. 객기만 충만하여 용맹하게 직진하려 한다. 이런 식으로 거사를 도모하면 패배를 몰고 온다(往不勝). 허물을 짓는 일이다.

九二: 惕號。莫夜有戎。勿恤。

하괘의 중앙. 신중한 우환의식이 있다. 두려워하며 외친다. 야간에 돌연히 군사가 습격해 온다. 방비태세를 게을리하지 않았기에 걱정할 일은 일어나지 않는다.

九三: 壯于頄。有凶。君子夬夬。獨行遇雨。若濡有慍。无咎。

장성한 기운이 광대뼈에 몰려있다. 외골수의 기색으로 나아가면 흉사만 기다리고 있다. 그러나 九三의 군자는 쾌쾌한(결단성 있는 모습) 신념을 지니고 있다. 그러나 上六과는 유일하게 정응하는 사이다. 사랑하는 사이다. 홀로 간다. 비를 만난다. 몸이 젖어 부끄러운 기색이 도는 것처럼 보인다. 그러나 사정私情으로 대의를 어기는 일은 없었다. 허물이 없다.

九四: 臀无膚, 其行次且。牽羊, 悔亡。聞言, 不信。 칩거하자니 궁둥이에 살이 없어 편히 앉아있지도 못하고 앞으로 가는 것도(其行) 용맹스럽게 전진하지 못한다(次且). 양 떼를 몰고만 가도 후회는 없을 텐데, 충고를 듣고도 이행치 않는다.

九五: 莧陸夬夬。中行, 无咎。

쾌괘 전체의 주체. 모든 덕성을 구비한 탁월한 인물. 음지의 상륙商陸(=현륙莧陸, 독초)을 도려내듯 쾌쾌하게 上六을 제거한다. 결단을 내려도 중용의 도를 잃지 않으니 허물이 없다.

上六: 无號。終有凶。 울부짖지 말아라! 너의 몰락은 필연이었다. 끝내 흉할 뿐이다.

44 손하巽下 건상乾上 천풍 구 姤 만나다

대상 象曰: 天下有風, 姤。后以施命誥四方。

하늘 아래 바람이 있는 모습이 구괘의 상이다. 하늘 아래라는 것은 만물이니, 바람은 만물을 만난다. 후왕은 이 구괘의 모습을 본받아 명령을 시행하고, 사방에 고誥하여 만민을 가르친다.

괘사 姤, 女壯。勿用取女。

맨 밑바닥에 여자가 등장했다. 이 여인은 보통 호락호락한 여인이 아니다. 그 기운이 장대하다. 이러한 여인을 아내로 취하지 말라.

효사 初六: 繫于金柅。貞, 吉。有攸往, 見凶。羸豕孚蹢躅。

건괘의 밑바닥을 쑤시고 들어간 小人의 세력. 이 여인의 수레에 쇠브레이크를 장착시킨다. 이 여인을 제압하고서 점을 치면 길하다. 그러나 이 수레가 그냥 나아가게 두면 흉한 꼴만 보게 되리라. 수척한 돼지라도 진실로 뒷발질하면 무섭다.

九二: 包有魚。无咎。不利賓。꾸러미 속에 고기가 있다. 강의剛毅한 九二가 初六의 여인을 제압해버렸다. 허물이 없다. 이 강렬한 매혹적인 여인이 남성 손님과 만나게 해줄 필요가 없다. 꾸러미 속에 묶어두는 것이 상책이다.

九三: 臀无膚, 其行次且, 厲无大咎。침착한 인물이 아니다. 여자를 만나야 신나는데, 유일한 初六은 이미 九二에게 장악되었다. 궁둥이에 살이 없고, 나아감도 우물쭈물하다. 위태롭게는 보이지만 진짜 쎈 여인을 만날 기회도 없으니 큰 허물은 없다.

九四: 包无魚。起, 凶。九四의 꾸러미에는 막상 있어야 할 여인이 없다. 민중은 九四의 정황을 그가 무능력했기 때문이라고 판단한다. 이럴 때는 가만히 앉아 웅크리고 앉아있는 것이 상책이다. 일어나 액션을 취하면 흉하다.

九五: 以杞包瓜。含章。有隕自天。중정의 천자이다. 키버들로 만든 바구니 속에 땅의 상징인 외를 담고 있다. 아름다운 덕성을 자체 내에 함장하고 있다(음의 세력을 포용하여 제압하는 실력이 있다). 하늘로부터 별똥이 떨어진다. 오랜 축적의 결과로서 일거에 변화가 일어날 수 있다.

上九: 姤其角, 吝。无咎。사람을 만나는데 그 뿔로써 만난다. 거리가 있고, 음양의 교접이 없다. 上九의 행동은 편협하기는 하지만 악에 물들지 않았으니 허물은 없다.

45 ䷬ 곤하坤下 태상兌上 택지 췌 萃 모이다, 모으다

대상 象曰: 澤上於地, 萃。君子以除戎器, 戒不虞。

연못이 땅 위로 올라가 있는 모습이 췌괘의 형상이다. 사물(사람)이 모여들면 쟁송이 일어난다. 군자는 췌괘의 모습을 참고하여, 통치의 질서를 도모한다. 우선 병기를 점검하고 소제하고 수리한다. 그리고 예기치 못한 사태들에 대비한다.

괘사 萃, 亨。王假有廟。利見大人。亨。利貞。用大牲吉。利有攸往。

모여든다. 모여드니 제사를 지낼만한 위대한 시기가 된다. 왕은 태묘에 친히 납신다. 제사도 대인을 만나는 것이 중요하다. 그래야 참된 제사가 이루어진다. 하느님의 뜻을 묻는 것이 이롭다. 큰 소를 희생으로 쓰면 길하다. 췌의 시절에는 진취적으로 사업을 벌이는 것이 이롭다.

효사 初六: 有孚不終。乃亂乃萃。若號, 一握爲笑。勿恤, 往无咎。곤궁의 시대가 아닌 풍요의 시대이다. 성실하게 노력하지만 끝내 자기 정체성을 지켜내지 못한다. 음란한 무리들과 같이 난잡해지거나 음사의 무리에 휩쓸리고 만다. 유혹을 탈피하려고 울부짖는다(若號). 한 무더기 음사의 무리들이 비웃는다. 비웃음을 상관치 않고 정도를 향해 나아가면 허물이 없다.

六二: 引, 吉。无咎。孚乃利用禴。

六二는 九五의 천자와 상응한다. 서로 잡아당기는 것(융합)은 길하다. 상하소통하니 허물이 없다. 성실한 마음의 교감이 충만하면 제사는 약식으로 지내는 것이 옳다(동학의 제사).

六三: 萃如, 嗟如。无攸利。往无咎。小吝。

모으려고 하지만 모든 노력이 수포로 돌아간다. 한숨만 나온다. 이로울 바 없다. 멀리 있는 자(말단의 음효)에게로 용감히 나아간다. 허물이 없다. 그러나 약간의 아쉬움은 남는다.

九四: 大吉, 无咎。강강한 재질이 있는 대신. 강건한 천자를 보좌하고 있고 하괘의 삼음三陰이 모두 九四를 따르고 있다. 대길의 호운을 만나면 허물이 없다. 크게 성공할 것이다.

九五: 萃有位。无咎。匪孚, 元, 永貞。悔亡。천하의 인민의 신망을 얻고 있는 훌륭한 천자. 민중을 모으는 데 적합한 위位를 지니고 있다. 허물이 없다. 그럼에도 신복하지 않는 자들이 있을 수 있고 또 민중에게 믿음을 주지 못하는 상황이 있을 수 있다. 보편적 리더십을 발휘하고 영속적 주제에 관해 점을 치면, 후회스러운 상황이 다 사라진다.

上六: 齎咨涕洟, 无咎。모임의 극은 흐트러짐이다. 눈물, 콧물 흘리며 한탄한다. 슬퍼할 수 있다는 것 자체가 진실을 갈구하는 마음이 살아있는 것이다. 上六에게 허물은 없다. 슬프지 않은 종언이다.

46 ䷭ 손하巽下 곤상坤上 지풍 승 升 오르다, 상승, 성장

대상 象曰: 地中生木, 升。君子以順德, 積小以高大。

땅속에서 나무가 생성하여 높게 자라나는 모습이 승괘의 상이다. 군자는 이 괘의 모습을 본받아, 덕을 순조롭게 쌓아가고, 작은 것을 쌓아서 높고 장대함을 이룩한다.

괘사 升, 元亨。用見大人。勿恤。南征, 吉。

승하면 우두머리가 될 수 있고(元), 하느님과 소통할 수 있다(亨). 성장을 위해서는 반드시 대인을 만나야 한다(見大人). 대인을 만날 수만 있다면 그대는 크게 걱정할 바가 없다. 미지의 세계를 향해 모험을 떠나라. 길하리라.

효사 初六: 允升。大吉。

확실하게 자라날 것이다. 대길大吉의 가능성을 모두 함장하고 있다.

九二: 孚乃利用禴。无咎。

下의 강중剛中이 上의 유중柔中을 섬길 때는 문식을 쓰지 말고 오로지 정성으로 군주를 감통시켜야 한다. 인간과 신의 관계도 이와 같다. 검약한 제사를 쓰는 것이 이롭다. 그래야 허물이 없다.

九三: 升虛邑。

오르는 것이 빈 마을을 지나는 것과도 같다. 성장의 순탄함을 말한 것이다.

六四: 王用亨于岐山。吉。无咎。

왕이 기산에서 제사를 지내듯이 성심성의껏 제사를 받들면 길하다. 허물이 없다.

六五: 貞, 吉。升階。

군주로서 승괘의 전체적 분위기를 타고 있다. 九二와 같은 강효의 응자應者가 있고, 유능한 신하의 조력을 얻고 있다. 이 나라를 어떻게 끌고 나가면 좋을까 하고 하느님께 묻는다. 길하다. 계단을 오른다는 것은 진정한 왕좌의 권위를 획득한다는 뜻이다.

上六: 冥升。利于不息之貞。

어리석게도 이 자리에까지 올랐다. 이 어리석은 자는 끊임없이 묻는 것이 이롭다. "오름"도 반성으로 끝난다.

47 ䷮ 감하坎下 태상兌上 택수 곤 困 고갈, 곤핍困乏, 곤궁

대상 象曰: 澤无水, 困。君子以致命遂志。연못에서 물이 다 빠져 내려가 물이 없는 것이 곤괘의 모습이다. 군자는 곤괘를 본받아, 자신의 생명을 내던질지라도(땅속으로 빠질지라도) 천하의 위기곤액困阨을 건지는 뜻을 달성한다.

괘사 困, 亨。貞。大人吉, 无咎。有言, 不信。**인간은 곤궁 속에서 하느님과 만난다. 제사를 지내며 만나고 또 그에게 끊임없이 묻는다. 곤란에서 소인과 대인이 갈린다. 대인이래야 길하고 허물이 없다. 곤란 속에서 말로 떠벌이는 사람은 신험이 없다.**

효사 初六: 臀困于株木。入于幽谷。三歲不覿。

궁둥이가 그루터기(株木)에서 곤궁하다. 안절부절하다가 점점 더 깊은 인생의 유곡幽谷으로 빠져 들어간다. 3년 동안이나 사람다운 사람을 만나지 못한다.

九二: 困于酒食。朱紱方來。利用享祀。征凶。无咎。

주식酒食으로 곤혹스러운 환경을 견뎌내면서 때를 기다린다. 천자의 명을 받은 주불朱紱(붉은 무릎덮개) 입은 고관이 왔다. 이들은 현인을 기용하기 위하여 온 것이다. 같이 제사를 올린다. 九二가 만약 자진하여 자리를 구하러 나선 것이라면 그것은 흉하다. 허물이 없다.

六三: 困于石。據于蒺藜。入于其宮, 不見其妻。凶。

유약하고 지혜 없는 소인이다. 위로 진출을 시도하지만 거대한 바위에 꽝 부딪히는 느낌이다. 진로를 바꾸어 후퇴했으나 질려가시방석에 앉는 꼴이다. 내 갈 곳은 집뿐이야, 하고 집으로 돌아간다. 가보니 아내는 사라지고 없다. 흉하다!

九四: 來徐徐。困于金車。吝。有終。

初六을 구할 자는 대신 九四밖에 없다. 그러나 오는 것이 너무 많은 시간이 걸린다. 황금마차를 타고 갔지만 마차도 곤요로움을 겪었다. 아쉬운 일이 많다. 그러나 결국 유종의 미를 거둔다.

九五: 劓刖。困于赤紱。乃徐有說。利用祭祀。둘러싸고 있는 소인들을 의월의 형벌로 처단해 비린다. 적불을 입은 고관들에세 곤혹스러움을 낭한다(고관이 반발한다). 과감한 혁명적 처사에 민중이 환호하고 곤궁을 벗어나 기쁜 일이 생긴다. 천신과 지신에게 제사를 지낸다.

上六: 困于葛藟, 于臲卼。曰動悔。有悔, 征吉。엉겨 붙는 칡덩굴 때문에 곤요롭다. 위태로운 자리에서 불안불안하다. 망령되이 움직일수록 후회스럽다. 후회스러움이 있기에 더 나아가면(征) 길하다. 곤이라는 전체 상황이 바뀐다(cf. 정이천).

48 ䷯ 손하巽下 감상坎上 수풍 정 井 우물, 끊임없는 새로움

대상 象曰: 木上有水, 井。君子以勞民, 勸相。

나무 위에 물이 있는 모습이 정괘의 모습이다. 군자는 이 우물의 모습을 본받아 백성들을 위하여 근로하며, 서로 도울 것을 권면한다.

괘사 井, 改邑不改井。无喪无得。往來井井。汔至, 亦未繘井。羸其甁, 凶。

우물은 문명의 시작이다. 우물이 있고 나서 도시가 생겼고, 문명이 성립한 것이다. 동네는 바뀔 수 있어도 우물은 바뀌지 않는다. 우물의 물은 사라지지도 않고 넘치지도 않는다. 오가는 모든 사람들이 우물을 우물로서 활용할 수 있다. 두레박이 거의 수면에 닿았으나 두레박 줄이 수면에 닿지 못해 퍼올리지 못한다. 두레박이 깨지고 만다. 흉하다.

효사 初六: 井泥不食。舊井无禽。샘에 진흙이 깔렸다. 그런 샘물은 사람이 먹지 않는다. 버려진 옛 우물에는 새도 날아들지 않는다.

九二: 井谷射鮒。甕敝漏。우물 속에 수맥이 흐트러져 샘물이 빠져나가(井谷: 우물 속의 허당) 잔존하는 물은 겨우 두꺼비를 적셔준다. 물 긷는 항아리도 깨져서 물이 새고 있다.

九三: 井渫不食。爲我心惻。可用汲。王明, 竝受其福。나의 우물은 준설하여 맑고 깨끗하건만 아무도 와서 먹을 생각을 하지 않네! 내 마음에 슬픔이 쌓이네. 정말 먹기에 훌륭한 물인데. 임금님이 영명하셔서 오신다면 모두가 다함께 복을 받으리!

六四: 井甃。无咎。마음씀씀이가 바르고 정직한 대신, 천자를 보좌하고 있다. 우물의 내벽을 수선한다(井甃). 허물이 없다.

九五: 井洌。寒泉食。정괘는 初六의 진흙으로부터 시작하여 점점 많은 물이 된다. 강건중정의 九五에 당도하여 완벽하게 깨끗한 물이 된다. 우물이 맑고 차다. 차디차고 감미로운 샘물을 모든 사람이 같이 마신다.

上六: 井收。勿幕。有孚。元吉。보통 上의 자리는 항룡의 자리이다. 그러나 정괘에서는 上六이 五의 자리보다 더 완성된 자리이다. 깨끗한 우물에서 물을 길러 올린다(井收). 샘물의 맛이 너무 좋아 사람들이 수시로 먹기 때문에 천막을 덮어 싸놓을 틈이 없다. 上六에게는 천지대자연의 성실함이 있으니 원천적으로 길하다.

49 ䷰ 리하離下 태상兌上 택화 혁 革 변혁, 혁명

대상 象曰: 澤中有火, 革。君子以治歷明時。

못 가운데 불이 있는 모습이 혁괘의 형상이다. 연못의 물과 불은 서로 극克하지 않으면아니 된다. 그러므로 변혁은 필연이다. 군자는 이 혁괘의 형상을 본받아 역曆을 새롭게 정하고, 때를 밝힌다. 정삭正朔을 반포한다.

괘사 革, 已日, 乃孚。元, 亨, 利, 貞。悔亡。

혁명은 때가 무르익은 바로 그 중간 기일已日에 실행하라! 그리하여 신험이 있다. 원, 형, 리, 정 4덕을 다 구비하였다. 모든 회한이 사라지리라.

효사 初九: 鞏用黃牛之革。

혁명의 최초의 계기. 강위에 강효이니 득정得正이다. 황소가죽으로 만든 단단한 허리띠로써 단단히 허리를 묶는다. 경거망동하지 않고 위상을 공고히 만든다.

六二: 已日革之。征, 吉。无咎。기일이다. 때가 찼다! 혁명의 전선으로 나아가라! 때의 흐름을 타고 혁명을 감행하면(征) 길하다. 불(☲)의 한가운데. 허물이 없다.

九三: 征, 凶。貞, 厲。革言三就, 有孚。개혁의 의지에만 매달려 무리하게 나설 때는 흉한 꼴을 당한다. 점을 치면 위태로운 상황의 경고가 많다. 혁명의 동지들이 세 번이나 모여 의견의 합의를 보았다. 이럴 때는 거사를 해야 한다. 정당하고 진실한 명분이 있기 때문이다.

九四: 悔亡。有孚, 改命。吉。이 자리에는 본시 후회스러운 일이 많다. 그러나 九四는 비겁하지도 않고 저돌적이기도 않은 혁명가! 회한이 사라진다. 주변의 사람들이 그를 신뢰하게 되면 과감하게 명을 가는 혁명에 착수한다(改命). 길하다.

九五: 大人虎變。未占有孚。中正의 천자. 大人의 자격이 있다. 혁괘의 주효. 호랑이가 털갈이를 하여 그 몸이 광채를 발하듯이 자신의 내면을 혁신시킨다. 점을 칠 필요도 없이 혁명의 주체는 민중의 신뢰를 얻는 그러한 인간이어야 한다.

上六: 君子豹變。小人革面。征, 凶。居貞, 吉。혁명은 성공했다. 후속의 시대. 군자는 표변하고 소인은 혁면하라. 새로운 체제의 정착을 위해 함께 노력한다. 함부로 움직이면 흉하다. 안정적으로 평범하게 지내면서 미래를 물어라! 그리하면 길吉하리라

50 ䷱ 손하巽下 리상離上 화풍 정 鼎 현자를 기르다. 세발솥

대상 象曰: 木上有火, 鼎。君子以正位凝命。

나무 위에 불이 있는 모습이 정괘의 모습이다. 불은 새로운 물체를 만든다. 군자는 정괘를 본받아, 그 위位를 바르게 하고 천지의 기운을 나에게 응집시켜 천명을 완성한다.

괘사 鼎, 元。吉。亨。

정은 모든 그릇의 으뜸이다. 새로운 시작이다. 길하다. 하느님께 제사를 지내어 정으로 끓인 음식을 모두가 함께 나누어 먹는다.

효사 初六: 鼎顚趾。利出否。得妾以其子。无咎。

정의 다리가 부러져 엎어진다. 초기라 끓던 물만 쏟아졌다. 이 기회에 묵은 때(否)를 다 벗겨내면 이롭다. 부인을 얻어 아기를 낳는다. 새로운 출발이다. 허물이 없다.

九二: 鼎有實。我仇有疾。不我能即。吉。솥 안에 먹을 음식 내용물이 가득하다. 나의 원수들, 즉 혁명의 반대세력들은 나에게 집착하는 질병이 있다(정을 탈취하려 한다고 해석할 수도 있다). 그들이 나에게 접근하는 것을 막아야 한다(즉卽=접근하다). 정의 충실한 내용물은 六五의 군주를 통하여 인민 전체에게 가야 한다. 원수들의 접근을 차단함으로써만 길하다.

九三: 鼎耳革。其行塞。雉膏不食。方雨虧悔。終吉。정 솥의 귀가 이지러져서 기능을 못한다. 그 감이 막혔다. 왕이 하사한 최상의 일미인 꿩고기도 먹을 수 없게 되었다. 바야흐로 비가 내린다. 후회스러운 일들이 사라진다(虧悔). 끝내 길하다.

九四: 鼎折足。覆公餗。其形渥。凶。정 솥의 다리가 부러진다. 임금님에게 가야 할 음식이 엎어지는 대혼란이 일어난다. 음식에 젖은 몰골들이 말이 아니다. 흉하다. 정신鼎新의 과정이 좌절의 반복일 수밖에 없다는 것을 초현실주의적으로 시사한다.

六五: 鼎黃耳, 金鉉。利貞。

황금의 솥귀와 황금의 멜대가 결합한다(상징). 국가의 미래를 향해 물음을 던지면 이롭다.

上九: 鼎玉鉉。大吉。无不利。

上九는 정의 옥현玉鉉이다(현이 옥으로 만들어질 수는 없다. 상징적 표현). 정의 음식이 엎어짐이 없이 대회大會의 장소로 간다. 대길大吉이다. 이롭지 아니함이 없다.

51 ䷲ 진하震下 진상震上 중뢰 진 震 우레, 흔들림. 계구戒懼의 시기

대상 象曰: 洊雷, 震。君子以恐懼脩省。

우레가 거듭되는 모습이 진괘의 형상이다. 우레는 하느님의 분노이다. 군자는 이 괘의 모습을 본받아 내 몸에 잘못이 없는가 공구恐懼하며, 닦고 성찰한다. 진괘의 "우레"는 천둥도 되지만, 땅속의 천둥, 즉 지진에 더 가깝다.

괘사 震, 亨。震來虩虩。笑言啞啞。震驚百里。不喪匕鬯。

떨림과 경건함을 가르친다. 제사지내기 좋은 시기이다. 우레가 온다. 사람들이 벌벌 떨면서 놀랜다. 우레는 오래가지 않는다. 생명의 자극을 준다. 지나가면 깔깔 웃으며 말하며 삶을 즐긴다. 우레는 백 리를 놀래게 한다. 그러나 제사를 지내는 사람은 제삿상에 올리는 큰 숟갈(匕)이나 울창주를 떨어뜨리지 않는다.

효사 初九: 震來虩虩。後笑言啞啞。吉。

진괘의 밑바닥에 있는 初九는 민감하게 느낀다. 우레가 오면 혁혁하게(떨며, 겸손하게) 공구하며, 지나가 일상으로 돌아오면 웃으며 말하고 화락한 삶을 즐긴다. 길하다.

六二: 震來厲。億喪貝。躋于九陵。勿逐, 七日得。中正의 자리에 있는 훌륭한 효이다. 아주 센 진동(우레)이 온다. 위태롭다. 크게(億) 재화를 잃는다. 높고 또 높은(九) 언덕으로 올라갈 수밖에 없다(躋: 오르다). 피신하였다가 본래의 자리로 돌아온다. 사라진 재화를 찾으러 다닐 필요 없다. 칠일이 지나면 제자리로 돌아오게 되어있다(中正의 덕이 있기 때문이다).

六三: 震, 蘇蘇。震行, 无眚。흔들린다. 시간이 지나면서 느슨해지고 부드러워진다(蘇蘇). 지진 속에서도 도망칠 생각 아니하고 오히려 전진하는 모험을 감행한다. 허물이 없다.

九四: 震, 遂泥。양강하지만 位가 正하지 않다. 아래위로 음효에 둘러싸여 있다. 지진이 온다. 진흙 구덩이에 빠진다.

六五: 震, 往來厲。億无喪有事。유순하며 포용력이 큰 천자. 흔들린다. 우레가 지나간 자리에 또다시 우레가 온다. 위세가 격렬하다(厲). 환난 속에서도 천자는 제사를 지낸다. 공경하는 자세로(億) 제사를 실수 없이 완수한다.

上六: 震, 索索。視矍矍。征, 凶。震不于其躬, 于其隣, 无咎。婚媾有言。

우레의 흔들림에 풀이 죽어있네. 두리번두리번 눈알만 돌리고 있네. 나아가면 흉하리. 우레가 내 몸에 미치고 있지는 않지만 주변 사람들에게 미치고 있네. 계신戒愼하고 주변 사람들을 도와주니 허물은 없어라. 먼 곳 친척들은 자기들 안 도와준다고 투덜투덜.

52 ䷳ 간하艮下 간상艮上 중산 간 艮 산. 멈춤. 한계. 휴지休止

대상 象曰: 兼山, 艮。君子以思不出其位。

산 위에 산이 중첩되어 각기 제자리에 멈추어 있는 모습이 간괘의 형상이다. 군자는 이 형상을 본받아 자기의 지위나 직분을 넘어서는 것을 생각하지 않는다.

괘사 艮其背, 不獲其身。行其庭, 不見其人。无咎。

이목구비의 자극이 없는 등에 머물러 있기 때문에 몸의 감각적 자극을 획득하지 않는다. 사람이 오가는 마당을 다녀도 사람들의 자극이 눈에 들어오지 않는다(不見其人). **허물이 없다.**

효사 初六: 艮其趾。无咎。利永貞。

발에서 멈추었다. 발의 망동을 막는다. 허물이 없다. 보편적 주제로 점을 치는 것이 이롭다. 사리를 묻지 말고 원대한 꿈을 키워라.

六二: 艮其腓。不拯其隨。其心不快。

멈춤이 장딴지에 와있다. 구하지 못하고 따라가기만 한다. 그 마음이 불쾌하다. 인생이란 나의 의지대로만 움직여 주지 않는다.

九三: 艮其限。列其夤。厲薰心。

멈춤이 허리(限)에 이르렀다. 척추의 기혈을 왜곡시킨다(列=裂). 관격關格 현상이 일어나 위태로운 사태가 발생한다. 심장을 태운다.

六四: 艮其身。无咎。

상괘의 제일 아래. 멈춤이 자율적 판단능력이 있는 상체 전체에 이르렀다. 허물이 없다.

六五: 艮其輔。言有序。悔亡。

멈춤이 빰에 이르렀다. 빰은 발성기관이다. 언어에 관계된다. 빰에 멈춘다는 것은 함부로 말하지 않는다는 뜻, 그러기에 말에 질서가 있다(言有序). 후회스러운 일들이 사라진다.

上九: 敦艮。吉。

멈추어야 할 곳에 성실하게 확실하게, 진실하게 멈춘다. 돈간에 도달한 인생은 길하다.

53 ䷴ 간하艮下 손상巽上 풍산 점 漸 점차 나아감

대상 象曰: 山上有木, 漸。君子以居賢德, 善俗。

산 위에 나무가 있다. 나무가 점점 성장하여 고대高大하게 되는 모습이다. 군자는 이 점괘의 모습을 본받아 현명한 덕에 거하며 세상의 풍속을 점점 좋게 만든다.

괘사 漸, 女歸, 吉。利貞。**점괘는 六二로부터 九五까지의 효가 모두 正하다. 점은 시집가는 여자의 점진적 과정을 가리킨다. 건너뛰기가 있을 수 없다. 길할 수밖에 없다. 묻는 것에 이로움이 있다.**

효사 初六: 鴻漸于干。小子厲。有言, 无咎。

기러기가 물가(干)에 나아간다. 세상 경험 없는 어린아이에게는 모든 것이 위태롭다. 핀잔을 얻어먹는다. 망진妄進하지 않으니 허물이 없다.

六二: 鴻漸于磐。飮食衎衎, 吉。기러기는 뭍에서 진행하여 편안한 너럭바위에까지 왔다. 기러기의 이미지가 六二의 이미지와 겹친다. 친구들을 초청하여 조촐한 잔치를 벌인다. 음식을 즐기며 친구들과 화락(衎衎)한다. 길하다.

九三: 鴻漸于陸。夫征不復。婦孕不育。凶。利禦寇。

기러기는 높은 산의 평지로 나아갔다. 도를 넘어 먼 길을 전진했다. 남편은 전장에 나가 돌아오지 않고 아내는 애기를 배었으나 제대로 낳아 기를 수가 없네. 점의 논리를 무시한 총체적 난국이다(凶). 달려드는 악당들과 싸워 이겨야 한다. 그래야만 이롭다.

六四: 鴻漸于木。或得其桷, 无咎。기러기는 점점 높게 나아가서 높은 나뭇가지에 이르렀다. 물갈퀴 다리로는 나뭇가지를 잡을 수 없다. 혹시 평평한 사각가지라도 얻으면 허물이 사라진다.

九五: 鴻漸于陵。婦三歲不孕。終莫之勝。吉。기러기는 드디어 능陵(높은 언덕)에 이르렀다. 九五의 존엄을 상징한다. 3년이 지나도록 부인이 임신을 하지 못한다. 그러나 악의 세력들은 정도正道를 지키는 中正의 九五를 이기지 못한다. 길하다.

上九: 鴻漸于陸(逵)。其羽可用爲儀。吉。기러기는 하늘의 운로雲路를 비상한다. 하늘을 나르는 기러기의 깃털이야말로 우리 삶의 기준(儀)으로 삼을 만하다. 자유롭게 날면서도 질서를 잃지 않는다. 이 괘에서는 上九가 九五보다 더 이상적이다. 길하다.

54 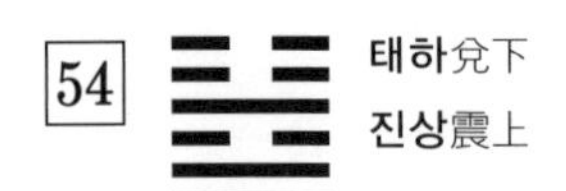 태하兌下 진상震上

뢰택 귀매 歸妹

다양한 결혼의 양태, 주체적으로 시집가는 여인

대상 象曰: 澤上有雷, 歸妹。君子以永終知敝。

연못 위에 우레가 있는 모습이 귀매의 상이다. 남녀간의 사랑의 기쁨이 번개 같고 천둥 같다는 뜻이다. 군자는 이 상을 본받아 결혼으로써 종료를 영속시키고(끝남이 영원한 생성의 한 고리일 뿐이다), 자신의 낡아짐을 안다(새생명의 탄생은 나의 늙음을 재촉한다).

괘사 歸妹, 征凶。无攸利。

여인이 주체적으로 따라나선다. 사랑의 모험을 감행한다. 흉운이다. 이로울 바 없다.

효사 初九: 歸妹以娣。跛能履。征, 吉。

언니 시집가는데 세컨드로 얹혀 간다. 절름발이인데도 당당하게 잘도 따라간다(能履). 절름발이와도 같은 개부介婦로서의 결혼이지만 독자적으로 운명을 개척한다. 길하다.

九二: 眇能視, 利幽人之貞。시력이 나쁜 사팔뜨기 눈으로 잘 보려 해도 한계가 있다. 귀매괘에서는 모든 효가 여성이다. 한계가 있는 것은 기실 남편의 부덕不德 때문이다. 그렇다고 정절을 훼손할 수 없다. 지조를 지키면서 은자처럼 살아간다. 은자로서 미래를 물어보면 이롭다.

六三: 歸妹以須。反歸以娣。절조節操에 구애되지 않는 호방한 여인. 아무도 이 여인을 부인으로 데려가려고 하지 않으니까 시집가기 위해서는 기다려야(須) 한다. 기다리다 안되면 생가로 돌아가 언니 시집가는데 잉첩으로 붙어 가면 된다.

九四: 歸妹愆期, 遲歸有時。

굳센 정절을 지닌 고귀한 신분의 여인. 적당한 배우자가 없다. 혼기를 놓칠 수밖에 없다(愆期). 그렇다고 적당히 타협하면 안된다. 늦게 시집가는 것도 좋은 때가 있다.

六五: 帝乙歸妹。其君之袂, 不如其娣之袂良。月幾望。吉。

고귀한 신분의 신성한 아무개가 그 딸을 하위의 사람에게 시집보낸다. 시집가는 여인의 소맷자락이 그 여인을 따라가는 잉첩의 소매의 장식의 아름다움에 영 못미친다. 이 여인의 품덕은 달처럼 은은하게 빛나지만 만월의 화려함에는 미치지 않는다. 길하다!

上六: 女承筐无實。士刲羊无血。无攸利。

신부는 광주리를 들었으나 대추와 밤이 없고, 신랑은 사당에 가서 조상 면전에서 양의 목을 베었으나 피가 나오지 않는다. 이로울 바가 없다. 파혼이다! 결혼이 성립할 수 없는 상황의 상징이다. 파혼도 결혼의 과정 속에 포함될 수 있는 중요한 주제임을 강력하게 선언하고 있다.

55 ䷶ 리하離下 진상震上 뢰화 풍豐 풍요 속의 어둠, 풍성의 시대상

대상 象曰: 雷電皆至, 豐。君子以折獄致刑。

우레(상괘)와 번개(하괘)가 함께 이른 모습이 풍괘의 상이다. 군자는 풍괘의 상을 본받아 소송을 빠르게 판결하고, 형벌을 실상에 맞게 집행한다.

괘사 豐, 亨。王假之。勿憂, 宜日中。**풍요로운 시대에는 풍요로운 제사를 지내 온 국민에게 나눠주는 것이 상책이다. 제주로서는 왕이 와야 한다. 풍요의 시대에는 안일과 타락에 빠지기 쉽다. 그러나 걱정하지 말라! 해가 중천에 떠서 아니 비치는 곳이 없는 것처럼 성인의 도는 정의롭다. 해처럼 그 밝음이 스며든다.**

효사 初九: 遇其配主。雖旬无咎。往有尙。

자기의 도움을 필요로 하는 배주配主(九四)를 만난다. 늦게 만난다 할지라도(열흘 걸렸다 해도) 허물이 있을 수 없다. 적극적으로 나아가라! 존경을 얻게 되리라.

六二: 豐其蔀。日中見斗。往, 得疑疾。有孚發若, 吉。

빈지문을 풍성하게 가리니 대낮에도 북두칠성을 보는 듯하다. 암군暗君에게 지배당하는 세상을 문학적으로 표현. 뜻이 바른 밝은 인물인 六二는 군주에게 나아간다. 질시의 대상이 될 뿐이다. 정사에 참여하지 말고 성심성의껏 그들을 계발시켜라! 길하다.

九三: 豐其沛。日中見沫。折其右肱。无咎。

햇빛을 가리는 큰 장막(沛)을 크게 씌운다. 잔별이 보일 정도로 더 어둡다. 오른쪽 팔뚝이 골절되어 도울 수 없다. 암군의 암우暗愚에 기인한 것이다. 허물이 없다.

九四: 豐其蔀。日中見斗。遇其夷主。吉。덧문을 풍성하게 덮어 대낮에 북두칠성을 보는 듯하다. 이런 어두운 세상에서 무슨 일을 할 수 있을까? 이주夷主(初九)를 만나는 것이다. 풍요의 시대일수록 윗사람이 아래로 내려가 아랫사람들과 진실을 도모해야 한다. 길하다.

六五: 來章。有慶譽。吉。

암군이다. 그러나 중용의 미덕이 있고 하괘의 명철한 이성을 지닌 현인(六二)이 있다. 함장含章의 현인에게 내려간다. 모든 사람들이 이 둘의 만남을 칭송할 것이다. 길하다.

上六: 豐其屋。蔀其家。闚其戶, 闃其无人。三歲不覿。凶。풍요는 건물의 사치로 나타난다. 건물의 처마를 하늘 높이 치솟게 한다. 집 전체를 빈지문을 쳐놓은 것처럼 어둡다. 풍요는 어둠을 초래한다. 문 속으로 규탐해 보아도 사람이 보이질 않는다. 삼 년 동안을 들여다봐도 사람이 보이질 않는다. 풍요 속에 격절되어 퇴행해 비리고 마는 현실을 묘사한 것이다. 흉하다!

56 ䷷ 간하艮下 리상離上 화산 려旅 방황의 어려움, 외지의 삶

대상 象曰: 山上有火, 旅。君子以明愼用刑, 而不留獄。

산 위에 불이 있는 형상이 려괘의 모습이다. 군자는 려괘의 모습을 본받아 명쾌하게(상괘의 속성), 그리고 신중하게(하괘의 속성) 형을 적용하는 데, 벌 줄 사람은 벌을 주고, 용서할 사람은 확실하게 용서하여 옥에 사람을 묶어두지 않는다. 이것은 관용주의를 표방한 것이다.

괘사 旅, 小亨。旅貞, 吉。

려는 미지의 세계로 떠나는 간난의 길이다. 조촐하게 제사를 지내는 것이 옳다. 여로에 관하여 하느님의 의지를 물어보아라. 길하다.

효사 初六: 旅, 瑣瑣。斯其所取災。

기가 약한 소인. 여행을 떠나는 마당에 자질구레한 계산만 하고 있다. 이런 자질구레함 때문에 재앙을 취하는 바 된다.

六二: 旅即次。懷其資。得童僕。貞。

여행은 이제 좋은 여관에 머무는 단계에 이르렀다(卽: 이르다. 次: 여관). 노자도 품속에 두둑이 있다. 어린 남자종도 얻었다. 여행에 관하여 점을 친다.

九三: 旅, 焚其次。喪其童僕。貞厲。여행중에 투숙중인 여관이 불에 탔다. 게다가 좋은 동복구실을 해주던 사내아이마저 도망가 버렸다. 하느님의 뜻을 물으면 위태로운 일만 있다.

九四: 旅于處。得其資斧。我心不快。여행중에 안정적으로 있을 곳을 찾았다. 그리고 새롭게 자금과 권력을 얻는다. 그러나 자기 사회가 없다. 그는 말한다: "내 마음 유쾌하지는 못하오."

六五: 射雉一矢亡。終以譽命。려괘의 중앙. 문명의 덕이 있는 탁월한 인물. 그가 쏜 첫 화살은 꿩을 놓치고 만다(꿩은 문명의 상징). 그러나 끝내 꿩을 잡아 명예와 작명을 획득한다.

上九: 鳥焚其巢, 旅人先笑後號咷。喪牛于易, 凶。

높은 나무 꼭대기에 둥지가 있다. 최상위에 올랐다. 새가 둥지를 태운다. 려인은 처음에는 웃었지만 나중에는 흐느껴 운다. 국경지역에서(易=埸) 소를 잃어버렸다. 흉하다. 외지의 삶의 어려움, 교포의 떠돌이 신세를 잘 묘사하고 있다.

57 ䷸ 손하巽下 손상巽上 중풍 손 巽 바람, 겸손함, 들어감, 따라감

대상 象曰: 隨風, 巽。君子以申命行事。

바람이 불고 또 분다. 바람이 연속되는 모습이 손괘의 모습이다. 바람은 구석구석 아니 미치는 곳이 없다. 군자는 손괘를 본받아 명령을 계속 반복하여 숙지시키고(申命), 그 명령을 시행하는 사업을 행하여야 한다(行事).

괘사 巽, 小亨。利有攸往。利見大人。

음효가 주체. 이양二陽 밑으로 들어가 겸손하게 따른다. 조촐하게 제사를 지낸다. 따라갈 곳이 있다는 것이 이롭다(양의 조력을 얻는다). **따라가는 대상은 대인이어야 한다. 대인을 만남에 이가 있다.**

효사 初六: 進退。利武人之貞。나아가지도 못하고 물러나지도 못한다. 결단을 내리지 못한다. 이에 대해서는 무인다운 기질로 결행決行하여 나가는 데 이가 있다. 확고한 신념을 가져라!

九二: 巽在牀下。用史巫紛若。吉无咎。

침대 아래에 겸손하게 엎드려 있다. 사무史巫(史: 제문 담당, 巫: 가무 담당)를 써서 사람의 의지와 신의 의지가 소통되게 만든다(紛若: 소통). 길하여 허물이 없다.

九三: 頻巽。吝。자주 겸손한 척한다. 마음속으로 편안하게 공순恭順한 도를 지키지 못한다. 부끄러운 일이 따를 뿐이다.

六四: 悔亡。田獲三品。부끄러운 일에 시달릴 수밖에 없는 인물이다. 그러나 位가 바르고, 음양상비하여 유순하게 천자를 섬기고 있다. 겸손한 삶을 누림으로써 회한들이 다 사라지고 만다. 사냥을 나가도 세 등급의 고질의 짐승을 다 포획하는 명예를 세운다.

九五: 貞吉。悔亡。无不利。无初有終。先庚三日, 後庚三日。吉。

九五 천자는 강건중정의 덕이 있으며 이상적 덕성을 다 지니고 있다. 점을 치면 항상 길하다. 회한이 소멸한다. 이롭지 아니할 바가 없다. 군주로서 새로운 국가사업을 시행하면 처음에는 어려움이 있지만 나중에는 유종의 미를 거둔다. 새로운 정책이나 법령은 시행일 3일 전부터 그 정당성을 고려하고 또 고려한다. 그리고 시행일 3일 후에까지 여러 상황을 잘 규도揆度하다. 책임 있게 마무리지으면 길하다.

上九: 巽在牀下。喪其資斧。貞, 凶。침대 아래 굴종적으로 엎드려 있다. 자금과 권력을 다 상실하고 말았다. 점을 치면 흉하다. 손순巽順만을 고집하다 손순의 미덕을 다 상실하고 만다. 손순에서 강건으로 전환할 때는 강건해야 한다.

58 ䷹ 태하兌下 태상兌上 중택 태兌 연못, 기뻐하다, 기쁘게 하다

대상 象曰: 麗澤, 兌。君子以朋友講習。

연못이 두 개 나란히 있는 모습이 태괘의 상이다. 두 개의 연못은 수맥을 통하여 연결되어 있고 서로의 수량을 도와주고 있다. 군자는 태괘의 상을 본받아 붕우들과 강습하여 서로의 배움을 비익裨益케 한다.

괘사 兌, 亨。利。貞。

태괘는 격이 높다. 원만 빼놓고 형, 이, 정을 다 구비하고 있다. 하느님께 제사를 지내라(亨). 존재의 기쁨을 나누어라! 그대의 사업은 유익한 결과를 얻을 것이다. 기쁨 속에 하느님께 미래를 상의하라(貞).

효사 初九: 和兌。吉。양강하며 位가 바르다. 응효도 없고 비효比爻도 없으니 사정私情에 이끌림이 없다. 화이부동和而不同하는 모습을 화열和兌이라 했다. 화열하는 자는 길하다.

九二: 孚兌。吉。悔亡。

가슴속에 강인한 진실이 있다. 천지 대자연으로부터 받은 성실함(孚)이다. 성실함이 존재의 전부이다. 기쁨 속에서 성실하고, 성실 속에서 기뻐한다. 부열孚兌하면 길하다. 양효가 음위에 있으니 회한이 있을 수밖에 없다. 그러나 성실로써 일관하니 회한은 사라진다.

六三: 來兌。凶。음유하며 부중부정不中不正하다. 아래 양효로 내려와서 알랑거리며 강의剛毅한 그들을 즐겁게 한다. 래열來兌하면 흉하다.

九四: 商兌。未寧。介疾有喜。九五의 천자를 모셔 정도를 걸을까, 아래 부정한 음陰과 실리의 즐거움을 누릴까 하고 계산만 하고 결단을 못 내리는 것을 상열商兌이라 했다. 상열하면 마음이 편치 못하다. 이러한 고민 끝에 병에 걸린다(介疾). 병에 걸리는 것은 다행한 일이다(有喜). 무상함을 깨닫고 결단을 내릴 수 있기 때문이다. 구사九四는 천자를 도와 국난을 극복한다.

九五: 孚于剝, 有厲。九五는 강건중정의 천자이다. 양기를 벗겨 먹는 사악한 上六의 열락을 성실한 것으로 신뢰하고 만다(孚于剝). 위태로운 비극이 줄이을 것이다. 기쁨의 시대를 창출한 인군人君이 불행하게 몰락하는 이야기! 리어왕의 운명일까?

上六: 引兌。

타자를 끌어당겨서 기쁨을 이룩한다(引兌). 순결한 자신의 내면에서 우러나오는 기쁨이 아니다.

59 ䷺ 감하坎下 손상巽上 풍수 환 渙

흩어짐, 이산離散을 규합함, 세상을 구원함

대상 象曰: 風行水上, 渙。先王以享于帝立廟。

바람이 물 위를 간다. 그렇게 모든 것을 흩날려 버리는 것이 환괘의 모습이다. 이러한 환난의 시기에 선왕은 환괘를 본받아 상제에게 제사를 지내고 사당을 세워야 한다. 흐트러진 인심을 다시 규합해야 한다.

괘사 渙, 亨。王假有廟。利涉大川。利貞。

모든 것이 흐트러지는 때이다. 이때야말로 제사를 지내야 한다. 대제사이다. 천자가 직접 종묘에 와야 한다. 간난의 극복을 위해 모든 영령이 도와주고 있으므로 모험을 감행해도 이가 있다. 하느님의 의지를 물어가며 미래를 개척하면 이롭다.

효사 初六: 用拯馬壯。吉。

모든 것이 흐트러지고 있다. 다시 끌어모아야 하는데 혼자 발로는 불가능하다. 구원하는 일에 말이 건장하다(건장한 말이 나타난다). 길하다.

九二: 渙奔其机。悔亡。환난渙難의 시대에 이 선비는 팔걸이에 턱을 받치고 사유를 달리게 한다. 세상경륜을 다시 생각해 보는 것이다. 회한을 사라지게 만든다.

六三: 渙其躬。无悔。

음유하며 재능이 빈곤하다. 세상을 구원한다고 나서기 전에 네 몸에 배어있는 이기적 가치관을 흩날려 버려라! 그 몸을 흩날려라! 너의 욕심을 흩날려라! 후회가 사라진다.

六四: 渙其群。元吉。渙有丘, 匪夷所思。

位가 바르다. 사적私的인 작당이 없다. 六四는 환渙의 시대에 끌어모으지 않고 오히려 주변의 무리들을 흩날려 버린다. 자기편을 해산시킨다. 원천적으로 길하다. 자기 사람들을 흩어서 오히려 사람들이 산처럼 모였다(渙有丘). 평범한 사람들(夷)이 상상할 수 있는 규모가 아니다.

九五: 渙汗其大號。渙王居, 无咎。中正을 얻고 있는 위대한 왕. 왕은 국민통합을 호소하는 대호령(大號)을 발한다. 대호령이 국민의 마음에 땀이 배듯 무젖게 한다. 왕은 먼저 자기 사유의 축재를 천하사람들에게 골고루 흐트러 버린다. 허물이 없다.

上九: 渙其血。去逖出。无咎。피바람 부는 정치판을 흩날려 버린다. 떠나 멀리(逖) 가버린다. 멀리 방외로 나가면 허물이 있을 수 없다.

60 ䷻ 태하兌下 감상坎上 수택 절 節 절약, 절제, 한계, 질서감

대상 象曰: 澤上有水, 節。君子以制數度, 議德行。

연못 위에 물이 있는 모습이 절괘의 상이다. 못이 물을 담을 수 있는 용량에 한계가 있으므로 한도, 절제를 상징하고 있다. 군자는 이 괘의 모습을 본받아 도수를 제정하고, 덕행을 의논한다. 국가경륜의 객관적 절도에 관한 것이다.

괘사 節, 亨。苦節, 不可貞。

절괘의 시대에는 모든 것이 절도가 있고 인재들도 절조節操가 있다. 이런 시대에는 절도 있게 제사를 지내 국민을 화합시켜야 한다. 절도가 지나쳐 고절苦節하게 되면 그것도 신의 의지를 물을 필요가 없다. 인간 스스로 해결할 수 있는 것이다.

효사 初九: 不出戶庭。无咎。

위가 正하고 六四와도 정응하기 때문에 세상에 나가 활동할 수 있다. 그러나 초구는 자기집 뜨락 밖을 나가지 않는다. 출세욕을 절제하고 인격을 도야한다. 허물이 없다.

九二: 不出門庭。凶。

중용을 얻은 양효라는 사실 하나만으로도 九二는 문정門庭을 박차고 나갈 수 있다. 그러나 나가는 것을 두려워한다. 때를 놓친다. 절지節止만 알고 융통을 모르는 것이다. 흉하다.

六三: 不節若, 則嗟若。无咎。

음유하며 不中不正하다. 절도를 지켜야 할 때에 절도를 지키지 못한다. 탄식하는 데 이르게 된다. 탄식을 할 줄 알면 허물을 면하게 될 것이다.

六四: 安節。亨。

편안하게 절도를 지킨다. 도인의 경지가 있는 대신이다. 편안하게 제사를 주관한다(亨).

九五: 甘節。吉。往有尙。강건중정의 천자이다. 절제하는 것을 달콤하게 느낀다. 감절은 음양의 순환 속에서 달성되는 자연이다. 길하다. 이러한 정치적 리더가 진취적인 사업을 해나가면 온 국민의 존경을 얻게 될 것이다(往有尙).

上六: 苦節。貞凶。悔亡。

괴롭게 절節한다. 절제가 고통을 준다. 고절의 시대에 점을 치면 흉하다. 고절하는 자신의 바보스러운 행동을 근원적으로 뉘우치면 흉운이 사라지리라.

61 ䷼ 태하兌下 손상巽上

풍택 중부 中孚

우주적인 성실함, 내면의 진실

대상 象曰: 澤上有風, 中孚。君子以議獄緩死。

연못 위에 바람이 있는 모습이 중부의 상이다. 바람이 연못을 감동시킨다. 생명의 진실한 모습이다. 속이 허하다. 군자는 이 괘의 모습을 본받아 옥사를 신중하게 의논하고, 사형의 죄를 경감시킨다.

괘사 中孚。豚魚, 吉。利涉大川。利貞。

내면의 성실성만 보장되면, 하느님께 지내는 제삿상에 돼지고기 한 점, 물고기 한 마리만 바쳐도 하느님은 기쁘게 흠향하신다. 길하다. 진실한 시대에는 과감하게 전진하는 것이 이롭다. 묻는 것이 이롭다.

효사 初九: 虞, 吉。有他, 不燕。인생역정의 초기. 사람을 참으로 믿을 수 있는지를 잘 헤아려야 한다. 잘 헤아려(虞: 헤아리다) 믿을 수 있으면 길하다. 그러나 한번 믿음을 주면 지조를 지켜야 한다. 딴 사람에게 마음이 옮아가 두 마음을 품게 되면(有他), 편안치 못하다.

九二: 鳴鶴在陰。其子和之。我有好爵, 吾與爾靡之。

그늘에 가려 보이지 않는 저 에미 학이 우는구나. 멀리 있는 새끼가 그 소리만 듣고도 화답하네. 엄마 나 잘 있어. 중부의 친구들이여 나에게 아름다운 술잔이 있소. 그대들과 더불어 술잔을 기울이고 싶소. 언어 이전의 느낌의 교감을 말하고 있다.

六三: 得敵。或鼓或罷。或泣或歌。不中不正의 소인. 적을 만난다. 북치고 전진하는 듯, 다시 대패하여 퇴각하고 만다. 섬멸될까 두려워 울기도 하다가 적의 공격이 멈추면 노래부르네. 근본적으로 마음에 성誠이 없고 절조가 없는 인간의 비애로운 삶.

六四: 月幾望。馬匹亡。无咎。보름달에 가까운 달, 군위에 가장 가까운 일꾼. 필마 중 한 마리를 없애버리고 오로지 대의를 위하여 九五를 섬기는 데 전념한다. 허물이 없다. 정이천은 전차를 끄는 네 마리 말 중 두 마리 한 세트가 없어진 것으로 푼다.

九五: 有孚攣如。无咎。

중부의 주체. 내면이 성실하고 어려운 자들을 도와주니(攣: 꽉 잡는다) 허물이 없다.

上九: 翰音登于天。貞, 凶。양강하며 不中不正하다. 자신의 능력을 과신한다. 닭은 하늘을 날 수 없다. 땅에 묶인 생명이다. 上九는 자신을 하늘을 나르는 새로 착각한다. 하느님께 무엇을 물어보아도 다 흉하다. 높은 자리에 있는 대부분의 사람들이 이런 착각에 빠져있다(翰音: 닭).

62 ☳☶ 간하艮下 진상震上 뢰산 소과 小過

작은 것의 뛰어남, 지나침

대상 象曰: 山上有雷, 小過。君子以行過乎恭, 喪過乎哀, 用過乎儉。

산 위에 우레가 있는 모습이 소과의 괘상이다. 우레는 작은 것이요 산은 큰 것이다. 작은 것이 큰 것을 울린다. 군자는 소과의 형상을 본받아 행동할 때 지나치게 공손하게 하고, 상을 당해서는 지나치게 슬퍼하고, 씀씀이에는 지나치게 검약한다.

괘사 小過, 亨, 利, 貞。可小事, 不可大事。飛鳥遺之音。不宜上, 宜下。大吉。

작은 일에 있어서의 지나침은 불가피하다. 소절의 불균형이 대절의 균형을 생성한다. 소과는 형·이·정 3덕을 향유한다. 소과는 작은 일에만 허용되며 큰일에는 허용되지 않는다. 새가 난다. 소리를 남긴다. 그 소리가 위로 가면 마땅치 아니하다. 날아가는 소리는 땅으로 내려와야 크게 길하다.

효사 初六: 飛鳥以凶。

음유의 소인. 높이 올라갈 생각만 하고 내려옴의 지혜를 터득하지 못했다. 흉하다.

六二: 過其祖, 遇其妣。不及其君, 遇其臣。无咎。할아버지를 지나쳐 할머니를 만난다. 만나야 할 임금에는 직접 미치지 못하고 그 신하를 만난 격이다. 그러나 자애로운 할머니를 통해 더 정확하게 할아버지에게 메시지를 전할 수도 있다. 허물이 없다.

九三: 弗過防之, 從或戕之。凶。

소인의 세력을 미연에 방지하지 않으면 그들이 九三을 죽이려 할 것이다. 흉하다.

九四: 无咎。弗過遇之。往厲必戒。勿用永貞。양강의 재목이 유위柔位에 있어 재앙을 면한다. 허물이 없다. 뜻하지 않게(弗過) 귀인을 만난다. 적극적으로 나아가 행동하는 것은 위태롭다. 반드시 계신戒愼해야 한다. 자기만의 정의를 고집하여 점을 치는 짓은 하지 말아야 한다.

六五: 密雲不雨, 自我西郊。公弋取彼在穴。밀운이 비로 화하지 못해 답답하다. 서교에서 와서 양기를 만나지 못했기 때문이다. 六五는 약해빠진 힘없는 천자이다. 산속의 동굴에 숨어있는 六二를 주살로 쏘아 데려온다. 이 상황에 도움을 주지 못한다. 비는 내리지 않는다.

上六: 弗遇, 過之。飛鳥離之, 凶。是謂災眚。아래에 있는 만나야 할 사람은 만나지 않고(弗遇) 높게만 올라가 버린다. 높게 올라가 비조飛鳥가 된다 한들, 주살에 맞기만 할 뿐이다(離: 화살이나 그물에 걸린다). 흉하다. 上六의 정황은 천재天災(災)일 수도 있고 인재人災(眚)이기도 하다.

63 ䷾ 리하離下 감상坎上 수화 기제 旣濟

이미 건넜다

대상 象曰: 水在火上, 旣濟。君子以思患而豫防之。

물이 불 위에 있는 형상이 기제의 형상이다. 물과 불이 격절되어 서로 쓰임이 있다. 그러나 솥에 구멍이 나면 서로가 도움이 되질 못한다. 군자는 이러한 괘의 형상을 본받아 항상 환난을 생각하며 그것이 생기기 전에 방지한다.

괘사 旣濟, 亨, 小利, 貞。初吉終亂。

이미 건넜다. 완성은 불안한 것이다. 하느님께 제사를 지내라. 작은 것에만 수확이 있다. 모든 것의 완성은 있을 수 없다. 끊임없이 물어라(貞). 하느님의 대답은 처음에는 길하지만 끝내 어지럽다. 완성은 란亂으로 간다.

효사 初九: 曳其輪。濡其尾。无咎。

수레바퀴를 역방향으로 돌려 못 나아가게 한다. 여우는 꼬리를 물에 적셔 나아갈 생각을 하지 않는다. 허물이 없다. 완성을 향해 가는 길은 신중할수록 좋다.

六二: 婦喪其茀。勿逐, 七日得。

부인 수레의 가리개(茀)를 잃어버렸다. 찾으려 하지 말라. 이레가 지나면 가리개는 돌아온다. 완성의 길에는 미완성의 도전이 항상 내포되어 있다.

九三: 高宗伐鬼方。三年克之。小人勿用。

고종이 귀방을 정벌하는 데 3년이나 걸렸다. 무모한 정벌로 국력만 소모되었다. 소인으로 하여금 다시 그런 짓을 못하게 하라.

六四: 繻有衣袽。終日戒。

배가 샌다(繻=濡). 가만히 앉아있을 수 없다. 옷이고 넝마고 솜이고 닥치는 대로 주워 모아 틈새를 막는다. 그렇게 하루종일 틈새를 막으며 방비한다. 완성을 향한 길은 불완전하다.

九五: 東鄰殺牛。不如西鄰之禴祭。實受其福。동쪽 동네에서는 황소까지 잡으며 큰 제사를 올리네. 서쪽 동네에서 검약하게 제삿상을 차리고 있는 것만 못하네. 실제로 그 복을 받는 것은 검약한 서쪽 제사라네. 하느님은 완성보다 미완성을 사랑하신다.

上六: 濡其首。厲。여우는 머리까지 적시며 꼴깍꼴깍하는 정황이다. 위태롭나

64 감하坎下 리상離上 화수 미제 未濟

아직 건너지 않았다

대상 象曰: 火在水上, 未濟。君子以愼辨物居方。

불이 물 위에 있는 모습이 미제괘의 모습이다. 불과 물은 방향이 달라 확실히 구분된다. 군자는 이 모습을 본받아 신중하게 사물을 분변하고 있어야 할 곳에 놓는다.

괘사 未濟, 亨。小狐汔濟。濡其尾。无攸利。

아직 건너지 않았다. 미제는 새로운 시작을 의미한다. 하느님께 제사를 지낸다. 작은 여우가 큰 강을 거의 다 건너려 하고 있다. 그러나 꼬리를 적신다. 이로울 바 없다.

효사 初六: 濡其尾。吝。

꼬리를 적신다. 건너는 데 실패한다. 아쉬웁다.

九二: 曳其輪。貞, 吉。

바퀴를 뒤로 돌린다. 함부로 망진妄進하지 않는다. 하느님께 묻고 기도한다. 길하다.

六三: 未濟。征凶。利涉大川。건너지 못했다. 용감히 앞으로 나아간다는 것은 흉운을 감수해야 한다. 그러나 이럴 때일수록 대천을 건너는 것이 이롭다. 미제는 모험의 시대이다.

九四: 貞吉, 悔亡。震用伐鬼方。三年有賞于大國。

험난의 감坎괘를 떠나 밝음의 리離괘로 들어와 있다. 하느님께 인간세의 미래를 묻는다. 길하다. 회한이 사라진다. 九四는 무용을 떨쳐 귀방을 정벌한다. 3년의 간고의 과정을 통해 겨우 극복한다. 대군으로부터 노고를 치하받는다.

六五: 貞, 吉。无悔。君子之光。有孚。吉。문명의 주체. 마음이 허하여 모든 사람들의 보좌와 충언을 수용한다. 국가의 운명에 관해 물음을 던진다. 길하다. 후회스러운 일들이 다 사라진다. 광채 나는 군자의 모습이다. 그 내면이 진실하다. 길하다.

上九: 有孚于飮酒。无咎。濡其首, 有孚失是。上九는 미제未濟의 종극終極인 동시에 384효의 끝나지 않는 종언이다. 천지의 정화인 술을 마시는 데 천지의 지성至誠이 있다. 하느님과 인간이 하나로 어우러진다. 허물이 없다. 여우의 머리가 강물에 빠지듯이 술을 마시면, 천지의 성실함과 내면의 중용이 여기서 사라져 버린다. 인간은 중용을 지키며 때를 기다려야 한다. 그것이 기제·미제를 마무리짓는 성실함이다. 효사는 지금부터 새로운 시작을 향해 간다.

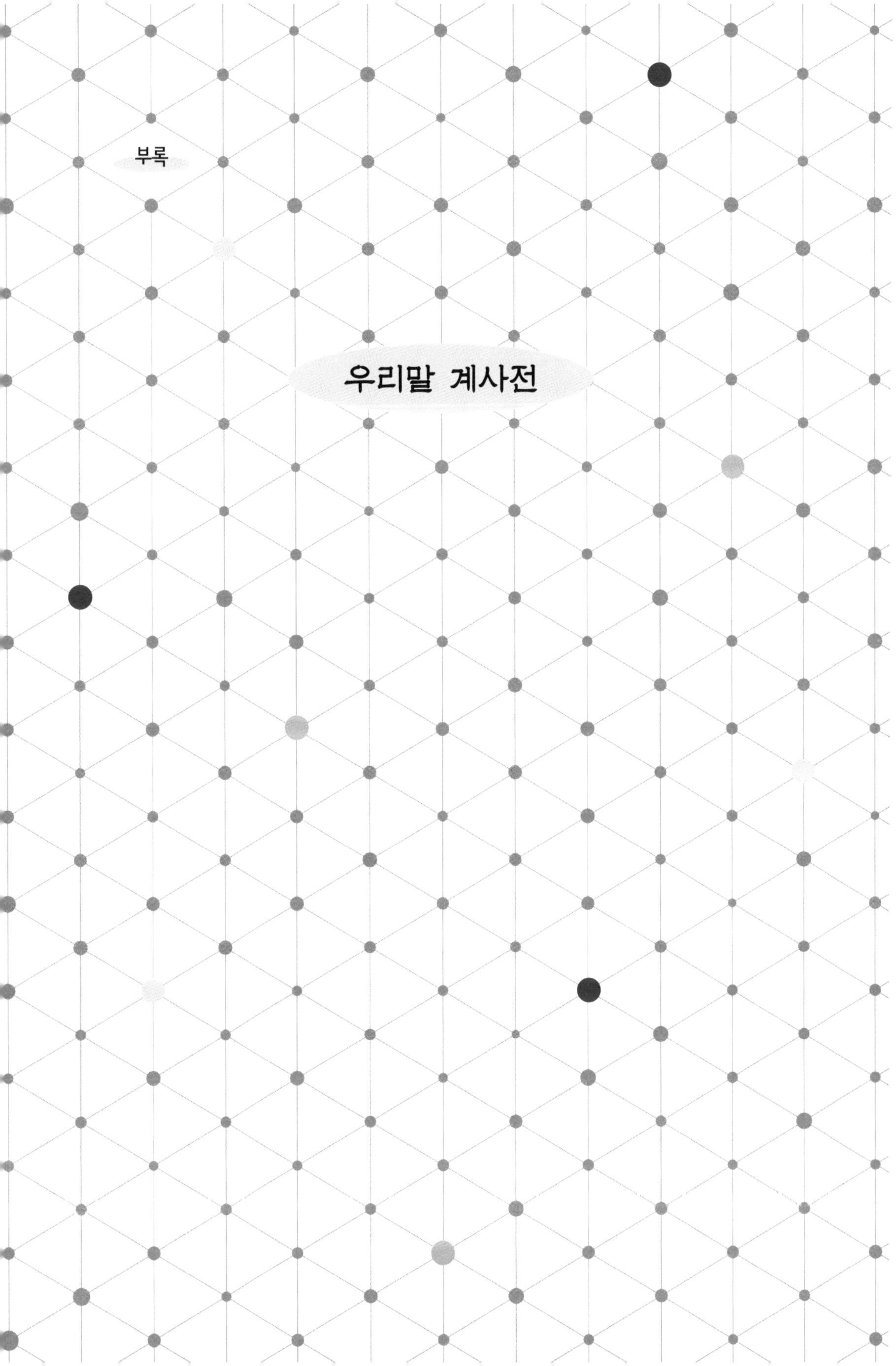

부록

우리말 계사전

계사전 상편

제 1 장

1 하늘은 높고 땅은 낮다. 이 단순한 사실에 의거하여 역에서 건이라는 심볼과 곤이라는 심볼이 정해지게 되었다. 건곤심볼이 정해지자 그 사이를 낮은 데부터 높은 데로 효들이 늘어서게 된다. 효가 늘어서게 되면 그에 따라 귀함과 천함이 일정한 위상을 갖게 된다. 천지간의 움직임과 고요함은 항상스러운 측면이 있다. 그렇게 되면 강한 효와 부드러운 효가 판연判然하게 갈라진다. 생명은 항상 움직인다. 그 움직임에 일정한 방향이 있으면 그 방향성을 같이 하는 비슷한 류들이 모이게 된다. 사물도 무리에 따라 갈라지게 된다. 그래서 대립과 갈등도 생겨난다. 그래서 효사에서 말하는 길·흉도 생겨나는 것이다. 역은 하늘에서 추상적인 상象을 이루고 땅에서는 구체적인 형形을 이룬다. 이 상형에서 모든 변화가 드러나게 되는 것이다.

2 하늘은 높고 땅은 낮다. 그러므로 강함과 부드러움이 서로 비벼대고, 건·곤·진·손·감·리·간·태의 팔괘(trigram)가 상하로 자리잡고 서로를 격동시킨다. 천둥과 번개로 생명의 탄생을 고무시키기도 하고, 바람과 비로 생명의 성장을 윤택하게 만든다. 이 천지지간에는 해와 달의 운행이 제일 눈에 띈다. 이로써 한번 추웠다가 한번 더웠다가 하는 계절이 생겨나고 그러한 리듬에 따라 건의 길은 남성성을 이루고, 곤의 길은 여성성을 이룬다.

3 건은 큰 시작을 감지할 줄 알고, 곤은 그 시작을 받아 만물을 탄생시키고 형성시킨다. 이때 건과 곤을 지배하는 주요한 법칙이 있다. 건은 쉬움으로써 알고, 곤은 간결함으로써 그 효능을 발휘한다는 것이다. 쉬우면 쉽게 감지하고(알기 쉽고) 간결하면 따르기 쉽다. 알기 쉬우면 친함이 있고, 따르기 쉬우면 협력자들이 모여들어 공을 이룩하게 된다. 친함이 있으면 위험이 사라지니 그 모임이 오래 지속한다. 공을 쉽게 이룩하게 되면 그 모임은 커지게 마련이다. 오래 지속한다는 것이야말로 현인의 덕이요, 커진다는 것이야말로 현인의 업이다. 이 모두가 이간(쉬움과 간결함)의 법칙에서 유래되는 것이다. 이간할 줄 안다면 천하(인간세)의 이치가 다 파악이 되는 것이다. 천하의 이치를 다 파악하는 것으로써 천지 사이 한가운데 사람의 위상이 자리잡게 되는 것이다. 그래서 천지코스몰로지의 대강이 완성된다.

제 2 장

1 역을 만든 성인은 처음에 괘를 만들어 천지의 상을 구현해내었다. 그리고 그 괘상에 말을 매어달아 효사를 만듦으로써 길흉을 명백히 하였다. 그것은 강효와 유효가 서로 밀치는 가운데 생겨나는 변화 속에서 길흉을 깨닫게 되는 것이다. 그러므로 길·흉이라는 것은 확실하게 잃음과 얻음이 있는 구체적인 상이다. 그러나 길·흉 다음으로 효사에 잘 나오는 회·린이라는 것은 길·흉보다는 구체성이 적은 마음속의 걱정근심의 상이다. 역에서 변화라는 것은 효가 나아가고 물러서는 모습이다. 강유라는 것은 낮이 있고 밤이 있는 우주론적 모습이다. 한 괘 내에서도 6효의 움직임은 천·지·인 삼극의 도를 나타낸다.

2 그러므로 군자가 살면서 편안하게 느낄 수 있는 까닭은 역이 제시하는

모든 순서를 파악할 수 있기 때문이다. 그 순서 속에서 자기 실존의 위상과 카이로스를 파악하기 때문이다. 군자가 진실로 즐길 수 있고 완상할 수 있는 것은 각 효에 매달린 말들이다. 그것은 실존에 대한 협박이나 미래에 대한 위협이 아니다. 그러므로 군자는 정적인 삶을 살 때는 그 괘상의 전체(게슈탈트)를 파악하고 그 말들을 완상한다. 그러나 동적인 삶을 살 때에는 효변을 기민하게 파악하고 실제로 점을 쳐서 그 결과를 완상한다. 자기의 미래를 스스로 기획하는 것, 그것이 군자의 삶이다. 이런 군자에게는 반드시 하느님으로부터의 도움이 있다. 그의 운세는 길하여 이롭지 아니함이 없다.

제 3 장

1 단이라는 것은 괘상 그 전체에 관한 것이다. 효라는 것은 괘를 구성하는 여섯 개의 강유의 심볼을 말하는 것인데 그것의 핵심은 변화이다. 효는 변화에 관하여 말한 것이다. 길·흉이라는 것은 잃음과 얻음에 관한 것이다. 회·린이라는 것은 작은 허물에 관하여 말한 것이다. 무구无咎라는 것은 자신의 과실을 잘 고쳤다는 뜻이다. 허물을 잘 고치게 되리라는 뜻도 된다.

2 그런데 귀천을 늘어놓는다라는 말은 그 귀천이 효의 위치 그 자체에 내재한다는 뜻이 된다. 괘가 작다(나쁘다) 크다(좋다)하는 것은 괘 자체의 전체 성격에 내재하는 것이다. 길흉을 변별한다 하는 것은 괘사·효사의 언어 속에서 찾아내는 것이다. 회린을 우려한다는 것은 회린이 생겨나는 그 의식의 단초(기미, 갈림길)를 명백히 파악하여 자기를 단속하는 것을 의미한다. 허물을 고쳐서 허물이 없는 것으로 만드는 마음을 격동시킬 수 있는 것은 후회할 줄 아는 마음에 달린 것이다. 그러므로 괘에

는 작은 것(나쁜 괘)과 큰 것(좋은 괘)이 있으며, 괘사·효사에는 험난함과 평탄함이 있다. 사(말)라고 하는 것은 하나하나가 모두 인생이 지향해야 할 바를 가리키고 있는 것이다.

제 4 장

1 역의 이치는 천지를 준거로 삼는다. 그래서 역과 천지는 항상 대등하다. 그러므로 역은 천지의 도(길)에 구석구석 아니 엮여 들어간 것이 없다. 역은 천지간에 꽉 차있다. 역을 창조한 성인은 우러러보아 하늘의 질서를 체관하고, 굽어보아 땅의 이치를 체찰하였다. 그리함으로써 우주의 어둠과 밝음의 까닭을 깨달았다. 그리고는 시원을 탐구하여 종료되는 곳으로 돌아가 그 과정을 다 파악하였다. 그러니 자연히 죽음과 삶에 관한 모든 이치를 깨닫고 종교적 미망에서 벗어났다. 죽음은 죽음이 아니요 삶은 삶이 아니다. 우주적 생명의 연속만이 있는 것이다. 기를 응축시키면 그것은 구체적인 땅의 물物이 되고 혼을 흩어버리면 그것은 영원한 객체가 되어 무궁한 변화를 일으킨다. 이 때문에 천지의 영활한 모습인 귀신의 생동하는 참모습을 깨달을 수 있게 되는 것이다.

2 역리는 천지와 더불어 모습을 같이하니, 역리의 심볼과 천지의 실존태는 서로 어긋나지 않는다. 역의 앎은 만물에 두루두루 미치면서도, 역의 도는 인간세를 구원하는 인한 마음을 가지고 있다. 그래서 허물이 없는 것이다. 역은 일정한 규칙대로만 움직이는 것은 아니고 방행하기도 하지만 흐르는 법은 없다. 역을 통달한 군자는 하느님을 즐길 줄 알고, 또 하느님의 명령을 자기운명으로 깨닫기 때문에 근심이 없다. 그리고 이 땅위 어느 곳에 살든지, 그 사는 곳을 편안하게 만들고 인仁한 덕성을 두텁게 쌓아올린다. 그러므로 천지와 더불어 모든 것을 아낄 줄 안다. 지주만

물知周萬物은 건의 덕성이며 지知의 과제상황이다. 도제천하道濟天下는 곤의 덕성이며 인仁의 과제상황이다. 지知와 인仁은 역리의 심층이다.

3 역은 천지의 변화를 질서있게 포섭하면서도 허물을 범치 아니하고, 만물을 곡진하게 성취시켜주면서도 빠트림이 없다. 낮과 밤이라는 우주의 길에 통달하면서도 바른 앎을 유지한다. 그러므로 하느님이란 고정된 모습이 없고 역이란 고정된, 불변의 실체(본체)가 없다.

제 5 장

1 한번 음이 되었다가 한번 양이 되곤 하는, 서로 갈마드는 기운 속에 있는 것이 도道이다. 도는 일음일양에 내재하는 것이다. 그 길을 내 몸(생명) 속에 이어 구현하는 것이 곧 선(좋음)이다. 그 도를 내 삶 속에서 이루어나가는 과정이 곧 나의 본성이다. 인한 관심에 사로잡혀 있는 자는 광막한 우주의 대도를 바라보고 인이다라고 말한다. 그리고 지知에 관심이 사로잡혀 있는 자는 지다라고 말한다. 그러나 우주는 인간의 협애한 인식의 카테고리를 벗어난다. 지와 인을 통섭하는 자만이 제대로 파악할 수 있다. 그래서 일반백성들은 일용간에 그 도를 활용하여 살고 있으면서도 그 도를 알지 못한다. 그러기 때문에 군자의 도는 매우 드문 것이다.

2 천지음양의 도는 우주의 창조적 충동을 은밀한 내면의 인仁에 부여하여 그 인의 가능성을 겉으로 발현시키고(봄과 여름처럼), 또 동시에 그 창조적 충동을 겉으로 나타나는 작용用의 이면에 감추어 새로운 창조를 준비한다(가을과 겨울처럼). 역은 이와같이 드러냄과 감춤의 리듬에 의하여 민물을 고동시키지만, 문명의 주체인 성인과 더불어 근심을 같이하지는 않는다. 역은 성인과 근심을 같이하지 않기에 오히려 그 성덕(인)과 대업

(용)이 지극한 위용을 지니고 있는 것이다. 성덕은 무엇이고 대업은 무엇인가? 무궁무진하게 포용할 수 있음을 대업이라 이르고, 날로 새로워지는 것을 성덕이라 말하는 것이다. 날로 새로워지기 때문에 무궁하게 포용할 수 있는 것이다. 끊임없이 창조하고 또 창조하는 것을 역이라 말한다("역무체"와 상통). 최초의 추상적인 전체상을 파악하는 것을 건이라 이르고(창조의 시작), 구체적인 법칙을 본받아 창조를 성취하는 것을 곤이라 이른다. 대연지수 50을 극하여 괘효를 만들어 나에게 다가오는 것을 아는 것을 점이라 한다. 점의 결과로 얻은 효사를 통변하여 그 전체적 의미를 파악하는 것을 일이라 한다. 점과 사의 배후에는 하느님이 계시다. 그러나 하느님은, 음양의 착종으로 연출되는 우주가 우리의 인식을 넘어 헤아릴 수 없을 때, 우리가 하느님이라 말하는 것이다. 초월적 실재가 아니라 음양과 더불어하는 역의 신령한 측면이다.

제 6 장

1 대저 역의 우주는 너르고 또 크다! 역은 아무리 먼 곳에 있을지라도 역 이외의 포스가 그를 제어할 길이 없다. 역은 스스로의 법칙으로 움직인다. 가까운 곳으로 말해도 역은 고요하지만 정도를 지킨다. 하늘과 땅 사이라는 개념으로 말하면 역은 모든 것을 포섭하여 빠트림이 없다. 대저 건은 고요할 때는 옹골지게 뭉쳐있고 움직일 때는 직하게 뻗어나간다. 그래서 크게 생함을 이룩한다. 대저 곤은 고요할 때는 수렴하여 닫혀있고 움직일 때는 과감하게 열어제키고 받아들인다. 그래서 널리 생함을 이룩한다. 대생과 광생은 생생의 과정이다. 역의 광대함은 천지의 광대함과 짝하고, 역의 변통은 사계절과 짝하고, 음양의 정의로운 뜻은 일월의 변화에서 시원한 것이며, 이간의 좋음은 천지의 지극한 덕성(하늘의 지건至健, 땅의 지순至順)과 짝하는 것이다.

제 7 장

1 공자께서 말씀하시었다: "아~ 역이여! 참으로 위대하도다!" 공자께서 왜 이토록 찬탄하셨을까? 대저 역이란 문명을 창조하신 성인들께서 하늘의 덕을 높이고, 땅의 업을 넓히기 위하여 지으신 것이다. 하늘의 이상인 지知는 높을수록 좋고, 땅의 질서인 예禮는 낮을수록 좋다. 높임이란 하늘을 본받는 것이요, 낮춤이란 땅을 본받는 것이다. 인간의 문명도 지知와 예禮의 양대기둥을 필요로 한다. 하늘과 땅이 높임과 낮춤의 위상을 설하고 있고, 역이 그 가운데, 음양이 착종하는 변화 한가운데서 갈 길을 가고 있는 것이다. 역은 만물의 본성을 이루어가면서 우주창조의 과정을 간단間斷없이 존속시키고 있다. 인간과 만물의 도덕성의 근원이 아니고 무엇이랴!

제 8 장

1 역을 만든 성인은 천하의 오묘하고도 복잡스러운 현상을 꿰뚫어 볼 수가 있는 능력이 있었기 때문에 그 단순화된 통찰의 상을 구체적 물상에 비의하여 괘상을 만들었다. 괘상이 사물의 마땅함을 상징해내었기 때문에 우리가 괘상을 상象이라고 일컫는 것이다. 또한 성인께서는 천하의 동적인 흐름을 통찰하는 능력이 있었기 때문에 그 회통되는 모습을 통관하여, 항상스러운 질서를 존중하고 그 질서를 상징하는 전례를 행하였다. 이러한 전례에는 말이 따라붙게 마련인데, 성인은 그 말들을 384효에 매달아 인간의 길흉을 판단할 수 있게 만들었다. 이 효사 하나하나가 모두 전례가 될 수 있는 것이다. 길흉의 변화를 판단케 한다 하여 효라 일컫는다. 여기서 효爻는 사물의 움직임을 본받는다(效)는 뜻이다. 성인께서

천하의 지극히 복잡하여 혼란스럽게 보이는 것을 말씀하셨는데도 이에 대하여 아무도 밉다는 말을 하지 않는다. 성인께서 천하의 지극히 동적인 변화를 말씀하셨는데도 이에 대하여 아무도 혼란스럽다는 말을 하지 않는다. 성인께서 만들어 놓으신 상象에 비의하여 말하게 되면, 그 말은 신적인 권위를 갖게 된다. 성인께서 만들어 놓으신 효爻에 견주어보고 나서 행동하게 되면, 그 행동은 신적인 권위를 갖게 된다. 이렇게 비의하고 의론한 언행言行은 천지의 변화와 일치하는 변화를 이룩한다. 위대하지 않을 수 없다. 다음에 나오는 7개의 효사 해석은 모두 인간의 말과 행동에 관한 것이다.

2 중부괘 ䷼ 구이九二 효사에 이런 말씀이 있다:

"에미 학이 그늘에 가려 우는구나.
멀리 있는 새끼가 그 소리만 듣고 화답하네.
엄마 나 잘 있어.
속이 진실한 친구들이여!
나에게 아름다운 술잔이 있고
향기 드높은 술이 있소.
나 그대들과 더불어
잔을 기울이고 싶소."

공자께서 이 효사를 해설하여 이와같이 말씀하시었다: "군자가 타인이 알지 못하는 자기만의 방구석에 홀로 거하고 있으면서 그곳으로부터 말을 내도, 만약 그 말이 좋으면 천리 밖에서도 감응한다. 하물며 가까이 있는 사람들이 감응치 않을 수 있겠는가! 자기만의 방구석에서 홀로 담론을 지어냈을 때, 그 말이 좋지 못하면 천리 밖에서부터 이미 시비를 건다. 하물며 가깝게 있는 사람들이야 더 말할 건덕지가 있겠는가! 내 말은 내 몸으로부터 나아가 민중에게 덮어씌워지는 것이다. 나의 행동은 가까운 곳에서 시작되지만 멀리 있는 데까지 그 영향이 드러나는 것이다.

그러기 때문에 말과 행동은 군자의 추기이다. 추기가 어떻게 발동되는가에 따라 영욕이 엇갈린다. 언행이야말로 추기와도 같이 군자가 천지를 움직이는 소이의 핵심이다. 삼가지 않을 수 있겠는가?"

3 동인괘 ☰ 구오九五의 효사는 다음과 같다: "동지들을 규합하려 한다. 처음에는 너무도 힘이 들어 비통한 현실에 울부짖는다. 그러나 구오九五의 진실에 호응하는 사람들이 많이 생겨 상황이 바뀐다. 나중에는 크게 웃는다." 이 효사를 해석하여 공자님께서 다음과 같이 말씀하시었다: "군자의 도는 혹은 용감하게 박차고 나아갈 때도 있지만 또한 조용히 자기 자리를 지키며 움직이지 않을 때도 있다. 사회의 불의에 관해 목소리를 높여 발언할 때도 있지만 침묵 속에 아무 말도 하지 않을 때도 있다. 두 사람의 가슴의 교류, 그 마음의 하나됨은 그 날카로움이 강력한 쇠를 자를 수도 있다. 그리고 그 하나된 마음에서 우러나오는 말의 향기는 은은한 난초의 향기보다도 더 짙다." 이 역시 인간의 언행에 관한 말씀이다.

4 대과괘 ☱ 초육初六의 효사에 이런 말씀이 있다: "하느님께 제사를 지내는데 그 자리에 띠풀을 깔아 공경스러운 마음을 표시한다. 험난한 시기에도 허물이 없을 것이다." 이 효사를 공자님께서는 다음과 같이 해석하시었다: "제기를 그냥 땅에 놓는다 할지라도 잘못될 것은 없다. 그런데 깨끗한 띠풀을 사용하여 바닥에 깔고 그 위에 제기를 놓으니, 무슨 허물이 있을 수 있겠는가? 이것은 신중함의 극치이다. 띠풀 그 자체는 고귀한 물건이라 할 수 없다. 주변에 흔하게 있는 가벼운 물건이다. 그러나 그 쓰임이 이토록 소중할 수가 없다. 이러한 삶의 태도를 신중하게 유지해나가면 삶의 전도에 잘못되는 바가 있을 수 없다." 제사를 대하는 공경한 마음과 인간의 언행의 신중함을 대비하여 말한 것이다.

5 겸괘 ☷ 구삼九三의 효사에 다음과 같은 말씀이 있다: "그대는 진실로 노

력하여 공을 이루었음에도 겸손한 군자로다! 항상 겸허한 삶의 자세를 잃지 아니하고 유종의 미를 거두니, 길할 수밖에 없다." 공자님께서 이 효사를 해석하여 다음과 같이 말씀하시었다: "수고롭게 노력하면서도 자신의 성취를 뽐내지 않는다. 공이 있으면서도 그것을 덕으로 여기지 아니하니, 이것이야말로 후덕함의 극치라 할 것이다. 이것은 공을 이루었음에도 불구하고 타인에게 자신을 낮추는 인격을 말하고 있는 것이다. 덕이 성하면 성할수록 예는 더욱 더 공손하게 된다. 겸이라는 것은 공손함을 지극하게 하여 그 위를 명예롭게 보전하는 것을 의미하는 것이다."

6 건괘 ䷀ 의 상구上九 효사는 이와같다: "그대는 항룡이다. 지나치게 올라가서 내려올 수가 없다. 어프러진 물과도 같다. 후회만 있을 뿐이다." 공자께서 이 효사를 해석하여 다음과 같이 말씀하시었다: "높은 지위에 있으면서도 실질적인 위가 없고, 높은 권좌에 앉아있는데도 따라주는 민중이 없고, 현자들이 하위에 있는데도 항룡이 되어버린 상구上九의 오만 때문에 누구도 그를 보좌하려 하지 않는다. 이렇게 되면 상구上九는 움직이기만 하면 후회를 낳을 뿐이다."

7 절괘 ䷻ 의 초구初九 효사에 다음과 같은 말씀이 있다: "출세의 기회가 있는데도 뜨락 밖을 나가지 않고 집에서 학업을 쌓고 인격을 도야하는 데 전념한다. 이렇게 절제할 줄 아는 인간에게는 허물이 있을 수 없다." 이 효사를 해석하여 공자님께서 다음과 같이 말씀하시었다: "우리 삶에 어지러움이 생겨나는 이유는 항상 그 언어가 화근이 되기 때문이다. 임금이면서 그 말이 주도면밀하지 않으면 신하를 잃게 되고, 신하된 자로서 그 말이 면밀하지 못하면 목숨을 잃게 된다. 사태의 갈림길에서 그 미묘한 기운을 면밀하게 파악하지 못하면 해가 생겨난다. 그러므로 군자는 신중하고 면밀하게 자신을 지키며 함부로 나아가지 않는다." 공자는 여기서도 "언어言語"와 행동의 신중함을 말하고 있다.

8 공자는 이 문단에서 해괘䷧의 육삼六三 효사를 두 번 인용하면서 담론을 계속한다. 공자께서 말씀하시었다: "역을 지으신 성인께서는 도둑놈들의 생태를 잘 파악하고 계신 것 같다! 역의 효사에 이런 말이 있다: '지겟짐이나 지고 걸어가면 딱 좋을 놈이 삐까번쩍하는 수레를 타고 의젓하게 간다. 이 꼬락서니는 도둑놈들을 꼬이게 만드는 것일 뿐이다.' 지겟짐은, 소인의 일이다. 고급수레라는 것은 군자의 기물이다. 소인인 주제에 군자의 기물에 올라타면 그것은 도둑놈으로 하여금 그 기물을 빼앗을 생각만 하게 만드는 것이다. 한 나라의 상층부가 태만하고 하층민이 난폭하면 도둑놈들은 그 나라를 정벌할 것만을 생각하게 된다. 한 나라의 재화를 수장한 창고를 태만하게 관리하는 것은 도둑놈들에게 도둑질을 가르치는 것과도 같다. 남녀 불문하고 외모를 과도하게 가꾸는 것은 사람들에게 음란한 망상을 불러일으키는 것과 다름이 없다. 역에 '봇짐 질 놈이 수레 타고 가니 도둑놈들만 꼬이게 만든다'라고 써있는 것은 정치가 도둑놈들만 양산하고 있음을 경계하여 말씀하신 것이다." 일관된 주제가 흘러가고 있다.

제 9 장

1 천수는 1이요, 지수는 2요, 천수는 3이요, 지수는 4요, 천수는 5요, 지수는 6이요, 천수는 7이요, 지수는 8이요, 천수는 9요, 지수는 10이다. 이렇게 펼쳐놓고 보면 천수가 다섯이요, 지수가 다섯이다. 다섯 위位에 있는 천수와 지수는 서로 교감하면서 얻고, 또 각기 합함이 있다. 합하여 보면 천수는 25가 되고, 지수는 30이 된다. 대저 천수와 지수를 합친 천지지수는 55가 된다. 이 천지지수야말로 시공간의 모든 변화를 이룩하며, 또 천지의 신령한 측면인 귀신이 영활하게 기능하도록 만든다. 그래서 천지는 영험스러운 것이다.

2 대연지수는 50이다. 점을 칠 때는 대연지수를 상징하는 50개의 산대에서 하나(태극을 상징)를 빼서 통에다 꼽고 시종 건드리지 않는다. 그래서 점은 단지 49개의 산대만을 활용하게 되는 것이다. 공손하게 두 손을 모아 산대 49개를 들고 있다가 무념, 무심하게 왼손, 오른손으로 이분한다. 이 이분된 산대는 천(왼손)과 지(오른손)를 상징한다. 다음에는 오른손 뭉치에서 하나를 뽑아 왼손의 새끼손가락과 약지 사이에 낀다. 이 하나를 점치는 판에 같이하니 천·지·인 삼재를 상징하게 되는 것이다. 다음에 왼손에 든 산대뭉치를 오른손으로 4개씩 셈하여(덜어낸다) 나가는데 4개씩 셈한다는 것은 사계절을 상징한다. 4개씩 셈하고 남은 우수리를 2회에 걸쳐(제1회 왼손뭉치, 제2회 오른손뭉치) 왼손 손가락 사이(약지와 중지 사이, 중지와 검지 사이)에 낀다. 이 우수리를 손가락 사이에 낀다는 것은 윤달을 상징하는 것이다. 다섯 해가 되면 윤달이 두 번 생겨나기 때문에, 산대로 말하자면, 두 번 손가락 사이에 끼니 괘의 모습이 갖추어지기 시작한다고 말한 것이다. 이 문단의 끝에 있는 "괘掛"는 "괘卦"로 해석함이 옳다. 그리고 그것은 실제로 한 효의 결정을 의미하는 것이다.

3 건괘☰는 노양만으로 구성되어 있다. 노양을 얻고 남은 산대의 숫자는 36이다. 이 숫자가 건괘의 심볼숫자이다. 6효이므로 6×36, 건괘의 산대는 216개이다. 곤괘☷는 노음만으로 구성되어 있다. 노음을 얻고 남은 산대의 숫자는 24이다. 이 숫자가 곤괘의 심볼숫자이다. 6효이므로 6×24, 곤괘의 산대는 144개이다. 이 둘을 합치면 360이 되는데 이것은 대강 1년의 날 수에 해당된다. 역은 상편, 하편으로 나누어져 있다. 이 두 편에 있는 괘는 64괘인데 64괘의 효는 총 384개이다. 이 중 양효가 192개 음효가 192개 동수이다. 192에 노양의 숫자 36을 곱하면 6,912가 된다. 그리고 192에 노음의 숫자 24를 곱하면 4,608이 된다. 이 두 개의 숫자를 합치면 11,520이 된다. 이 숫자는 만물의 수에 해당된다. 그러므로 나누고, 걸고, 덜고, 합하는 4단계의 운영을 거쳐 역의 기초인 효가 만들어지고,

그것이 다시 18변을 거쳐서 하나의 괘상이 만들어진다. 64괘의 구성적 핵심은 위位가 셋일 때 만들어지는 팔괘인데, 팔괘를 통하여 작은 우주가 만들어진다. 그 우주를 다시 늘려 펼치면 64괘의 대우주가 만들어지는데 음양의 효는 감통하는 것들끼리 서로 주고받으면서 생성의 과정을 계속한다. 이 64괘의 무궁한 감응 속에 천하의 일어날 수 있는 모든 일이 포섭되는 것이다.

4 역의 길은 인간이 걸어가야만 하는 길을 드러내는 것이다. 그렇게 함으로써 인간의 덕성과 행위를 신묘하게 만든다. 인간의 덕행이란 자신의 덕행을 하느님의 덕행과 상응하게 만드는 것이다. 그러므로 인간이 이 땅위에 살아가면서 생기는 세상사에 하느님과 더불어 잘 대처할 수 있게 해주며, 그렇게 함으로써 하느님의 사업을 도와줄 수 있게 된다. 기억하자! 공자님의 말씀을! "역, 그 변화의 길을 아는 자는 하느님께서 진정코 무엇을 하시려는지를 꿰뚫고 있는 자일 것이다."

제 10 장

1 역에는 성인이 역을 작한 원리가 포섭되어 있는데, 그 원리는 다음의 4가지가 있다. 말로써 대중과 소통하고자 하는 자는 괘사·효사와 같은 사辭를 중시한다. 행동을 하고자 하는 사람, 사업을 일으키고자 하는 사람은 효변과 같은 변變을 중시한다. 문명의 이기를 만들고자 하는 사람은 괘상이 지니고 있는 상象, 즉 그 심볼을 중시한다. 산대에 묻고자 하는 자는 점占이라는 물음을 중시한다. 사辭·변變·상象·점占의 4가지 원리를 들 수 있다.

2 그러므로 역을 활용하는 군자(지도자)는 어떤 일을 하려고 할 때, 어떤 행

동을 하려고 할 때, 역에 먼저 묻고 그 결과에 의거하여 자신의 의도를 언표하게 되는 것이다. 역은 묻는 자의 명을 받으면 즉시로 그것을 받아 온 골짜기에 메아리가 울려 퍼지듯이 먼 곳 가까운 곳, 그윽한 곳 깊은 곳을 막론하고 구석구석에 올 것을 알린다(미래를 예시한다). 천하의 지극히 정미精微한 것이 아니라면 무엇이 과연 이러한 경지에 미칠 수 있을 것이냐? 여기에서는 사辭를 해설하였다.

3 역리는 역을 구성하는 요소들이 서로 침투하고 질서(대오)를 이루어 끊임없이 변화를 일으키고, 천지의 수를 착종시킨다. 그러면서도 그 카오스적인 변화를 통관하여 천하의 문양(질서, 코스모스)들을 달성시킨다. 대연의 수를 궁극하여 8괘, 64괘와 같은 천하의 상을 정착시켰으니 천하의 지극한 변화가 아니면 과연 그 무엇이 이러한 역리의 경지에 도달할 수 있으리오? 제3절은 변變과 상象을 해설하였다.

4 역은 주관적이고 개념적인 사유가 없으며, 인위적인 작위가 없다. 그래서 작위적으로 움직이지 않고 고요하게 환경을 파지把知한다. 그러다가 때가 오면 타자를 감입感入하면서 천하의 모든 존재의 이유를 소통시킨다. 천하의 지극한 신령함이 아니라면 무엇이 과연 이러한 역리에 미칠 수 있을 것인가? 제4절은 점占을 해설하였다.

5 대저 역이란 성인들께서 세상의 표층 밑에 있는 깊은 심층을 궁극에까지 파헤치고, 또 변화의 오묘한 갈래길 조짐들을 미리 파악하게 만드는 심오한 바탕을 제공하는 것이다. 심층까지 내려가기 때문에 천하사람들의 뜻과 지향성을 통관할 수가 있고, 갈래길의 기미를 예감하기 때문에 천하사람들의 사무를 바르게 성취시킬 수 있다. 또한 신령한 경지에 이르기 때문에 달리지 않아도 빠르고, 감이 없이도 이른다. 공자께서 역에는 성인께서 역을 작하신 원리가 넷이 포섭되어 있다고 말씀하셨는데,

그것은 사물의 심층을 보는 능력, 갈림의 조짐을 예감하는 능력, 보이지 않게 움직이는 신묘한 능력을 전제로 해서 말씀하신 것이다.

제 11 장

1 공자님께서 자문자답하신다: "도대체 역이라는 게 무엇을 하기 위하여 만들어진 것일까? 이 질문에 대한 답은 세 가지로 요약될 것이다. 첫째로 역은 천지간의 만물의 사건을 개시해주고, 둘째는 그 사건들이 일정한 효용을 달성할 수 있도록 성취시켜주며, 셋째로는 역은 자기 속에 천하의 변화의 길을 담아내어 끊임없이 모험을 감행한다. 내가 생각하기에 역은 이러한 것일 뿐이다." 그러므로 역을 만든 성인은 천하사람들의 모든 뜻을 통달하여, 천하사람들이 이루고자 하는 업業을 안정적으로 성취시킨다. 그렇게 함으로써 천하사람들의 불안과 의심을 풀어버린다. 그러하므로 역점의 과정을 담당하는 가장 기본적인 시초의 덕성은 둥글기 때문에 (원만하여 모든 가능성을 포용한다) 신묘하고, 만들어진 괘의 덕성은 모가 나면서도 (가능성이 구체화된다) 지혜롭다. 또한 최종적인 여섯 효의 의미는 무한한 변화를 일으키며 (지괘之卦의 출현을 역易, 즉 변화라 표현했다) 일정한 공업功業을 달성한다. 성인은 이와같은 과정을 거치면서 마음을 깨끗이 씻는다. 결과가 나와도 그것과 함께 은밀한 곳으로 물러나 반성의 생활을 한다. **점의 결과로 얻은 길흉이라는 것은 궁극적으로 다수의 민중과 더불어 같이 걱정하자고 있는 것이다.** 신묘한 예지로써 올 것(미래)을 알고, 냉철한 지식으로써 지나간 사건들(과거)의 되풀이되는 법칙을 의식 속에 간직한다. 과연 그 누구가 이러한 신묘한 경지에 도달했다고 말할 수 있을 것인가! 옛날에 총명예지의 성인은 신비로운 비경의 무술을 소유하고서도 군대를 일으키거나 사람을 살상하는 법이 없었다고 했는데 그러한 경지의 인간이라야 이러한 신묘한 역에 도달했다고 말할 수

있을 것인가!

2 그러므로 성인은 평소부터 하늘의 법칙을 밝게 알아 무리한 판단이 없고, 또 백성들의 삶의 사연들을 민감하게 살펴 민생을 도모한다. 이런 연후에나 신령한 물건을 일으켜 (시초점) 점을 침으로써 백성들의 삶의 효용을 리드해나간다. 성인은 점을 칠 때에는 점을 치는 과정을 통하여 자신의 몸을 재계한다. 그리고 하느님과의 해후로써 자신의 덕을 밝게 만드는 것이다(※ 대학지도大學之道는 명덕明德을 밝히는 데 있다고 한 것과 상통한다).

3 그러므로 문을 닫는 것과 같은 음적인 현상을 총체적으로 상징화하여 곤坤이라 부르고, 문을 활짝 열어 생성을 활발하게 만드는 양적인 현상을 총체적으로 상징화하여 건乾이라 부른다. 한번 닫혔다가 한번 열리곤 하는 천지만물 음양의 이치를 일컬어 변變이라 일컫는다. 만물의 변화가 막히는 것이 아니라 끊임없이 왕래하는 지속의 통달함을 통通이라 일컫는다. 이렇게 변통하는 과정에서 일정한 모습을 드러내는 것을 상象이라 하고, 또 구체적인 물상으로 형상화되는 것을 기器라고 부른다. 그 그릇들을 제압하여 삶에 유익하도록 활용하는 것을 법法이라 일컫는다. 이롭게 활용하면서 자유롭게 들락날락하는 가운데 민중 모두가 함께 참여하는 신비로운 마당, 그것을 일컬어 하느님神이라고 한다. 하느님은 개방적인 쓰임이다.

4 그러므로 역, 즉 끊임없이 변화하는 시공의 모든 계기에는 태극이 있다. 태극은 실체가 아니요, 본체가 아니요, 존재자가 아니다. 태극은 역의 모든 계기에 있는 것이다. 역이 태극을 소유하는 것이 아니다. 역에 태극은 고유固有한 것이요, 동유同有하는 것이다. 이 태극의 총체성이 양의兩儀를 생生하고, 양의는 사상을 생하고, 사상은 팔괘를 생한다. 팔괘는 길흉을 정하고, 길흉이 정해진다는 것은 문명의 대업을 생하는 것이다. 그러므로

상象을 본받는다는 것은 천지보다 더 위대한 것은 없고, 변통한다는 것은 우리 삶이 명백하게 감지하는 사시보다 더 위대한 것은 없다. 하늘에 상이 걸려있어 밝은 빛을 발하는 것으로는 우리 인간에게 일월처럼 위대한 것은 없다. 우리 삶에 숭고하고 높으면 좋을 것으로서는, 부귀만큼 위대한 것은 없다. 사물을 골고루 갖추어 삶의 효용을 높이고, 만들어진 그릇을 문명의 전위에 세워 천하를 이롭게 하는 것은 성인의 치업보다 더 위대한 것은 없다. 그래서 성인은 부와 귀를 갖추어야 한다고 말한 것이다. 어지러운 듯이 보이는 현상을 탐색하여 숨은 원리를 찾아내고 가려진 법칙을 분류하고, 깊은 내면의 구조를 드러내고 그렇게 하여 먼 곳에까지 이르게 하는 제일성(Uniformity of Nature)의 원리는 예로부터 과학자들의 작업이었다. 이러한 과학적 상식 위에서 천하의 길흉을 정립하고 천하사람들이 당연히 힘써야 할 것을 힘쓰도록 만드는 것은 시구蓍龜의 성스러운 진실보다 더 효율적인 것은 없다.

5 그러하므로 하느님께서 신령스러운 물건(시구)을 생하시었으니, 성인이 그 시구의 조작을 법칙화하였다. 하늘과 땅은 끊임없이 변화하면서 끝없이 다양한 모습을 연출해낸다. 성인은 이러한 연출을 본받아 인간세를 돕는다. 하느님께서는 상象을 드리워 길흉을 드러내신다. 성인은 이러한 길흉의 상을 상징화한다. 황하에서 도상이 나오고, 낙수에서 글씨가 나왔다는 전설이 있는데, 성인은 그러한 자연의 영감을 받아들여 법칙화한다. 대체로 역에는 태·소·음·양의 사상이 있는데, 이것은 사상四象으로 구성되는 더 큰 상의 효爻를 보여주려 함이다. 또 괘와 효에는 말辭이 매달려 있는데, 그것은 우리에게 메시지를 보내기 위함이다. 메시지를 내보낸다는 것은 길흉을 정하기 위함인데 이것은 흉凶을 피하고 길吉로 나아가는 도피행각을 고告하는 것이 아니다. 비본래적인 자기를 끊어내어 버리고 본래적인 자기로 복귀하는 결단을 촉구하려는 것이다. 역은 지선至善에로의 결단이다!

제 12 장

1 대유괘☲의 마지막 양효인 상구上九의 효사에 이런 말이 있다: "하느님으로부터 도움이 있을 것이다. 길하여 이롭지 아니할 것이 없다." 이 효사를 해설하여 공자님께서 말씀하시었다: "이 효사 중 우祐라고 하는 것은 돕는다는 뜻이다. 하느님께서 돕는다고 하는 것은 그 사람이 천지의 법칙에 어긋남이 없는 순리의 삶을 영위해왔다는 것을 의미한다. 이에 비하여 사람들이 이 사람을 돕는다고 하는 것은 이 사람이 주변의 모든 사람들에게 신용을 지키고 신험한 말로써 거짓없는 삶을 실천해왔다는 것을 의미한다. 신용있는 말을 실천하고, 천도에 부합하는 순조로운 삶을 생각하고, 또한 자기를 낮추어 현인을 숭상한다. 그러하므로 이런 지도자는 하느님의 도움을 받을 수밖에 없으며, 그 운세가 길하여 모두에게 이롭지 아니함이 없다."

2 공자께서 말씀하시었다(이 말씀파편은 효사에 포함되어 있지 않다): "글은 말을 다할 수 없고, 말은 가슴속의 표현하고자 하는 뜻을 다 드러낼 수 없다. 그런즉, 성인의 진정한 뜻이 우리에게 다 드러나있다고 말할 수 있겠는가?" 이 말씀을 공자님 스스로 비평하여 새롭게 말씀하시었다: "성인이 창작한 것은 일상언어가 아니라 새로운 상징象이다. 성인은 이러한 상징체계를 새롭게 창안하여 그 뜻을 다 드러낼 수 있었다. 그리고 64괘를 창안하여 만물의 실상과 허위를 다 드러내었다. 그리고 64괘와 384효에 모두 해설을 매달아 인간의 언어가 표현할 수 있는 것을 다 드러내었다. 효와 괘를 변화시키고 그 내면을 소통시킴으로써 백성들의 이로움을 남김없이 도모하였다. 그리고 북을 치고 춤을 추며 모든 제식의 마당을 열어 하느님의 가능성을 다 드러내었다."

3 건과 곤은 역 전체의 가능성을 함축하고 있는 온양蘊釀의 두 근원이 아니겠는가? 항상 건과 곤이 두 기둥으로서 서게 되면 그 사이에 천지음양의 모든 변화가 조화로운 춤을 추며 진열되는 것이다. 건곤이 훼멸되면 역도 훼멸되어 사라지고 만다. 역이 보이지 않으면(즉 변화가 없으면) 건곤이라는 생명의 근원이 거의 식멸息滅하게 된다. 그러하므로 일음일양의 우주가 만들어내는 모든 것은 형形으로 통섭되는 것이다. 무형을 창조한다는 말은 있을 수가 없다. **형이 있고나서 위로 가는 것(하늘적 기능을 담당하는 것)을 도道라고 말하고, 형이 있고나서 아래로 가는 것(땅적 기능을 성취하는 것)을 기器라고 말한다.** 일음일양의 변화는 앞으로 화化하는 것만이 있는 것이 아니라 그것을 제어시키는 작용과의 사이에서 작동한다. 화化를 재裁하는 것을 변變이라 부르고, 그런 가운데 꾸준히 밀고 나아가는 것을 통通이라 부른다. 이러한 변통으로 얻어지는 성과의 혜택을 천하의 민중들에게 골고루 가게 하는 것을 우리가 문명의 사업事業이라고 부르는 것이다.

4 그러하므로 상象에 관하여 다시 한번 생각해보자! 역을 만든 성인은 천하의 오묘하고도 복잡스러운 현상을 꿰뚫어볼 수 있는 능력이 있었기 때문에 그 단순한 통찰의 상을 구체적 물상에 비의하여 괘상을 만들었다. 괘상이 사물의 마땅함을 상징해내었기 때문에 우리가 괘상을 상象이라고 일컫는 것이다. 또한 성인께서는 천하의 동적인 흐름을 통찰하는 능력이 있었기 때문에 그 회통되는 모습을 통관하여, 항상스러운 진리를 존중하고 그 질서를 상징하는 전례를 행하였다. 이러한 전례에는 말이 따라붙게 마련인데, 성인은 그 말들을 384효에 매달아 인간세의 길흉을 판단할 수 있게 만들었다. 이 효사 하나하나가 모두 전례가 될 수 있는 것이다. 길흉의 변화를 판단케 한다 하여 효라 일컫는다. 천하의 무질서하게 보인 잡다한 현상을 다 파헤쳐 질서있게 축약하는 것은 괘에 존存한다. 길흉을 조절하여 천하의 움직임을 고무격려 해주는 힘은 사辭

에 존한다. 천하의 운화에 일정한 절제의 질서감을 주는 것은 변變에 존한다. 일음일양의 변화를 꾸준히 밀고나가는 창조의 과정은 통通에 존한다. 우주의 변화를 신적인 것으로 만들고 그것을 밝히는 힘은 사람에게 존한다. 침묵 속에 묵묵히 이루어나가고, 말로 표현하지 않아도 그의 소기하는 바가 신험있게 성취되는 힘은 인간의 덕행德行에 존한다. 인간 내면에 쌓이는 덕이야말로 역이 소기하는 궁극적 과제상황이다.

계사전 하편

제 1 장

1 64괘의 기본인 3획괘의 팔괘가 죽 늘어서면 그 속에 상象이 있게 된다. 3획괘를 여섯자리의 괘로 배가시키면 64괘가 되는데 384개의 효가 그 속에 자리잡게 된다. 효는 항상 변하는 것이 특질이다. 강효와 음효가 서로 감응하고 밀치는 가운데, 역의 보편적 특성인 변變이라는 것이 384개의 효 중에 있게 된다. 성인은 괘와 효 아래에 말을 매달아, 묻는 사람에게 그 괘효가 내포하는 길·흉을 전달하게 하였다. 그러니까 천하의 움직이는 사건들이 모두 괘사 효사 속에 구비되어 있는 것이다. 길흉회린이라고 하는 것은 인간의 삶의 움직임의 결단에서 생겨나는 것이다. 강유, 즉 양효·음효라 하는 것은 역의 근본을 세우는 것이다. 그리고 변통變通이라고 하는 것은 시간의 계기에 맞추어 움직이는 것을 말하는 것이다.

2 길흉이라는 것은 바르게 극복하는 것을 가르쳐주는 것이다. 천지의 도는 바르게 보여주는 것이다. 해와 달의 도는 바르게 빛나는 것이다. 천하의 움직임은 오직 하나에서 바르게 되는 것이다.

3 대저, 건이라는 것은 확연하게 쉬움(이易)의 덕성을 사람들에게 보여준다. 대저, 곤이라는 것은 부드럽게 간결함(간簡)의 덕성을 사람들에게 보여준다. 효라는 것은 본받는다는 뜻인데, 바로 이러한 건곤의 이간을 본받는 것이다. 상이라는 것은 본뜬다는 뜻인데, 바로 이러한 건곤의 이간

을 본뜬(=상징화한) 것이다. 효와 상이 64괘라는 우주 내에서 움직이게 되면 길흉이 겉으로 드러나게 되고, 인간의 공업의 성취여부도 효의 변화로 드러나게 마련이다. 이렇게 되면 괘효에 언어를 매단 성인의 마음의 진실이 그 괘효사에 드러나게 되는 것이다.

4 천지의 가장 큰 덕성이란 생명을 주는 활동을 끊임없이 한다는 것이다. 성인의 가장 소중한 보물이라는 것은 범인이 범접할 수 없는 위位를 가지고 있다는 사실이다. 그 위는 어떻게 지키는가? 말한다, 그것은 사람의 마음이 지켜주는 것이다. 나라에 사람이 모여야 성인의 힘이 생기는데, 사람은 무엇으로 모으는가? 말한다, 그것은 재물이다. 성인이 해야 할 일은 세 가지로 요약된다. 첫째는 재물을 공평하게 관리하는 것이다. 둘째는 말을 바르게 하는 것이다. 셋째는 이러한 도덕성을 바탕으로 인민이 비리를 저지르는 것을 막아야 한다. 이 세 가지를 실천하는 것을 정의라고 한다.

제 2 장

1 옛날에 복희씨가 천하에 왕노릇 할 때였다. 우러러보아 하늘에서 상象을 통찰하고, 굽어보아 땅에서는 법칙을 관찰하였다. 또한 새와 짐승의 아름다운 문양과 그들의 삶과 어울리는 대지의 마땅함을 관찰했다. 가깝게는 이 모든 천지의 원리를 내 몸에 비유하여 취하고, 멀게는 만물의 보편적 정황으로부터 두루두루 취하였다. 이러한 관찰과 사유의 과정을 거쳐 비로소 팔괘의 상을 만들었고, 신명의 덕에 통하였고, 만물의 실상을 분류할 수 있게 되었다.

2 문명의 작자作者인 복희씨는 노끈을 묶어서 그물을 만들었다. 그물을 만

들어서 그것으로써 들에서 짐승을 잡기도 하고, 물에서 고기를 잡기도 하였다. 이러한 문명의 이기인 그물의 발명은 아마도 리괘䷝의 상에서 힌트를 얻었을 것이다.

3 복희씨가 죽자, 신농씨가 일어났다. 수렵어로시대를 지나 농경시대로 진입한 것이다. 신농씨는 나무를 깎아 보습을 만들고, 나무를 휘어서 쟁기를 만들었다. 보습과 쟁기, 이러한 농경기구의 효율성으로써 천하사람들을 가르쳐 농사의 혁신을 가져왔다. 이러한 혁신의 상은 아마도 익괘䷩에서 아이디어를 얻었을 것이다. 해가 중천에 뜨면 시장이 열린다. 천하의 민중이 시장으로 모이게 만드는 것이다. 그러면 천하의 재화가 한곳으로 모이게 된다. 교역이 이루어지고 나면 각기 자기 집으로 돌아간다. 그러나 재화는 각기 있어야 할 곳에 있게 된 것이다. 이 전체적인 구상은 아마도 서합괘䷔에서 취했을 것이다.

4 신농씨가 죽고 황제·요·순씨가 일어났다. 자연경제의 시대를 지나 확고한 수장을 갖춘 집권적 정치체제로 진입했음을 의미한다. 모든 변화를 소통시켜 민중들에게 권태감이 들지 않도록 시대의 요구를 따라갔다. 신묘한 기운으로써 민중의 삶을 변화시키고 민중들이 마땅하게 여기는 삶을 향유할 수 있도록 해준다. 역은 궁하면 변하고, 변하면 통하고, 통하면 지속한다. 그러므로 하늘로부터 도움을 얻게 되어있으니 길하여 이롭지 아니할 바가 없다. 그래서 황제·요·순은 긴 의상을 늘어뜨리고 천지의 작용을 다 구현해 내니 천하는 자연스럽게 다스려진다. 아마도 이러한 대의는 건괘䷀와 곤괘䷁로부터 취했을 것이다.

5 거대한 통나무를 후벼 파내어 배를 만들고, 단단한 나무를 깎아 노를 만든다. 배와 노라는 교통수단이 가져오는 문명의 이점은, 통하지 않았던 지역을 통하게 하고, 또 효율적으로 먼 지역에 갈 수 있게 됨으로써 천하를

이롭게 하였다. 아마도 이러한 구상은 환괘䷺에서 취했을 것이다. 소를 길들여서 마차에 매달고 말을 훈련시켜 올라타고 먼 길을 간다. 무거운 것을 끌고 먼 곳에까지 가는 것이 효율적으로 이루어지게 됨으로써 천하를 이롭게 하였다. 이러한 문명의 전기의 아이디어는 아마도 수괘䷐로부터 취했을 것이다. 배와 바퀴, 수로와 육로의 혁신이 문명의 전환에 가장 전위적인 효율성의 상징이었음을 말하고 있다.

6 대문을 겹으로 만들고 경비를 세워 딱따기를 치게 하여 난폭한 도둑을 방비하니 아마도 이러한 치안의 아이디어는 예괘䷏에서 취했을 것이다. 나무를 잘라 절굿공이를 만들고 단단한 땅을 파서 동네절구를 만든다. 이러한 절구와 절굿공이의 도정기술은 농산물의 혁신을 가져왔고 만민이 혜택을 입었다. 아마도 이러한 아이디어는 소과䷽괘상에서 취했을 것이다. 나무를 휘어서 활을 만들고, 나무를 깎아 예리한 화살을 만든다. 활과 화살은 근접이 아닌 원거리에서도 적을 제압할 수 있게 한다. 활과 화살의 이로움은 천하에 위세를 떨칠 수 있게 만들었다. 이 활의 원리는 아마도 규괘䷥에서 취했을 것이다.

7 상고시대의 사람들은 자연적으로 형성된 기존의 동굴에 기탁하여 살았고, 들판에서 그냥 처하기도 하였다. 후세의 성인들은 이러한 생활습관을 바꾸어 궁실宮室을 지어 살게 했다. 위로 마룻대를 세우고 아래로 서까래를 내려뜨리는 맞배지붕의 발명으로써 비바람을 막을 수 있게 만들었다. 이 새로운 거주의 발상은 아마도 대장괘䷡에서 취했을 것이다. 옛시대의 장례라는 것은 시체에 옷을 덮듯이 장작이나 검불을 두껍게 덮는 초분형태였다. 들판 한가운데 그냥 버리고 봉분을 만들거나 나무를 심어 표시를 하지도 않았고, 장례기간도 정해져 있지 않았으니 기억에서 사라지면 그냥 사라져갔다. 후세의 성인들은 이러한 관습을 변혁시켜 관을 만들고 또 곽을 만들었다. 이러한 발상은 아마도 대과괘䷛에서

취했을 것이다. 상고시대에는 끈을 매듭지어 인간관계의 질서를 도모했다. 이 방식이 너무 간단해서 상징성이 부족하기 때문에, 후세의 성인들은 이 방식을 바꾸어 문자를 만들고 부절의 방법을 써서 정확한 사회약속체계를 만들었다. 이로써 백관은 효율적으로 자기업무를 수행할 수 있었고, 만민은 매사를 분명히 살필 수 있게 되었다. 이 위대한 문명의 전기의 아이디어는 아마도 쾌괘䷪에서 취했을 것이다.

제 3 장

1 그러므로 역이라는 것은 상象이다. 상이라는 것은 본뜨는 것이다. 자연으로부터 심볼을 취하는 것이다. 단彖, 즉 괘사라는 것은 한 괘 전체의 의미를 구성하는 바탕이며 재료이다. 효爻라고 하는 것은 천하의 움직임을 본받는 것이다. 움직이기 때문에 길흉이 생겨나고, 길흉보다는 좀 미묘한 회린도 드러나게 되는 것이다.

제 4 장

1 8괘는 양괘와 음괘로 분류된다. 그런데 양괘에는 음이 더 많고, 음괘에는 양이 더 많다. 주효는 소수이다. 왜 그런가? 양괘에서는 기수효(=양효)가 주도권을 잡고, 음괘에서는 우수효(=음효)가 주도권을 잡는다. 이 경우 양괘와 음괘의 덕이 구현되는 행위는 어떠한 양상일까? 양괘의 경우는 일양이음이기 때문에 하나의 군君이 둘의 민民을 통솔한다. 이것은 군자의 덕성이 발현되는 길이다. 음괘의 경우는 이양일음이기 때문에 군君이 둘이 되고 민民이 하나가 된다. 군 둘이서 하나인 민을 놓고 서로 환심을 사려고 각축을 벌이는 꼴이다. 소인의 도가 아닐 수 없다. 인간세의 모든 지도체제는 소수가 다수를 다스리는 것이다. 문제가 되는 것은 오직 소

수의 도덕성일 뿐이다.

제 5 장

1 함괘䷞ 구사九四의 효에 이런 말이 있다: "안절부절 설왕설래 하고 있구나! 너의 생각만을 따르는 같은 패거리에 갇혀 어쩔 줄을 모르네!" 이 효사를 평하여 공자님께서는 다음과 같이 말씀하시었다: "천하사람들이여! 무엇을 생각하고 무엇을 염려하고 있느뇨? 천하사람들이 제각기 다른 길을 걷고 있는 것처럼 보이지만 결국 하나로 돌아가고, 백가로 다른 생각을 하고 있는 것 같지만 하나의 진리로 수렴되게 마련이다. 천하사람들이여! 무엇을 생각하고 무엇을 염려하고 있는가? 해가 가면 달이 오고, 달이 가면 해가 온다. 해와 달은 서로 바톤을 이어가며 이 세상의 밝음을 유지시키고 있다. 추위가 가면 더위가 오고, 더위가 가면 추위가 온다. 추위와 더위는 서로 밀쳐가며 한 해를 이룩한다. 가는 것은 옴추리는 것이요, 오는 것은 펴는 것이다. 옴추림과 폄이 서로를 느끼게 되니 그 리듬에 따라 사는 삶의 이로움이 생겨나는 것이다. 자벌레의 옴추림은 폄을 구하는 것이다. 용이나 뱀이 칩거·동면하는 것은 그 몸을 보전하는 것이다. 사람으로 말해도 인간의 사물의 뜻을 정밀하게 연구하여 하느님의 경지에 도달하는 것(옴추림)은 언젠가 크게 사회적 효용을 발현하기 위한 것(폄)이다. 그 효용을 날카롭게 하여 내 몸의 가치를 발현케 한다는 것은 나의 내면적 덕성을 숭고하게 만드는 것이다. 여기까지 우리가 논의한 것들은 인간으로서 노력할 수 있는 최선의 방법들이다. 이것을 넘어서는 것들은 하느님의 경지래서 범인의 지혜로써는 감당키 어려운 것이다. 그럼에도 불구하고 오묘한 하느님의 세계를 끝까지 파헤쳐 들어가 우주변화의 전체적 상을 그려내는 성인의 경지는 인간의 덕성의 극치라 말해야 할 것이다."

2 곤괘䷮의 육삼六三 효사에 이런 말이 있다: "곤궁한 삶의 상황이 거대한 바위가 앞을 가로막고 있는 것과도 같다. 방향을 바꾸어 돌파하려 해도 질려(남가새)의 가시에 찔리기만 할 뿐이다. 잘못 나왔구나 생각하고 집으로 돌아간다. 집에 당도해 보니 집의 기둥인 아내도 사라졌다. 흉하다." 이에 대해 공자께서 평하시었다: "인생에 곤궁함이 없을 수는 없다. 그러나 곤궁치 않아도 될 환경 속에서 곤궁을 자처하니, 그 이름을 욕되게 할 뿐이다. 세상에는 거하지 않아도 될 곳에 거하는 자들이 많다. 이들은 몸을 반드시 위태롭게 한다. 욕되고 위태로움이 심하여 죽을 날도 얼마 남지 않았는데, 도망가 버린 아내를 과연 찾을 수 있을 것인가? 패망이다!"

3 해괘䷧ 상육上六의 효사에 이런 말이 있다: "고관이 높은 담 위에 올라가 불상응의 고위를 탐하여 날아드는 송골매를 쏜다. 명중하여 잡는다. 좋은 마무리다. 불리할 것이 없다." 이 효사에 대해 공자께서 좋은 멘트를 남기셨다: "송골매는 맹금의 일종이다. 활과 화살은 기물이다. 활을 쏘는 자는 사람이다. 군자는 기물을 몸에 감추고 있다가 때를 당하면 움직인다. 이렇게 준비가 되어있는 사람에게 무슨 불리한 상황이 발생하겠는가? 그가 움직임에 그를 방해할 장애물이 아무것도 없다. 그러므로 나아가면 곧 승리한다. 이것은 기器를 먼저 이루어 놓고 움직이는 것을 말한 것이다. 시중의 실천이다."

4 공자께서 말씀하신다: "소인은 본시 불인不仁을 저지르는 것을 부끄러워하지 않는다. 그리고 의롭지 못한 짓을 해도 두려워하지 않는다. 소인은 이利를 보지 않으면 나아갈 생각을 하지 않는다. 잘못에 대한 외부로부터의 징벌이 없으면 내면에서 자기를 징벌하는 일이라고는 없다. 이런 상황에서 작게 징벌을 받고 크게 뉘우쳤다면, 이것은 소인의 복이라 해야 한다. 그런데 서합䷔ 초구初九 효사에 이런 말이 있다: '초구初九는

죄인이다. 차꼬를 채운다. 그리고 발꿈치에 상처를 내는 형벌을 받는다. 허물이 없다.' 이 효사는 내가 말한 소인의 복을 지칭한 경우일 것이다."

5 내가 앞에서 소인의 뉘우침에 관하여 너무 쉽게 말한 것 같다. 선이라는 것도 쌓이지 않으면 선한 자의 이름을 이룩하기에는 부족한 것이다. 악도 쌓이지 않으면 악한 자의 몸을 파멸시키는 데 이르지는 않는다. 소인은 작은 선은 별로 이득될 것이 없다고 생각하여 행하지 않는다. 그리고 작은 악은 별로 해가 될 것이 없다고 생각하여 계속 행한다. 그러나 악이 쌓이면 엄폐할 방법이 없고, 죄행도 커지면 해결할 방도가 없다. 같은 괘 여섯 번째 상구上九 효사에 다음과 같은 말이 있는데 이 말로써 소인지복이라 한 말을 보완해야 할 것 같다: "큰 칼을 채우고 귀를 잘라버린다. 흉하다!"

6 공자께서 말씀하시었다: "위태롭다고 생각하는 것은 오히려 그 자리를 안전하게 만드는 것이다. 망할 것이라고 경계를 늦추지 않는 것은 오히려 그 존재를 보호하는 것이다. 어지러워질까봐 걱정하는 것은 오히려 오늘의 평화를 지속시키는 것이다. 그러므로 군자는 편안함 속에서도 위태로움을 잊지 않고, 보존되고 있음에도 상실되는 것을 잊지 않고, 평화로움 속에서도 어지러워지는 것을 잊지 않는다. 그러함으로써 몸을 안태하게 하고 국가를 보전할 수 있다. 이러한 양면의 지혜를 비괘䷋ 구오九五 효사는 이렇게 말한 것이다: '떨어져 사라지겠구나! 사라지겠구나! 저 가냘픈 뽕나무 가지에 위태롭게 매달려 있는 보물이여!'"

7 공자께서 말씀하시었다: "덕이 박한데 그 자리가 높고, 아는 것은 쥐꼬리 만한데 큰일을 도모하려 한다. 힘이 딸리는데 무거운 짐을 지었으니 재앙이 그 몸에 미치지 않는 상황은 거의 없다. 정괘䷱ 구사九四 효사에, '거대한 정鼎의 다리가 부러졌다. 그 안에 담긴 어마어마한 양의 공적

제사음식이 쏟아져 버리고 말았다. 정을 메고 가던 사람이나 그 주변 사람들의 몰골이 국물에 젖어 말이 아니다. 흉하다.'라고 했는데 이것은 소인들이 무거운 책임을 감당하지 못해 나라가 망가지는 형국을 비유해서 한 말이다."

8 공자께서 말씀하시었다: "운명의 미묘한 갈림길을 아는 것은 오직 신적인 경지에서만 가능할 것이다. 그러나 이러한 갈림길은 군자의 일상적 삶에 내재해 있는 것이다. 윗사람에게 공손하면 아첨하는 것처럼 보이게 마련이고 아랫사람에게 쉽게 대하면 모독하는 것처럼 보인다. 그러니까 군자는 윗사람에게 공경하면서도 아첨하지 않고, 아랫사람에게 개방적이면서도 얕잡아 보는 자세가 없다. 이러한 삶의 양면성이야말로 미묘한 갈림길을 알아야만 가능한 것이다. 여기 내가 말하는 미묘한 갈림길이란 인생의 움직임의 미묘한 조짐이요, 운명의 길흉이 먼저 드러나는 것이다. 군자는 그 미묘한 갈림길을 파악하면 곧 결단을 내리고 실천에 돌입한다. 삶의 결단은 하루가 걸리지 않는다. 예괘 ䷏ 육이六二의 효사에 이런 말이 있다: '그 결단의 견개함이 우뚝 서있는 바위와도 같다. 하루를 걸리지 않는다. 운명을 물어보면 길하다.' 그 견개함이 바위와도 같은데 어찌 하루가 걸릴까보냐? 과단성 있게 결단하는 그 내면의 모습은 누구든지 쉽게 알 수 있는 것이다. 군자는 미묘함을 아는 동시에 명백함을 알고, 부드러움을 아는 동시에 강함을 안다. 그러하기 때문에만 만인이 따를 수 있는 삶의 본보기가 되는 것이다."

9 공자께서 말씀하시었다: "안씨네 아들은 삶의 경지가 거의 성인의 경지에 이르렀도다! 자기 삶에 선하지 아니함이 있으면 그것을 알아차려 고치지 아니함이 없었으며, 그것을 안 이상 절대로 그것을 다시 행하는 일은 없었다. 복괘 ䷗ 초구 효사에 이런 말이 있다: '삶의 정도에서 멀리 빗나가는 적은 없다. 항상 곧 정도로 복귀한다. 후회에 이르는 법이 없다.

원천적으로 길하다.'"

10 하늘과 땅이 서로 교감하는 기운이 천지간에 가득하다. 그 교감에 의하여 만물이 태어나고 조화롭게 익어간다. 남자(양적 존재)와 여자(음적 존재)가 교합을 통해 존재의 엣센스인 정精을 엮어내니 만물이 그로써 화생化生하게 되는 것이다. 남녀의 교접은 역이 말하는 생생生生의 대본大本이다. 손괘䷨䷨ 육삼六三 효사에 이런 말이 있다: "세 사람이 갈 때에는 한 사람이 빠져주는 것이 좋다. 두 사람이 짝짜꿍이 맞을 기회가 높아진다. 한 사람이 홀로 가는 것도 좋다. 친구를 얻을 기회가 많아지기 때문이다." 이것은 무슨 의미인가? 결국 남녀가 화합하여 구정構精하면 그것은 하나에 이르게 된다는 것을 말한 것이다. 하나야말로 만화萬化의 대본이다.

11 공자님께서 말씀하시었다: "군자는 그 인격을 편안하게 만들고 나서야 행동에 돌입해야 한다. 그리고 그 마음을 평화롭게 하고 나서야 연설을 해야 한다. 군자는 민중과의 도덕적인 관계를 정립한 후에나 민중에게 요구를 해야 한다. 행동과 연설과 요구, 이 삼자에 관한 수신이 온전하게 된 후에나 그의 운세가 온전하여질 수 있는 것이다. 위태로운 조건에서 액션을 취하면 국민은 같이 해주지 않는다. 공포감을 조성하면서 연설을 행하면 국민은 그 호소에 응하지 않는다. 선한 교섭이 쌓이지 않은 상태에서 요구를 하면 국민은 내놓지를 않는다. 국민들이 더불어 하지 않는 상태가 지속되면 반드시 그 지도자를 제거하려는 세력이 등장하게 마련이다. 익괘䷩ 상구上九 효사에 이에 합당한 말씀이 있다: '상층을 덜어내어 하층을 보태주는 통치의 원칙을 실행하지 않으면 반드시 민중 가운데서 통치자를 공격하는 자가 생겨난다. 통치자의 마음가짐이 항상성이 없고 점점 자기 이익만 챙긴다. 흉하다.'"

제 6 장

1 공자께서 말씀하시었다: "건과 곤, 이것이야말로 역이라는 우주의 대문이로다!" 건은 양적 사건의 총체요, 곤은 음적 사건의 총체이다. 음양이 교감을 통하여 덕을 합치면 강과 유가 일정한 자기정체성을 지니게 되고, 천지의 모든 질서와 명분을 체현해 낸다. 뿐만 아니라 그 배경에 있는 신명神明의 덕을 통달케 한다. 건곤이라는 역의 대문이 결국 64괘를 만들어 내는데 그 괘의 이름이나 효사에 들어있는 명사들은 잡스럽게 보이지만 그 명분을 뛰어넘는 일이 없다. 괘명을 잘 분류하여 그 뜻을 상고해 보면, 그 속에 쇠망해 가는 세상의 뜻이 숨어있도다!

2 대저 역이란 지난 것들의 원리를 밝히고, 그러함으로써 오는 것을 알아차리게 만든다. 드러난 것도 미세하게 밝히고 숨은 것도 명백하게 드러낸다. 역의 대문을 열면 그 속에는 무수한 사건이 있는데, 그것들에 대하여 이름을 마땅하게 하고, 또 이름에 따라 사물을 변별한다. 그 언어를 바르게 해석하고 괘사·효사에 대해서는 바른 판단을 내린다. 그러면 사실 64괘 384효의 효용이 완비되는 것이다. 이 방대하고도 잡다한 역의 우주를 부르는 이름은 얼마 되지 않지만 그것이 상징하는 비유의 류라는 것은 많은 갈래가 있으니 그 복합체계는 무궁무진하다. 그 의취가 심원하고 괘효사는 문채가 난다. 그 말씀이 굽이굽이 곡절마다 들어맞고, 그것들이 상징하는 사건들은 방만하게 드러나는 것 같지만 실은 은밀하게 도사리고 있다. 결국 역이라는 것은 천지, 음양, 강유, 이러한 이가적 원리 하나로 뭇사람들의 행동을 바른길로 인도하고, 삶에 있어서의 득과 실의 과보를 명료하게 만든다.

제 7 장

1 역이 흥하게 된 것은 문왕·주왕이 대치하던 중고의 시대(은말주초)에서였을 것이다! 역을 작한 사람은 우환을 가진 사람이었을 것이다!

2 그러므로 리履는 덕의 기초이다. 겸謙은 덕의 자루이다. 복復은 덕의 근본이다. 항恆은 덕의 굳건한 항상성이다. 손損은 덕의 닦음이다. 익益은 덕의 풍요로움이다. 곤困은 덕의 변별이다. 정井은 덕의 땅이다. 손巽은 시의를 장악하여 덕을 이룸이다.

3 리는 조화로움을 지향하면서 극치에 다다른다. 겸은 존엄하고 빛나는 것이다. 복은 작은 힘이지만 나머지의 뭇 세력과 확실히 변별되는 진실이다. 항은 잡스러움 속에서 그 잡다함을 사랑한다. 손은 처음에는 어렵지만 질서가 잡히면 쉬워진다. 익은 타인을 보태줌으로써 자신의 덕을 오히려 너그럽게 성장시키는 것이지만 그러한 일을 작위적으로 꾸미면 안된다. 곤은 곤궁함이지만 그 곤궁을 타협 없이 끝까지 밀고 나가면 결국 통하는 것이다. 정은 자기가 있는 곳을 바꾸지는 않지만 모여드는 사람들을 통하여 멀리멀리 전파한다. 손은 때에 맞추어 현명하게 저울질하는 것이지만 그러한 위대한 덕성은 겉으로 드러나지 않는다.

4 리로써 행동을 조화롭게 만든다. 겸으로써 예를 누구나 지켜야 하는 질서로 만든다. 복으로써 스스로 알고 정도로 복귀한다. 항으로써 덕을 한결되게 한다. 손으로써 욕망을 줄이고 해를 멀리한다. 익으로써 못 가진 자를 보태주어 결국 모두의 이익을 흥하게 만든다. 곤으로써 원망을 줄이는 큰 인격을 도야한다. 우물은 정의롭게 개방적으로 생성을 한다. 의로움의 기준이다. 정으로써 의로움을 변별한다. 손은 따름이요 카이로

스의 장악이다. 손으로써 시세에 맞게 변하는 권도權道를 행한다.

제 8 장

1 역의 책됨의 의미는 우리 삶에서 근원적으로 소외될 수 없는 것이라는 뜻이다. 역의 도道됨은 끊임없이 자리를 바꾸며 효변을 일으키며 움직이며 일정한 시공에 거함이 없다. 두루두루 여섯 효의 자리인 육허라는 우주시공을 자유롭게 흘러 다니니, 상괘와 하괘의 고정성도 없고, 가장 근원적인 강효와 유효도 서로 바뀔 수 있기 때문에 무엇 하나 고정된 정경과도 같은 전거로 삼을 수 없다. 모든 만물에 적용할 수 있는 유일한 사실은 변화 그 자체일 뿐이다. 내괘에서 외괘로 가거나(출) 외괘에서 내괘로 오거나(입) 하는 방식에도 일정한 규칙이 있으며, 밖으로 나가 출세를 하려는 자에게나 집안에 쑤셔박혀 공부를 하는 자에게나 두려움이 무엇인지를 깨닫게 하며, 또 우환이 무엇인지, 우환을 일으키는 사태의 근본이 무엇인지를 밝혀준다. 그래서 역이라는 서물과 함께 살아가는 사람들에게는, 역은 스승이나 보모가 없다 할지라도 친부모가 항상 곁에서 감싸고 보살펴 주는 것과도 같다. 역을 대하는 사람은 처음에는 물론 일상적 말로써 통할 수 있는 괘사나 효사를 따라가기 마련이다. 그러다 보면 삶의 방도나 길이 헤아려지게 마련이다. 역은 변화다. 그러나 그 무궁무진한 변화 속에도 항상성을 유지하며 우리 삶의 기준이 되는 그런 심오한 진리가 있다. 그러나 진리가 우리에게 진리를 가르쳐주는 것은 아니다. 그 궁극적 진리에 도달하는 것은 어디까지나 사람이다. 사람이 아니라면 도는 허망하게 홀로 다니지는 않는다. 도는 형이하학적 세계와의 관계를 떠나지 않는다.

제 9 장

1 역이 책으로서 64괘의 체제를 갖추게 되기까지, 어떠한 사태든지 그 원초를 캐어내어 그 발전의 끝까지 전부 파악하여 요약한 내용을 괘의 소질(바탕)로 삼은 것이다. 한 괘를 구성하는 6효는 음효와 양효가 서로 섞여 구성되는데 그 구성조차도 시간의 상황성을 전제로 해서 성립하는 시물時物이지 불변하는 실체가 아니다. 대체로 6효 중 초효는 시작이고 숨겨져 있으므로 알기 어렵고, 상효는 종말이고 이미 다 드러난 상태이므로 알기 쉽다. 본말을 가지고 이야기하자면 초가 본이고 상이 말이다. 초효의 단계에서 인간의 언어로써 그 상황을 비의하여 표현해 놓음으로써 마침내 상효의 언어까지 완성하게 된다. 그러므로 초효와 종효 사이에는 내면적 연관이 있게 된다. 괘 하나하나가 모두 유기체라고 할 수 있다. 그러나 여섯 효자리가 다 개성이 있기 때문에 사물을 잡스럽게 포섭하게 되고 그 섞임 속에서 덕을 만들어 내니, 그 시是와 비非를 변별하는 작업이란 초효와 상효만으로는 안되고 중간의 2·3·4·5 네 효가 구비되어야만 한다. 아~ 역에서 인간세의 존망길흉이 도출되는 과정을 잘 살펴 요약해보면, 이러한 상황에서 어떠한 결과가 도출될지는 안방에 앉아서도 알 수 있는 것이다. 지혜로운 사람이라면 효사까지 따져보지 않더래도 그 전체의 의미를 총론하는 괘사만 들여다보아도 이미 생각이 반은 넘어간 셈이다.

2 제2효와 제4효는 둘 다 음효에 속하며 기능이 비슷하지만 위位가 다르다. 그 좋음의 수준이 다르다. 2는 명예가 많고, 4는 두려워할 일이 많다. 왜냐하면 4는 5의 군위君位에 가깝게 있기 때문이다. 유(음위)라는 것은 본시 홀로 자립하는 것이 아니라 강자에 기대는 습성이 있다. 그래서 권세에서 멀리 떨어져 있다는 것은 불리할 수도 있다. 그러나 결과적으로

권세에서 멀리 떨어져 있기 때문에 허물이 없는 것이다. 유함으로써 중용을 지키기 때문이다. 제3효와 제5효는 둘 다 양위陽位이니까 기능이 같다. 그러나 그 위位가 확연히 다르다. 3은 하괘에 있으니 어디까지나 신하의 위상이고, 5는 군주의 자리이기 때문에 지존이다. 그래서 3에는 흉凶이 많고, 5에는 공功이 많다. 귀천의 차등이 명확하게 구분되기 때문이다. 그러나 3과 5의 자리에 연약한 음효가 자리잡는 것은 매사가 위태롭고 불안해진다. 강력한 양효가 자리잡아야 고난을 극복할 수 있는 힘이 생겨나는 것이다.

제10장

1 역의 책됨이란 광대하고 모든 것을 다 갖추고 있다. 천도가 있는가 하면, 인도가 있고, 지도 또한 있다. 천·지·인 삼재가 다 갖추어져 있는 것이다. 그 삼재의 세 자리를 각기 두 자리로 만들어 여섯 자리를 만들었다. 여섯 자리라는 것은 별것이 아니고 삼재의 길이다. 1·2는 땅의 길이요, 3·4는 사람의 길이요, 5·6은 하늘의 길이다. 삼재의 길은 제각기 변하고 움직인다. 그래서 변하고 움직인다는 의미에서 효爻라고 이름하였다. 효爻가 순수추상이라면 그것은 사물이 될 수 없다. 그런데 효爻에는 귀천상하의 등급이 있다. 이 등급은 실제 사물의 등급을 본받는 것이다. 그래서 효爻를 물物이라고도 부른다. 물이기 때문에 서로 섞이게 마련이다. 섞이면 질서가 생겨난다. 그래서 효를 문文이라고도 부른다. 1·3·5에 양효가 자리잡으면 당當이라 하고, 음효가 자리잡으면 부당不當이라 한다. 또 2·4·6에 음효가 자리잡으면 당當이라 하고, 양효가 자리잡으면 부당不當이라 한다. 위가 당當하면 길, 위가 부당하면 흉이 된다. 길흉은 음양효의 섞임으로 생겨나는 문채의 당·부당에 따라 생겨난다. 당·부당의 문제는 상황에 따라 다양하게 발전하기 때문에 평면적인 당·부당의

논리로 다 말할 수는 없는 것이다.

제11장

1 역이 흥한 것은 은殷나라의 말기였고, 또 새로 흥기한 주나라의 덕이 성할 때였다. 주나라의 문왕이 은나라의 마지막 폭군인 주紂의 탄압을 받고 유리의 감옥에 갇혀 있을 때였다. 문명의 전환시기였기 때문에 문왕이 작한 괘사·효사에는 위태로운 시대상황이 반영되어 있다. 문왕의 우환의식이 그 말에 배어있다. 역의 도는 괘사·효사를 접하는 사람들이 위기의식을 느끼고 근심스러워하면 그들의 마음을 평온하게 해준다. 그런데 괘사·효사를 접하고도 무시하고 대수롭지 않게 넘겨버리는 자에게는 패망을 선포한다. 역의 도道는 심히 광대하여 만사만물이 이 역의 도리에서 벗어날 길이 없다. 역의 시작과 끝을 이루는 것은 "두려움"이다. 그 핵심적 요체는 사람으로 하여금 허물을 남기지 않게 하려는 것이다. 바로 이것이 역이 가르치는 도의 핵심이다.

제12장

1 대저 건이라는 것은 천하의 가장 지극한 건강함이다. 능동적이고 모험의 길을 개척하는 적극적 포스의 대명사이다. 건의 덕행은 항상 "쉬움"으로써 험난한 것을 미리 안다. 대저 곤이라는 것은 천하의 지극한 유순함이다. 포용적이며 건의 모험을 완성시켜 주는 힘이다. 곤의 덕행은 항상 "간결함"으로써 장애를 미리 안다. 성인은 건곤이간의 리법理法을 마음에 완미하게 하여 기뻐하고, 또 건곤이간의 리법을 사유에 연마하게 하여, 천하의 길흉을 정하고, 천하사람들이 각자 힘써야 할 본분의 일들을

성취시켜 준다. 그러므로 천지음양의 자연적 변화와 인간의 말과 행동에는 다양한 사건들이 있으나 그 중에서 길한 일이 있으면 상서로운 조짐을 괘·효사를 통해 내보이며, 인간이 본뜨고자 하는 일이 있으면 그릇의 가능성을 내보이며, 또 점을 치고자 하면 올 것(미래)을 알게 한다. 하늘과 땅이 위位를 설設하면 그 사이에 만물이 생성되는데, 성인은 만물의 생성의 기능이 잘 돌아가도록 만드는 주체적 역할을 한다. 처음에는 사람과 상의하여 일을 도모하고 한계에 다다르면 귀신과 상의하고 일을 도모한다. 그것이 곧 역이다. 백성은 역을 통해 성인의 기능에 동참한다. 천·지·인 삼재의 합작이 이루어지는 것이다.

2 팔괘는 상象으로써 고하고, 효사와 괘사는 정情으로써 말한다. 강유가 잡거하니 길흉이 드러나게 된다. 변동은 리利로써 말하고, 길흉은 정情으로써 그 자리와 모습을 바꾼다. 그러므로 효들간의 사랑과 증오, 서로간의 공격으로써 길흉이 생겨난다. 원근이 서로 취하니 회린이 생겨난다. 진실한 마음과 허위의 마음이 서로 어떻게 감응하느냐에 따라 이해利害가 생겨난다. 대저 역의 정감이라는 것은 가까운데 서로를 포용하지 못하면 흉하다. 흉까지는 아니더라도 서로에게 해를 끼치면 회린이 남는다.

3 신의를 배반하는 자의 말에는 양심의 가책을 느끼는 부끄러움이 배어 있다. 가슴속에 의구심을 품고 있는 자의 말은 논리가 흐트러지고 지리멸렬하다. 훌륭한 인격을 지닌 길인은 과묵하다. 출세하고 싶어 조바심을 내는 자는 말이 많다. 선한 사람을 무고하려는 자의 말은 뿌리 없이 겉돈다. 지조를 잃는 자의 말은 비굴하다. 역의 괘사 · 효사도 감정 있는 사람과도 같다. 그 말의 배후에 있는 진심을 파악하는 것이 역리를 대하는 사람의 바른 도리이다.

천지코스몰로지 **도올 주역 계사전**

2024년 4월 11일 초판 발행
2024년 4월 26일 1판 2쇄

지은이 · 도올 김용옥
펴낸이 · 남호섭

편집책임 _김인혜
편집 _임진권 · 신수기
제작 _오성룡
표지디자인 _박현택
인쇄판 출력 _토탈프로세스
라미네이팅 _금성L&S
양장표지 제작 _대양금박
인쇄 _봉덕인쇄
제책 _우성제본

펴낸곳 · 통나무
서울특별시 종로구 동숭동 199-27
전화: 02) 744-7992
출판등록 1989. 11. 3. 제1-970호

값 28,000원
ISBN 978-89-8264-158-9 (03140)